普通高等教育“十一五”国家级规划教材配套参考书

电工学

（第七版）（下 册）

学习辅导与习题解答

Diangongxue (Di7ban)(Xiace) Xuexi Fudao yu Xiti Jieda

姜三勇　主编

秦曾煌　主审

高等教育出版社·北京

内容提要

本书是普通高等教育“十一五”国家级规划教材《电工学》（第七版）（下册）（秦曾煌主编　姜三勇副主编）的配套辅导书。主要包括**内容要点与阅读指导**、**基本要求**、**重点与难点**、**知识关联图**、**【练习与思考】题解**和**【习题】题解**六个部分。本书的内容体系、章节顺序、练习与思考题和习题编号、练习与思考题和习题中的电路图编号均与主教材保持一致。

全书编写条理清晰，注意启发逻辑思维，便于阅读和自学，有助于学生分析能力和解题能力的提高，能显著提高学习效果和学习成绩，对总结和复习具有一定的参考和指导作用。

本书可供本科非电类专业学生和广大自学者学习参考，也可作为电工学教师的教学参考书。

图书在版编目（CIP）数据

电工学（第7版）（下册）学习辅导与习题解答/姜三勇主编. —北京：高等教育出版社，2011.1（2022.12重印）
ISBN 978-7-04-031143-3

Ⅰ.①电…　Ⅱ.①姜…　Ⅲ.①电工学—高等学校—教学参考资料
Ⅳ.①TM1

中国版本图书馆CIP数据核字（2010）第223349号

策划编辑　金春英　　责任编辑　许海平　　封面设计　于文燕　　责任绘图　尹文军
版式设计　王艳红　　责任校对　杨凤玲　　责任印制　刘思涵

出版发行　高等教育出版社
社　　址　北京市西城区德外大街4号
邮政编码　100120
印　　刷　唐山市润丰印务有限公司
开　　本　787×1092　1/16
印　　张　18.25
字　　数　440 000
购书热线　010-58581118
咨询电话　400-810-0598
网　　址　http://www.hep.edu.cn
　　　　　http://www.hep.com.cn
网上订购　http://www.landraco.com
　　　　　http://www.landraco.com.cn
版　　次　2011年1月第1版
印　　次　2022年12月第16次印刷
定　　价　30.00元

前　言

电工学课程是高等学校工科非电类专业的一门技术基础课程。目前，电工和电子技术的应用极为广泛，发展非常迅速，并且日益渗透到其他学科领域以促进其发展，在我国当前经济建设中占有重要的地位。本课程的作用与任务是使学生通过本课程的学习，获得电工和电子技术必要的基本理论、基本知识和基本技能，了解电工和电子技术的应用和我国电工和电子技术发展的概况，为学习后续课程以及从事有关的工程技术工作和科学研究工作打下一定的基础。为了适应科学技术的发展水平和非电类专业的用电需要，本课程在内容安排上，着重在电路与电子技术两部分。对于电机部分的内容则做了较大精简，补充了新兴的可编程控制器、可编程逻辑器件等内容。

本书是高等学校电工学课程的辅导教材，它与秦曾煌主编、姜三勇副主编的《电工学》（第七版）（下册）相配套，可供本科非电类专业学生和广大自学者学习参考，也可作为电工学教师的教学参考书。

为了阅读方便，本书的内容体系、章节顺序、练习与思考题和习题编号、练习与思考题和习题中的电路图编号均与主教材保持一致。在解题过程中新增加的电路图编号一律称为"题解图××.××"，新增加列表编号一律称为"题解表××.××"。

各章均按**内容要点与阅读指导**、**基本要求**、**重点与难点**、**知识关联图**、**【练习与思考】题解**和**【习题】题解**六个部分编写。

内容要点与阅读指导　回顾各章所讲的主要内容和知识要点，并进行归纳、总结和辅导。

基本要求　对学习各章主要内容时所提出的要求：哪些要求理解或掌握，哪些需要能分析计算，哪些要求会正确应用，哪些只需一般了解。

重点与难点　指出各章的重点内容与难点内容。

知识关联图　将各章的知识结构和要点以图形的方式加以展示，便于清晰地了解各部分内容的来龙去脉和内在联系。

【练习与思考】题解　对主教材中的所有练习与思考题进行的分析解答。

【习题】题解　对主教材中的所有习题进行的分析解答。

现代高等教育注重培养创新型人才。因此在能力培养的同时，必须注意创新意识的锻炼。为此编者特别建议读者在使用本书时，应力争独立分析、独立思考，对书中给出的习题解答可以作为借鉴和参考，不要使自己的思路受此局限，提倡用多种思路和多种方法解决问题，将借鉴与创新及应用结合起来。

本书第 14、15、19 章由于志副教授编写，第 16、20、21、23 章由姜三勇教授编写，第 17、18、22 章由丁继盛副教授编写。全书由姜三勇主编。

本书承《电工学》（第七版）主编、哈尔滨工业大学秦曾煌教授关心指导和亲自审阅，对秦教授提出的宝贵意见和修改建议，编者在此表示深深的感谢！

由于编者学识和经验有限，书中难免存在不足、疏漏甚至错误之处，恳请读者不吝批评指正，以便不断修改并加以完善。电子邮箱：jsy_hit@126.com。

编 者

2010年8月

目　　录

第 14 章

半导体器件

本章介绍了半导体材料的导电特性和半导体器件的基本结构——PN 结，重点介绍了常用的半导体器件——二极管和晶体管的基本结构、伏安特性和主要参数，详细讨论了晶体管的电流分配和放大原理。此外还介绍了稳压二极管和一些常用光电器件的结构和基本特性。

14.1 内容要点与阅读指导

半导体器件是电子技术的基础，学习电子技术首先要掌握常用半导体器件，比如二极管、晶体管的原理和特性。为了更好地理解半导体器件的工作原理，有必要了解一些半导体物理的基本知识。

1. 半导体的导电特性

(1) 半导体材料的导电机理与金属导体不同:金属材料在室温条件下，内部就会存在大量的自由电子，具有很强的导电能力。纯净的半导体(本征半导体)由于具有晶体结构，原子核最外层空间的价电子受到很强的约束。在受到外部能量激发时，晶体共价键结构中的价电子只有少数能够挣脱束缚，形成自由电子和空穴。

自由电子可参与导电容易理解，但是价电子获得能量成为自由电子之后留下的空位，即空穴是如何导电的? 这是区别金属和半导体导电机理的关键。失去价电子的原子核成为正离子，所以可以理解为一个空穴带一个正电荷。正离子(失去电子的原子核)在外电场的作用下并不能产生移动，但是它却可以吸引周围的电子来填补空穴。如果是自由电子来填补空穴，则自由电子和空穴同时消失，这个过程称为复合。在一定温度条件下，自由电子 - 空穴的激发和复合呈动态平衡，浓度一定。如果是其他共价键结构中的价电子来填补空穴，则相当于空穴朝相反方向移动。而空穴是相当于带有正电荷的，空穴的这种由于价电子递补而形成的移动产生了电流，所以说半导体材料中自由电子和空穴都可以参与导电，具有两种不同极性的载流子。

(2) 杂质半导体:本征半导体材料中自由电子和空穴成对出现，且数目很少，其导电能力类似绝缘体;掺入特定的杂质元素后，半导体材料的导电能力大大增强，利用这一特点可制作二极管、晶体管等半导体元件。半导体内部两种极性的载流子数目不再相等，其中的多数载流子主要是由杂质原子提供的，同时受热激发产生的少量电子 - 空穴对提供了相反极性的少数载流子。电子 - 空穴对的数量受环境温度影响很大，是影响半导体器件温度稳定性的主要因素。在 N 型半导体中，自由电子是多数载流子，空穴是少数载流子；在 P 型半导体中，空穴是多数载流子，自由电子是少数载流子。

（3）半导体材料的导电能力对温度或光照敏感，可制作成热敏和光敏器件。

2. PN 结及其单向导电性

在 N 型半导体和 P 型半导体的交界面，由于载流子的运动而形成一个特殊的薄层，这就是 PN 结。PN 结是半导体器件的基本结构，是构成大多数半导体器件的重要基础。它具有单向导电性，外加正向电压（P 区电位高于 N 区电位）时 PN 结呈现低电阻，处于导通状态；外加反向电压时 PN 结呈现高电阻，处于截止状态。

3. 常用半导体器件

（1）二极管：二极管是结构简单、应用广泛的半导体器件，其内部就是一个 PN 结。外部伏安特性表现出单向导电性，正向导通时电阻很小，并存在死区现象。反向工作时只有一个微弱的饱和电流通过，特点是电流基本不随电压大小变化，但是受环境温度影响很大。反向电压增高到击穿电压时，反向电流剧增，一般会损坏二极管。

二极管的单向导电性可以用来在电子电路中作整流、检波、钳位和隔离等。工程上一般认为二极管反向偏置时电流为零，正向偏置时根据计算精度要求，忽略其正向导通压降，或者按硅管 0.6～0.7 V，锗管 0.2～0.3 V 估算。

实际工程中，在低频应用时主要关心二极管的最大整流电流 I_{OM} 和最高反向工作峰值电压 U_{RM} 这两个参数。而在高频应用时，往往还要考虑到反向恢复时间 t_{rr} 和结电容等参数。

（2）稳压二极管：稳压二极管是一种特殊的二极管，较普通二极管反向击穿电压低，反向击穿特性陡（$\Delta U/\Delta I$ 小），可以安全地工作在反向击穿区。利用其工作于反向击穿区时，相对于较大的电流变化，电压变化较小这一特点进行稳压。

稳压二极管的稳压电路一般适用于对稳压精度要求不高，输出电流不大（数十毫安以下），负载变化也不大的场合。在使用中要特别注意：稳压二极管必需串联有合适的限流电阻，以保证其既能进入反向击穿区，提供稳定的电压输出，又不至于因反向电流过大，功耗超过允许值而损坏。

（3）晶体管：晶体管是最重要的半导体器件之一，在满足发射结正偏、集电结反偏的外部条件时，晶体管具有电流放大作用。晶体管的特性曲线和主要参数是分析晶体管电路和实际中选择使用晶体管的主要依据。放大电路的晶体管工作在特性曲线的线性区，集电极电流 I_C 与基极电流 I_B 成正比，I_B 对 I_C 有控制作用。在脉冲数字电路中，晶体管也可以工作在饱和或截止状态，此时的晶体管可以理解为受基极电流控制的电子开关，饱和时集电极和发射极之间的压降很小，似集－射极短路一样，而在截止时集电极电流近似为零，集－射极之间又似开路一样。

题解表 14.01 归纳了晶体管在输出特性曲线的三个不同工作区域时的工作状态和特点。

题解表 14.01　晶体管的三种工作状态和特点

晶体管的工作状态	饱和	放大	截止
外部偏置	发射结正偏 集电结正偏	发射结正偏 集电结反偏	发射结零偏或反偏 集电结反偏
特点	I_C 接近最大值 $U_{CE}\approx 0$	$I_C=\beta I_B$ U_{CE}与 I_C成线性关系	$I_C\approx 0$ $U_{CE}\approx U_{CC}$
用途	开关	信号放大	开关

(4) 光电器件：半导体器件种类繁多，发光二极管(LED)、光电二极管和光电晶体管是常用的光电转换器件。发光二极管常用于信号指示，数字和图像的显示。近年来，瓦级以上的大功率白光 LED 广泛用于照明领域，具有光效高、寿命长的优点。光电二极管的反向电流会随着环境光强度的增减而发生显著的变化，利用这一特性可设计出光控应用电路，比如某些公共场所的照明自动控制。发光二极管和光电晶体管经常被集成在一起，制作成光电耦合器件，用于信号的隔离传输。

14.2　基 本 要 求

1. 了解半导体的导电特性，本征半导体和杂质半导体中自由电子和空穴的产生过程和数量差异及温度对半导体器件稳定性的影响。

2. 了解 PN 结及其单向导电性。

3. 了解二极管的结构和类型，熟悉二极管的伏安特性和主要参数的意义，并对重要参数有数量级的概念。

4. 了解稳压二极管的结构和伏安特性，会用稳压二极管组成稳压电路。

5. 了解晶体管的内部结构和电流放大原理，理解其伏安特性曲线和主要参数的意义，熟悉晶体管在放大区、截止区和饱和区工作时所需的外部条件。

6. 了解常用光电器件的工作原理。

14.3　重点与难点

1. 重点

(1) 在了解半导体器件原理的基础上，重点掌握器件的伏安特性，即熟悉各种器件的外特性。这是学习和应用电子技术的基础。

(2) 为了合理和高效地设计电子电路，必须对电子元件(包括集成电路)的主要技术参数有足够了解。重点是理解技术参数的意义，了解其大致的数量范围。

2. 难点

(1) 空穴及其导电机理。

(2) 从载流子的运动规律理解二极管和晶体管的工作原理。

14.4 知识关联图

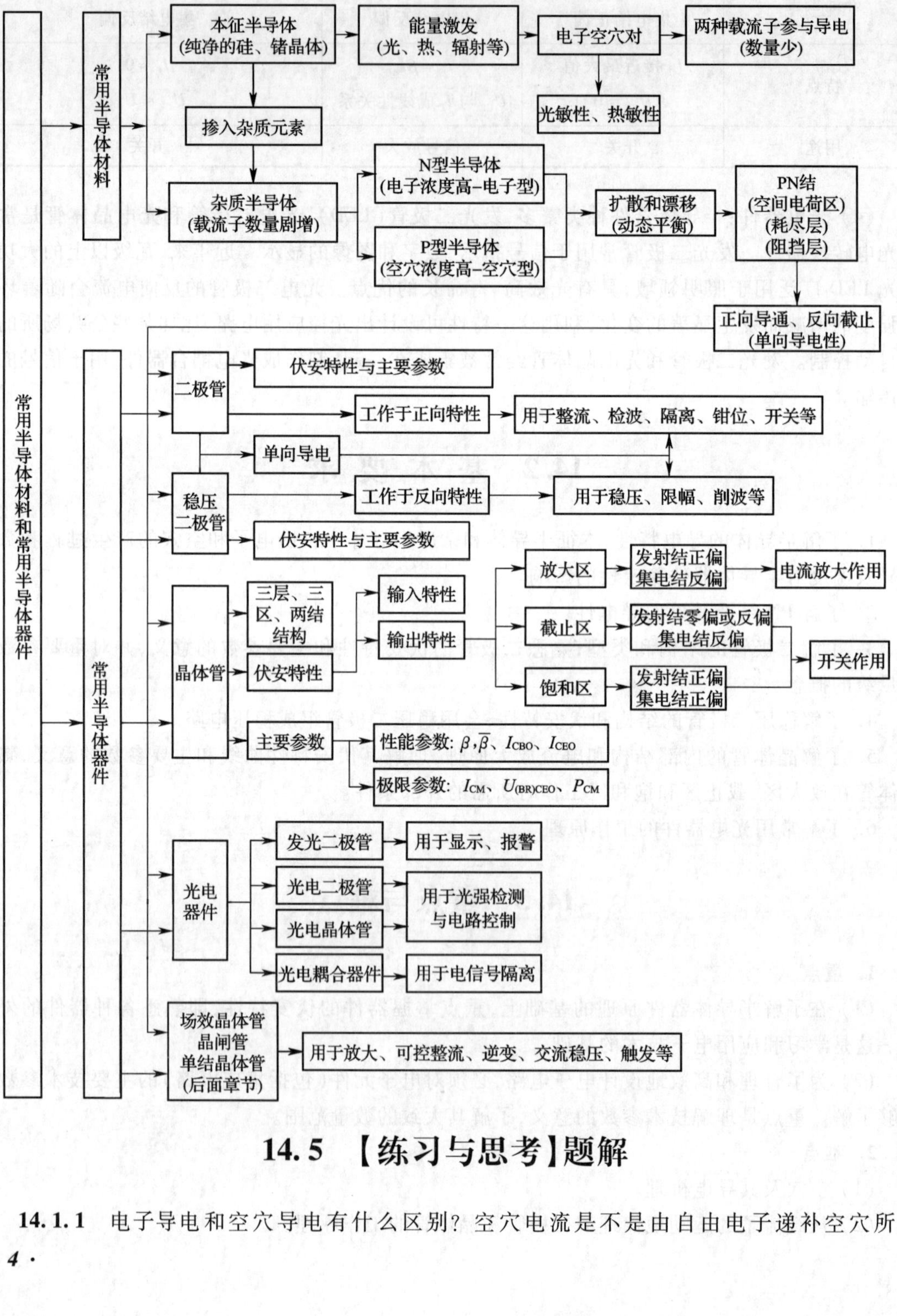

14.5 【练习与思考】题解

14.1.1 电子导电和空穴导电有什么区别？空穴电流是不是由自由电子递补空穴所形

成的？

解：对半导体材料外加电压时，一方面自由电子在电场作用下定向移动，形成了电子电流，另一方面被原子核所束缚的价电子（非自由电子）也会在电场的作用下去递补空穴，相当于空穴在移动。空穴是原子核失去外层空间的价电子而形成的空位，相当于带有正电荷的离子，所以空穴的移动形成了电流。自由电子递补空穴会使自由电子和空穴同时消失，不会形成电流，空穴电流不是由自由电子递补空穴所形成的，而是仍被其他原子核束缚的价电子递补空穴形成的。

14.1.2 杂质半导体中的多数载流子和少数载流子是怎样产生的？为什么杂质半导体中少数载流子的浓度比本征半导体中少数载流子的浓度小？

解：杂质半导体的多数载流子由两部分组成，以 N 型半导体为例，其多数载流子的绝大部分是由于掺入五价杂质元素后所产生的大量自由电子，另外一小部分来自于晶体共价键结构中的电子受到激发而形成的电子－空穴对中的自由电子。

N 型半导体中的少数载流子的来源主要是激发所产生的电子－空穴对中的空穴，但是由于掺杂后自由电子数目剧增，加大了自由电子与空穴复合的机会，因而少数载流子空穴的浓度比本征半导体中空穴的浓度更低。

14.1.3 N 型半导体中的自由电子多于空穴，而 P 型半导体中的空穴多于自由电子，是否 N 型半导体带负电，而 P 型半导体带正电？

解：不是。N 型半导体和 P 型半导体内部电子的数目和原子核所带正电荷的数目相等，整体上呈电中性。

14.3.1 二极管的伏安特性上有一个死区电压。什么是死区电压？硅管和锗管的死区电压的典型值约为多少伏？

解：死区电压是指二极管刚开始出现正向电流时所对应的外加正向电压，硅管死区电压的典型值约为 0.5 V，锗管约为 0.1 V。

14.3.2 为什么二极管的反向饱和电流与外加反向电压（不超过某一范围）基本无关，而当环境温度升高时又明显增大？

解：二极管反向饱和电流的大小取决于少数载流子的数量，而少数载流子的数量主要取决于环境温度。环境温度越高，受热激发的电子、空穴也越多，这部分成对出现的电子或者空穴，是半导体材料中少数载流子的来源。当环境温度不变时，少数载流子数量也不变，反向电压变化所引起的反向电流变化不大。而当环境温度增加时，少数载流子的数目增加，同样的反向电压所形成的反向电流自然也增加了。

14.3.3 用万用表测量二极管的正向电阻时，用 $R\times100$ 挡测出的电阻值小，而用 $R\times1\ \text{k}\Omega$ 挡测出的电阻值大，这是为什么？

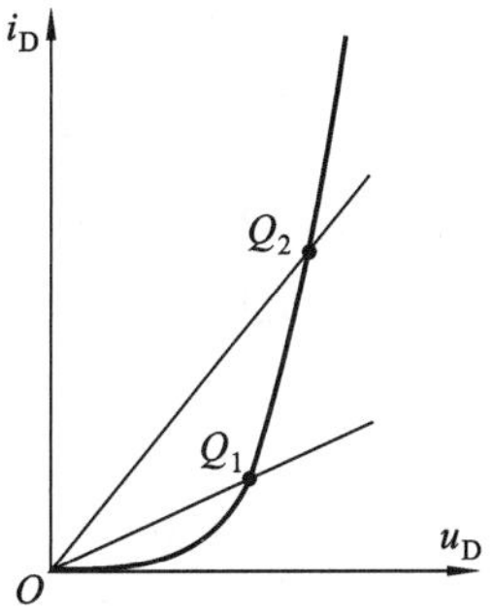

题解图 14.01

解：二极管是典型的非线性电阻元件，正向伏安特性曲线是弯曲的，如题解图 14.01 所示。用万用表测得的二极管电阻是其直流电阻，即工作点电压与电流的比值，当工作点变化时，电阻值也发生变化。万用表 $R\times100$ 挡的内阻小，测量时流过二极管的电流大，相当于工作在曲线的 Q_2 工作点，而 $R\times1\ \text{k}\Omega$

挡的内阻大，流过二极管的电流小，相当于工作在 Q_1 工作点。工作点的直流电阻可由通过该点和原点的直线斜率来确定，斜率越大电阻越小。所以用大电阻挡测得的二极管正向电阻会较大。

14.3.4 怎样用万用表判断二极管的正极和负极以及管子的好坏？

解：由二极管伏安特性可知，二极管正向导通的电阻较小，而反向电阻很大。将万用表的两只表笔接在二极管的两端，用电阻挡测量，如果黑表笔（电源的正极）接二极管的阳极，红表笔（电源的负极）接二极管的阴极，这时会测得一较小阻值的电阻，如果反接会测得一较大阻值的电阻（注：本书均以指针式万用表为例，数字式万用表在测量电阻和二极管时，注意红表笔为内部电源的正极）。

14.3.5 把一个1.5 V的干电池直接接到（正向接法）二极管的两端，会不会发生什么问题？

解：由二极管伏安特性可知：二极管的正向导通压降 U_D 只有零点几伏，如果没有串联限流电阻，就会有 $(1.5-U_D)$ V 的电压降落在很小的电源内阻和导线电阻上，二极管会因为电流过大而发热严重，直至损坏。

14.3.6 在某电路中，要求通过二极管的正向平均电流为 80 mA，加在上面的最高反向电压为 110 V，试从教材附录 B 中选用一个合适的二极管。

解：选择普通整流二极管时，二极管的最大整流电流 I_F 和反向工作峰值电压 U_{RWM} 是两个最主要的参数。手册中的参数是在特定的测试条件下给出的，选择时应考虑到实际电路工作条件（主要是温度）的不同，留有一定的余量，减额使用。比如选择 I_F 至少大于实际通过的正向平均电流 10% 以上，由于 U_{RWM} 通常规定为反向击穿电压的一半或三分之二，所以选择 U_{RWM} 略高于或等于实际工作时二极管的最高反向电压。本题中可以选用 2CZ52D，其最大整流电流为 100 mA，反向工作峰值电压为 200 V。

14.3.7 在图 14.3.6 所示的两个电路中，已知直流电压 $U_I=3$ V，$R=1$ kΩ，二极管的正向压降为0.7 V，试求 U_O。

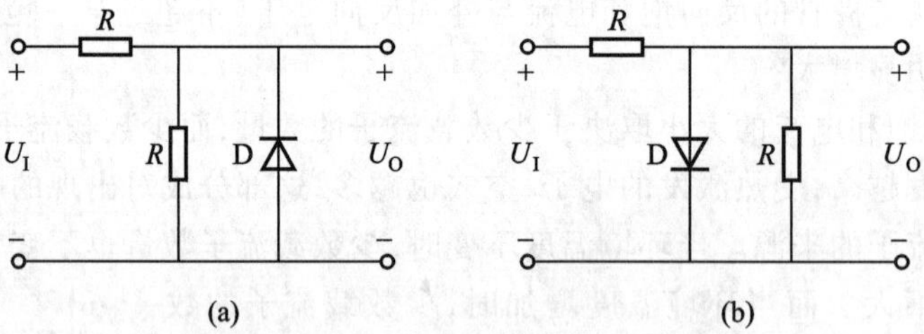

图 14.3.6 练习与思考 14.3.7 的图

解：在图 14.3.6(a) 中，二极管 D 因承受反向电压而截止，输出电压取决于与之并联的电阻 R 上的电压，此时

$$U_O=\frac{1}{2}U_I=1.5\ \text{V}$$

在图 14.3.6(b) 中，二极管 D 因正向偏置而导通，输出电压被钳位，此时

$$U_O=0.7\ \text{V}$$

14.3.8 图 14.3.7(a) 所示是一二极管削波电路，设二极管的正向压降可忽略不计，当输入正弦电压 $u_i=10\sin\omega t$ V[波形如图 14.3.7(b) 所示]时，试画出输出电压 u_O 的波形。

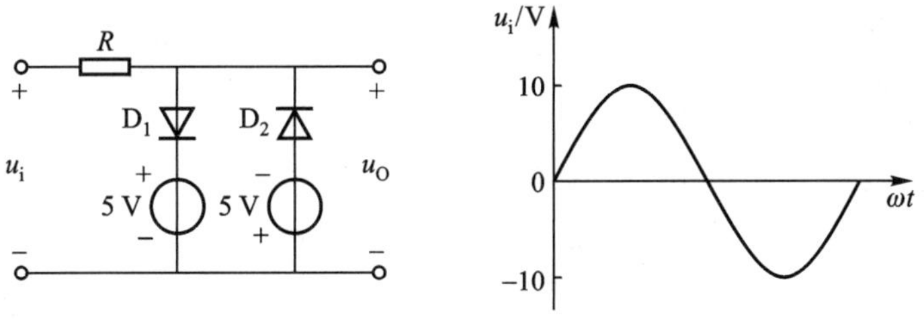

(a)　　　　　　　　　　　　　　(b)

图 14.3.7　练习与思考 14.3.8 的图

解: 当输入电压 $u_i>5$ V 时,二极管 D_1 导通,输出电压 u_0 被钳位在 5 V;当输入电压 $u_i<-5$ V 时,二极管 D_2 导通,输出电压 u_0 被钳位在 −5 V;对应输入电压 u_i 的输出电压 u_0 波形如题解图 14.02 所示。

14.3.9　电路如图 14.3.8 所示,试求电流 I_0。设二极管的正向压降可忽略不计。

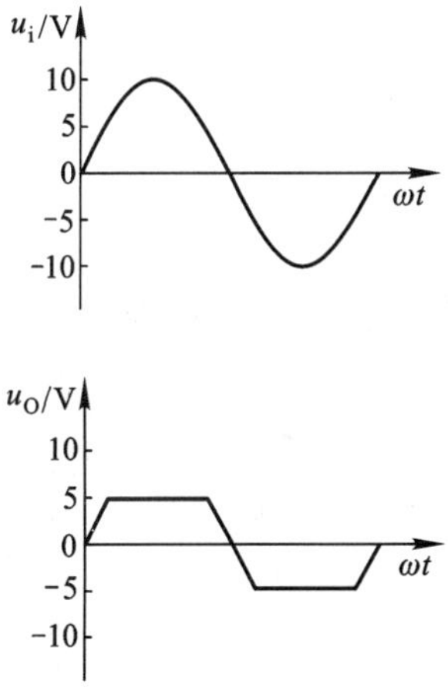

题解图 14.02

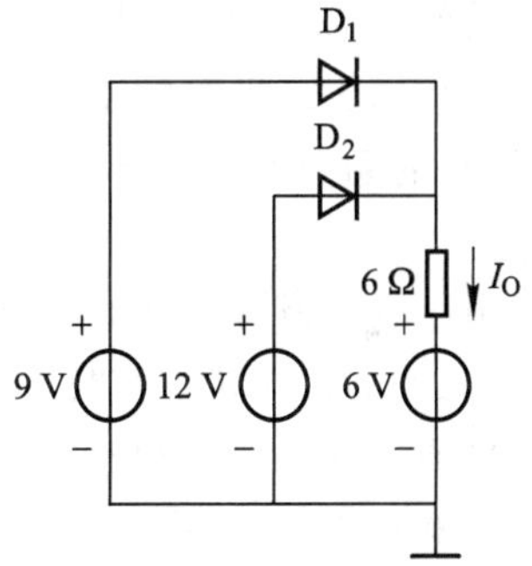

图 14.3.8　练习与思考 14.3.9 的图

解: 共阴极连接的二极管 D_1 和 D_2,阳极电位相对较高的那只二极管优先导通。图 14.3.8 所示电路中,D_2 的阳极电位为 12 V,高于 D_1 的阳极电位(9 V),D_2 导通后,阴极电位被钳位于 12 V,阳极电位较低的二极管 D_1 承受反向电压而截止。忽略二极管的正向导通压降,则

$$I_0=\frac{12-6}{6}\text{A}=1\ \text{A}$$

14.3.10　在图 14.3.9 所示的电路中,哪只二极管导通?哪个继电器动作?设两个继电器的线圈电阻均为 10 kΩ,当流过其上的电流大于 2 mA 时才能动作,并设二极管的正向压降可忽略不计。

解: 根据电路理论可知,图 14.3.9 所示电路可以等效为题解图 14.03 所示的电路。其中,U_0 和 R_0 的串联电路是图 14.3.9 中左半部分线性电路的戴维宁等效电路。根据戴维宁定理可计算 U_0 和 R_0 的大小如下

$$U_0=\frac{\dfrac{100}{20}+\dfrac{150}{20}-\dfrac{100}{20}}{\dfrac{1}{20}+\dfrac{1}{20}+\dfrac{1}{20}}\ \text{V}=50\ \text{V}$$

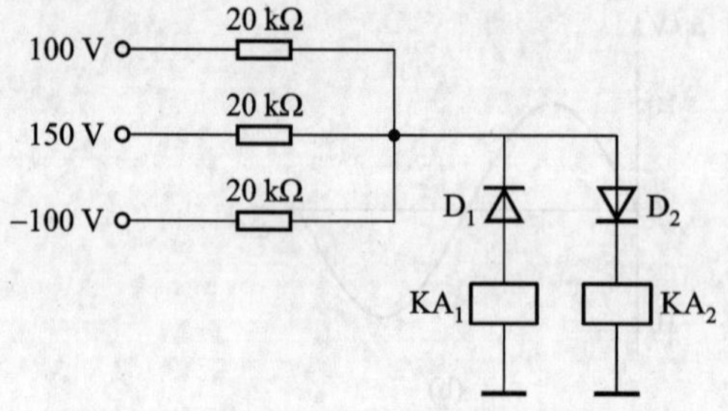

图 14.3.9　练习与思考 14.3.10 的图

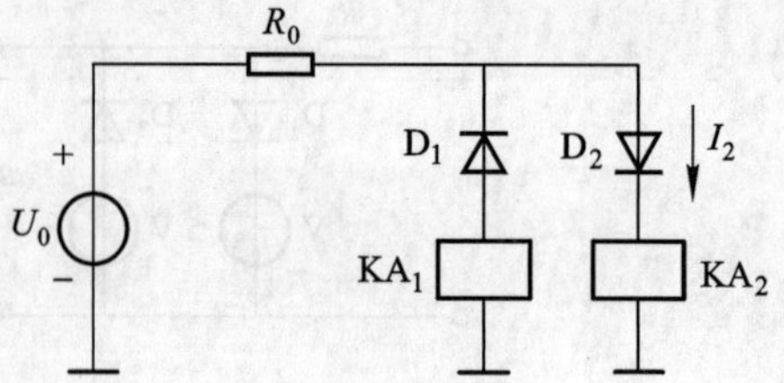

题解图 14.03

$$R_0=\frac{1}{\frac{1}{20}+\frac{1}{20}+\frac{1}{20}}\ \text{k}\Omega\approx 6.7\ \text{k}\Omega$$

由 U_0 的极性和大小可知，二极管 D_1 截止，继电器 KA_1 不动作。二极管 D_2 导通，通过继电器 KA_2 线圈的电流为

$$I_2=\frac{50}{6.7+10}\ \text{mA}=3\ \text{mA}$$

大于继电器动作所需要的 2 mA 电流，所以继电器 KA_2 动作。

14.4.1　为什么稳压二极管的动态电阻愈小，则稳压愈好？

解：稳压二极管的动态电阻 $r_Z=\Delta U/\Delta I$ 愈小，意味着电流变化时，端电压变化愈小，稳压效果愈好。

14.4.2　利用稳压二极管或普通二极管的正向压降，是否也可以稳压？

解：可以。从二者的正向伏安特性可以看出，当正向导通电流达到一定数值以后，电流的变化所引起的正向导通压降的变化很小，利用这一特性也可以稳压。由于低电压稳压二极管的反向击穿特性曲线不够陡直，所以在 4 V 以下时，一般采用多只二极管串联，利用其正向导通特性来稳压。

14.4.3　图 14.4.4(a)所示是一稳压二极管削波电路，设稳压二极管 D_{Z1} 和 D_{Z2} 的稳定电压均为 5 V，两管的正向压降均可忽略不计。当输入正弦电压 $u_i=10\sin\omega t$ V[波形如图 14.4.4(b)所示]时，试画出输出电压 u_O 的波形。

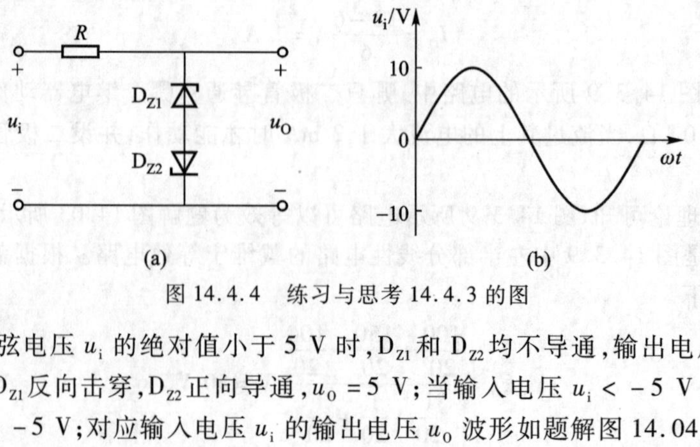

图 14.4.4　练习与思考 14.4.3 的图

解：当输入正弦电压 u_i 的绝对值小于 5 V 时，D_{Z1} 和 D_{Z2} 均不导通，输出电压 $u_O=u_i$；当输入电压 $u_i>5$ V 时，D_{Z1} 反向击穿，D_{Z2} 正向导通，$u_O=5$ V；当输入电压 $u_i<-5$ V 时，D_{Z2} 反向击穿，D_{Z1} 正向导通，$u_O=-5$ V；对应输入电压 u_i 的输出电压 u_O 波形如题解图 14.04 所示。

14.5.1 晶体管的集电极和发射极是否可以调换使用？为什么？

解：不可以。首先，晶体管发射区掺杂浓度远远高于集电区，如果将集电极和发射极调换，作为发射区使用的集电区发射的多数载流子数量太少，无法形成比较大的集电极电流，无放大作用。其次，晶体管的发射结反向击穿电压 $U_{(BR)EBO}$ 一般只有几伏，例如常用的小功率 NPN 型晶体管 9013 的 $U_{(BR)EBO}$ 额定值只有 5 V，当电源电压高于 5 V 时，极易造成发射结反向击穿。

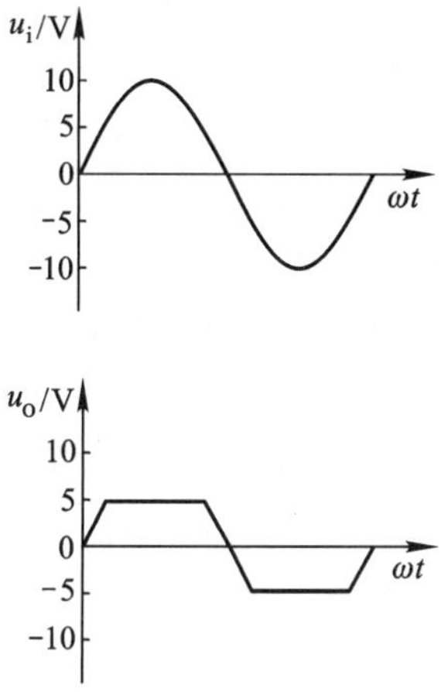

题解图 14.04

14.5.2 晶体管在输出特性的饱和区工作时，其电流放大系数和在放大区工作时是否一样大？

解：从输出特性曲线上看，相对于同样的 I_B 及其变化，在放大区所产生的 I_C 及其变化要大于甚至是远大于在饱和区，这说明在饱和区工作的晶体管的电流放大系数小于在放大区工作的电流放大系数。

14.5.3 晶体管具有电流放大作用，其外部和内部条件各为什么？

解：晶体管具有电流放大作用的内部条件是基区掺杂浓度低而且制作得很薄，这样在外部条件满足发射结正偏、集电结反偏时，可以保证发射区扩散到基区的大部分多数载流子不被基区的多数载流子（与集电区的多数载流子极性相反）复合，继续扩散到集电结附近，被集电区收集，从而形成较大的集电极电流。

14.5.4 为什么晶体管基区掺杂浓度小而且做得很薄？

解：基区掺杂浓度小，可以减小从发射区扩散过来的多数载流子与基区的多数载流子（注意二者极性不同）复合的机会，而基区做得薄可以保证没被复合的多数载流子很快到达集电结边缘，从而有利于提高晶体管的电流放大能力。

14.5.5 将一 PNP 型晶体管接成共发射极电路，要使它具有电流放大作用，U_C 和 U_B 的正、负极应如何连接？为什么？画出电路图。

解：E_C 和 E_B 的正、负极连接如题解图 14.05 所示，外加电压必须保证发射结正偏、集电结反偏，才能使晶体管具有电流放大能力。

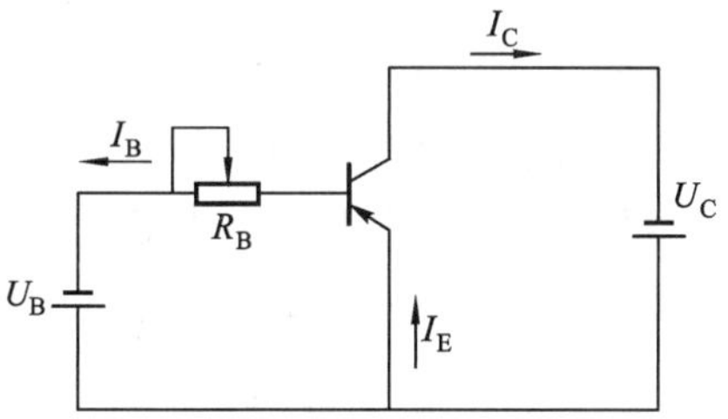

题解图 14.05

14.5.6 有两只晶体管，一只管子 $\bar{\beta}=50$，$I_{CBO}=0.5\ \mu A$；另一只管子 $\bar{\beta}=150$，$I_{CBO}=2\ \mu A$，如果其他参数一样，选择哪只管子较好？为什么？

解：选 $I_{CBO}=0.5\ \mu A$ 的管子较好，因为 I_{CBO} 受温度影响大，其值越大，温度稳定性越差。

14.5.7 使用晶体管时，只要（1）集电极电流超过 I_{CM} 值；（2）耗散功率超过 P_{CM} 值；（3）集－射极电压超过 $U_{(BR)CEO}$ 值，晶体管就必然损坏。上述几种说法是否都是对的？

解：上述三种说法中，（1）不正确，（2）、（3）正确。第（1）种情况下，集电极电流超过 I_{CM} 时，会引起电流放大系数的下降，只要集电极损耗功率不超过 P_{CM}，就不会损坏晶体管；第（2）种情况下，管子会因为发热严重而损坏；第(3)种情况下，晶体管因电压击穿而损坏。

14.5.8 测得某一晶体管的 $I_B = 10\ \mu A$，$I_C = 1\ mA$，能否确定它的电流放大系数？什么情况下可以，什么情况下不可以？

解：不能确定。只有晶体管工作在线性区的时候，才可以根据该组测量数据估算晶体管的电流放大系数。

14.5.9 晶体管在工作时，基极引线万一断开，为什么有时会导致管子损坏（通常在测试或安装晶体管时，要后接或先断集电极）？

解：晶体管工作时，基极引线万一断开，则基极电流为零，集电极电流为 I_{CEO}，$U_{CEO} \approx U_{CC}$，如果 $U_{CEO} \approx U_{CC} < U_{(BR)CEO}$，一般不会损坏管子；但如电源电压选取不合适或者晶体管在高温下工作导致 $U_{(BR)CEO}$ 降低，则有可能使 $U_{CEO} \approx U_{CC} > U_{(BR)CEO}$，从而造成 C、E 间的反向击穿，导致管子损坏。因此通常在测试或安装晶体管时，要后接集电极或先断集电极。

14.5.10 晶体管放大电路如图 14.5.9 所示。(1) 如 U_{CC}、U_{BB}、R_C 不变，减小 R_B 时，I_B、I_C、U_{CE} 作何变化？(2) 如 U_{CC}、U_{BB}、R_B 不变，减小 R_C 时，I_B、I_C、U_{CE} 作何变化？

解：将图 14.5.9 重画于题解图 14.06。

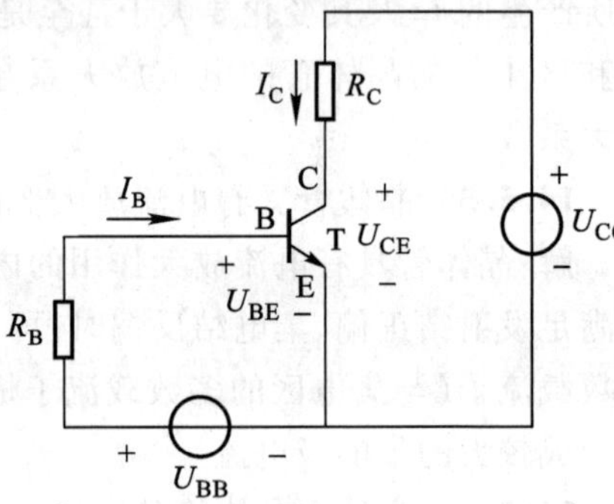

题解图 14.06

(1) 仅减小 R_B 时，$I_B = \dfrac{U_{BB} - U_{BE}}{R_B}$ 会随之持续增加。I_C 也随之成比例（β 倍）地增加。$U_{CE} = U_{CC} - R_C I_C$ 随之减小。但是当 U_{CE} 减小到接近于 0 V 时，晶体管进入输出特性曲线的饱和区，尽管 I_B 增加，I_C 和 U_{CE} 也会维持基本不变。

(2) 仅减小 R_C 时，I_B 和 I_C 均保持不变，$U_{CE} = U_{CC} - R_C I_C$ 会随之增加到接近于 U_{CC} 为止。

14.5.11 测得工作在放大电路中两只晶体管的两个电极电流如图 14.5.15 所示。

(1) 求另一个电极电流，并在图中标出实际方向。

(2) 判别它们各是 NPN 型还是 PNP 型，并标出 E、B、C 电极。

(3) 估算它们的 $\bar{\beta}$ 值。

解：(1) 由基尔霍夫电流定律可确定另一个电极电流的大小和方向如题解图 14.07 所示。

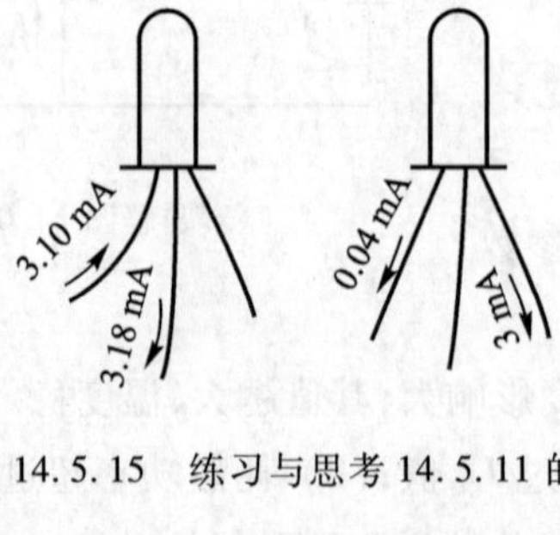

图 14.5.15　练习与思考 14.5.11 的图

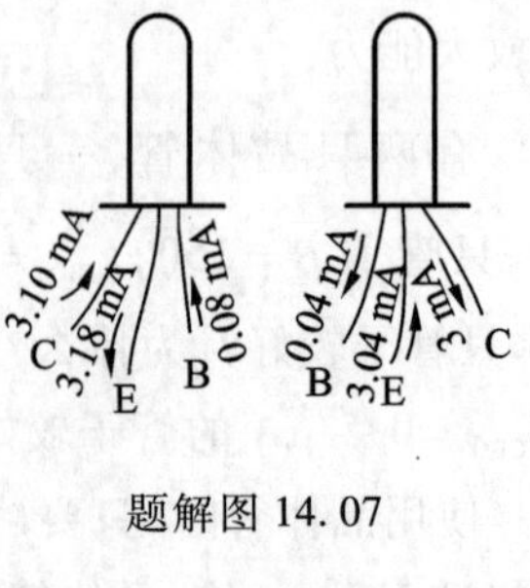

题解图 14.07

(2) 根据晶体管的三个电极中基极电流最小、发射极电流最大以及基极电流的实际方向，可以确定：左边的晶体管是 NPN 型，右边的晶体管是 PNP 型。E、B、C 各电极如题解图 14.07 所示。

(3) NPN 型晶体管的 $\bar{\beta}$ 值

$$\bar{\beta}=\frac{3.10\ \text{mA}}{0.08\ \text{mA}}\approx 39$$

PNP 型晶体管的 $\bar{\beta}$ 值

$$\bar{\beta}=\frac{3\ \text{mA}}{0.04\ \text{mA}}=75$$

14.6 【习题】题解

A 选 择 题

14.1.1 对半导体而言,其正确的说法是(　　)。

(1) P 型半导体中由于多数载流子为空穴,所以它带正电。

(2) N 型半导体中由于多数载流子为自由电子,所以它带负电。

(3) P 型半导体和 N 型半导体本身都不带电。

解:由于总体上带负电的电子数目与带正电的离子数目平衡,所以 P 型半导体和 N 型半导体本身都不带电。故应选择(3)。

14.3.1 在图 14.01 所示的电路中,U_0 为(　　)。

(1) −12 V　　(2) −9 V　　(3) −3 V

解:二极管 D 因反向偏置而截止,相当于开路。所以 $U_0=-9$ V。故应选择(2)。

14.3.2 在图 14.02 所示的电路中,U_0 为(　　)。其中,忽略二极管的正向压降。

(1) 4 V　　(2) 1 V　　(3) 10 V

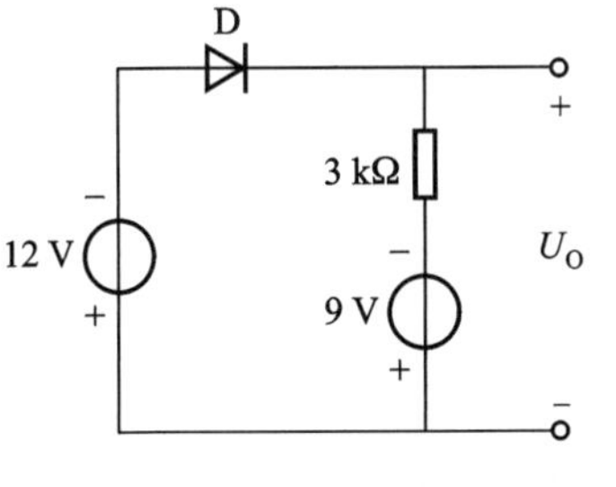

图 14.01　习题 14.3.1 的图

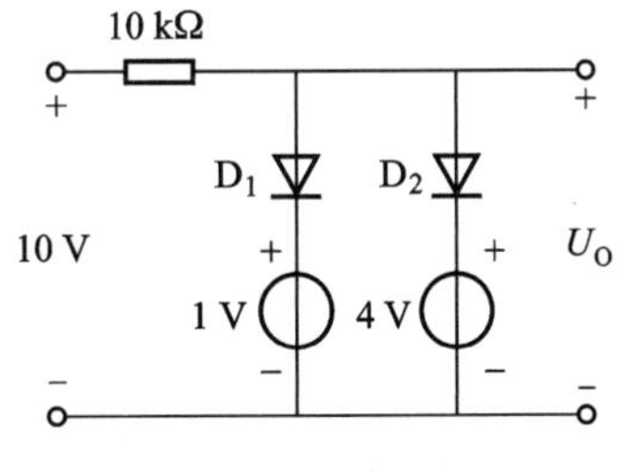

图 14.02　习题 14.3.2 的图

解:两只共阳极连接的二极管,阴极电位更低的二极管导通。图 14.02 中,D_1 导通以后,将阳极电位钳位,使输出 $U_0=1$ V。D_2 阴极电位高于阳极电位而截止。故应选择(2)。

14.3.3 在图 14.03 所示电路中,二极管 D_1、D_2、D_3 的工作状态为(　　)。

(1) D_1、D_2 截止,D_3 导通　　(2) D_1 导通,D_2、D_3 截止　　(3) D_1、D_2、D_3 均导通

解:原理与题 14.3.2 相同。阴极电位更低的二极管 D_1 一旦导通,阳极电位就被钳位在0 V,D_2、D_3 就会因反向偏置而截止。故应选择(2)。

14.3.4 在图14.04所示电路中,二极管 D_1、D_2、D_3 的工作状态为(　　)。

(1) D_1、D_2 截止,D_3 导通　　(2) D_1 截止,D_2、D_3 导通　　(3) D_1、D_2、D_3 均导通

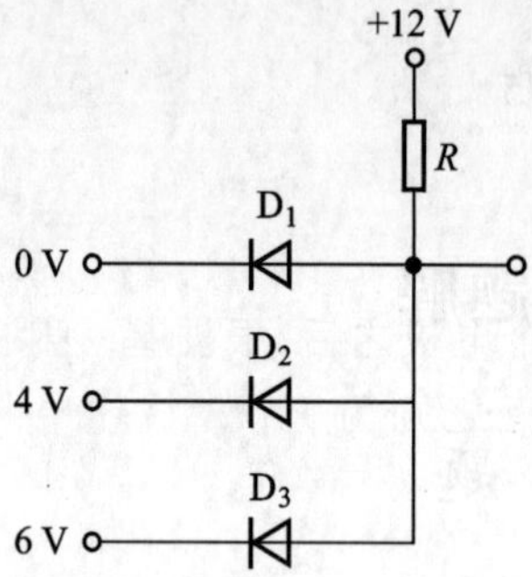

图14.03　习题14.3.3的图

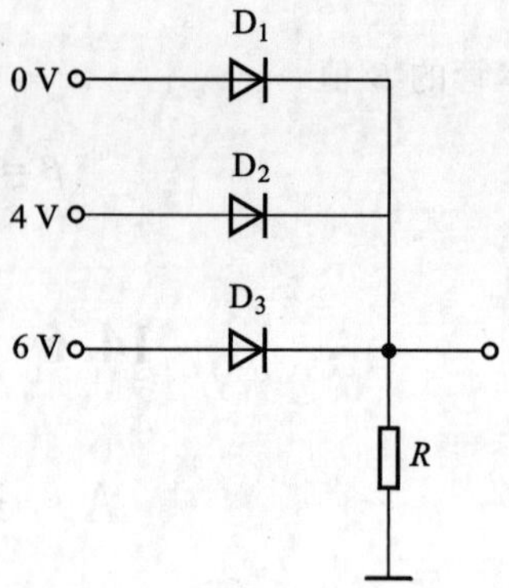

图14.04　习题14.3.4的图

解:共阴极连接的多只二极管,阳极电位更高的那只二极管一旦导通,阴极电位被钳位,其余的二极管就会因反偏而截止。故应选择(1)。

14.4.1 在图14.05所示电路中,稳压二极管 D_{Z1} 和 D_{Z2} 的稳定电压分别为5 V和7 V,其正向电压可忽略不计,则 U_O 为(　　)。

(1) 5 V　　(2) 7 V　　(3) 0 V

解:D_{Z1} 工作于反向击穿区,D_{Z2} 正向导通。$U_O=5$ V。故应选择(1)。

14.4.2 在图14.06所示电路中,稳压二极管 D_{Z1} 和 D_{Z2} 的稳定电压分别为5 V和7 V,其正向电压可忽略不计,则 U_O 为(　　)。

(1) 5 V　　(2) 7 V　　(3) 0 V

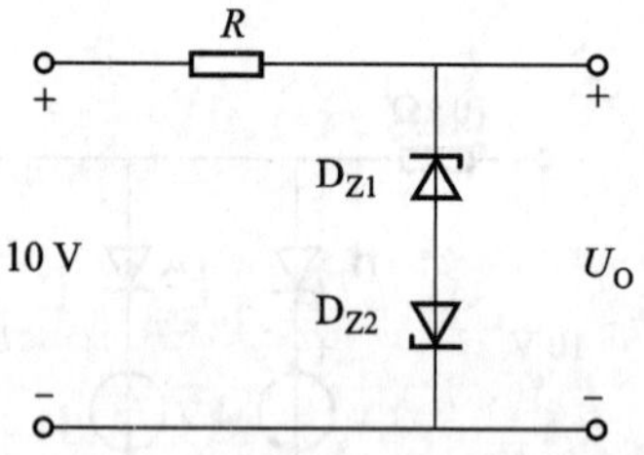

图14.05　习题14.4.1的图

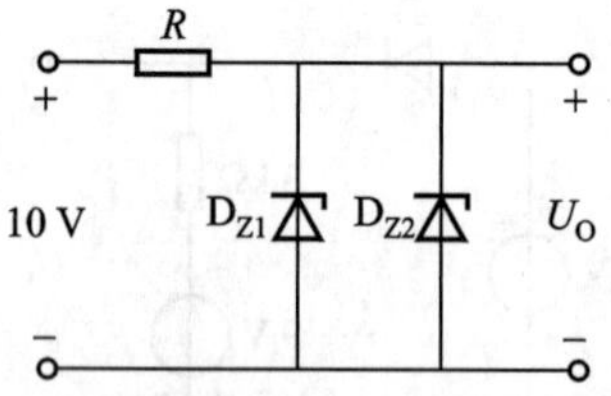

图14.06　习题14.4.2的图

解:D_{Z1} 工作于反向击穿区,D_{Z2} 工作于反向截止区。$U_O=5$ V。故应选择(1)。

14.5.1 在放大电路中,若测得某晶体管三个极的电位分别为9 V、2.5 V、3.2 V,则这三个极分别为(　　)。

(1) C、B、E　　(2) C、E、B　　(3) E、C、B

解:为使晶体管工作于放大状态,其外部条件是发射结正向偏置,集电结反向偏置,而且正向偏置的发射结压降很小。由此可判断出电位相差不到1 V的那两个极分别是B和E,另一个电极是C。电位位于中间大小的那个电极是基极,这样才能保证无论是NPN型还是PNP型的晶体

管满足发射结正偏,集电结反偏的外部条件。故应选择(2)。

14.5.2 在放大电路中,若测得某晶体管三个极的电位分别为 -9 V、-6.2 V、-6 V,则 -6.2 V的那个极为(　　)。

(1) 集电极　　(2) 基极　　(3) 发射极

解:判断方法同题 14.5.1。故应选择(2)。

14.5.3 在放大电路中,若测得某晶体管三个极的电位分别为 6 V、1.2 V、1 V,则该管为(　　)。

(1) NPN 型硅管　　(2) PNP 型锗管　　(3) NPN 型锗管

解:采用题 14.5.1 的分析方法判断出晶体管的三个电极之后,根据基-射极电位差 U_{BE} 可判断出晶体管的类型。如果 $U_{BE}>0$,则为 NPN 型,反之则为 PNP 型;如果 $|U_{BE}|=(0.6\sim0.7)$ V,则为硅管;如果 $|U_{BE}|=(0.2\sim0.3)$ V,则为锗管。本题中 $U_{BE}=0.2$ V,所以是 NPN 型锗管。故应选择(3)。

14.5.4 对某电路中一个 NPN 型硅管进行测试,测得 $U_{BE}>0$,$U_{BC}>0$,$U_{CE}>0$,则此管工作在(　　)。

(1) 放大区　　(2) 饱和区　　(3) 截止区

解:对于 NPN 型晶体管,$U_{BE}>0$,$U_{BC}>0$,说明发射结和集电结均正偏,晶体管工作于饱和区。故应选择(2)。

14.5.5 对某电路中一个 NPN 型硅管进行测试,测得 $U_{BE}>0$,$U_{BC}<0$,$U_{CE}>0$,则此管工作在(　　)。

(1) 放大区　　(2) 饱和区　　(3) 截止区

解:对于 NPN 型晶体管,$U_{BE}<0$,$U_{BC}<0$,说明发射结正偏,集电结反偏,满足使晶体管工作于放大状态的外部条件。故应选择(1)。

14.5.6 对某电路中一个 NPN 型硅管进行测试,测得 $U_{BE}<0$,$U_{BC}<0$,$U_{CE}>0$,则此管工作在(　　)。

(1) 放大区　　(2) 饱和区　　(3) 截止区

解:对于 NPN 型晶体管,$U_{BE}<0$,说明发射结反偏,晶体管工作于截止区。故应选择(3)。

14.5.7 晶体管的控制方式为(　　)。

(1) 输入电流控制输出电压

(2) 输入电流控制输出电流

(3) 输入电压控制输出电压

解:晶体管属于电流控制型器件,基极输入电流控制集电极输出电流。故应选择(2)。

B　基　本　题

14.3.5 图 14.07(a)是输入电压 u_I 的波形。试画出对应于 u_I 的输出电压 u_O、电阻 R 上电压 u_R 和二极管 D 上电压 u_D 的波形,并用基尔霍夫电压定律检验各电压之间的关系。二极管的正向压降可忽略不计。

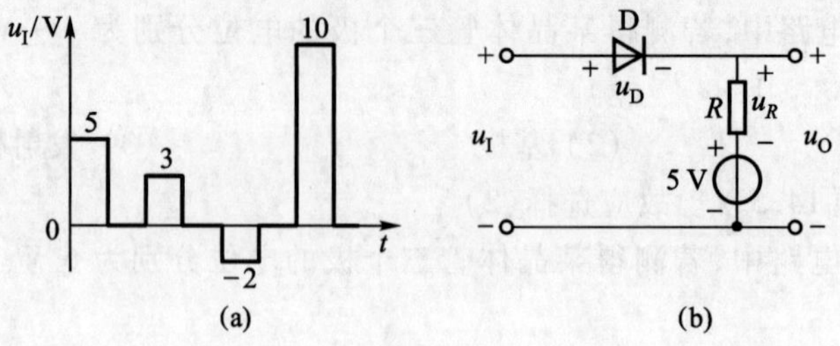

图 14.07　习题 14.3.5 的图

解：当 $u_I > 5$ V 时，二极管 D 导通，$u_O = u_I$；当 $u_I \leqslant 5$ V 时，二极管 D 截止，$u_O = 5$ V。对应于 u_I 的 u_O、u_R 和 u_D 的波形如题解图 14.08 所示。

根据基尔霍夫电压定律，任何时刻都满足关系式 $u_I = u_D + u_O$ 和 $u_O = u_R + 5$。

14.3.6　在图 14.08 所示的各电路图中，$U = 5$ V，$u_i = 10\sin\omega t$ V，二极管的正向压降可忽略不计，试分别画出输出电压 u_O 的波形。这四种电路均为二极管削波电路。

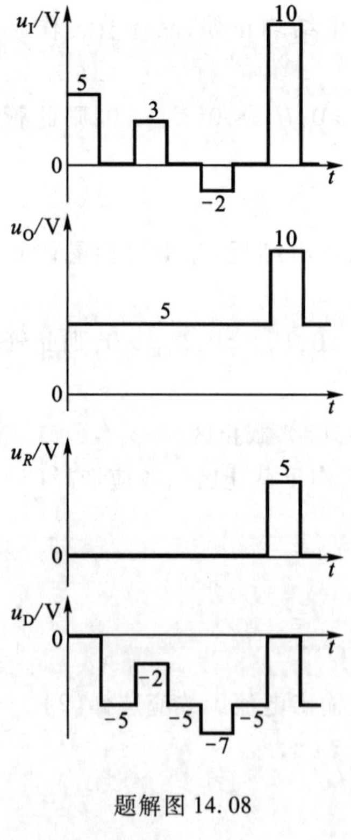

题解图 14.08

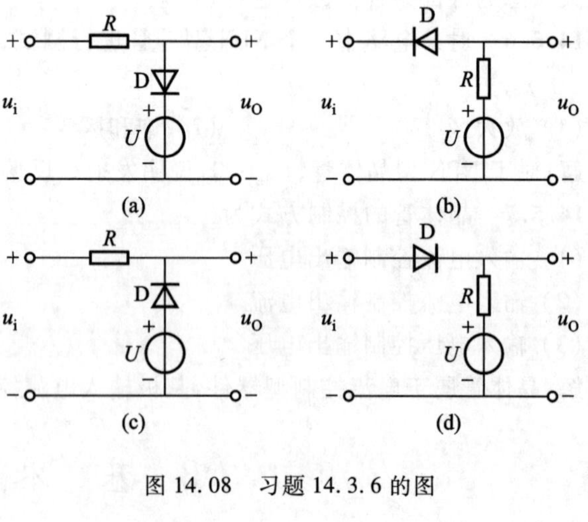

图 14.08　习题 14.3.6 的图

解：分析如下：

（a）电路中，$u_i > U$ 时，二极管导通，$u_O = U$；$u_i \leqslant U$ 时，二极管截止，$u_O = u_I$。

（b）电路中，$u_i \geqslant U$ 时，二极管截止，$u_O = U$；$u_i < U$ 时，二极管导通，$u_O = u_I$。

（c）电路中，$u_i < U$ 时，二极管导通，$u_O = U$；$u_i \geqslant U$ 时，二极管截止，$u_O = u_I$。

(d) 电路中，$u_i \leqslant U$ 时，二极管截止，$u_O = U$；$u_i > U$ 时，二极管导通，$u_O = u_I$。

所以，(a)、(b)电路的输出电压波形如题解图 14.09(a)所示；(c)、(d)电路的输出电压波形如题解图 14.09(b)所示。

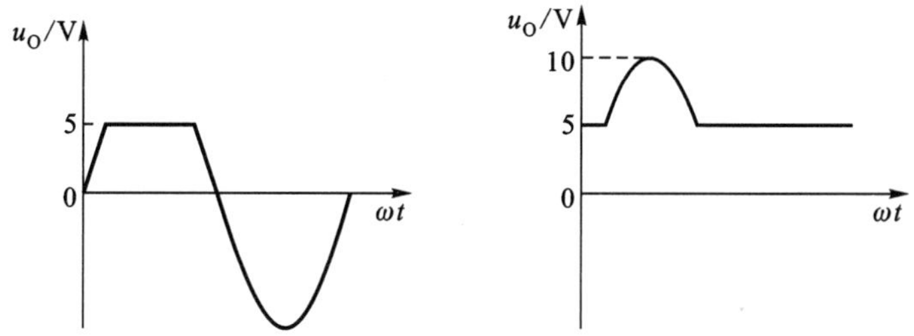

(a) (b)

题解图 14.09

14.3.7 在图 14.09 所示的两个电路中，已知 $u_i = 30\ \sin\ \omega t$ V，二极管的正向压降可以忽略不计，试分别画出输出电压 u_O 的波形。

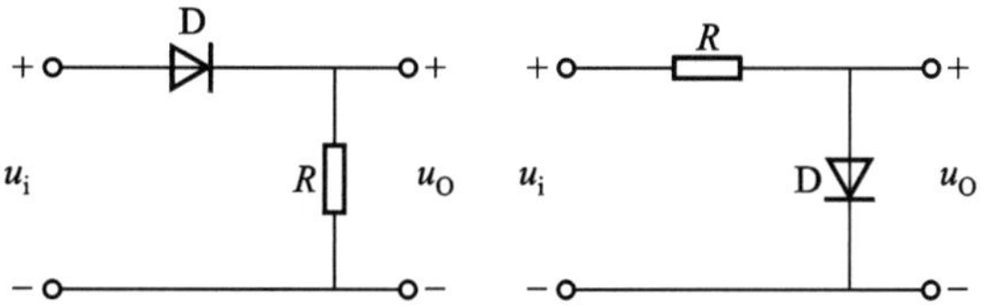

(a) (b)

图 14.09 习题 14.3.7 的图

解：图 14.09 所示的两个电路的输出 u_O 的波形分别如题解图 14.10(a)和(b)所示。在 u_i 的正半波时，二极管正偏导通，输入电压几乎全部加在电阻两端；在 u_i 的负半波时，二极管反偏截止，由于二极管反向截止时的等效电阻非常大，此时的输入电压几乎全部加在二极管两端。

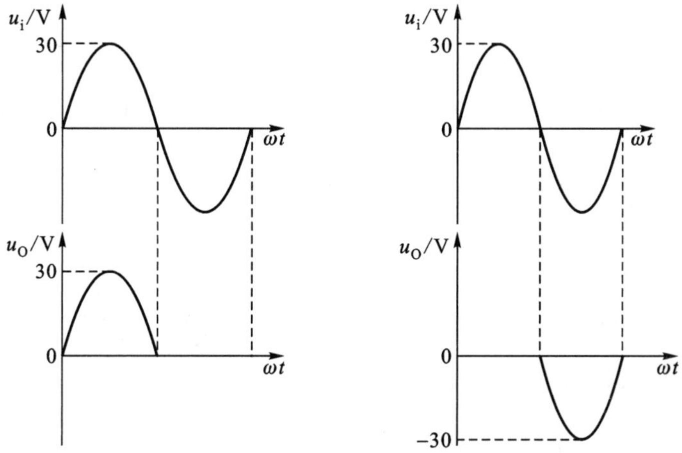

(a) (b)

题解图 14.10

14.3.8 在图 14.10 中，试求下列几种情况下输出端 Y 的电位 V_Y 及各元件(R,D_A,D_B)中通过的电流。(1) $V_A = V_B = 0$ V;(2) $V_A = +3$ V,$V_B = 0$ V;(3) $V_A = V_B = +3$ V。二极管的正向压降可忽略不计。

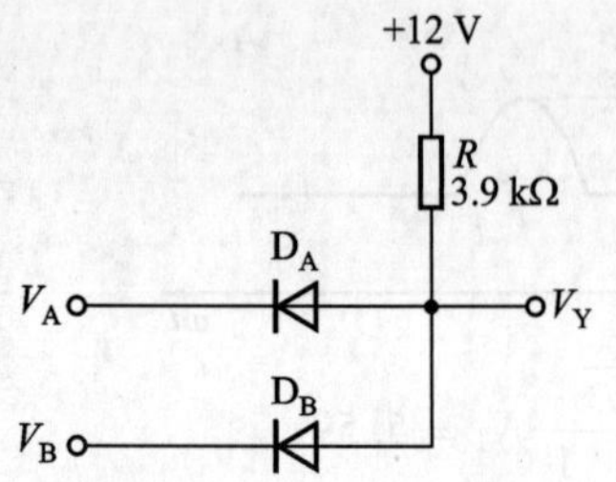

图 14.10 习题 14.3.8 的图

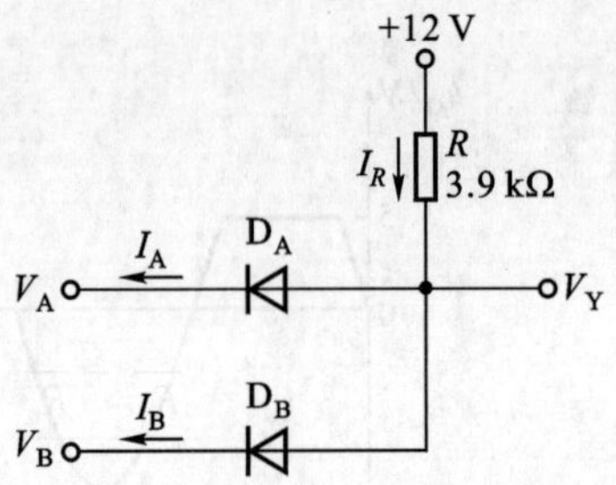

题解图 14.11

解:各元件电流和各点电位如题解图 14.11 所示。

(1) D_A,D_B 均导通,V_Y 被钳位在 0 V。各元件电流如下

$$I_R = \frac{12}{3.9}\ \text{mA} = 3.08\ \text{mA}$$

$$I_A = I_B = \frac{1}{2}I_R = 1.54\ \text{mA}$$

(2) D_B 导通,V_Y 被钳位在 0 V,D_A 因反偏而截止。各元件电流如下

$$I_R = \frac{12}{3.9}\ \text{mA} = 3.08\ \text{mA}$$

$$I_A = 0$$

$$I_B = I_R = 3.08\ \text{mA}$$

(3) D_A,D_B 均导通,V_Y 被钳位在 3 V。各元件电流分别为

$$I_R = \frac{12-3}{3.9}\ \text{mA} = 2.30\ \text{mA}$$

$$I_A = I_B = \frac{1}{2}I_R = 1.15\ \text{mA}$$

14.3.9 在图 14.11 中，试求下列几种情况下输出端电位 V_Y 及各元器件中通过的电流。(1) $V_A = +10$ V,$V_B = 0$ V;(2) $V_A = +6$ V,$V_B = +5.8$ V;(3) $V_A = V_B = +5$ V。设二极管的正向电阻为零，反向电阻为无穷大。

解:各元件电流和各点电位如题解图 14.12 所示。

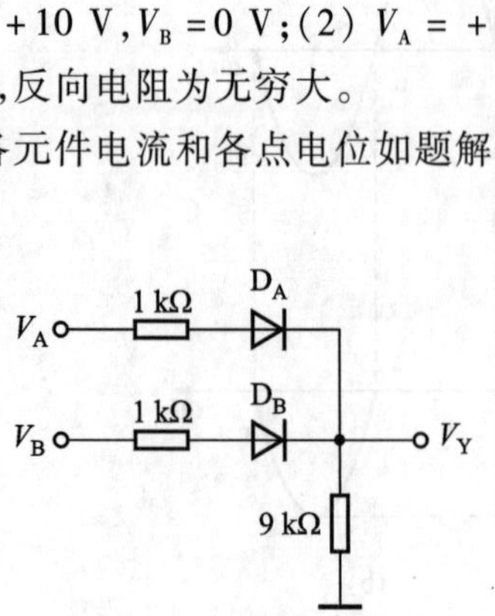

图 14.11 习题 14.3.9 的图

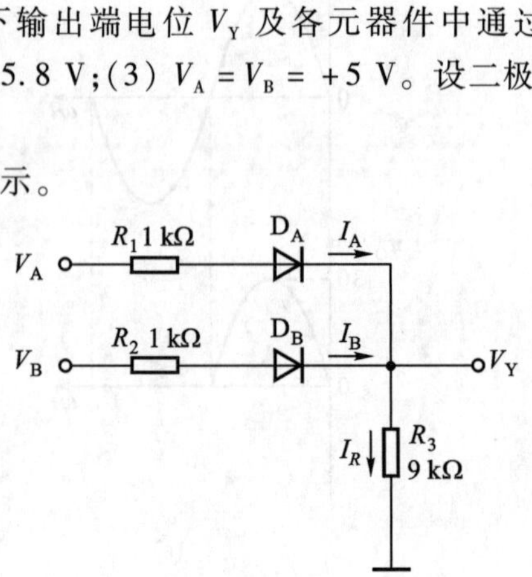

题解图 14.12

(1) D_A 导通,D_B 截止。

$$V_Y = \frac{R_3}{R_1 + R_3} \times V_A = \frac{9}{9+1} \times 10\ \text{V} = 9\ \text{V}$$

$$I_A = I_R = \frac{V_Y}{R_3} = \frac{9}{9}\ \text{mA} = 1\ \text{mA}$$

$$I_B = 0$$

(2) 设 D_A,D_B 均导通,由节点电压法可得到

$$V_Y = \frac{\frac{V_A}{R_1} + \frac{V_B}{R_2}}{\frac{1}{R_1} + \frac{1}{R_2} + \frac{1}{R_3}} = \frac{\frac{6}{1} + \frac{5.8}{1}}{\frac{1}{1} + \frac{1}{1} + \frac{1}{9}}\ \text{V} = 5.59\ \text{V}$$

两只二极管均正偏,假设成立。各元件电流分别为

$$I_R = \frac{V_Y}{R_3} = \frac{5.59}{9}\ \text{mA} = 0.62\ \text{mA}$$

$$I_A = \frac{V_A - V_Y}{R_1} = \frac{6 - 5.59}{1}\ \text{mA} = 0.41\ \text{mA}$$

$$I_B = \frac{V_B - V_Y}{R_2} = \frac{5.8 - 5.59}{1}\ \text{mA} = 0.21\ \text{mA}$$

(3) D_A,D_B 均导通。V_Y 及各元件电流分别为

$$V_Y = \frac{\frac{V_A}{R_1} + \frac{V_B}{R_2}}{\frac{1}{R_1} + \frac{1}{R_2} + \frac{1}{R_3}} = \frac{\frac{5}{1} + \frac{5}{1}}{\frac{1}{1} + \frac{1}{1} + \frac{1}{9}}\ \text{V} = 4.74\ \text{V}$$

$$I_R = \frac{V_Y}{R_3} = \frac{4.74}{9}\ \text{mA} = 0.53\ \text{mA}$$

$$I_A = I_B = \frac{1}{2} I_R = 0.26\ \text{mA}$$

14.3.10 在图 14.12 中,$U = 10$ V,$u = 30 \sin \omega t$ V。试用波形图表示二极管上电压 u_D。

解:二极管上电压 u_D 的波形图如题解图 14.13 所示,在 $u = 30 \sin \omega t$ V 电源的一个周期之内,当$(u + U) > 0$ 时,二极管正偏,$u_D = 0$;而当$(u + U) \leq 0$ 时,二极管截止,$u_D = (u + U)$。

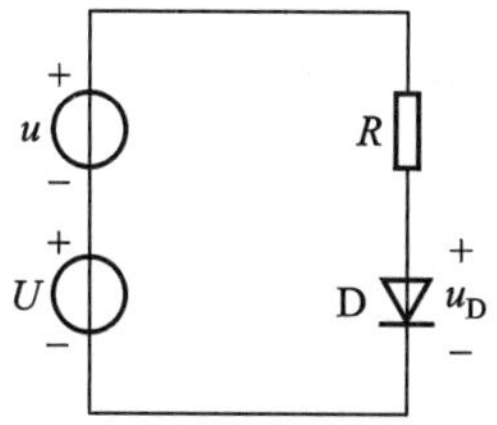

图 14.12 习题 14.3.10 的图

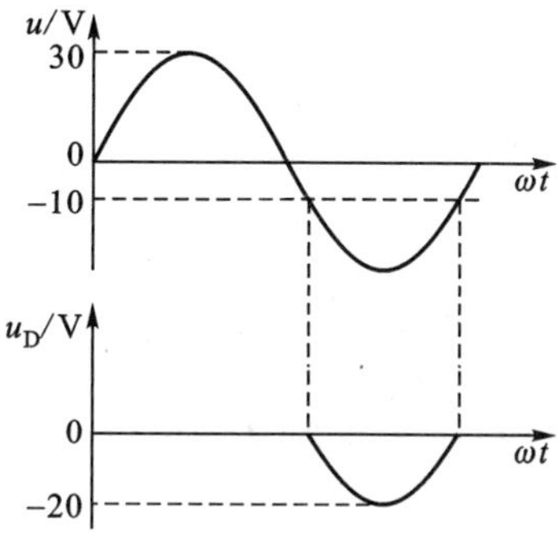

题解图 14.13

14.4.3 在图 14.13 中，$U=20\ \text{V}$，$R_1=900\ \Omega$，$R_2=1\ 100\ \Omega$。稳压二极管 D_Z 的稳定电压 $U_Z=10\ \text{V}$，最大稳定电流 $I_{ZM}=8\ \text{mA}$。试求稳压二极管中通过的电流 I_Z 是否超过 I_{ZM}？如果超过，怎么办？

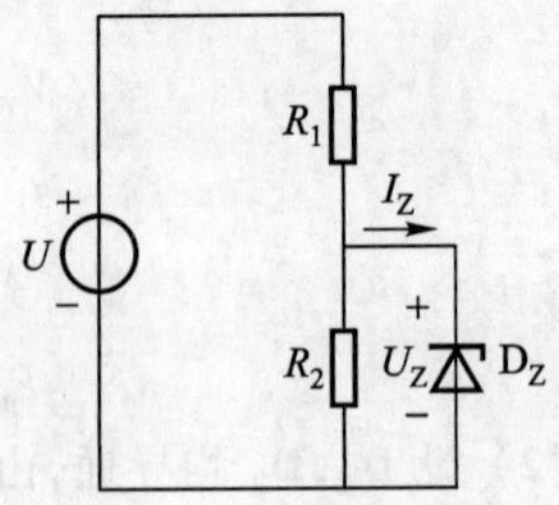

图 14.13　习题 14.4.3 的图

解： 稳压二极管电流可由下式求得

$$I_Z=\frac{E-U_Z}{R_1}-\frac{U_Z}{R_2}=\left(\frac{20-10}{900}-\frac{10}{1\ 100}\right)\ \text{A}$$

$$=0.002\ \text{A}=2\ \text{mA}<I_{ZM}$$

如果 I_Z 超过 I_{ZM}，将导致稳压二极管发热严重而损坏，适当增加限流电阻 R_1 可以解决这一问题。

14.4.4 有两只稳压二极管 D_{Z1} 和 D_{Z2}，其稳定电压分别为 5.5 V 和 8.5 V，正向压降都是 0.5 V。如果要得到 0.5 V、3 V、6 V、9 V 和 14 V 几种稳定电压，这两只稳压二极管（还有限流电阻）应该如何连接？画出各个电路图。

解： 各电路图分别如题解图 14.14(a)、(b)、(c)、(d)、(e)所示，注意稳压二极管 D_{Z1} 和 D_{Z2} 的稳定电压分别为 5.5 V 和 8.5 V，正向导通时的压降为 0.5 V。

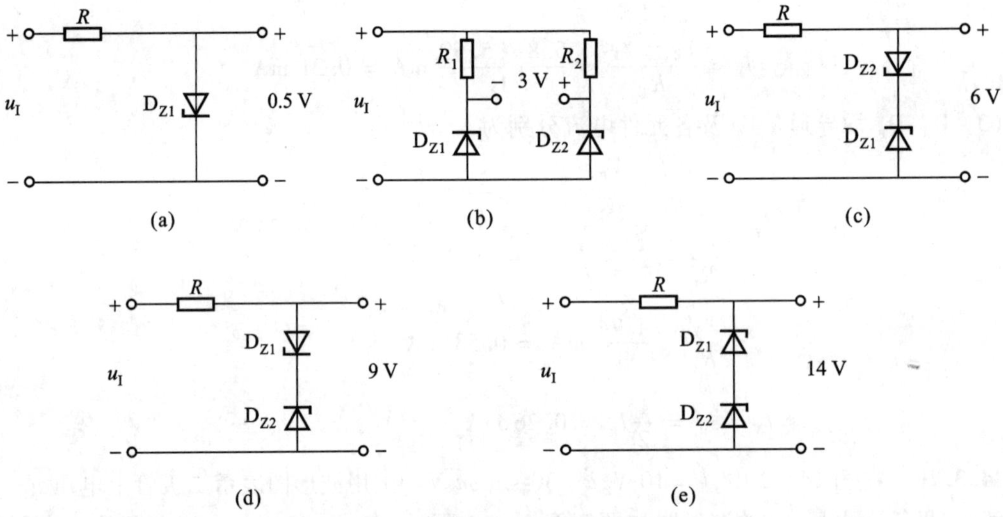

题解图 14.14

14.5.8 某一晶体管的 $P_{CM}=100\ \text{mW}$，$I_{CM}=20\ \text{mA}$，$U_{(BR)CEO}=15\ \text{V}$，试问在下列几种情况下，哪种是正常工作？(1) $U_{CE}=3\ \text{V}$，$I_C=10\ \text{mA}$；(2) $U_{CE}=2\ \text{V}$，$I_C=40\ \text{mA}$；(3) $U_{CE}=6\ \text{V}$，$I_C=20\ \text{mA}$。

解： 晶体管正常工作时应保证其 $U_{CE}<U_{(BR)CEO}$，$I_C<I_{CM}$ 以及 $P_C<P_{CM}$。由此判断可知：

(1) 满足以上要求，可正常工作。

(2) $I_C>I_{CM}$，虽然不至于损坏晶体管，但可导致电流放大倍数比正常时降低，不能正常工作。

(3) 集电结损耗 $P_C=U_{CE}I_C=6\ \text{V}\times 20\ \text{mA}=120\ \text{mW}>P_{CM}$，会导致晶体管温升超过允许值，损坏晶体管。

14.5.9 在图 14.14 所示的各个电路中，试问晶体管工作于何种状态？

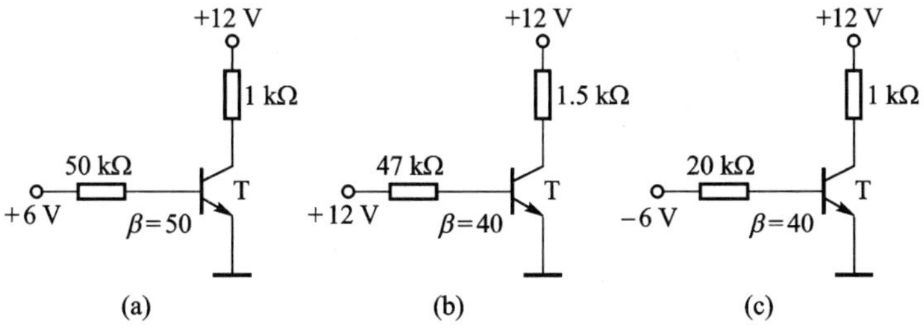

图 14.14　习题 14.5.9 的图

解:(a) 电路中

$$I_B \approx \frac{6}{50}\ \text{mA} = 0.12\ \text{mA}$$

$$I_C = 50 \times 0.12\ \text{mA} = 6\ \text{mA}$$

$$U_{CE} = 12\ \text{V} - 1\ \text{k}\Omega \times 6\ \text{mA} = 6\ \text{V}$$

发射结正偏,集电结反偏,晶体管工作于放大状态。

(b) 电路中

$$I_B \approx \frac{12\ \text{V}}{47\ \text{k}\Omega} = 0.255\ \text{mA}$$

晶体管饱和时的集电极电流约为

$$I_C = \frac{12\ \text{V}}{1.5\ \text{k}\Omega} = 8\ \text{mA}$$

晶体管临界饱和时的基极电流为

$$I'_B = \frac{I_C}{\beta} = \frac{8\ \text{mA}}{40} = 0.2\ \text{mA}$$

而基极电流

$$I_B \approx \frac{12\ \text{V}}{47\ \text{k}\Omega} = 0.255\ \text{mA}$$

大于 I'_B,晶体管工作在饱和状态。

(c) 电路中,由于发射结反偏,晶体管工作在截止状态。

14.5.10　图 14.15 是一自动关灯电路图(例如用于走廊或楼道照明)。在晶体管集电极电路接入 JZC 型直流电磁继电器的线圈 KA,线圈的功率和电压分别为 0.36 W 和 6 V。晶体管 9013 的电流放大系数 β 为 200。当将按钮 SB 按一下后,继电器的动合触点闭合,40 W/220 V的照明灯 EL 点亮,经过一定时间自动熄灭。(1) 试说明其工作原理;(2) 刚将按钮按下时,晶体管工作于何种状态? 此时 I_C 和 I_B 各为多少? β 是否为 200? 设饱和时 $U_{CE} \approx 0$;(3) 刚饱和时 I'_B为多少? 此时电容上电压衰减到约为多少伏? (4) 图中的二极管 D 作何用处?

解:(1) 电路的工作原理如下:按下 SB 按钮,电容电压迅速充电到电源电压 +6 V,晶体管饱和导通。集电极电流流过继电器线圈,串联在照明灯回路的触点闭合,照明灯 EL 点亮。

从释放 SB 按钮开始，储存在电容中的能量仍能维持晶体管饱和导通一定时间，继电器吸合。随着电容放电，电容电压和晶体管基极电流逐渐减小，晶体管逐渐退出饱和工作状态，使得集电极电流开始减小。当集电极电流不足以维持继电器的电磁吸力时，继电器触点断开，照明灯熄灭。

（2）刚按下按钮时，电容电压迅速上升至 6 V，晶体管基极电流为

$$I_B \approx \frac{6\ \text{V}}{5\ \text{k}\Omega} = 1.2\ \text{mA}$$

由已知可求得继电器线圈的等效电阻为

$$R_{KA} = \frac{(6\ \text{V})^2}{0.36\ \text{W}} = 100\ \Omega$$

晶体管的临界饱和集电极电流约为

$$I'_C = \frac{U_{CC}}{R_{KA}} = \frac{6\ \text{V}}{100\ \Omega} = 60\ \text{mA}$$

临界饱和基极电流约为

$$I'_B = \frac{I'_C}{\beta} = \frac{60}{200}\ \text{mA} = 300\ \mu\text{A}$$

I_B 远超过晶体管饱和时所需要的最小基极电流 I'_B，晶体管处于饱和工作状态。

此时集电极电流

$$I_C \approx \frac{6\ \text{V}}{100\ \Omega} = 60\ \text{mA}$$

晶体管电流放大系数约降低为

$$\beta = \frac{60\ \text{mA}}{1.2\ \text{mA}} = 50$$

（3）刚饱和时的 I'_B 由前面计算可知为 300 μA。此时电容电压约为

$$U_C = (5\ \text{k}\Omega \times 0.3\ \text{mA}) + 0.6\ \text{V} = 2.1\ \text{V}$$

（4）二极管的作用是给继电器线圈电感的储能提供一个泄放通路，以防止在晶体管由导通工作状态变为截止工作状态时电感两端出现高压，击穿晶体管。

14.6.1 图 14.16 是一声光报警电路。在正常情况下，B 端电位为 0 V；若前接装置发生故障时，B 端电位上升到5 V。试分析之，并说明电阻 R_1 和 R_2 起何作用？

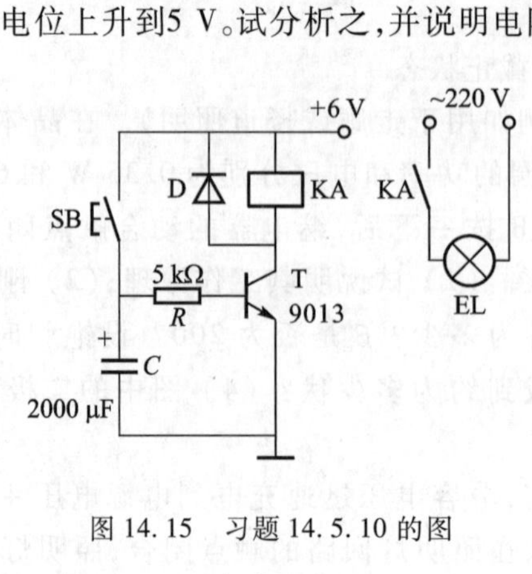

图 14.15　习题 14.5.10 的图

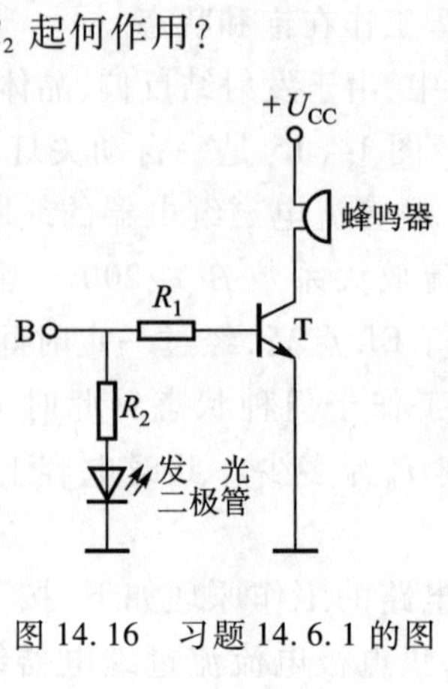

图 14.16　习题 14.6.1 的图

解:正常情况时,B点零电位,发光二极管截止,不发光。晶体管截止,蜂鸣器不工作。前端发生故障时,B点电位为5 V,发光二极管正向导通,晶体管饱和。发光二极管和蜂鸣器发出声光报警。R_1 用来限制晶体管基极电流,保护晶体管。R_2 用来限制发光二极管正向导通电流。

C 拓 宽 题

14.3.11 图14.17(a)所示是一种二极管钳位电路,当输入 u_i 是如图14.17(b)所示的三角波时,试画出 u_O 的波形。二极管正向压降可忽略不计。

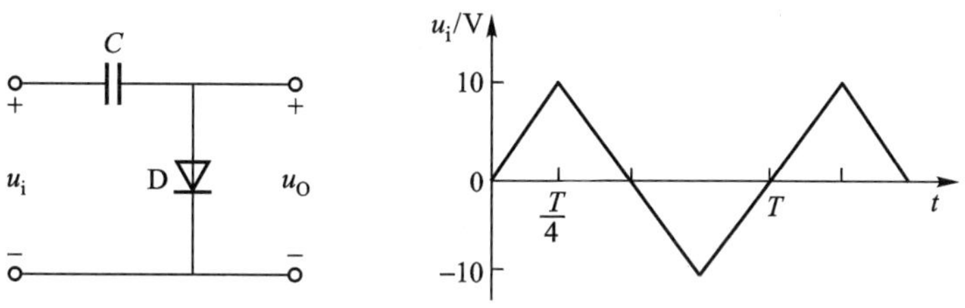

(a) (b)

图14.17 习题14.3.11的图

解:将输入 u_i 看成是一内阻为零的电压源,u_i 第一个四分之一周期,二极管D正偏导通,电容电压线性增长到10 V,此段时间内,输出电压 $u_O=0$ V。此后由于电容没有放电路径,保持10 V不变,输入 u_i 和电容电压的叠加始终小于0 V,二极管截止。对应输入电压 u_i 的输出电压 u_O 如题解图14.15所示。

14.5.11 图14.18所示是继电器延时吸合的电路,从开关S断开时计时,当集电极电流增加到10 mA时,继电器KA吸合。

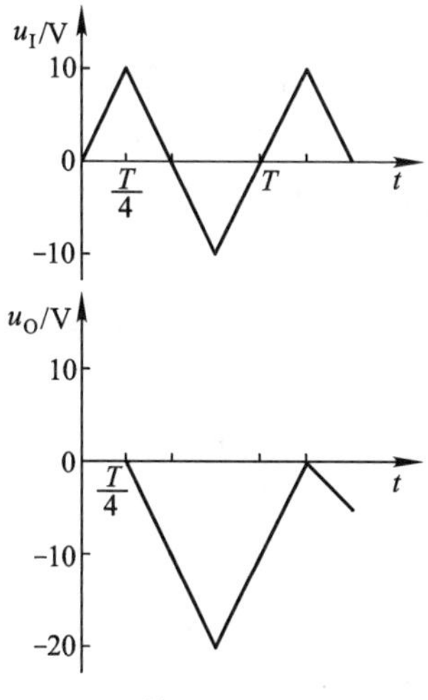

题解图14.15

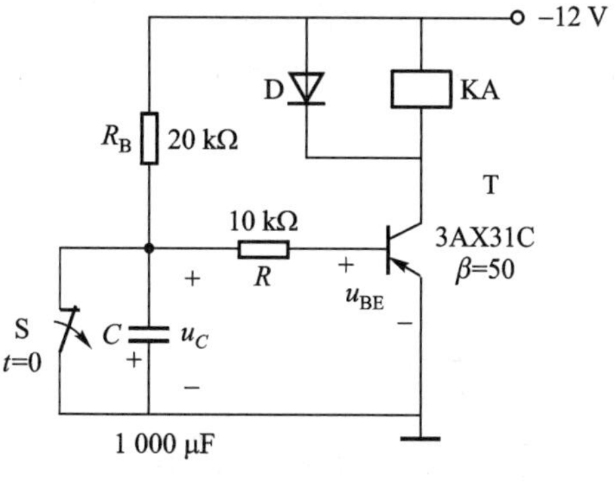

图14.18 习题14.5.11的图

(1) 分析该电路的工作原理。

(2) 刚吸合时电容元件 C 两端电压为多少伏(锗管 U_{BE} 很小,可忽略不计)?

(3) S 断开后经多少秒延时继电器吸合(提示:可应用戴维宁定理计算电容元件充电到达的稳态值)?

解:(1) 开关 S 闭合时,$u_C=0$ V,晶体管 T 发射结零偏截止,集电极电流为零。继电器 KA 不动作。当开关 S 断开时,-12 V 电源经 R_B 电阻给电容充电,当电容电压负向充电到使得晶体管出现基极电流,并且使其集电极电流达到 10 mA 时,继电器 KA 吸合。

(2) 如果认为继电器 KA 刚吸合时,晶体管 T 仍工作在放大区,可知此时所需的基极电流为

$$|I_B|=\frac{|I_C|}{\beta}=\frac{10}{50}\text{ mA}=0.2\text{ mA}$$

由于此时

$$|I_B|\approx\frac{|u_C|}{R}$$

所以此时

$$|u_C|=R\times|I_B|=10\text{ k}\Omega\times0.2\text{ mA}=2\text{ V}$$

极性为上负下正。

(3) $t=0$ 时,S 断开,电容 C 充电的等效电路如题解图 14.16 所示。

电容 C 的充电时间常数为

$$\tau=(R_B/\!/R)C\approx6.7\text{ k}\Omega\times1\,000\ \mu\text{F}=6.7\text{ s}$$

$$u_C=-4(1-e^{-\frac{t}{6.7}})\text{ V}$$

电容电压从 0 V 变化到 -2 V 所经过的时间就是继电器延时吸合的时间 t。

$$t=-6.7\ln\left(\frac{-2+4}{4}\right)\text{s}=6.7\times0.69\text{ s}\approx4.6\text{ s}$$

14.5.12 如何用万用表判断出一只晶体管是 NPN 型还是 PNP 型?如何判断出管子的三个管脚?又如何通过实验来区别是锗管还是硅管?

解:将万用表的黑表笔(电源正极)或红表笔(电源负极)固定接在某一管脚上,然后用红表笔分别接在另外两只管脚测试其电阻值,直到某一个管脚与其他两个管脚之间均呈低阻值为止。如果是固定黑表笔时另外两管脚同时测得低电阻,则晶体管为 NPN 型,黑表笔所接的是基极,如果固定的是红表笔,则是 PNP 型晶体管,红表笔所接为基极。

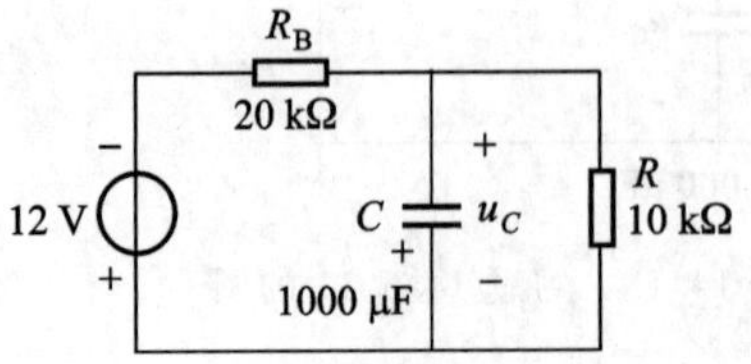

题解图 14.16

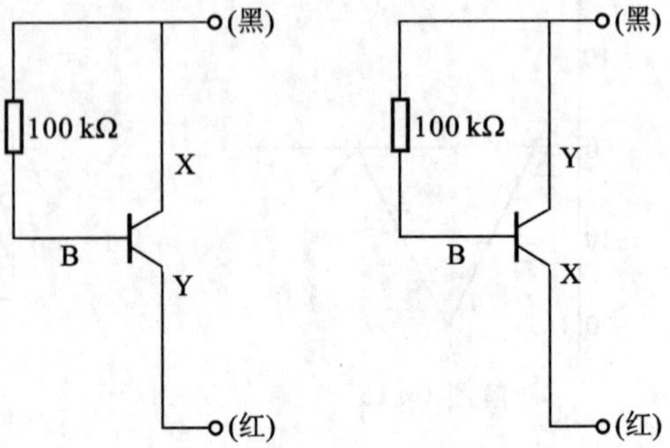

题解图 14.17

知道了基极管脚和管子的类型之后，可将 NPN 型晶体管按题解图 14.17 所示接法，基极通过一只 100 kΩ 电阻接黑表笔，然后将未知的两个管脚 X 和 Y 分别接黑表笔和红表笔，然后对调一次 X 和 Y 管脚。两次测量中电阻比较小的那次说明晶体管集 - 射极之间导通，发射结正偏，接在黑表笔的为集电极，红表笔一侧是发射极。确定了三个管脚之后，可通过测量发射结导通压降的大小来判断是硅管还是锗管，硅管约为 0.6 V，而锗管约为 0.2 V。对于 PNP 型晶体管，读者可自行分析，注意基极电阻固定接红表笔。

第15章 基本放大电路

本章是学习模拟电子技术的重要基础。主要讨论了由分立元件组成的各种基本放大电路，重点介绍了共发射极放大电路和射极输出器电路，包括它们的基本结构和工作原理，以及静态和动态分析方法，介绍了放大电路的频率特性和放大电路的多级连接。简要介绍了基本差分放大电路、互补对称功率放大电路。此外，还介绍了场效晶体管的结构、工作原理以及由其组成的放大电路。

15.1 内容要点与阅读指导

晶体管本身仅具有电流放大能力，它是怎样实现电压信号放大的？静态工作点的设置及其稳定对放大电路会产生什么影响？放大电路具有哪些常用的类型？这些类型适用于哪些应用场合？描述放大电路性能的主要参数是什么？场效晶体管和晶体管有什么区别？这是本章学习的主要内容。

1. 晶体管放大电路的组成

晶体管放大电路的实质是利用工作于放大区的晶体管集电极电流对基极电流的放大作用，或者说是利用基极电流对集电极电流的控制能力，将输入小信号转化为较大的输出信号。以教材图 15.1.2 所示的共射极基本交流信号放大电路为例，放大电路的组成应有以下几个功能：

（1）设置合适的静态工作点，提供合适的直流偏置以保证晶体管工作于放大区。

（2）将输入交流信号耦合到放大电路的输入端，使晶体管的输入电流产生与之相同规律的变化。

（3）将晶体管的电流放大作用转化为电压放大作用，并将放大的交流信号耦合到负载。

2. 放大电路的静态

所谓静态，是指放大电路的交流输入信号为零的工作状态。静态工作点是指在静态时由 I_B，I_C，U_{CE}这三个参数所确定的晶体管输出特性曲线上的工作点位置。晶体管中不能流过交流电流，所以输入交流是叠加在这个静态值基础上在放大电路中工作的，保证晶体管中电流电压的瞬时值始终是大于零，而且动态工作点始终位于线性工作区。

静态分析就是依据放大电路的直流通路分析直流工作状态，确定电路的静态值 I_B、I_C、U_{CE}。可以用图解法和估算法进行放大电路的静态分析，其中图解法可直观地了解静态工作点在晶体管特性曲线上的位置，判断其设置是否合适。实际中更多采用估算法进行静态分析，认为 U_{BE} 已知，然后根据晶体管的电流分配关系进行电路计算。

3. 放大电路的动态

动态是指放大电路有交流信号输入时的工作状态。放大电路在工作时是直流和交流信号叠加在一起的，动态分析是依据放大电路的交流通路来分析交流成分的传输情况，进而分析放大电路的动态性能。由于晶体管是非线性元件，所以用图解法和近似的微变等效电路法来分析。图解法有利于进一步理解放大电路的工作原理，了解放大电路的信号传输过程，理解合理设置静态工作点的重要性和产生非线性失真的原因。而微变等效电路法是在小信号的条件下，将晶体管等效为一个线性元件，对放大电路进行近似的线性分析，计算其放大倍数、输入电阻和输出电阻等动态性能指标。

4. 静态工作点的稳定

静态工作点的稳定是保证放大电路性能稳定的重要条件，影响静态工作点稳定性的主要因素是晶体管的参数易受温度变化的影响。采用温度稳定性高的晶体管和分压式偏置电路均可以减小静态工作点的漂移。在分压式偏置电路中，选择合适的发射极电阻 R_E 值，可以兼顾到静态工作点的位置和稳定性，发射极电阻的旁路电容可以减小和消除其对放大倍数的不利影响。

5. 频率特性

由于耦合电容、旁路电容、晶体管的结电容以及分布电容的影响，放大电路对不同频率的交流信号所反映出的动态性能是不相同的，引起所谓频率失真，所以希望放大电路具有较宽的通频带。

6. 射极输出器

共发射极放大电路和射极输出器是最常用的两种基本放大电路。二者相比，射极输出器具有更大的输入电阻和更低的输出电阻，常用来作为放大器的前置输入级和功率输出级，以减小放大器对输入信号源的影响和提高放大器的带载能力。

题解表 15.01 总结了几种基本交流放大电路的特点。

题解表 15.01　几种基本交流放大电路

	基本电路	微变等效电路	静态参数	动态参数
固定偏置电路	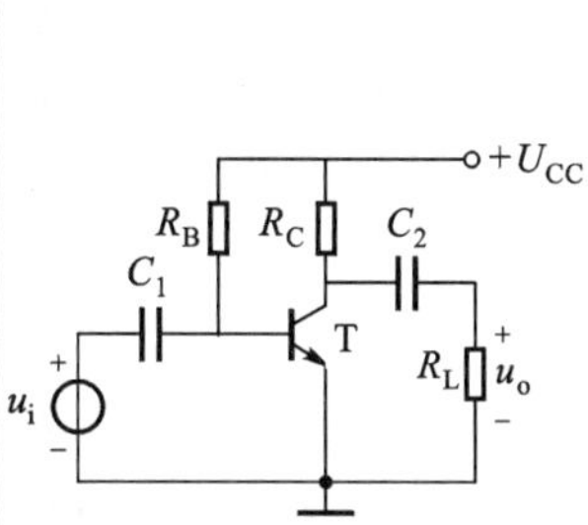	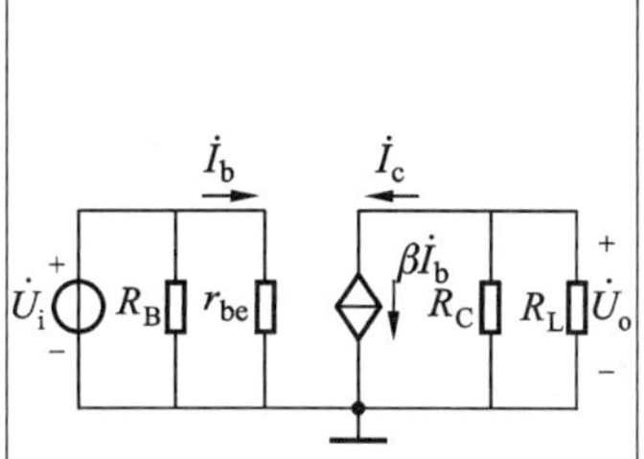	$I_B \approx \dfrac{U_{CC}}{R_B}$ $I_C = \beta I_B$ $U_{CE} = U_{CC} - R_C I_C$	$A_u = -\beta \dfrac{R'_L}{r_{be}}$ $r_i = R_B // r_{be}$ $r_o \approx R_C$

续表

<table>
<tr><th></th><th>基本电路</th><th>微变等效电路</th><th>静态参数</th><th>动态参数</th></tr>
<tr><td rowspan="2">分压偏置电路</td><td>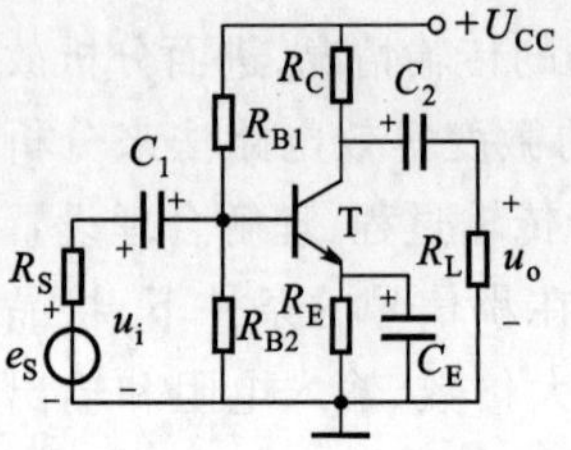
</td><td>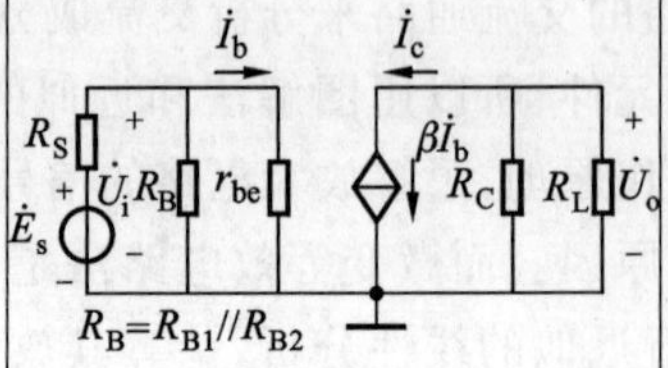
</td><td>$V_B=\frac{R_{B2}}{R_{B1}+R_{B2}}U_{CC}$
$I_C\approx I_E=\frac{V_B-U_{BE}}{R_E}$
$I_B\approx\frac{I_C}{\beta}$
$U_{CE}=$
$U_{CC}-(R_C+R_E)I$</td><td>$A_u=-\beta\frac{R'_L}{r_{be}}$
$r_i=R_{B1}//R_{B2}//r_{be}$
$r_o\approx R_C$</td></tr>
<tr><td>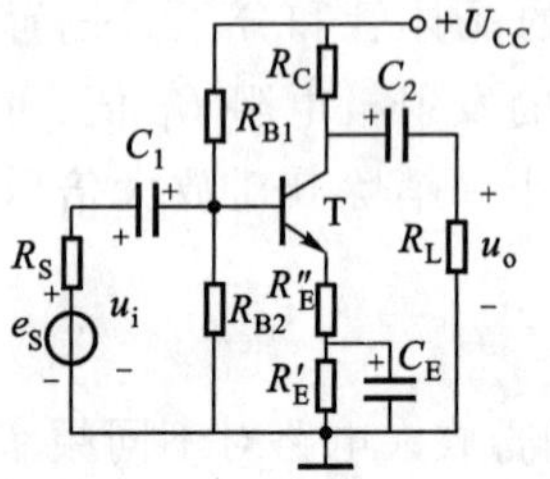
</td><td>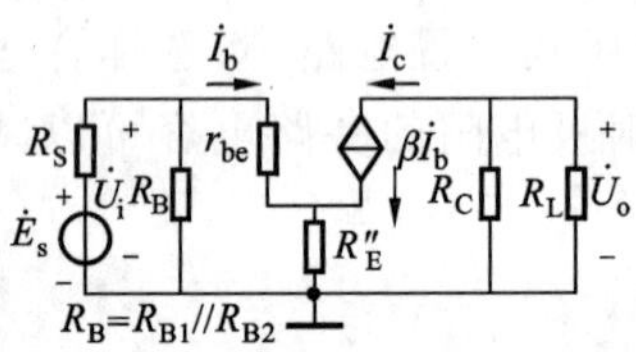
</td><td>$V_B=\frac{R_{B2}}{R_{B1}+R_{B2}}U_{CC}$
$I_C\approx I_E=\frac{V_B-U_{BE}}{R'_E+R''_E}$
$I_B\approx\frac{I_C}{\beta}$
$U_{CE}=U_{CC}-$
$(R_C+R'_E+R''_E)I_C$</td><td>$A_u=-\beta\frac{R'_L}{r_{be}+(1+\beta)R''_E}$
$r_i=R_{B1}//R_{B2}$
$//[r_{be}+$
$(1+\beta)R''_E]$
$r_o\approx R_C$</td></tr>
<tr><td>射极输出器</td><td>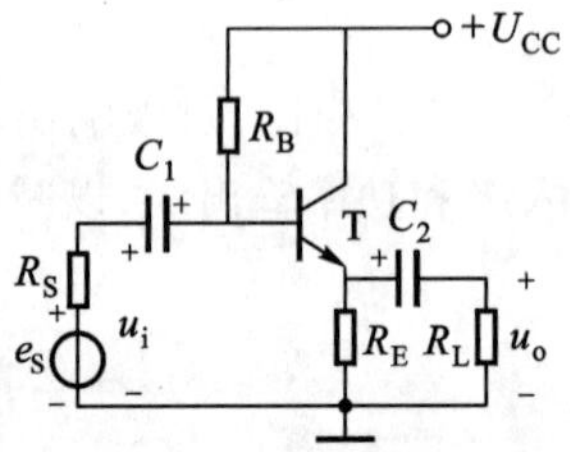
</td><td>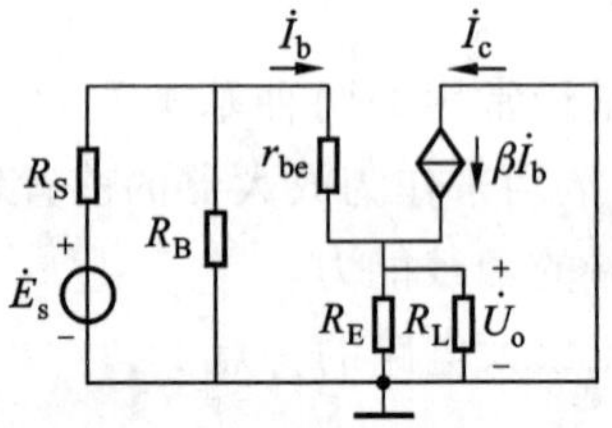
</td><td>$I_B=\frac{U_{CC}}{R_B+(1+\beta)R_E}$
$I_C=\beta I_B$
$U_{CE}=U_{CC}-R_EI_C$</td><td>$A_u=\frac{(1+\beta)R_E}{r_{be}+(1+\beta)R_E}\approx1$
$r_i=R_B//[r_{be}+$
$(1+\beta)R_E]$
$r_o\approx\frac{r_{be}+R_S}{\beta}$</td></tr>
</table>

7. 差分放大电路

采用差分放大电路是解决直接耦合放大电路零点漂移问题的重要手段，零点漂移主要是温度变化产生的温度漂移。差分放大电路中，采用了对称的电路结构和较大的发射极共模抑制电阻 R_E，对以共模信号形式输入的零点漂移信号具有极强的抑制作用，而对以差模信号形式输入的有用信号进行有效的放大。

8. 功率放大电路

功率放大电路主要的问题是效率和波形失真，甲乙类和乙类工作状态的放大电路依靠降低静态工作点可以提高效率，但是产生了严重的失真。解决波形失真的常用手段就是采用互补的电路结构。

9. 场效晶体管及其放大电路

场效晶体管是一种电压控制型器件，输出电流受输入电压的控制，基本不需要输入电流，具有极高的输入电阻,因而可以组成高输入电阻的放大电路。这部分内容请参考本章练习与思考15.9.1~15.9.8答案。

15.2 基本要求

1. 理解基本放大电路的组成和工作原理。掌握放大电路静态和动态参数的定量分析方法。

2. 理解稳定静态工作点的意义,理解分压式偏置电路稳定静态工作点的原理。

3. 熟悉射极输出器电路的特点并加以正确利用。

4. 了解放大电路的频率特性,理解频率失真和通频带的概念。

5. 了解差分放大电路的结构和工作原理,理解其对共模信号和差模信号的不同放大作用。

6. 了解互补对称功率放大电路的结构和工作原理。

7. 了解MOS场效晶体管的结构和工作原理,理解其控制特点。了解共源极放大电路的偏置电路和放大原理。

15.3 重点与难点

1. 重点

(1) 放大电路的静态工作点及其对输出波形失真的影响。稳定静态工作点的意义及其实现方法。

(2) 放大电路的直流通路和交流通路。耦合电容和旁路电容的处理。

(3) 晶体管为非线性元件,在一定条件下近似为线性元件,从而得到晶体管和放大电路的微变等效电路,它是估算放大电路动态参数指标的线性电路模型。

(4) 输入电阻和输出电阻的物理意义及其对放大器性能的影响。

(5) 射极输出器的特点和应用。

2. 难点

(1) 理解图解分析放大电路静态和动态过程的方法,这是掌握模拟电子电路的重要基础。工程上对于小信号放大电路一般并不采用图解分析方法,但是图解分析法对于理解放大电路静态工作点的设置,非线性失真以及信号的放大过程具有非常重要的作用。

(2) 理解直流恒压源对交流信号的短路作用。

(3) 理解功率放大电路工作效率的主要影响因素和提高效率的方法。

15.4　知识关联图

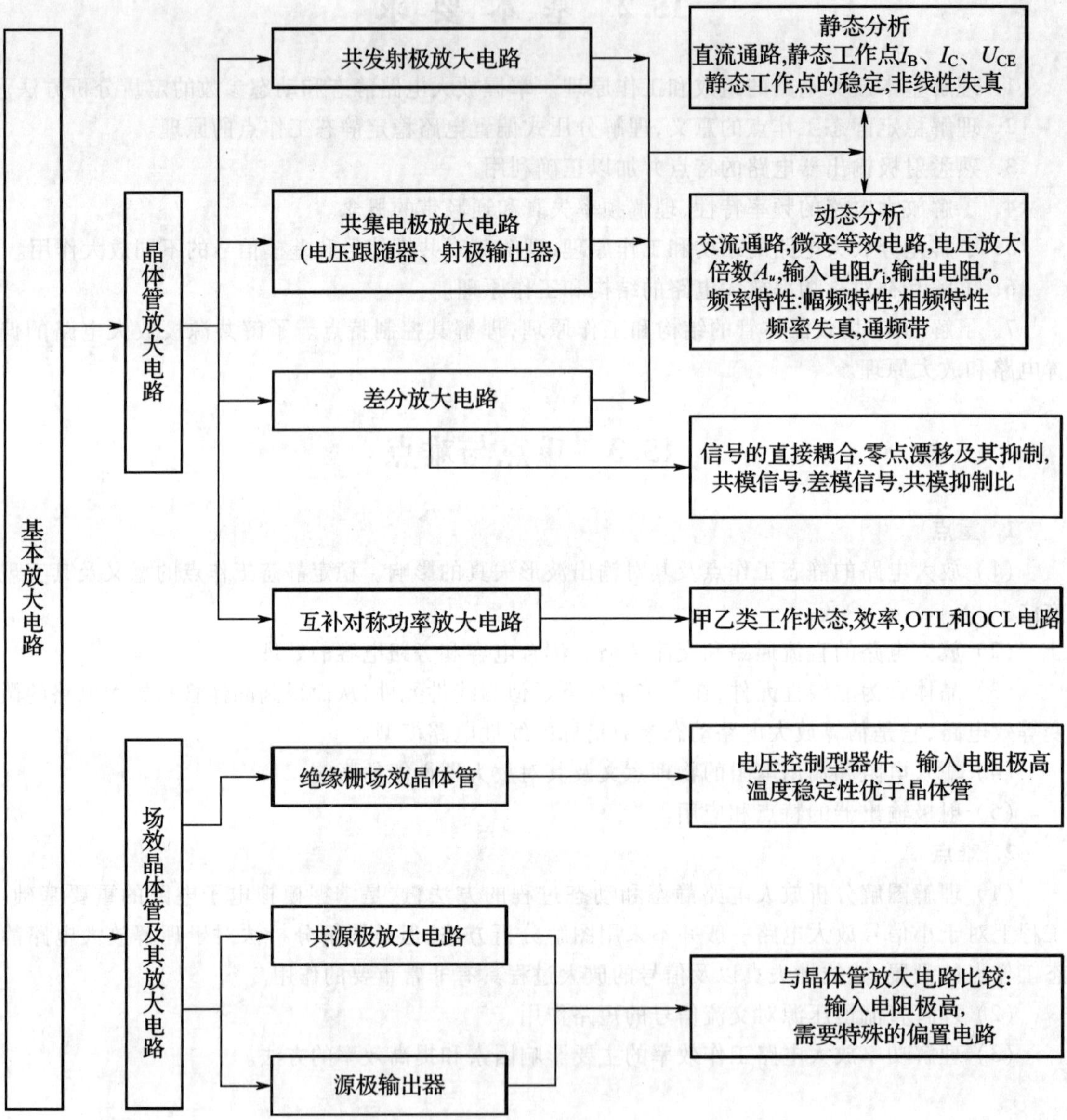

15.5　【练习与思考】题解

15.2.1　改变 R_C 和 U_{CC} 对放大电路的直流负载线有什么影响?

解: 对于共发射极放大电路,其直流负载线的方程是

$$U_{CE} = U_{CC} - R_C I_C$$

该直线在横轴上的截距为 U_{CC}，在纵轴上的截距为$\frac{U_{CC}}{R_C}$。U_{CC}增加时直线将平行上移，反之则下移，斜率不变。而改变 R_C 时，改变了直线在纵轴的截距，斜率随之改变。

15.2.2 分析图 15.2.2，设 U_{CC}和 R_C 为定值。

（1）当 I_B 增加时，I_C 是否成正比地增加？最后接近何值？这时 U_{CE}的大小如何？

（2）当 I_B 减小时，I_C 作何变化？最后达到何值？这时的 U_{CE}约等于多少？

解：将图 15.2.2 重画于题解图 15.01。

（1）I_B 增加时，如果静态工作点仍在线性区，则 I_C 将成正比地增加。I_B 继续增加，工作点进入饱和区，I_C 不再与 I_B 成正比。最后，$I_C \approx \frac{U_{CC}}{R_C}$，$U_{CE} \approx 0$。

（2）当 I_B 减小时，I_C 也随之减小，最后趋于零。这时的 $U_{CE} \approx U_{CC}$。

15.2.3 在例 15.2.2 中，如果（1）R_C 不是 4 kΩ，而是 40 kΩ 或 0.4 kΩ；（2）R_B 不是 300 kΩ，而是 3 MΩ 或 30 kΩ，试分别说明对静态工作点的影响，放大电路能否正常工作？

解：例 15.2.2 中的放大电路为固定偏置的共发射极基本交流放大电路，$U_{CC}=12$ V，$R_C=4$ kΩ，$R_B=300$ kΩ。

（1）由于基极偏置电阻不变，所以基极电流是不变的，仍为 40 μA，改变 R_C 时，直流负载线在纵轴的截距发生变化。题解图 15.02 画出了 R_C 分别为 4 kΩ、40 kΩ 和 0.4 kΩ 时的直流负载线，比较图中的三个静态工作点 Q_1、Q_2 和 Q_3 处于直流负载线的位置可以看出，当 $R_C=4$ kΩ 时，静态工作点 Q_1 基本位于直流负载线的中心位置，交流输入信号引起 I_B 变化时，U_{CE}相对具有更大的线性工作区间，可以得到较大的交流电压放大倍数。当 $R_C=40$ kΩ 时，静态工作点 Q_2 位于饱和区，$I_C \approx \frac{U_{CC}}{R_C}=\frac{12}{40}$ mA $=0.3$ mA，$U_{CE} \approx 0$，放大电路无法正常工作，出现饱和失真。而当 $R_C=0.4$ kΩ时，直流负载线已接近垂直于横轴，$U_{CE} \approx U_{CC}=12$ V，静态工作点 Q_3 位于直流负载线靠近于截止区的位置，U_{CE}以静态工作点为中心的线性工作区间明显减小，无法获得较高的电压放大倍数，而且输入交流信号使 I_B 减小时，工作点很快就会进入截止区，出现截止失真。

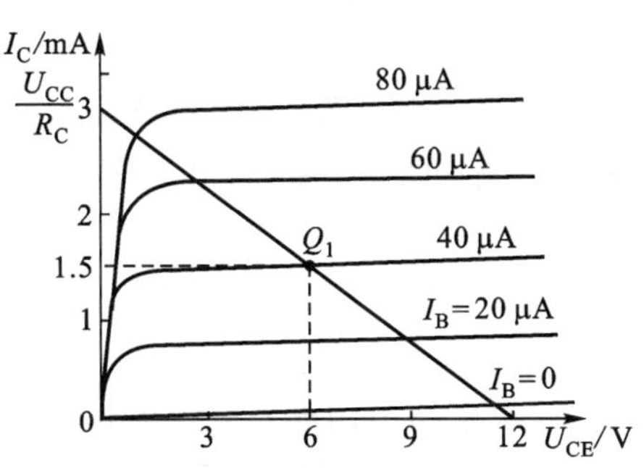

题解图 15.01

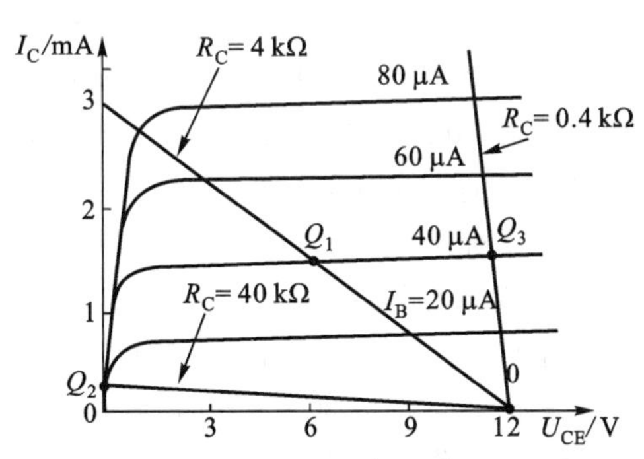

题解图 15.02

（2）如果保持 $U_{CC}=12$ V 和 $R_C=4$ kΩ 不变，仅改变 R_B 时，则直流负载线仍为题解图 15.02 中 $R_C=4$ kΩ 的那条直线。当 $R_B=3$ MΩ 时，I_B 仅有约 4 μA，静态工作点位于截止区。当 $R_B=30$ kΩ 时，I_B 约为 400 μA。从图中可以看出，当 I_B 为 80 μA 时，晶体管已处于临界饱和状态，所

以 I_B 为 400 μA 时，晶体管已经处于深度饱和状态。

15.2.4 在图 15.2.1 所示的电路中，如果调节 R_B 使基极电位升高，试问此时 I_C、U_{CE} 及集电极电位 V_C 将如何变化？

解：将图 15.2.1 重画于题解图 15.03，电路为共发射极基本交流放大电路的直流通路。

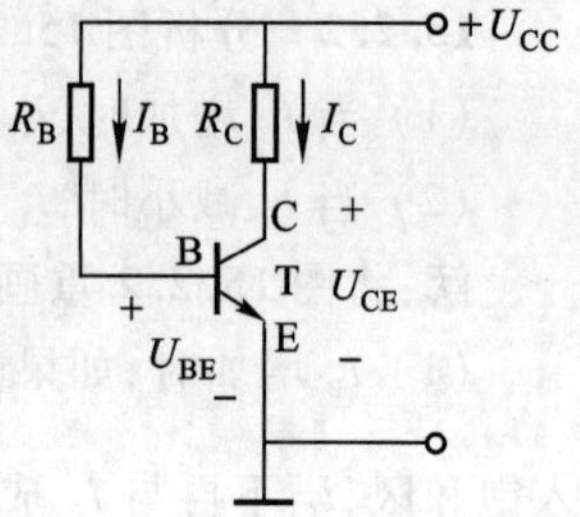

题解图 15.03

由晶体管输入特性可知，基极电位升高，则发射结正偏电压变大，基极电流 I_B 增加，集电极电流 I_C 随之增加。图 15.03 中的集电极电位 V_C 大小等于 U_{CE}，由其直流负载线方程

$$U_{CE} = U_{CC} - R_C I_C$$

可知，I_C 的增加使 U_{CE} 和 V_C 降低。

15.2.5 在图 15.2.1 中，$R_B = 240\ \text{k}\Omega$，$R_C = 3\ \text{k}\Omega$，$U_{CC} = 12\ \text{V}$，晶体管 $\beta = 40$。由于晶体管损坏换上一个 $\beta = 80$ 的新管。试问：

(1) 若保持 I_C 不变，应将 R_B 调整为多少？

(2) U_{CE} 有无改变，等于多少？本题 U_{BE} 可忽略不计。

解：电路图重画于题解图 15.03。

(1) 原电路的基极电流 I_B 和集电极电流 I_C 分别为

$$I_B \approx \frac{U_{CC}}{R_B} = \frac{12\ \text{V}}{240\ \text{k}\Omega} = 0.05\ \text{mA}$$

$$I_C = \beta I_B = 40 \times 0.05\ \text{mA} = 2\ \text{mA}$$

如果保持 I_C 不变，而将晶体管 β 调整为原来的 2 倍，即 $\beta = 80$，则应将基极电流 I_B 减小为原来的二分之一。由 I_B 的计算公式可知，此时应将 R_B 调整为原来的一倍，即 $R_B = 480\ \text{k}\Omega$。

(2) 因为 $U_{CE} = U_{CC} - R_C I_C$，$U_{CE}$ 将不会发生变化，其值为

$$U_{CE} = (12 - 3 \times 2)\ \text{V} = 6\ \text{V}$$

15.2.6 如果放大电路中用的是 3DG100A 型晶体管，试问能否用 18 V 的集电极电源？

解：查教材附录 B 得知：3DG100A 的 $U_{(BR)CEO}$ 不小于 20 V，所以可用 18 V 的集电极电源。

15.3.1 区别交流放大电路的(1) 静态工作和动态工作；(2) 直流通路与交流通路；(3) 直流负载线与交流负载线；(4) 电压和电流的直流与交流分量。

解：正确区分放大电路的静态工作和动态工作、直流通路和交流通路、直流负载线和交流负载线以及信号的直流分量和交流分量，不仅有助于理解放大电路的工作原理，也是分析、计算放大电路性能指标所必需。

(1) 交流放大电路的静态工作是指输入交流信号 u_i 为零时的工作状态，即直流工作状态；动态工作是指输入交流信号 $u_i \neq 0$ 时的工作状态。

(2) 直流通路是指静态工作时直流电流通过的路径，此时电路中的电容应视为开路。交流通路是指动态工作时交流电流通过的路径，电容在交流通路中可视为短路，直流恒压源端电压不变，相当于一个无穷大的电容，对交流电流也应看成短路。

(3) 直流负载线是放大电路静态工作点的移动轨迹，而交流负载线是动态工作点的移动轨迹。

(4) 放大电路的直流分量就是其静态值。动态工作时，输入信号使晶体管的电流和电压在

静态值的基础上发生变化，这一变化量就是交流分量。

15.3.2 在图 15.1.1 中，电容 C_1 和 C_2 两端的直流电压和交流电压各应等于多少？并说明其上直流电压的极性。

解：为方便说明，将图 15.1.1 重新画于题解图 15.04 中。电容 C_1 两端的直流电压等于 U_{BE}，电容 C_2 两端的直流电压等于 U_{CE}。因为 C_1 和 C_2 的电容量比较大，对交流信号的阻抗作用小，其上的交流压降可以忽略。电容上直流电压的极性见题解图 15.04。

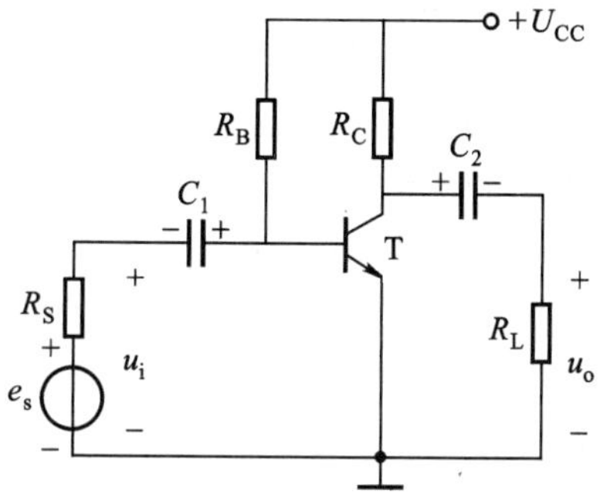

题解图 15.04

15.3.3 在图 15.1.1 中，用直流电压表测得的集电极对"地"电压和负载电阻 R_L 上的电压是否一样？用示波器观察集电极对"地"的交流电压波形和集电极电阻 R_C 及负载电阻 R_L 上的交流电压波形是否一样？分析原因。

解：重画电路图见题解图 15.04。用直流电压表测量集电极对"地"电压时，测得的是集－射极电压的平均值，即直流分量。因为输出端有耦合电容，负载电阻 R_L 上的电压是集－射极电压的交流分量，用直流电压表测得的是交流分量的平均值，如果输入是正弦交流电压，测量结果为零。

用示波器的交流挡观察波形时，示波器的输入通道内部串联接入了隔直电容，所以只能观察到信号的交流分量。从放大电路交流通路可以看出，交流通路中的集电极电阻 R_C 及负载电阻 R_L 是并联在晶体管集电极与"地"之间的，如果示波器的测试探头接法满足一定条件，三个电压波形会完全相同。

15.3.4 晶体管用微变等效电路来代替，条件是什么？

解：在输入为小信号的情况下，静态工作点附近的晶体管特性曲线非常接近于直线，晶体管特性就可以用线性元件电路模型来近似地描述。

15.3.5 电压放大倍数 A_u 是否与 β 成正比？

解：共发射极放大电路的电压放大倍数为 $A_u = -\beta \dfrac{R'_L}{r_{be}}$

其中 r_{be} 约为

$$r_{be} = 200\ \Omega + (\beta + 1)\frac{26\ \text{mV}}{I_E(\text{mA})}$$

可见电压放大倍数 A_u 与 β 并非简单的正比关系。

15.3.6 为什么说当 β 值一定时，通过增大 I_E 来提高放大倍数是有限制的？试从 I_C 和 r_{be} 两个方面来说明。

解：从共发射极放大电路的电压放大倍数以及 r_{be} 与 I_E 的关系来看，当 β 值一定时，适当增大 I_E 可以减小 r_{be}，从而提高电压放大倍数。但是，当 I_E 增大时，$I_C(\approx I_E)$ 也随之增大，静态工作点向上移动，更加靠近饱和区，使放大电路的动态工作范围减小，容易造成放大电路饱和失真。

15.3.7 能否增大 R_C 来提高放大电路的电压放大倍数？当 R_C 过大时对放大电路的工作有何影响？设 I_B 不变。

解：适当增大 R_C 可以提高放大电路的放大倍数，但是 R_C 过大时，会使静态工作点靠近饱和区，引起放大倍数的降低和饱和失真。

15.3.8 r_{be}、r_{ce}、r_i、r_o 是交流电阻还是直流电阻？它们各是什么电阻？在 r_o 中包括不包括负载电阻 R_L？

解：r_{be}，r_{ce}，r_i，r_o 均为交流电阻，其中 r_{be} 是在小信号条件下的晶体管等效输入电阻；r_{ce} 是其等效输出电阻；r_i 是放大电路的输入电阻；r_o 是放大电路的输出电阻，计算 r_o 时不包含负载电阻 R_L。

15.3.9 通常希望放大电路的输入电阻高一些好，还是低一些好？对输出电阻呢？放大电路的带负载能力是指什么？

解：通常希望放大电路的输入电阻高一些，一方面可以减轻信号源的负担，另一方面，对于一些高内阻的信号源，可以使加在放大电路输入端的信号幅度更大一些，能够更有效地放大信号。

输出电阻一般越低越好，这样可以具有更强的带负载能力。放大电路的带负载能力可以从以下两个方面来理解，一是指放大电路输出功率的大小，二是指在负载电阻变化时输出端电压变化的大小。

对于信号放大器而言，带载能力主要指放大器输出电压不随负载变化的能力。从电路理论可知，如果信号源的内阻越小，越接近于理想电压源，其输出电压变化就越小，放大器对于负载而言，恰好等效于一个信号源的作用。

15.3.10 图 15.1.1 所示的放大电路在工作时用示波器观察，发现输出波形失真严重，当用直流电压表测量时：

(1) 若测得 $U_{CE} \approx U_{CC}$，试分析管子工作在什么状态？怎样调节 R_B 才能使电路正常工作？

(2) 若测得 $U_{CE} < U_{BE}$，这时管子又是工作在什么状态？怎样调节 R_B 才能使电路正常工作？

解：重画电路图见题解图 15.04。

(1) 如果 $U_{CE} \approx U_{CC}$，说明集电极电流 I_C 接近于零，管子工作在截止状态。应减小 R_B。

(2) 如果 $U_{CE} < U_{BE}$，说明集电结正偏，管子工作在饱和状态，应增加 R_B。

15.3.11 发现输出波形失真，是否说明静态工作点一定不合适？

解：不一定。即使静态工作点设置合适，当输入信号幅度过大时，输出波形也会出现失真。

15.4.1 在放大电路中，静态工作点不稳定对放大电路的工作有何影响？

解：如果静态工作点不稳定，一方面可能会使动态工作点进入非线性区，引起输出失真；另一方面也会引起电压放大倍数的变化，造成动态性能的不稳定。

15.4.2 对分压式偏置电路而言，为什么只要满足 $I_2 \gg I_B$ 和 $V_B \gg U_{BE}$ 两个条件，静态工作点就能得以基本稳定？

解：如果 $I_2 \gg I_B$ 和 $V_B \gg U_{BE}$ 两个条件得到满足时，基极电位 V_B 就可以认为不受晶体管参数和温度变化的影响，仅由 R_{B1} 和 R_{B2} 的分压电路所决定。而且集电极电流近似地由基极电位 V_B 和射极电阻 R_E 的比值决定。可以认为决定静态工作点的关键参数 I_C 基本不受温度的影响。

15.4.3 对分压式偏置电路而言，当更换晶体管时，对放大电路的静态值有无影响？试说明之。

解：更换晶体管时，假如二者的电流放大系数不同，I_C 和 U_{CE} 基本不变，但是 I_B 会发生变化。

15.4.4 在实际中调整分压式偏置电路的静态工作点时，应调节哪个元件的参数比较方便？接上发射极电阻的旁路电容 C_E 后是否影响静态工作点？

解：在满足 $I_2 \gg I_B$ 和 $V_B \gg U_{BE}$ 两个条件的情况下，改变 R_{B1} 的参数比较方便。发射极电阻

的旁路电容 C_E 的连接与否对静态工作点不产生影响。

15.4.5 在图 15.4.1(a)所示的放大电路中,若出现以下情况,对放大电路的工作会带来什么影响?(1) R_{B1} 断开;(2) R_{B1} 短路;(3) R_{B2} 断开;(4) R_{B2} 短路;(5) C_E 断开;(6) C_E 短路;(7) C_2 断开;(8) C_2 短路。

解:将图 15.4.1(a)重画于题解图 15.05。

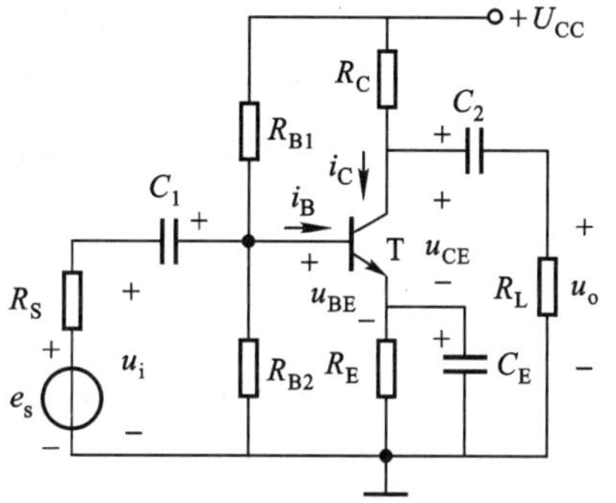

题解图 15.05

(1) R_{B1} 断开,晶体管因没有基极偏置而进入截止状态。

(2) R_{B1} 短路,基极电位过高,静态工作点进入饱和区;另外,由于基极电位被直流电源固定,交流输入信号被短路。

(3) R_{B2} 断开,如果原参数合适,那么此时很可能会因为基极偏置电流过大而使静态工作点进入饱和区。但是如果 R_{B1} 的值适当改变,此时放大电路可以正常工作。

(4) R_{B2} 短路,晶体管基极电位等于零,晶体管进入截止状态。

(5) C_E 断开,对静态工作点不会产生影响。但是由于 R_E 电阻对交流信号的作用,使电路的电压放大倍数明显降低。

(6) C_E 短路,如果原参数合适,此时会因为基极偏置电流过大而使晶体管进入饱和状态。

(7) C_2 断开,静态工作点不变,电压放大倍数增加。

(8) C_2 短路,基极和集电极的静态电流基本不变,但是静态的集 - 射极电压减小,静态工作点更加靠近饱和区,容易出现饱和失真。电压放大倍数基本不变。

15.5.1 从放大电路的幅频特性上看,高频段和低频段放大倍数的下降主要是因为受到了什么影响?

解:高频段放大倍数的下降主要是受到晶体管结电容和线路分布电容的容抗随频率增加而减小的影响。这个等效电容 C_o 相当于并联在输出端上,电容量很小,在低频段和中频段仍可看成开路;在高频段时,等效电容 C_o 的容抗减小,相当于输出端总的负载电阻减小了,放大倍数降低;而在低频段,输入、输出端的耦合电容的容抗随频率减小而增加,使得加在放大电路的净输入信号和加到负载电阻上的净输出信号均有所损失,相当于放大倍数降低,在中频和高频段,耦合电容可看成短路,不影响放大倍数。

15.5.2 为什么通常要求放大电路的通频带要宽一些,而在上册讲到串联谐振时又希望通频带要窄一些?

解:较宽的通频带可以使放大电路对不同频率的信号具有几乎相同的放大倍数,减轻或避免频率失真。而串联谐振电路在用于选频时,希望频率等于电路谐振频率的信号在回路中产生的电流最大(谐振时电路阻抗最小),而其他频率的信号所产生的电流越小越好。通频带越窄,说明电路对信号频率的选择性越好,所以串联谐振电路通常希望通频带窄一些。

15.6.1 何谓共集电极电路?如何看出射极输出器是共集电极电路?

解:所谓共集电极电路是指输入电路和输出电路共用了晶体管的集电极,在射极输出器的微变等效电路中可以清楚地看出这一点。

15.6.2 射极输出器有何特点？有何用途？

解：射极输出器的特点是：

（1）输入与输出同相，电压放大倍数约为 1。

（2）输入电阻高，输出电阻低。

利用其输入电阻高的特点，它常用来作多级放大电路的输入级，提高整个放大电路的输入电阻，减小对前级信号源的影响。利用其输出电阻低的特点，常用作多级放大电路的输出级或功率放大级，以提高整个放大电路的带载能力。

15.6.3 为什么射极输出器又称为射极跟随器？跟随什么？

解：射极输出器又称为射极跟随器，是因为其输出电压几乎与输入电压幅度相同而且相位也相同，输出电压跟随输入电压的变化。

15.7.1 差分放大电路在结构上有何特点？

解：差分放大电路在结构上有以下主要特点：

（1）无耦合电容，可以放大低频信号。

（2）具有对称的电路结构，靠电路的对称性来抑制零点漂移。

（3）输入和输出均可以采用单端或者双端的形式。

（4）有较大的共模抑制电阻 R_E，对共模信号有很强的抑制作用，对差模信号无影响。为减小 R_E 上压降对静态工作点的影响，一般采用双电源供电。

15.7.2 什么是共模信号和差模信号？差分放大电路对这两种输入信号是如何区别对待的？

解：所谓共模信号是指大小相等，相位相同的两个输入信号，即 $u_1=u_2$；差模信号是指两个信号大小相等，而相位相反，即 $u_1=-u_2$。差分放大电路可以放大差模信号，对共模信号的放大能力接近于零。

15.7.3 双端输入－双端输出差分放大电路为什么能抑制零点漂移？为什么共模抑制电阻 R_E 能提高抑制零点漂移的效果？是不是 R_E 越大越好？为什么 R_E 不影响差模信号的放大效果？

解：对于双端输入－双端输出的差分放大电路，共模输入信号虽然使每只管子的集电极电位都发生了变化，但是由于两只管子的变化完全一样，双端输出（从两只管子的集电极之间输出）信号始终为零，说明仅靠电路的对称性即可完全抑制共模信号。零点漂移信号（主要是温度漂移信号）非常接近于一对共模输入信号，所以双端输入－双端输出的差分放大电路对零点漂移具有很强的抑制作用。

由于完全对称的理想情况并不存在，实际上仅靠电路的对称性抑制零点漂移是有限度的。如果在发射极增加电阻 R_E，可以利用其降低电压放大倍数的作用来抑制每只管子自身的零点漂移。这样，即使在单端输出时，也可以做到只有很小的零点漂移。电阻 R_E 越大对零点漂移的抑制作用越强，但是 R_E 过大会影响静态工作点，需另加一路负电源来补偿。

差模信号使两只管子的集电极电流一增一减，如果电路对称度足够高，在电阻 R_E 上产生的压降可以忽略，即对差模信号相当于短路，当然不会降低对差模信号的放大效果。

由于差分放大电路中的发射极电阻 R_E 对共模信号具有抑制作用（减小其放大倍数）和不影响差模信号的放大作用，所以将 R_E 称为共模抑制电阻。

15.7.4 在图 15.7.3 所示电路中，晶体管 T_1 和 T_2 的基极偏流是如何获得的？

解:将图 15.7.3 重画于题解图 15.06。

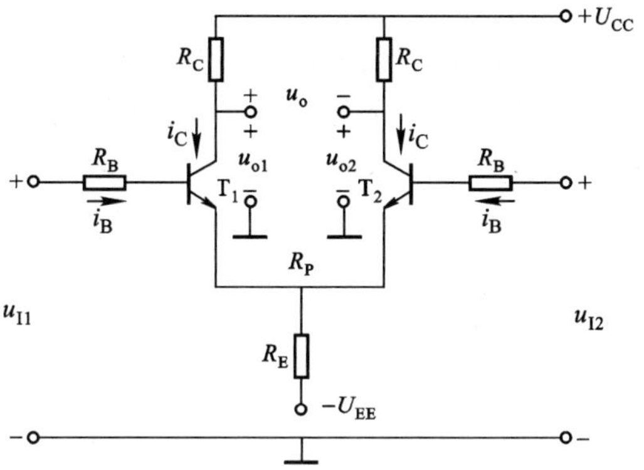

题解图 15.06

由于电路中接有负电源,$-U_{EE}$经过电阻 R_B,给晶体管提供合适的基极偏流。

15.8.1 从放大电路的甲类、甲乙类和乙类三种工作状态分析其效率和失真。

解:甲类放大电路:静态工作点基本位于直流负载线的中间位置,静态功耗全部消耗在晶体管和电阻上。动态工作时,电源输入给电路的功率中有一部分转换为输出功率。理论上的最高效率只有 50%。在交流输入信号的整个周期均有电流流过晶体管,动态工作点在放大区内移动,没有波形失真。

乙类放大电路:静态工作点位于截止区,静态功耗最小。理论上最高效率可达 78.5%。管子只有半个信号周期工作,输出波形失真严重。

甲乙类放大电路:静态工作点介于甲类和乙类之间,接近乙类工作状态,静态功耗较小,效率高于甲类放大电路。

15.8.2 在 OTL 电路中,为什么 C_L 的电容量必须足够大?

解:在 OTL 电路中,输入信号负半波时电容 C_L 充当 PNP 管集电极电源的作用,为了保证在工作期间电容端电压基本不变,所以 C_L 的电容量必须足够大。

15.9.1 场效晶体管和双极型晶体管比较有何特点?

解:场效晶体管和双极型晶体管比较有以下两个主要特点:

(1) 场效晶体管是电压控制型器件,栅极电压控制漏极电流。双极型晶体管是电流控制型器件,基极电流控制集电极电流。由于栅极电流几乎为零,场效晶体管具有极高的输入电阻,一般可达到 $10^9 \sim 10^{14}\ \Omega$,而双极型晶体管的输入电阻一般只有几百欧至几千欧。

(2) 场效晶体管只有一种极性的载流子(电子或空穴)参与导电,因而也称为单极型晶体管,而双极型晶体管多数载流子和少数载流子均参与导电,所以称为双极型晶体管。场效晶体管的温度稳定性要优于双极型晶体管,且结构简单,易于集成。

15.9.2 说明场效晶体管的夹断电压和开启电压的意义。试画出:(1) N 沟道绝缘栅增强型;(2) N 沟道绝缘栅耗尽型;(3) P 沟道绝缘栅增强型;(4) P 沟道绝缘栅耗尽型四种场效晶体管的转移特性曲线,并总结出何者具有夹断电压和何者具有开启电压以及它们的正、负。耗尽型和增强型区别在哪里?

解:对于耗尽型绝缘栅场效晶体管,使其导电沟道出现夹断所需的栅 - 源电压 $U_{GS(off)}$ 称为夹断电压。对于增强型绝缘栅场效晶体管，使其由不导通变为导通时的临界栅－源电压 $U_{GS(th)}$ 称为开启电压。

四种类型绝缘栅场效晶体管的转移特性曲线如题解图 15.07 所示。显然，耗尽型绝缘栅场效晶体管具有夹断电压，增强型绝缘栅场效晶体管具有开启电压；N 沟道增强型绝缘栅场效晶体管具有正的开启电压，P 沟道增强型缘栅场效晶体管具有负的开启电压；N 沟道耗尽型缘栅场效晶体管的夹断电压为负值，P 沟道耗尽型缘栅场效晶体管的夹断电压为正值。

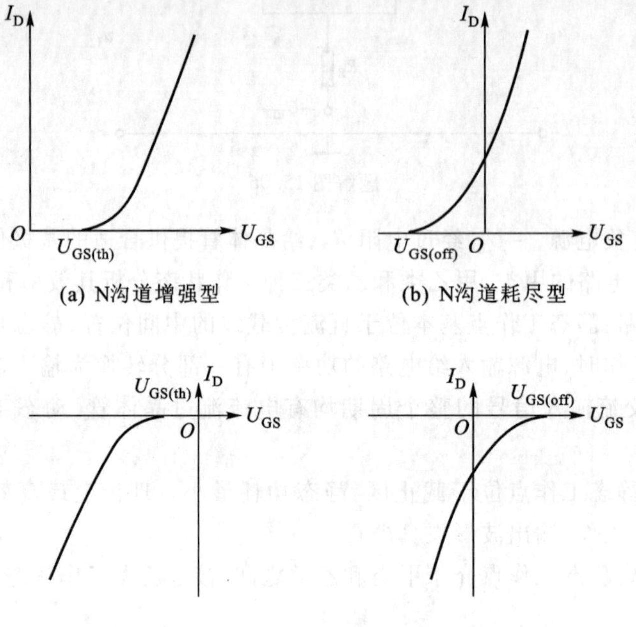

(a) N沟道增强型　(b) N沟道耗尽型

(c) P沟道增强型　(d) P沟道耗尽型

题解图 15.07

耗尽型与增强型的主要区别在于：耗尽型缘栅场效晶体管具有原始导电沟道，而增强型的管子没有。

15.9.3　试解释为什么 N 沟道增强型绝缘栅场效晶体管中（图 15.9.3），靠近漏极的导电沟道较窄，而靠近源极的较宽？

解：将图 15.9.3 重画于题解图 15.08。

当 $U_{GS} > U_{GS(th)}$ 时，漏极和源极之间开始出现导电沟道。如果这时有漏极电流 I_D 流入，沟道电阻上所产生的压降使得沟道内各点与栅极间的电压不再相等，靠近漏极的电压最小，而靠近源极的电压最大，造成靠近漏极的导电沟道较窄，而靠近源极的较宽。

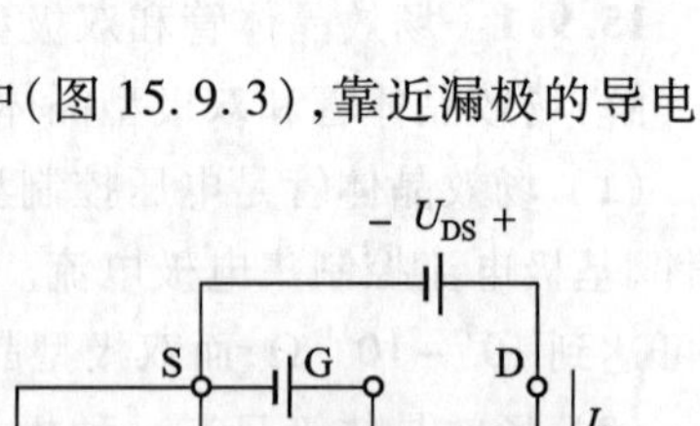

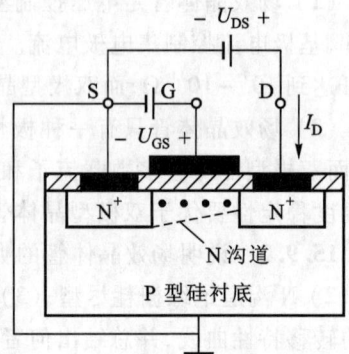

题解图 15.08

15.9.4　绝缘栅场效晶体管的栅极为什么不能开路？

解：绝缘栅场效晶体管的栅极是绝缘的，感应电荷不易泄放，而且绝缘层很薄，容易造成击穿，所以存放时栅极不应开路。

15.9.5 比较共源极场效晶体管放大电路和共发射极双极型晶体管放大电路，在电路结构上有何相似之处？为什么前者的输入电阻较高？

解：与共发射极晶体管放大电路类似，共源极场效晶体管放大电路的输入和输出回路共用了场效晶体管的源极。因为场效晶体管本身的等效输入电阻极高，所以相应地提高了场效晶体管放大电路的输入电阻。

15.9.6 为什么增强型绝缘栅场效晶体管放大电路无法采用自给偏置？

解：因为增强型绝缘栅场效晶体管的开启电压 $U_{GS(th)}$ 为正，而自给偏压偏置电路只能提供负的偏压，所以增强型绝缘栅场效晶体管不能采用自给偏置。自给偏置电路只适用于具有原始导电沟道的耗尽型绝缘栅场效晶体管放大电路。

15.9.7 在图 15.9.10 的自给偏压偏置电路中，电阻 R_G 起何作用？如果在 $R_G=0$（短路）和 $R_G=\infty$（开路）两种情况下，则后果如何？在图 15.9.11 的分压式偏置电路中，R_G 又起何作用？

解：将图 15.9.10 和图 15.9.11 重画于题解图 15.09。

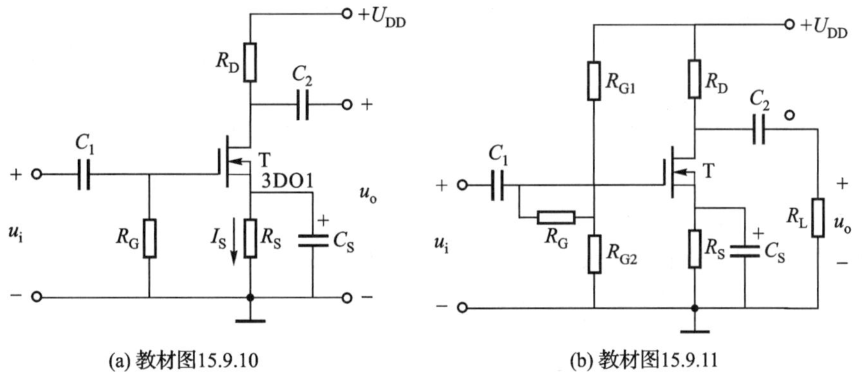

题解图 15.09

在自给偏压偏置电路中，R_G 用来给栅－源之间提供直流通路。如果 $R_G=0$，则使放大电路的输入电阻也为零，得不到输入交流信号；如果 $R_G=\infty$，则栅－源之间没有直流通路，放大电路得不到合适的静态工作点，可见在 $R_G=0$ 和 $R_G=\infty$ 这两种情况下，放大电路均无法正常工作。在采用自给偏压偏置电路的放大电路中，由于放大器的输入电阻与 R_G 电阻基本相等，所以 R_G 取值不宜太小，其阻值约为 200 kΩ～10 MΩ。

在分压式偏置电路中，R_G 的作用是提高放大电路的输入电阻，而且不影响静态工作点。如果 $R_G=0$，则放大电路的输入电阻基本决定于 R_{G1} 和 R_{G2} 的并联，即 $r_i \approx (R_{G1} /\!/ R_{G2})$，其值一般在几十千欧。如果 $R_G \neq 0$，输入电阻为 $r_i = R_G + (R_{G1} /\!/ R_{G2})$，$R_G$ 通常选择兆欧级电阻，可使输入电阻提高到兆欧以上。如果 R_G 开路，分压电路将不能给场效晶体管提供静态的栅极偏压，放大电路无法正常工作。

15.9.8 为什么在场效晶体管低频放大电路中，输入端耦合电容 C_1 通常取得较小（0.01～0.047 μF），而在双极型晶体管低频放大电路中往往取得较大（几到几十微法）？

解：原因在于场效晶体管低频放大电路的输入电阻一般都在 MΩ 级，从阻抗串联分压的角度理解，即使输入端耦合电容 C_1 取得较小，也可以忽略其对信号的阻抗作用，能够有效地传递输入交流信号。而晶体管低频放大电路的输入电阻一般在数百欧至十几千欧，为了减小输入信号的损失,耦合电容一般取得比较大一些。

15.6 【习题】题解

A 选择题

15.2.1 在图 15.2.1 中,若将 R_B 减小,则集电极电流 I_C( ),集电极电位 V_C( )。

I_C:(1) 增大 (2) 减小 (3) 不变

V_C:(1) 增大 (2) 减小 (3) 不变

解:图 15.2.1 已重画于题解图 15.03,为固定偏置的共发射极放大电路。R_B 减小时 I_B 增加,I_C 随之增加,而 I_C 增加使 U_{CE} 减小,所以 V_C 减小。故 I_C 应选(1),V_C 应选(2)。

15.2.2 图 15.2.1 中的晶体管原处于放大状态,若将 R_B 调到零,则晶体管( )。

(1) 处于饱和状态 (2) 仍处于放大状态 (3) 被烧毁

解:重画电路图见题解图 15.03。R_B 调到零,直流电源电压全部正向加在发射结上,晶体管会因为基极电流过大而烧毁。故应选择(3)。

15.2.3 在图 15.2.1 中,$U_{CC}=12\ \text{V}$,$R_C=3\ \text{k}\Omega$,$\beta=50$,U_{BE} 可忽略,若使 $U_{CE}=6\ \text{V}$,则 R_B 应为( )。

(1) 360 kΩ (2) 300 kΩ (3) 600 kΩ

解:重画电路图见题解图 15.03。由 $U_{CE}=U_{CC}-R_CI_C$ 得

$$I_C=\frac{U_{CC}-U_{CE}}{R_C}=\frac{12-6}{3}\ \text{mA}=2\ \text{mA}$$

由 $I_C=\beta I_B$ 可得

$$I_B\approx\frac{I_C}{\beta}=\frac{2}{50}\ \text{mA}=0.04\ \text{mA}$$

由 $I_B\approx\frac{U_{CC}}{R_B}$ 可得

$$R_B\approx\frac{U_{CC}}{I_B}=\frac{12}{0.04}\ \text{k}\Omega=300\ \text{k}\Omega$$

故应选择(2)。

15.2.4 在题 15.2.3 中,若使 $I_C=1.5\ \text{mA}$,则 R_B 应为( )。

(1) 360 kΩ (2) 400 kΩ (3) 600 kΩ

解:$I_B\approx\frac{I_C}{\beta}=\frac{1.5}{50}\ \text{mA}=0.03\ \text{mA}$,$R_B\approx\frac{U_{CC}}{I_B}=\frac{12}{0.03}\ \text{k}\Omega=400\ \text{k}\Omega$

故应选择(2)。

15.3.1 分析图 15.3.7 中各个交流分量的相位:u_o 与 u_i( );u_o 与 i_c( );i_b 与 i_c( )。

u_o 与 u_i:(1) 同相 (2) 反相 (3) 相位任意

u_o 与 i_c:(1) 同相 (2) 反相 (3) 相位任意

i_b 与 i_c:(1) 同相 (2) 反相 (3) 相位任意

解:将图 15.3.7 重画于题解图 15.10。从图中可以看出 u_o 与 u_i 反相,u_o 与 i_c 反相,i_b 与 i_c 同相。故应分别选择(2)、(2)和(1)。

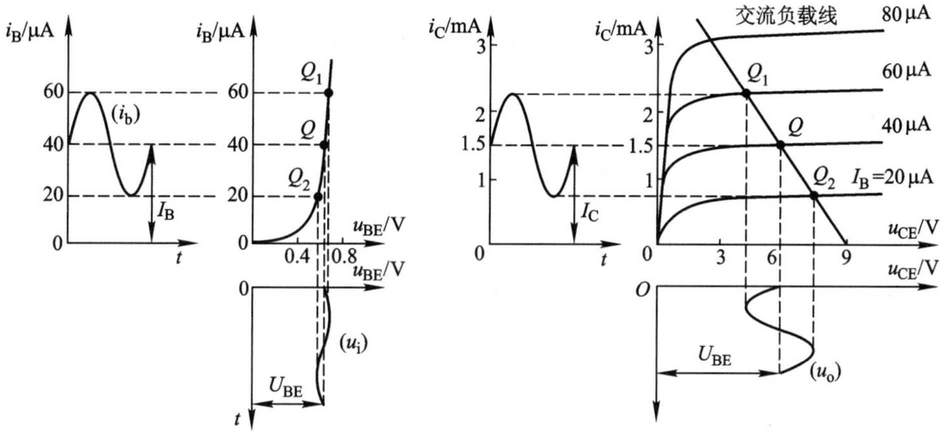

题解图 15.10

15.3.2 在图 15.1.1 所示的放大电路中,若将偏置电阻 R_B 的阻值调小,而晶体管仍工作于放大区,则电压放大倍数 $|A_u|$ 应( )。

(1) 减小 (2) 增大 (3) 基本不变

解:将图 15.1.1 重画于题解图 15.11。

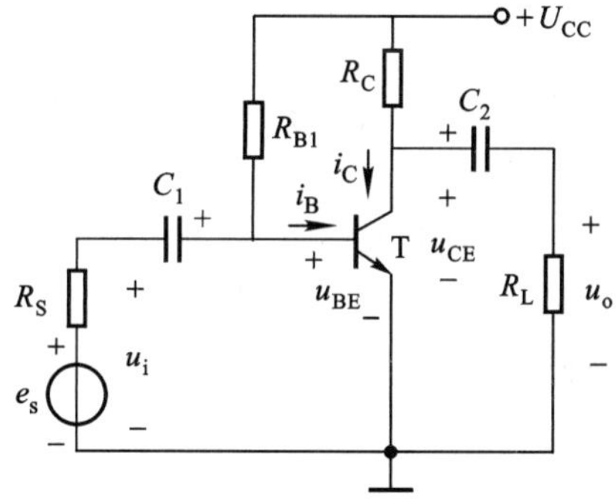

题解图 15.11

因为 R_B 减小会使 I_B 和 I_C 增加,而

$$r_{be} \approx 200\ \Omega + (\beta+1)\frac{26\ \text{mV}}{I_E(\text{mA})}$$

$$A_u = -\beta\frac{R'_L}{r_{be}}$$

所以 R_B 减小会使 $|A_u|$ 减小。故应选择(1)。

15.3.3 在共发射极交流放大电路中,( )是正确的。

(1) $\dfrac{u_{BE}}{i_B} = r_{be}$ (2) $\dfrac{U_{BE}}{I_B} = r_{be}$ (3) $\dfrac{u_{be}}{i_b} = r_{be}$

解:晶体管的输入电阻 r_{be}是一个动态电阻,按照其定义式

$$r_{be}=\frac{\Delta U_{BE}}{\Delta I_{BE}}\bigg|_{U_{CE}}=\frac{u_{be}}{i_b}\bigg|_{U_{CE}}$$

故答案(3)是正确的。

15.4.1 在图 15.4.1 所示的分压式偏置放大电路中,通常偏置电阻 R_{B1}( )R_{B2}。

(1) > (2) < (3) ≈

解:电路已重画于题解图 15.05。该电路中,由于 U_{CC}通常在十几伏,发射极电阻 R_E 通常在 kΩ 量级,为保证有合适的 U_{CE}值(接近 U_{CC}的二分之一),晶体管的静态集电极电流 I_C 不是很大,通常在 1 ~2 mA。所以通常该电路晶体管的基极电位在 U_{CC}的一半以下。而晶体管基极电位在忽略基极电流的条件下,仅由 R_{B1}和 R_{B2}的串联分压决定,所以为保证合适的晶体管基极电位,通常 $R_{B1}>R_{B2}$。故应选择(1)。

15.4.2 在图 15.4.1 所示的放大电路中,若只将交流旁路电容 C_E 除去,则电压放大倍数 $|A_u|$( )。

(1) 减小 (2) 增大 (3) 不变

解:电路见题解图 15.05。由于交流旁路电容 C_E 除去后,R_E 电阻对交流信号有很强的抑制作用,电压放大倍数通常会降低很多。故应选择(1)。

15.6.1 射极输出器( )。

(1) 有电流放大作用,没有电压放大作用

(2) 有电流放大作用,也有电压放大作用

(3) 没有电流放大作用,也没有电压放大作用

解:射极输出器 $A_u<1$,无电压放大作用,但是由于晶体管的电流放大作用,其发射极输出电流比输入基极电流(与射极输出器电路的输入电流相近)大 β 倍,所以有电流放大作用。故应选择(1)。

15.7.1 在图 15.7.3 所示的差分放大电路中,抑制电阻 R_E 对( )起抑制作用。

(1) 差模信号 (2) 共模信号 (3) 差模信号和共模信号

解:将图 15.7.3 重画于题解图 15.12。

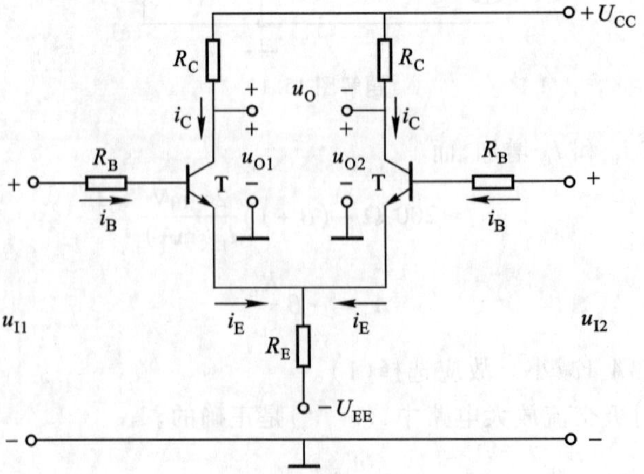

题解图 15.12

参见教材 15.7.1、15.7.2 节的分析，差模信号在 R_E 电阻上不产生压降，所以 R_E 对差模信号无影响。应选择(2)。

15.7.2 在图 15.7.3 所示的双端输入 - 双端输出的差分放大电路中，如果 u_{11} 和 u_{12} 都是正值，当 $u_{11} > u_{12}$ 时，则 u_O( )。

(1) >0 (2) <0 (3) =0

解： 重画电路图见题解图 15.12。由单管放大电路的知识可知：当 $u_{11} > u_{12}$，且均为正值时，单端输出 u_{O1} 和 u_{O2} 均为正值，且 $u_{O1} < u_{O2}$，所以 $u_O = (u_{O1} - u_{O2}) < 0$。故应选择(2)。

15.8.1 在甲类工作状态的功率放大电路中，在不失真的条件下增大输入信号，则电源供给的功率( )，管耗( )。

电源供给的功率：(1) 增大 (2) 减小 (3) 不变

管耗： (1) 增大 (2) 减小 (3) 不变

解： 在甲类工作状态的功率放大电路中，电源供给的功率 $P_E = U_{CC}I_C$ 是基本不变的。静态时，这部分功率几乎全部消耗在晶体管的集电结上。当增大输入信号时，输出功率增加，管耗减小。故电源供给的功率应选择(3)，管耗应选择(2)。

15.9.1 场效晶体管的控制方式为( )。

(1) 输入电流控制输出电压

(2) 输入电压控制输出电压

(3) 输入电压控制输出电流

解： 场效晶体管是电压控制型器件，它以栅 - 源输入电压控制漏极输出电流。应选择(3)。

B 基 本 题

15.2.5 晶体管放大电路如图 15.01(a)所示，已知 $U_{CC} = 12$ V，$R_C = 3$ kΩ，$R_B = 240$ kΩ，晶体管的 $\beta = 40$。

(1) 试用直流通路估算各静态值 I_B、I_C、U_{CE}。

(2) 如晶体管的输出特性如图 15.01(b)所示，试用图解法作出放大电路的静态工作点。

(3) 在静态时($u_i = 0$) C_1 和 C_2 上的电压各为多少？并标出极性。

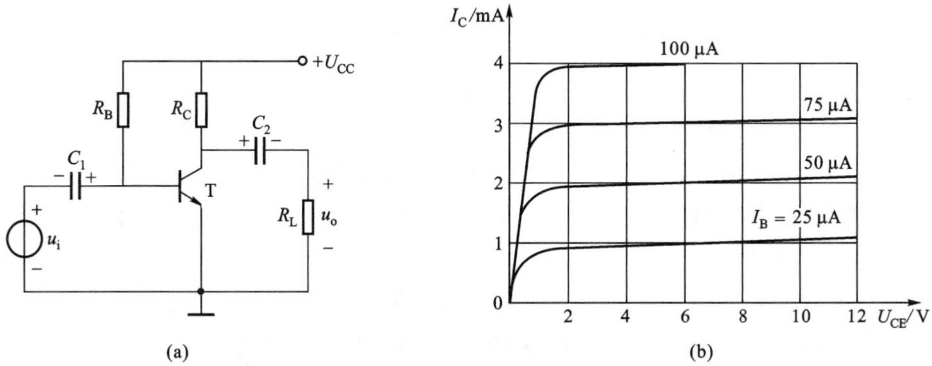

图 15.01 习题 15.2.5 的图

解:(1) 估算静态值

$$I_B \approx \frac{U_{CC}}{R_B} = \frac{12}{240}\ \text{mA} = 0.05\ \text{mA} = 50\ \mu\text{A}$$

$I_C = \beta I_B = 40 \times 50\ \mu\text{A} = 2\ \text{mA}$

$$U_{CE} = U_{CC} - R_C I_C = 12\ \text{V} - 3 \times 2\ \text{V} = 6\ \text{V}$$

(2) 将直流负载线画在输出特性曲线坐标平面上,如题解图 15.13 所示。直流负载线与 $I_B = 50\ \mu\text{A}$ 那条输出特性曲线的交点 Q 即是静态工作点,由图可以看出其对应的静态值为 $I_C = 2\ \text{mA}$, $U_{CE} = 6\ \text{V}$。

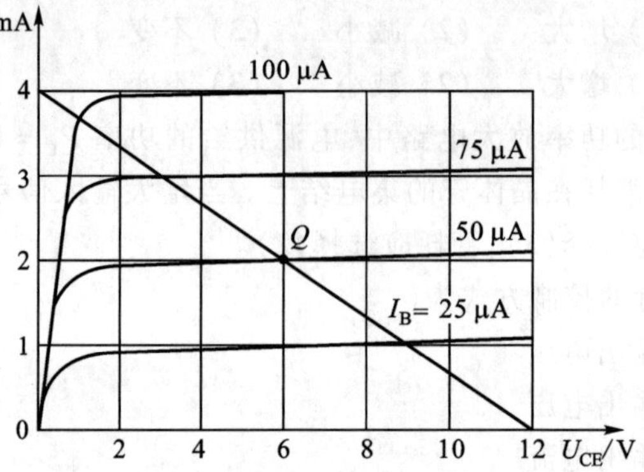

题解图 15.13

(3) 静态时耦合电容 C_1 和 C_2 上的电压分别等于 U_{BE} 和 U_{CE} 的静态值。电容上的电压极性标于图 15.01(a)中。

15.2.6 在图 15.01(a)中,若 $U_{CC} = 10\ \text{V}$,今要求 $U_{CE} = 5\ \text{V}$, $I_C = 2\ \text{mA}$,试求 R_C 和 R_B 的值。设晶体管的 $\beta = 40$。

解:集电极负载电阻 R_C 的大小可由直流负载线方程求出

$$R_C = \frac{U_{CC} - U_{CE}}{I_C} = \frac{10 - 5}{2}\ \text{k}\Omega = 2.5\ \text{k}\Omega$$

基极偏置电阻

$$R_B \approx \frac{U_{CC}}{I_B} = \frac{U_{CC}}{I_C/\beta} = \frac{10}{2/40}\ \text{k}\Omega = 200\ \text{k}\Omega$$

15.2.7 在图 15.02 中,晶体管是 PNP 型锗管。

(1) U_{CC} 和 C_1、C_2 的极性如何考虑?请在图上标出。

(2) 设 $U_{CC} = -12\ \text{V}$, $R_C = 3\ \text{k}\Omega$, $\beta = 75$,如果要将静态值 I_C 调到 1.5 mA,问 R_B 应调到多大?

(3) 在调整静态工作点时,如不慎将 R_B 调到零,对晶体管有无影响?为什么?通常采取什么措施来防止发生这种情况?

解:(1) 在 PNP 型晶体管构成的共发射极放大电路中,其直流电源 U_{CC} 和耦合电容 C_1, C_2 的极性与 NPN 管构成的共发射极放大电路恰好相反,见图中标注的极性。

(2) 基极偏置电阻为

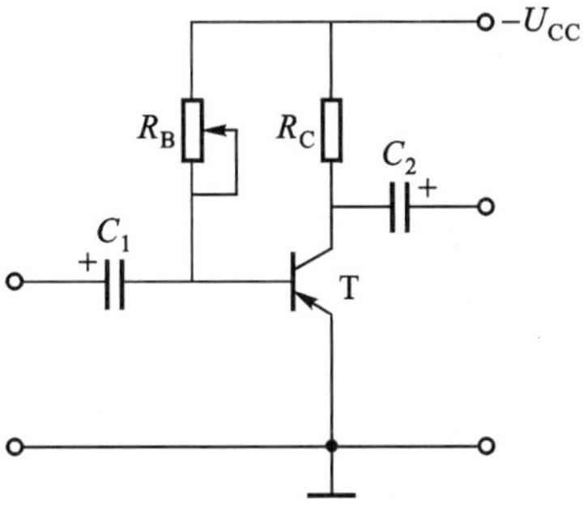

图 15.02 习题 15.2.7 的图

$$R_B \approx \frac{U_{CC}}{I_B} = \frac{U_{CC}}{I_C/\beta} = \frac{12}{1.5/75}\ \text{k}\Omega = 600\ \text{k}\Omega$$

(3) 如不慎将 R_B 调到零,晶体管发射结会因为外加正偏电压太大而损坏,为防止这种情况发生,可与 R_B 串联一只合适阻值的固定电阻。

15.3.4 利用微变等效电路计算题 15.2.5 的放大电路的电压放大倍数 A_u。

(1) 输出端开路。

(2) $R_L = 6\ \text{k}\Omega$。设 $r_{be} = 0.8\ \text{k}\Omega$。

解:放大电路的微变等效电路如题解图 15.14 所示。

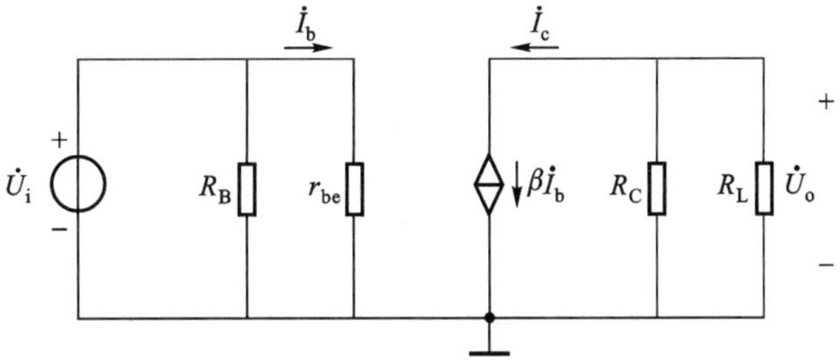

题解图 15.14

电压放大倍数

$$A_u = \frac{\dot{U}_o}{\dot{U}_i} = \frac{-\dot{I}_c(R_C \parallel R_L)}{\dot{I}_b r_{be}} = -\beta \frac{R_C \parallel R_L}{r_{be}}$$

(1) 输出端开路时,$R_L \to \infty$,则

$$A_u = -\beta \frac{R_C}{r_{be}} = -40 \times \frac{3}{0.8} = -150$$

(2) $R_L = 6\ \text{k}\Omega$ 时,有

$$A_u = -\beta \frac{R_C \parallel R_L}{r_{be}} = -100$$

15.3.5 在图 15.01(a)中,已知 $U_{CC} = 12\ \text{V}$,$R_C = 3\ \text{k}\Omega$,$r_{be} = 1.4\ \text{k}\Omega$,晶体管的 $\beta = 100$。

(1) 现已测得静态值 $U_{CE}=6$ V,试估算 R_B 为多少千欧?

(2) 若测得 $\dot{U}_i$ 和 $\dot{U}_o$ 的有效值分别为 1 mV 和 100 mV,则 R_L 约为多少千欧?

解:(1) 由已知条件,可确定静态集电极电流

$$I_C=\frac{U_{CC}-U_{CE}}{R_C}=\frac{12-6}{3}\text{ mA}=2\text{ mA}$$

可确定 R_B 的大小

$$I_B\approx\frac{I_C}{\beta}=\frac{2}{100}\text{ mA}=0.02\text{ mA}$$

$$R_B\approx\frac{U_{CC}}{I_B}=\frac{12}{0.02}\text{ k}\Omega=600\text{ k}\Omega$$

(2) 由已知条件可知,此时的电压放大倍数 $|A_u|$ 为 100。

根据 $|A_u|=\beta\dfrac{R_L/\!/R_C}{r_{be}}$

可得

$$R_L/\!/R_C=\frac{|A_u|r_{be}}{\beta}=\frac{100\times1.4}{100}\text{ k}\Omega=1.4\text{ k}\Omega$$

得
$$R_L=\frac{1.4R_C}{R_C-1.4}\text{ k}\Omega=\frac{1.4\times3}{3-1.4}\text{ k}\Omega\approx4.6\text{ k}\Omega$$

15.3.6 已知某放大电路的输出电阻为 3.3 kΩ,输出端的开路电压的有效值 $U_{oc}=2$ V,试问该放大电路接有负载电阻 $R_L=5.1$ kΩ 时,输出电压将下降到多少?

解:接有负载电阻 R_L 时,输出电压为

$$U_{OL}=U_{OC}\times\frac{R_L}{r_o+R_L}=\left(2\times\frac{5.1}{3.3+5.1}\right)\text{ V}=1.2\text{ V}$$

15.3.7 在图 15.03 所示放大电路中,已知 $U_{CC}=12$ V,$R_C=2$ kΩ,$R_L=2$ kΩ,$R_B=100$ kΩ,$R_P=1$ MΩ,晶体管 $\beta=51$,$U_{BE}=0.6$ V。

(1) 当将 R_P 调到零时,试求静态值(I_B、I_C、U_{CE}),此时晶体管工作在何种状态?

(2) 当将 R_P 调到最大时,试求静态值,此时晶体管工作在何种状态?

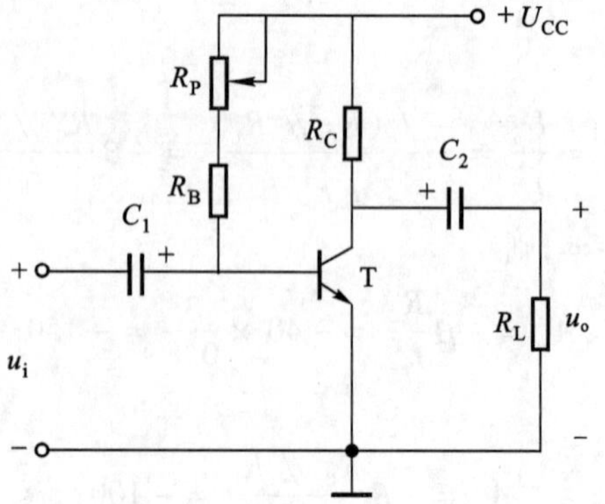

图 15.03 习题 15.3.7 的图

（3）若使 $U_{CE}=6\ V$，应将 R_P 调到何值？此时晶体管工作在何种状态？

（4）设 $u_i=U_m\sin\omega t\ V$，试画出上述三种状态下对应的输出电压 u_o 的波形。如产生饱和失真或截止失真，应如何调节 R_P 使不产生失真？

解：（1）将 R_P 调到零时，I_B，I_C，U_{CE}分别为

$$I_B=\frac{U_{CC}-U_{BE}}{R_P+R_B}=\frac{12-0.6}{100}\ mA=0.114\ mA$$

$$I_C=\beta I_B=51\times0.114\ mA\approx5.8\ mA$$

$$U_{CE}=U_{CC}-R_CI_C=(12-2\times5.8)V=0.4\ V$$

此时集电极电位低于基极电位，集电结正偏，晶体管工作于饱和状态。

（2）R_P 调到最大时，I_B，I_C，U_{CE}分别为

$$I_B=\frac{U_{CC}-U_{BE}}{R_P+R_B}=\frac{12-0.6}{1\ 000+100}\ mA\approx0.01\ mA$$

$$I_C=\beta I_B=51\times0.01\ mA\approx0.51\ mA$$

$$U_{CE}=U_{CC}-R_CI_C=(12-2\times0.51)V\approx11\ V$$

此时晶体管工作于接近截止区，当输入交流信号处于负半周时，基极电流进一步减小，会出现截止失真。

（3）若使 $U_{CE}=6\ V$，可知此时的 I_C，I_B 和 R_P 电阻分别为

$$I_C=\frac{U_{CC}-U_{CE}}{R_C}=\frac{12-6}{2}\ mA=3\ mA$$

$$I_B=\frac{I_C}{\beta}=\frac{3}{51}\ mA\approx0.06\ mA$$

$$R_P=\frac{U_{CC}-U_{BE}}{I_B}-R_B=\left(\frac{12-0.6}{0.06}-100\right)\ k\Omega=90\ k\Omega$$

（4）前三种状态下对应的输出电压 u_o 的波形示意图如题解图 15.15 所示。

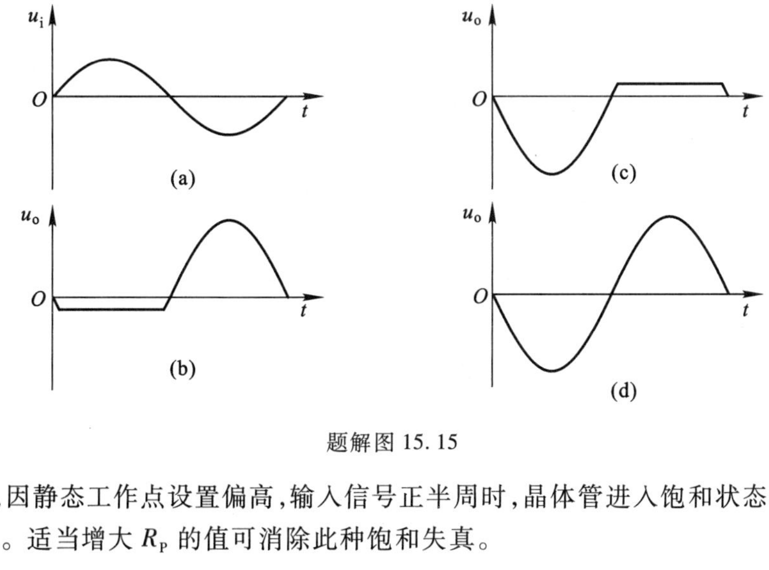

题解图 15.15

在(b)中，因静态工作点设置偏高，输入信号正半周时，晶体管进入饱和状态，输出波形的负半周出现失真。适当增大 R_P 的值可消除此种饱和失真。

在(c)中,由于静态工作点设置偏低,输入信号负半周时,晶体管进入截止状态,输出波形的正半周出现失真。适当减小 R_P 值可消除此种截止失真。

在(d)中,静态工作点设置得合适,如果输入信号不是很大,就可以得到不失真输出波形。

15.4.3 试判断图 15.04 中各个电路能不能放大交流信号? 为什么?

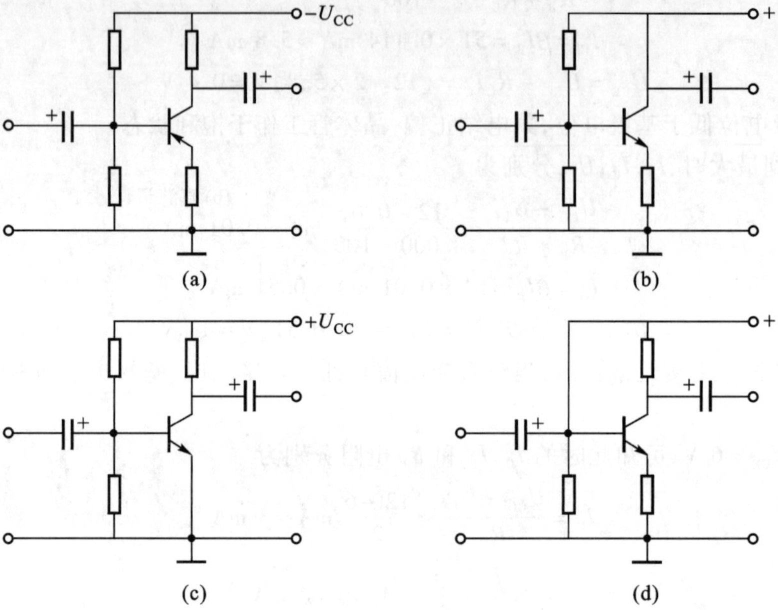

图 15.04 习题 15.4.3 的图

解:(a) 电路能放大交流信号;(b) 电路不能放大交流信号,在交流通路中,电路的输出端被短路,没有交流信号输出;(c) 电路能放大交流信号,但工作不稳定,输入电阻也很小;(d) 电路不能放大交流信号,因为晶体管的发射结和集电结均正向偏置,处于饱和状态,而且该电路的输入电阻为零,交流输入信号被短路。

15.4.4 在图 15.4.1 所示的分压式偏置放大电路中,已知 $U_{CC}=15\ \text{V}$,$R_C=3\ \text{k}\Omega$,$R_E=2\ \text{k}\Omega$,$I_C=1.55\ \text{mA}$,$\beta=50$,试估算 R_{B1} 和 R_{B2}(取教材附录 H 中标称值)。

解:图 15.4.1 所示的放大电路及其直流通路见题解图 15.16。

先估算晶体管基极电位 V_B,设 $U_{BE}\approx 0.6\ \text{V}$。由题解图 15.16(b)

$$V_B=R_EI_E+U_{BE}\approx(2\times1.55+0.6)\text{V}=3.7\ \text{V}$$

R_{B1} 和 R_{B2} 分压电路的分压比

$$\eta=\frac{R_{B2}}{R_{B1}+R_{B2}}$$

应满足 $V_B=\eta U_{CC}$,即

$$\eta=\frac{V_B}{U_{CC}}=\frac{3.7}{15}\approx 0.25$$

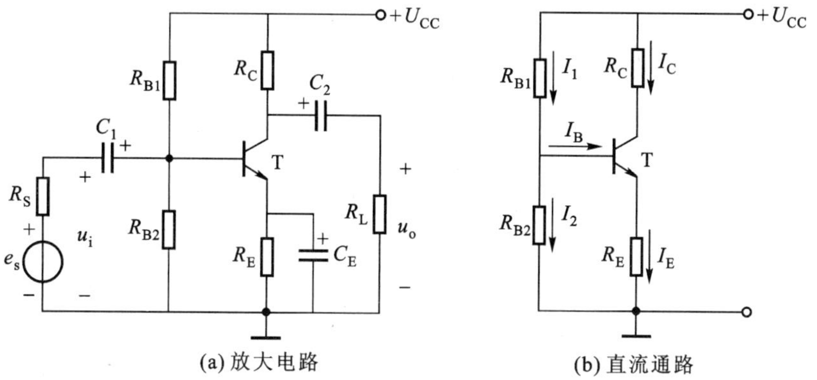

题解图 15.16

可选 $R_{B1}=3\ R_{B2}$满足这一比例关系，同时 R_{B1}和 R_{B2}的选取还要满足 $I_2>(5\sim10)I_B$ 的要求。电路中的 $I_B=I_C/\beta=31\ \mu A$，考虑到 $I_2=V_E/R_{B2}$，参照教材附录 H 中电阻标称值，可选择多组电阻值搭配来实现。比如(1) $R_{B1}=30\ k\Omega, R_{B2}=10\ k\Omega$；(2) $R_{B1}=33\ k\Omega, R_{B2}=11\ k\Omega$；(3) $R_{B1}=39\ k\Omega, R_{B2}=13\ k\Omega$ 等。

15.4.5 在图 15.4.1(a)所示的分压式偏置放大电路中，已知 $U_{CC}=24\ V, R_C=3.3\ k\Omega, R_E=1.5\ k\Omega, R_{B1}=33\ k\Omega, R_{B2}=10\ k\Omega, R_L=5.1\ k\Omega$，晶体管的 $\beta=66$，并设 $R_S\approx0$。

(1) 试求静态值 I_B、I_C 和 U_{CE}。

(2) 画出微变等效电路。

(3) 计算晶体管的输入电阻 r_{be}。

(4) 计算电压放大倍数 A_u。

(5) 计算放大电路输出端开路时的电压放大倍数，并说明负载电阻 R_L 对电压放大倍数的影响。

(6) 估算放大电路的输入电阻和输出电阻。

解:重画电路图见题解图 15.16(a)。

(1) 计算静态值

$$V_B=\frac{R_{B2}}{R_{B1}+R_{B2}}U_{CC}=\frac{10}{33+10}\times24\ V=5.58\ V$$

$$I_C\approx I_E=\frac{V_B-U_{BE}}{R_E}=\frac{5.58-0.6}{1.5}\ mA=3.32\ mA$$

$$I_B\approx\frac{I_C}{\beta}=\frac{3.32}{66}\ mA=0.05\ mA$$

$$U_{CE}=U_{CC}-(R_C+R_E)I_C=[24-(3.3+1.5)\times3.32]V=8.06\ V$$

(2) 微变等效电路如题解图 15.17 所示。

(3) $r_{be}=\left[200+(1+66)\times\frac{26}{3.32}\right]\ \Omega\approx0.72\ k\Omega$

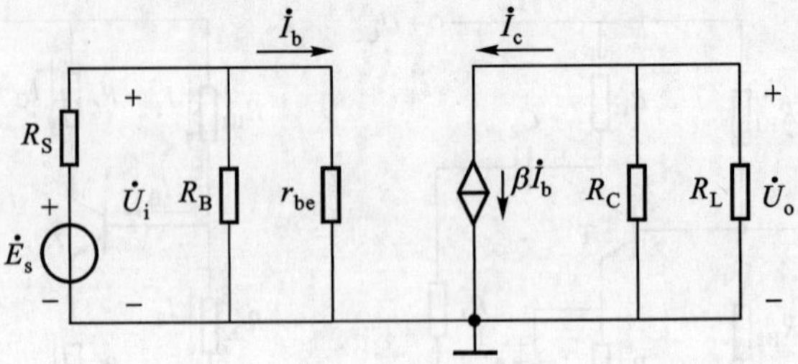

题解图 15.17

(4) $A_u = -\beta\dfrac{R'_L}{r_{be}} = -66\times\dfrac{3.3\times5.1}{3.3+5.1}\times\dfrac{1}{0.72} = -183.7$

(5) 负载开路时，$R_L\to\infty$，$R'_L = R_C /\!/ R_L$ 最大，电压放大倍数具有最大值

$$A_u = -\beta\frac{R_C}{r_{be}} = -66\times\frac{3.3}{0.72} = -302.5$$

随着负载电阻 R_L 减小，电压放大倍数也减小。

(6) 输入电阻 $r_i = R_{B1} /\!/ R_{B2} /\!/ r_{be} \approx 0.66\ \text{k}\Omega$

输出电阻 $r_o \approx R_C = 3.3\ \text{k}\Omega$

15.4.6 在题 15.4.5 中，设 $R_S = 1\ \text{k}\Omega$，试计算输出端接有负载时的电压放大倍数 $A_u = \dfrac{\dot{U}_o}{\dot{U}_i}$ 和 $A_{us} = \dfrac{\dot{U}_o}{\dot{E}_s}$，并说明信号源内阻 R_S 对电压放大倍数的影响。

解：见上题(4)，输出端带有负载时的电压放大倍数为

$$A_u = \frac{\dot{U}_o}{\dot{U}_i} = -\beta\frac{R'_L}{r_{be}} = -183.7$$

而输出电压对信号源电动势的放大倍数为

$$A_{us} = \frac{\dot{U}_o}{\dot{E}_s} = \frac{\dot{U}_o}{\dot{U}_i}\cdot\frac{\dot{U}_i}{\dot{E}_s} = A_u\frac{r_i}{r_i+R_S} = -183.7\times\frac{0.66}{0.66+1} \approx -72.4$$

信号源内阻 R_S 不影响放大电路的电压放大倍数 $A_u = \dfrac{\dot{U}_o}{\dot{U}_i}$，但是 R_S 越大，信号源在放大电路输入电阻上的压降，即放大电路的输入电压越小，输出也越小。

15.4.7 在题 15.4.5 中，将图 15.4.1(a)中的发射极交流旁路电容 C_E 除去。

(1) 试问静态值有无变化？

(2) 画出微变等效电路。

(3) 计算电压放大倍数 A_u，并说明发射极电阻 R_E 对电压放大倍数的影响。

(4) 计算放大电路的输入电阻和输出电阻。

解：重画电路图见题解图 15.16。除去发射极交流旁路电容 C_E 时，有：

（1）静态工作点不发生变化。

（2）此时的微变等效电路如题解图 15.18 所示。

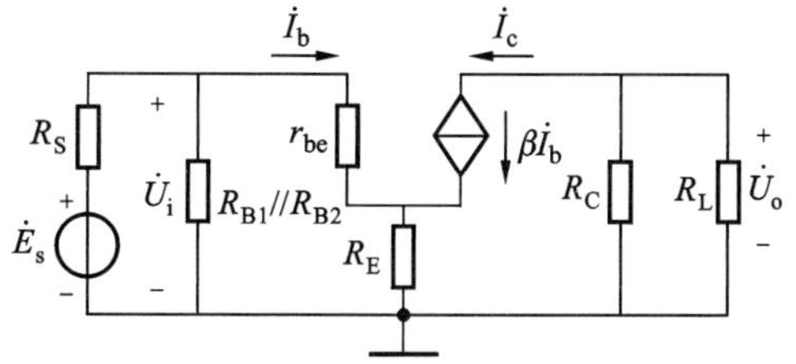

题解图 15.18

（3）r_{be}的计算参见题 15.4.5。C_E 去掉之后

$$A_u = -\beta \frac{R'_L}{r_{be} + (1+\beta)R_E} = -66 \times \frac{3.3 \times 5.1}{3.3 + 5.1} \times \frac{1}{0.72 + 67 \times 1.5} \approx -1.3$$

与题 15.4.5 比较，由于 R_E 的影响，电压放大倍数减小很多。

（4）$r_i = R_{B1} // R_{B2} // [r_{be} + (1+\beta)R_E] \approx 7.13\ \text{k}\Omega$

$$r_o \approx R_C = 3.3\ \text{k}\Omega$$

15.4.8 在图 15.4.1(a)所示的放大电路中，用万用表直流电压挡测量晶体管各个极的电位（对"地"电压）或 U_{BE}和 U_{CE}以判断下列故障：（1）R_{B1}开路；（2）R_{B1}短路；（3）R_E 开路；（4）C_E 击穿；（5）BE 结开路；（6）BE 结击穿；（7）CE 间击穿。

解：电路见题解图 15.16。出现本题中所列出的各种故障时对应的测量结果是：

（1）基极对"地"的电压等于零。

（2）基极电位等于直流电源电压 U_{CC}。

（3）U_{CE}等于零，而且集电极电位等于 U_{CC}。

（4）发射极电位等于零。

（5）基－射极电压比发射结正偏时的典型电压值（硅管的 0.6～0.7 V，锗管的 0.2～0.3 V）大，而且发射极电位等于零。

（6）基－射极电压等于零。

（7）集－射极电压等于零。

15.6.2 在图 15.05 所示的射极输出器中，已知 $R_S = 50\ \Omega$，$R_{B1} = 100\ \text{k}\Omega$，$R_{B2} = 30\ \text{k}\Omega$，$R_E = 1\ \text{k}\Omega$，晶体管的 $\beta = 50$，$r_{be} = 1\ \text{k}\Omega$。试求 A_u、r_i 和 r_o。

解：题解图 15.19 为其微变等效电路。

由微变等效电路可以计算出 A_u、r_i 和 r_o 分别为

$$A_u = \frac{(1+\beta)R_E}{r_{be} + (1+\beta)R_E} = \frac{51 \times 1}{1 + 51 \times 1} \approx 0.98$$

$$r_i = R_{B1} // R_{B2} // [r_{be} + (1+\beta)R_E] \approx 16\ \text{k}\Omega$$

$$r_o \approx \frac{r_{be} + (R_S // R_{B1} // R_{B2})}{\beta} \approx \frac{r_{be} + R_S}{\beta} = \frac{1050}{50}\ \Omega = 21\ \Omega$$

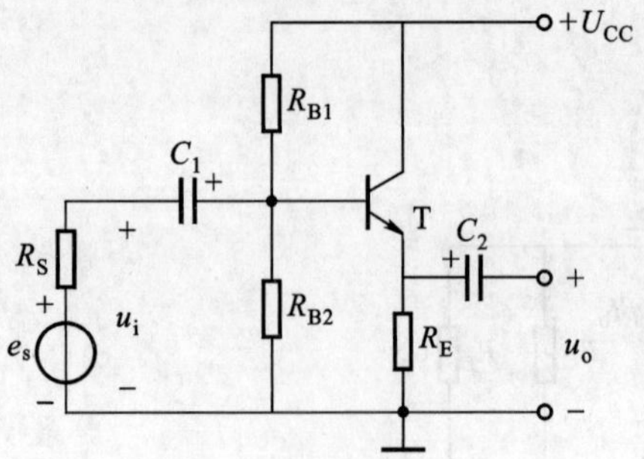

图 15.05　习题 15.6.2 的图

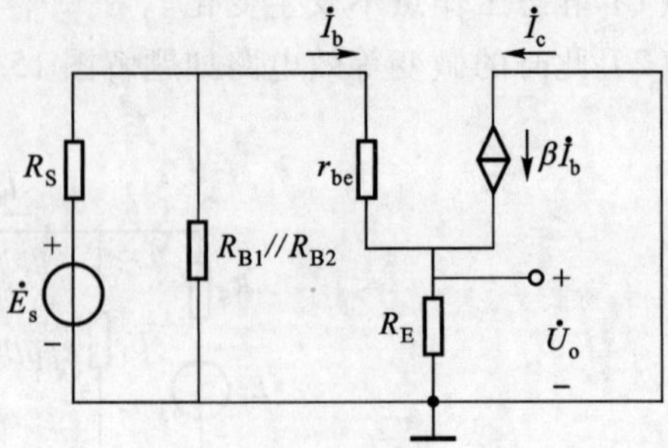

题解图 15.19

15.6.3 两级放大电路如图 15.06 所示，晶体管的 $\beta_1=\beta_2=40$，$r_{be1}=1.37\ k\Omega$，$r_{be2}=0.89\ k\Omega$。

（1）画出直流通路，并估算各级电路的静态值（计算 U_{CE1} 时忽略 I_{B2}）。

（2）画出微变等效电路，并计算 A_{u1}、A_{u2} 和 A_u。

（3）计算 r_i 和 r_o。

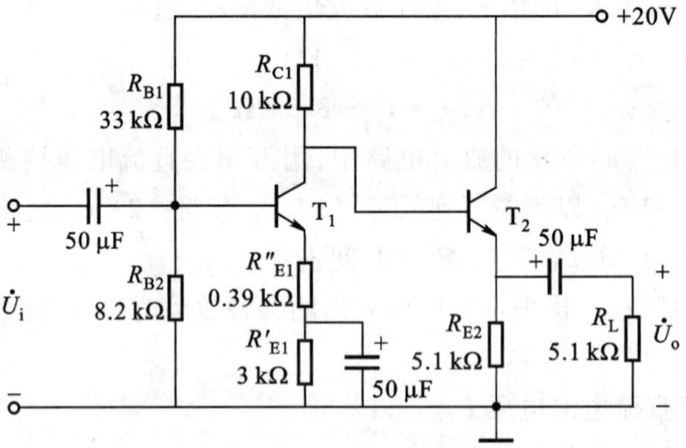

图 15.06　习题 15.6.3 的图

解：（1）直流通路如题解图 15.20 所示。

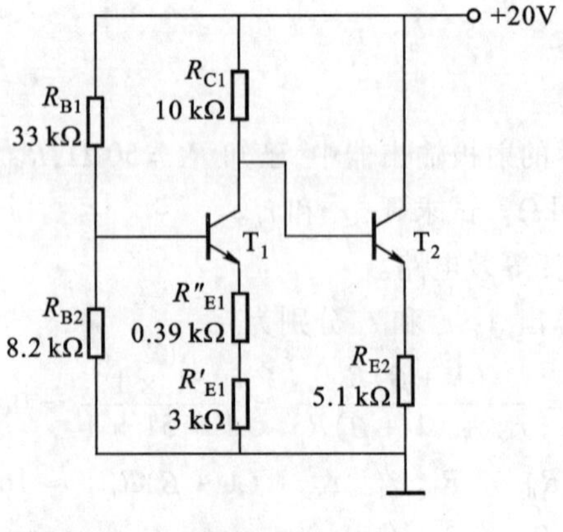

题解图 15.20

前级静态值

$$V_{B1}=\frac{8.2}{33+8.2}\times 20\ \text{V}\approx 4\ \text{V}$$

$$I_{C1}\approx I_{E1}=\frac{4-0.6}{3+0.39}\ \text{mA}\approx 1\ \text{mA}$$

$$I_{B1}\approx\frac{I_{C1}}{\beta}=\frac{1}{40}\ \text{mA}=25\ \mu\text{A}$$

$$U_{CE1}=20\ \text{V}-(10+3+0.39)\times 1\ \text{V}=6.6\ \text{V}$$

后级静态值

$$I_{C2}\approx I_{E2}=\frac{(20-10\times 1)-0.6}{5.1}\ \text{mA}=1.8\ \text{mA}$$

$$I_{B2}=\frac{1.8}{40}\ \text{mA}=45\ \mu\text{A}$$

$$U_{CE2}=20\ \text{V}-5.1\times 1.8\ \text{V}=10.8\ \text{V}$$

(2) 微变等效电路如题解图 15.21 所示,前级电压放大倍数为

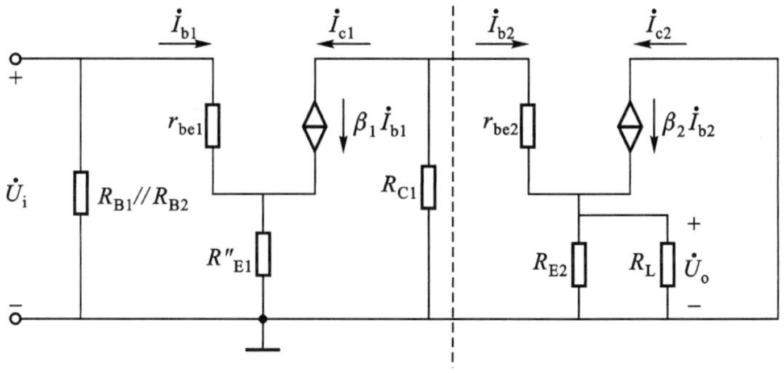

题解图 15.21

$$A_{u1}=-\beta_1\frac{R'_{L1}}{r_{be1}+(1+\beta)R''_{E1}}=-40\times\frac{9.1}{1.37+41\times 0.39}=-21$$

式中

$$R'_{L1}=R_{C1}\ //\ r_{i2}=R_{C1}\ //\ [r_{be2}+(1+\beta_2)(R_{E2}\ //\ R_L)]\approx 9.1\ \text{k}\Omega$$

后级电压放大倍数

$$A_{u2}=\frac{(1+\beta_2)R'_L}{r_{be2}+(1+\beta_2)R'_L}=\frac{41\times 2.55}{0.89+41\times 2.55}\approx 0.99$$

式中

$$R'_L=R_{E2}//R_L=2.55\ \text{k}\Omega$$

$$A_u=A_{u1}A_{u2}=-21\times 0.99=-20.8$$

(3) 输入电阻即是前级的输入电阻

$$r_i=R_{B1}\ //\ R_{B2}\ //\ [r_{be1}+(1+\beta)R''_{E1}]=4.77\ \text{k}\Omega$$

输出电阻即是后级的输出电阻

$$r_o\approx\frac{r_{be2}+R_{C1}}{\beta}=\frac{0.89+10}{40}\ \text{k}\Omega=272\ \Omega$$

15.6.4 在图 15.07 中,$U_{CC}=12$ V,$R_C=2$ kΩ,$R_E=2$ kΩ,$R_B=300$ kΩ,晶体管的 $\beta=50$。电路有两个输出端。试求:

(1) 电压放大倍数 $A_{u1}=\dfrac{\dot U_{o1}}{\dot U_i}$ 和 $A_{u2}=\dfrac{\dot U_{o2}}{\dot U_i}$。

(2) 输出电阻 r_{o1} 和 r_{o2}。

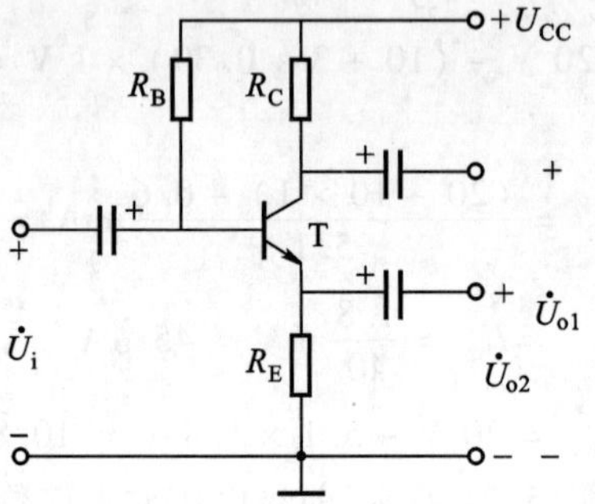

图 15.07 习题 15.6.4 的图

解:先计算静态值,有

$$I_B \approx \frac{12}{300+(1+50)\times 2}\ \text{mA} \approx 0.03\ \text{mA}$$

$$I_E=(1+\beta)I_B=(1+50)\times 0.03\ \text{mA}=1.53\ \text{mA}$$

$$r_{be}=\left[200+(1+50)\times\frac{26}{1.53}\right]\ \Omega \approx 1.07\ \text{k}\Omega$$

(1) 从集电极输出时的电压放大倍数

$$A_{u1}=\frac{\dot U_{o1}}{\dot U_i}=-\frac{\beta\cdot R_C}{r_{be}+(1+\beta)R_E}=-\frac{50\times 2}{1.07+51\times 2}\approx -1$$

从发射极输出时的电压放大倍数

$$A_{u2}=\frac{\dot U_{o2}}{\dot U_i}=\frac{(1+\beta)R_E}{r_{be}+(1+\beta)R_E}\approx 1$$

(2) 从集电极输出时的输出电阻

$$r_{o1}\approx R_C=2\ \text{k}\Omega$$

从发射极输出时的输出电阻

$$r_{o2}\approx\frac{r_{be}+R'_S}{\beta}\approx\frac{r_{be}}{\beta}=\frac{1070}{50}\ \Omega=21.4\ \Omega$$

式中,$R'_S=R_S /\!/ R_B$,忽略信号源内阻,所以 $R'_S\approx 0$。

15.7.3 在例 15.7.1 中,(1) 当 $R_E=5$ kΩ 时,估算静态值;(2) 当 $-U_{EE}=-6$ V 时,估算静态值;(3) 当 $U_{CC}=9$ V 时,估算静态值。通过分析计算说明电路的静态值与 R_E、$-U_{EE}$ 和 U_{CC} 的关系。

解:将例 15.7.1 电路图重画于题解图 15.22(a),题解图(b)为其单管电路的直流通路。在例 15.7.1 中,$U_{CC}=12$ V,$U_{EE}=-12$ V,$\beta=50$,$R_C=10$ kΩ,$R_E=10$ kΩ,$R_B=20$ kΩ。

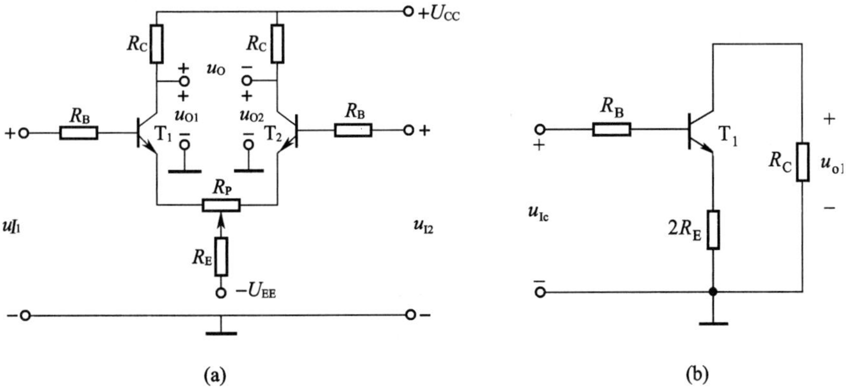

题解图 15.22

（1） $R_E=5\ \mathrm{k\Omega}$ 时

$$I_C \approx I_E = \frac{U_{EE}}{2R_E} = \frac{12}{2\times 5}\ \mathrm{mA} = 1.2\ \mathrm{mA}$$

$$I_B \approx \frac{I_C}{\beta} = \frac{1.2}{50}\ \mathrm{mA} = 24\ \mu\mathrm{A}$$

$$U_{CE} \approx U_{CC} - R_C I_C = 12\ \mathrm{V} - 10\times 1.2\ \mathrm{V} = 0$$

静态工作点位于饱和区。说明 R_E 越小,静态值 I_C 越大,静态工作点越靠近饱和区。

（2） $-U_{EE}=-6\ \mathrm{V}$ 时

$$I_C \approx I_E = \frac{U_{EE}}{2R_E} = \frac{6}{2\times 10}\ \mathrm{mA} = 0.3\ \mathrm{mA}$$

$$I_B \approx \frac{I_C}{\beta} = \frac{0.3}{50}\ \mathrm{mA} = 6\ \mu\mathrm{A}$$

$$U_{CE} \approx U_{CC} - R_C I_C = 12\ \mathrm{V} - 10\times 0.3\ \mathrm{V} = 9\ \mathrm{V}$$

静态工作点靠近截止区。说明 $|-U_{EE}|$ 越小,静态值 I_C 越小,静态工作点越靠近截止区。

（3） 当 $U_{CC}=9\ \mathrm{V}$ 时

$$I_C \approx I_E = \frac{U_{EE}}{2R_E} = \frac{9}{2\times 10}\ \mathrm{mA} = 0.45\ \mathrm{mA}$$

$$I_B \approx \frac{I_C}{\beta} = \frac{0.45}{50}\ \mathrm{mA} = 9\ \mu\mathrm{A}$$

$$U_{CE} \approx U_{CC} - R_C I_C = 9\ \mathrm{V} - 10\times 0.45\ \mathrm{V} = 4.5\ \mathrm{V}$$

静态值 I_C 比 $U_{CC}=12\ \mathrm{V}$ 时小,静态工作点偏低。

15.7.4 在图 15.7.3 所示的差分放大电路中,设 $u_{I1}=u_{I2}=u_{Ic}$,是共模输入信号。试证明两管集电极中任一个对“地”的共模输出电压与共模输入电压之比,即单端输出共模电压放大倍数为

$$A_c = \frac{u_{Oc1}}{u_{Ic}} = \frac{u_{Oc2}}{u_{Ic}} = \frac{\beta R_C}{R_B + r_{be} + 2(1+\beta)R_E} \approx -\frac{R_C}{2R_E}$$

在一般情况下,$R_B + r_{be} \ll 2(1+\beta)R_E$。

解:电路如题解图 15.22(a)所示,题解图 15.23 是其单管共模信号通路,对于每个单管电路而言,发射极共模抑制电阻等效为 $2R_E$。

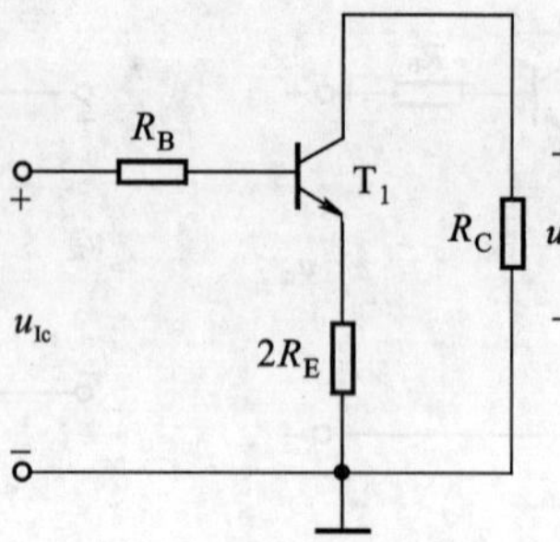

题解图 15.23

考虑到 $R_B + r_{be} \ll 2(1+\beta)R_E$,单端输出共模电压放大倍数为

$$A_c = \frac{u_{O1}}{u_{IC}} = -\beta \frac{R_C}{R_B + r_{be} + 2(1+\beta)R_E} \approx -\frac{R_C}{2R_E}$$

15.7.5 图 15.08 所示的是单端输入 - 双端输出差分放大电路,已知 $\beta = 50$、$U_{BE} = 0.7$ V,试计算电压放大倍数 $A_d = \frac{u_O}{u_I}$。

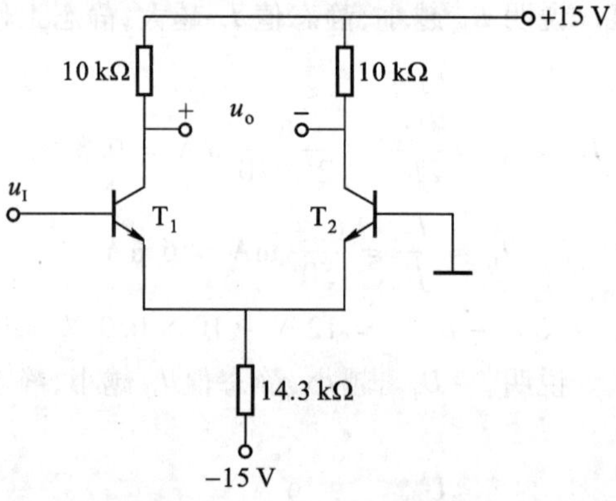

图 15.08 习题 15.7.5 的图

解:由单管直流通路计算静态值 I_E,有

$$I_E = \frac{15 - 0.7}{2 \times 14.3}\ \text{mA} = 0.5\ \text{mA}$$

晶体管输入电阻 $r_{be} = \left[200 + (1+50) \times \frac{26}{0.5}\right]\Omega = 2.85\ \text{k}\Omega$

单端输入的差模电压放大倍数

$$A_d = \frac{u_O}{u_I} = -50 \times \frac{10}{2.85} = -175.3$$

15.8.2 图 15.09 是什么电路? T_4 和 T_5 是如何连接的? 起什么作用? 在静态时,$V_A = 0$,这时 T_3 的集电极电位 V_{C3} 应调到多少? 设各管的发射结电压为 0.6 V。

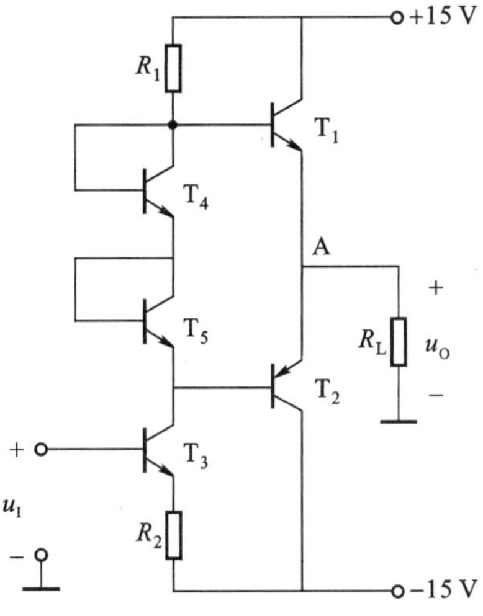

图 15.09　习题 15.8.2 的图

解:图 15.09 是一个工作在甲乙类工作状态的互补对称功率放大电路。T_4 和 T_5 的基极与集电极短路,相当于两只二极管,只使用了它们的发射结,其作用是给 T_1 的 T_2 发射结提供一个很小的正向偏置,可减小失真现象。

15.9.2　在图 15.9.11 所示的场效晶体管放大电路中,已知 $R_L=30\ k\Omega$,$R_{G1}=2\ M\Omega$,$R_{G2}=47\ k\Omega$,$R_G=10\ M\Omega$,$R_D=30\ k\Omega$,$R_S=2\ k\Omega$,$U_{DD}=+18\ V$,$C_1=C_2=0.01\ \mu F$,$C_S=10\ \mu F$,管子为 3DO1。试计算:

(1) 静态值 I_D 和 U_{DS}。

(2) r_i、r_o 和 A_u。

(3) 将旁路电容 C_S 除去,计算 A_{uf}。

设静态值 $U_{GS}=-0.2\ V$,$g_m=1.2\ mA/V$,$r_{ds}\gg R_D$。

解:将图 15.9.11 重新画于题解图 15.24。

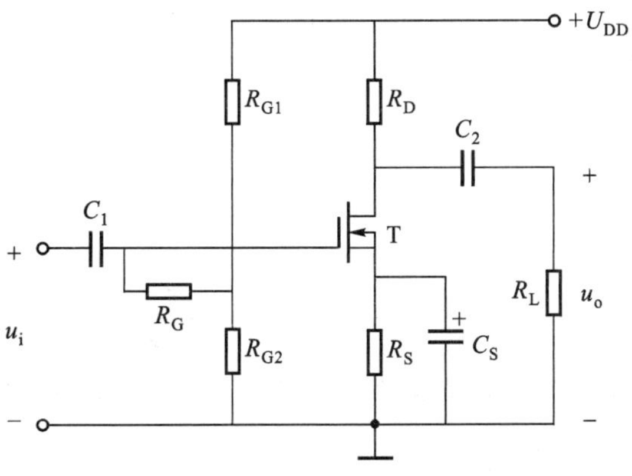

题解图 15.24

(1) 计算静态值

$$V_G = \frac{R_{G2}}{R_{G1} + R_{G2}} U_{DD} = \frac{47}{47 + 2\,000} \times 18\ \text{V} = 0.41\ \text{V}$$

$$I_D = \frac{V_G - U_{GS}}{R_S} = \frac{0.41 + 0.2}{2}\ \text{mA} = 0.31\ \text{mA}$$

$$U_{DS} = U_{DD} - I_D(R_D + R_S) = [18 - 0.31 \times (30 + 2)]\text{V} = 8.08\ \text{V}$$

(2) 由题解图 15.25 所示的交流通路可得

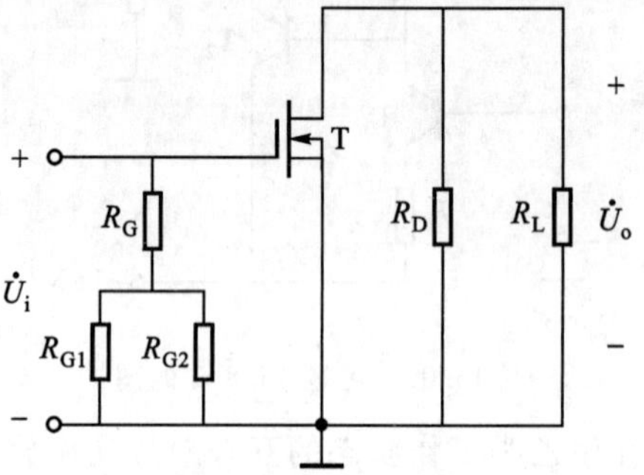

题解图 15.25

$$r_i = R_G + (R_{G1} \mathbin{/\!/} R_{G2}) \approx R_G = 10\ \text{M}\Omega$$

$$r_o \approx R_D = 30\ \text{k}\Omega$$

$$A_u = -g_m R_L' = -1.2 \times \frac{15 \times 15}{15 + 15} = -18$$

(3) 除去旁路电容 C_S,交流通路如题解图 15.26 所示。

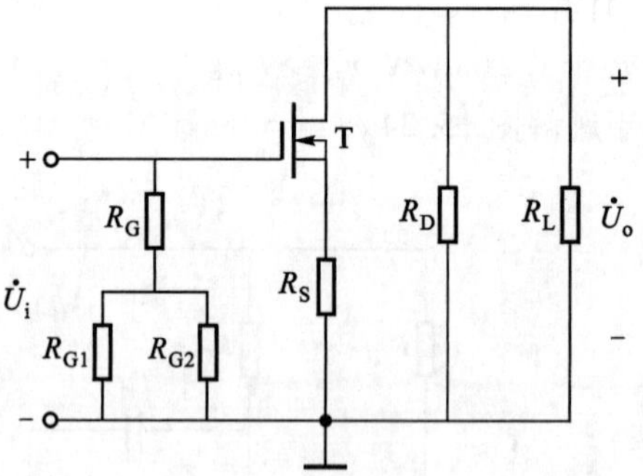

题解图 15.26

$$A_{uf} = -\frac{g_m R_L'}{1 + g_m R_S} = -\frac{1.2 \times 15}{1 + 1.2 \times 2} = -5.3$$

15.9.3 场效晶体管差分放大电路如图 15.10 所示,已知 $g_m = 1.5$ mA/V,求电压放在倍数 $A_u = \frac{u_O}{u_I}$。

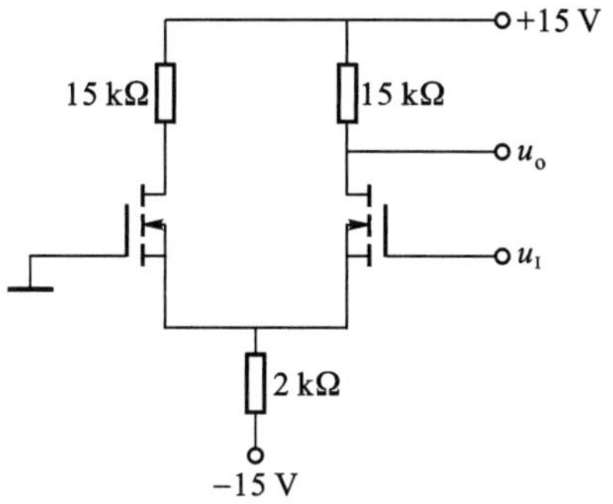

图 15.10　习题 15.9.3 的图

解:单端输入－单端输出时的电压放大倍数为

$$A_u = -\frac{1}{2}g_m R_D = -\frac{1}{2}\times 1.5\times 15 = -11.25$$

C　拓　宽　题

15.4.9　设计一单管晶体管放大电路,已知 $R_L = 3\ \text{k}\Omega$。要求 $|A_u| \geqslant 60$、$r_i \geqslant 1\ \text{k}\Omega$、$r_o < 3\ \text{k}\Omega$、工作点稳定。建议选用高频小功率管 3GD100,其技术数据见教材附录 C,β 值可选在 50～100 之间。最后核查静态工作点是否合适。求得的各电阻值均采用标称值(查教材附录 H)。

解:电路选用题解图 15.10 所示的具有稳定静态工作点功能的分压式偏置电路。晶体管选用 3GD100,选 $\beta = 50$,$|A_u| = 60$,$r_i = 1\ \text{k}\Omega$。

(1) 参数计算和电阻选择

由于该电路 $r_i \approx r_{be} = \left[200 + (1+\beta)\frac{26}{I_E}\right]\Omega$

所以
$$I_C \approx I_E \approx \frac{26(1+\beta)}{r_i - 200} = \frac{26\times 51}{1\ 000 - 200}\text{mA} = 1.66\ \text{mA}$$

$$I_B \approx \frac{I_C}{\beta} = \frac{1.66}{50}\ \text{mA} = 0.033\ \text{mA}$$

由式 $|A_u| = \frac{\beta R_L'}{r_{be}}$

可得
$$R_L' = \frac{60\times 1}{50}\ \text{k}\Omega = 1.2\ \text{k}\Omega$$

由式 $R_L' = \frac{R_C R_L}{R_C + R_L}$

可得　$R_C = \frac{R_L R_L'}{R_L - R_L'} = \frac{3\times 1.2}{3 - 1.2}\ \text{k}\Omega = 2\ \text{k}\Omega$(选用 2 kΩ 电阻,满足 $r_o \approx R_C < 3\ \text{k}\Omega$)

选取基极电位 $V_B = 4\ \text{V}$

$$R_E = \frac{V_B - U_{BE}}{I_E} = \frac{4 - 0.6}{1.66}\ \text{k}\Omega \approx 2\ \text{k}\Omega\text{(选用 2 kΩ 电阻)}$$

要求 $I_1 \approx I_2 \gg I_B$，设 $I_2 = 10I_B = 0.33\ \text{mA}$，则

$$R_{B2} = \frac{V_B}{I_2} = \frac{4}{0.33}\ \text{k}\Omega = 12.12\ \text{k}\Omega\text{（选用 12 k}\Omega\text{ 电阻）}$$

忽略基极电流，由 $V_B = \dfrac{R_{B2}U_{CC}}{R_{B1}+R_{B2}}$

可得 $R_{B1} = 2R_{B2}$，R_{B1}选用 24 kΩ 电阻。

（2）核查静态工作点

已知 $I_C \approx I_E = 1.66\ \text{mA}$，由直流负载线可得

$$U_{CE} \approx U_{CC} - (R_C + R_E)I_C = [12 - (2+2)\times 1.66]\text{V} = 5.4\ \text{V}$$

U_{CE}约为 U_{CC}的二分之一，静态工作点大致位于直流负载线的中间位置，比较合适。

15.7.6 在图 15.11 所示的差分放大电路中，$\beta = 50$，$U_{BE} = 0.7\ \text{V}$，输入电压 $u_{I1} = 7\ \text{mV}$，$u_{I2} = 3\ \text{mV}$。

（1）计算放大电路的静态值 I_B、I_C 及各电极的电位 V_E、V_C 和 V_B。

（2）把输入电压 u_{I1}、u_{I2}分解为共模分量 u_{Ic1}、u_{Ic2}和差模分量 u_{Id1}、u_{Id2}。

（3）求单端共模输出 u_{Oc1}和 u_{Oc2}。

（4）求单端差模输出 u_{Od1}和 u_{Od2}。

（5）求单端总输出 u_{O1}和 u_{O2}。

（6）求双端共模输出 u_{Oc}、双端差模输出 u_{Od}和双端总输出 u_O。

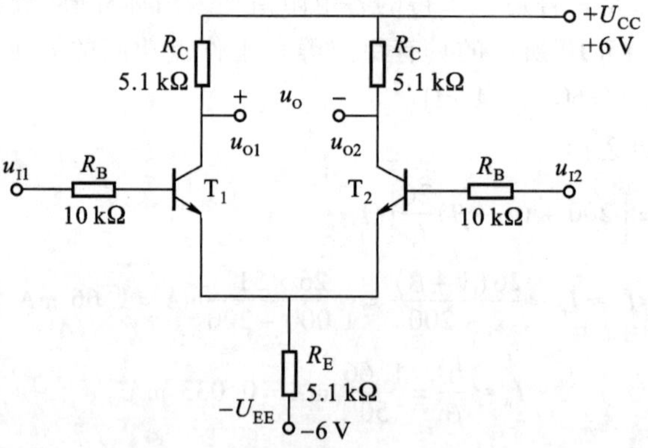

图 15.11 习题 15.7.6 的图

解：（1）静态值可由单管直流通路得出，令 $u_{I1} = u_{I2} = 0$

$$I_B = \frac{U_{EE} - U_{BE}}{R_B + 2(1+\beta)R_E} = \frac{6 - 0.7}{10 + 2\times 51\times 5.1}\ \text{mA} \approx 0.01\ \text{mA}$$

$$I_C = \beta I_B = 50\times 0.01\ \text{mA} = 0.5\ \text{mA}$$

$$V_B = -R_BI_B = -10\times 0.01\ \text{V} = -0.1\ \text{V}$$

$$V_C = U_{CC} - R_CI_C = (6 - 5.1\times 0.5)\text{V} = 3.45\ \text{V}$$

$$V_E = U_{EE} + 2R_EI_E = (-6 + 2\times 5.1\times 0.51)\ \text{V} = -0.798\ \text{V}$$

（2）$u_{ic1} = u_{ic2} = \dfrac{u_{I1}+u_{I2}}{2} = \dfrac{7+3}{2}\ \text{mV} = 5\ \text{mV}$

$$u_{id1} = -u_{id2} = \frac{u_{I1} - u_{I2}}{2} = \frac{7-3}{2}\ \text{mV} = 2\ \text{mV}$$

（3）单端输出共模电压放大倍数为

$$A_c = \frac{u_{O1}}{u_{Ic}} = -\beta \frac{R_C}{R_B + r_{be} + 2(1+\beta)R_E}$$

式中 $r_{be} = \left[200 + (1+50) \times \frac{26}{0.51}\right]\Omega = 2.8\ \text{k}\Omega$

$$u_{oc1} = u_{oc2} = A_C u_{ic1} = -50 \times \frac{5.1}{10 + 2.8 + 2\times(1+50)\times 5.1} \times 5\ \text{mV} = -2.39\ \text{mV}$$

（4）$u_{od1} = -\beta \frac{R_C}{R_B + r_{be}} \times u_{id1} = -50 \times \frac{5.1}{10+2.8} \times 2\ \text{mV} = -39.8\ \text{mV}$

$$u_{od2} = -\beta \frac{R_C}{R_B + r_{be}} \times u_{id2} = -50 \times \frac{5.1}{10+2.8} \times (-2)\ \text{mV} = 39.8\ \text{mV}$$

（5）$u_{o1} = u_{oc1} + u_{od1} = (-2.39 - 39.8)\ \text{mV} = -42.2\ \text{mV}$

$$u_{o2} = u_{oc2} + u_{od2} = (-2.39 + 39.8)\ \text{mV} = 37.4\ \text{mV}$$

（6）$u_{oc} = u_{oc1} - u_{oc2} = 0$

$$u_{od} = u_{od1} - u_{od2} = (-39.8 - 39.8)\ \text{mV} = -79.6\ \text{mV}$$

$$u_o = u_{o1} - u_{o2} = (-42.2 - 37.4)\ \text{mV} = -79.6\ \text{mV} = u_{od}$$

15.9.4 在图 15.9.14 所示的源极输出器中，已知 $U_{DD} = 12\ \text{V}$，$R_S = 12\ \text{k}\Omega$，$R_{G1} = 1\ \text{M}\Omega$，$R_{G2} = 500\ \text{k}\Omega$，$R_G = 1\ \text{M}\Omega$。试求静态值、电压放大倍数、输入电阻和输出电阻。设 $V_S \approx V_G$，$g_m = 0.9\ \text{mA/V}$。

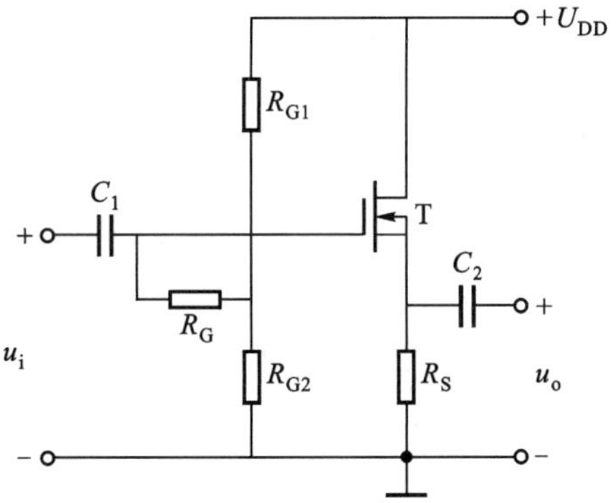

题解图 15.27

解：将图 15.9.14 重新画于题解图 15.27，由其直流通路可得

$$V_G = \frac{R_{G2}}{R_{G1} + R_{G2}} U_{DD} = \frac{500}{1\ 000 + 500} \times 12\ \text{V} = 4\ \text{V}$$

$$I_D = \frac{V_S}{R_S} = \frac{4}{12}\ \text{mA} = 0.33\ \text{mA}$$

$$U_{DS} = U_{DD} - V_S = (12 - 4)\ \text{V} = 8\ \text{V}$$

由题解图 15.28 所示的交流通路得

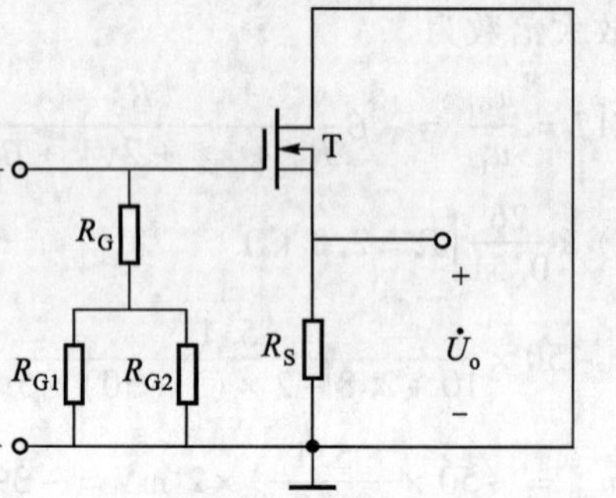

题解图 15.28

$$A_u=\frac{g_m R_S}{1+g_m R_S}\approx 1$$

$$r_i=R_G+(R_{G1}/\!/R_{G2})=\left(1+\frac{0.5\times 1}{0.5+1}\right)\text{M}\Omega=1.33\ \text{M}\Omega$$

计算输出电阻可根据题解图 15.29 进行，将输入端短路，在输出端人为加一电压 $\dot{U}_o$，计算由此产生的电流 $\dot{I}_o$，得

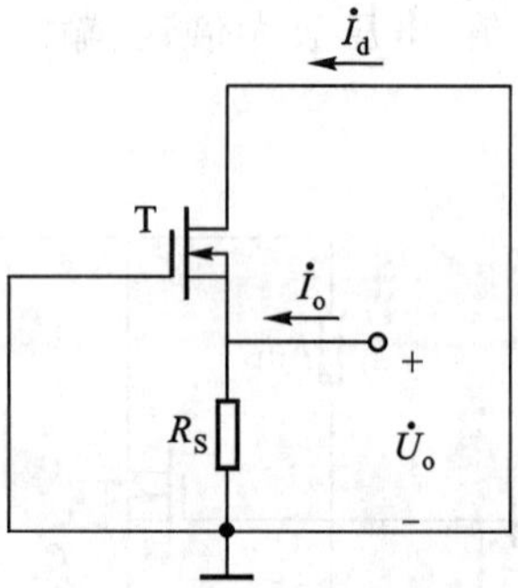

题解图 15.29

$$\dot{I}_o=\frac{\dot{U}_o}{R_S}-\dot{I}_d=\frac{\dot{U}_o}{R_S}-g_m\dot{U}_{gs}$$

因为
$$\dot{U}_{gs}=-\dot{U}_o$$

所以
$$\dot{I}_o=\frac{\dot{U}_o}{R_S}+g_m\dot{U}_o$$

由输出电阻的定义，有

$$r_o=\frac{\dot{U}_o}{\dot{I}_o}=1/\left(g_m+\frac{1}{R_S}\right)=\frac{1}{0.9+\frac{1}{12}}\ \text{k}\Omega\approx 1\ \text{k}\Omega$$

第16章 集成运算放大器

集成运算放大器(简称集成运放)是现代电子技术中应用极为广泛的电子器件。本章介绍了集成运算放大器的组成和特点、各主要参数的意义以及电压传输特性曲线。给出了集成运算放大器理想化的主要条件,以及其线性应用和非线性应用时的分析依据。从集成运放在信号运算、信号处理、信号发生三个方面的应用入手着重分析和介绍了集成运算放大器线性应用的基本电路结构、运算关系及其主要特点以及非线性应用的基本电路结构、主要特点及其分析方法。本章是本课程学习的重点。

16.1 内容要点与阅读指导

模拟电子技术以“分立为基础,集成为重点”,集成运算放大器在许多电子电路中都要大量用到,应用日益普遍,是模拟电子电路的重点。尽管集成运放产品种类很多,但其组成、特点、工作原理和分析方法是类似的。

1. 集成运算放大器的组成和特点

集成运算放大器是采用差分输入的具有高开环放大倍数、高输入阻抗、低输出电阻、高共模抑制比的多级直接耦合放大电路,一般包括输入级、中间级、输出级和偏置电路四个部分(题解图16.01)。有同相、反相两个输入端,一个输出端。

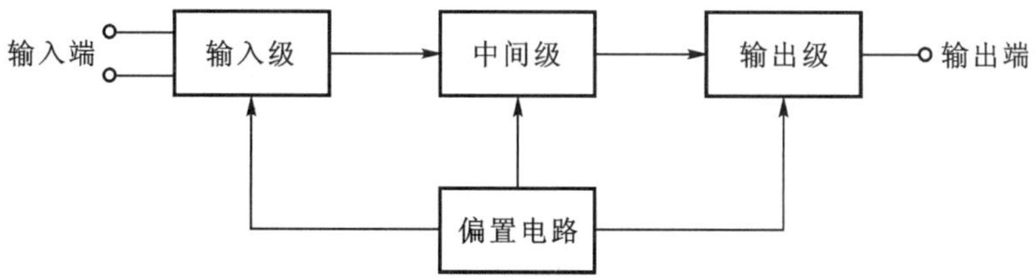

题解图16.01 集成运算放大器的内部组成

输入级:采用差分放大电路,保证输入电阻高、差模放大倍数高、静态电流小、抑制零漂和共模信号能力强。两个输入端就是集成运放的外部输入端——同相输入端和反向输入端。

中间级:一般采用共发射极放大电路进行电压放大,提供高电压放大倍数。

输出级:一般采用互补对称功放电路或射极输出器,保证输出电阻低、带负载能力强、输出较大功率。

偏置电路：为各级电路提供合适的、稳定的偏置电流和电压。

运算放大器电路符号通常只画出输入端和输出端，电源端和调整端一般省略（题解图 16.02）。

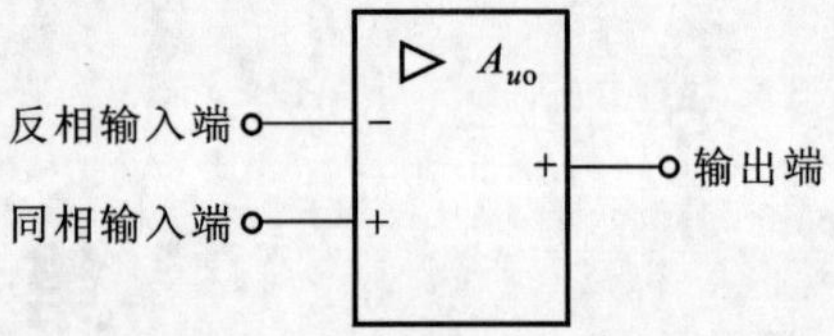

题解图 16.02　集成运算放大器的电路符号

反相输入端：通常以“ - ”号表示。当由此端输入信号时，则输出信号与输入信号反相。

同相输入端：通常以“ + ”号表示。当由此端输入信号时，则输出信号与输入信号同相。

输出端：通常也标以“ + ”号，表示输出信号与同相输入端信号极性相同。

2. 集成运算放大器的主要参数和电压传输特性

主要参数：用以表征集成运算放大器的性能指标和使用极限。主要有：

① 最大输出电压 U_{OPP}；② 开环差模电压放大倍数 A_{uo}；③ 差模输入电阻 r_{id}；④ 输入失调电压 U_{IO}；⑤ 输入失调电流 I_{IO}；⑥ 最大共模输入电压 U_{ICM}；⑦ 最大差模输入电压 U_{IDM}；⑧ 输入偏置电流 I_{IB}；⑨ 共模抑制比 K_{CMR}；⑩ 输出电阻 r_o；⑪ 上限频率 f_h；⑫ 输入失调电压温漂 dU_{IO}/dT；⑬ 输入失调电流温漂 dI_{IO}/dT；⑭ 额定输出电流 I_{ON}；⑮ 静态功耗 P_D；⑯ 电源电压等。

电压传输特性曲线：表示集成运放的输出电压和输入电压（指同相输入端和反相输入端的差值电压）之间关系的特性曲线称为电压传输特性。集成运放的电压传输特性（题解图 16.03）分为线性区（也称线性放大区）和非线性区（也称饱和区）。

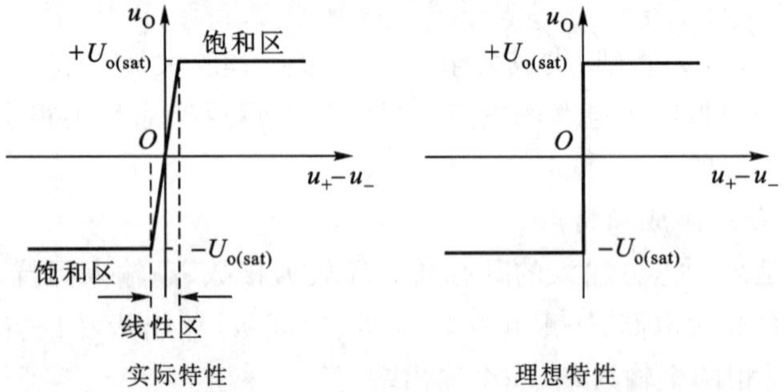

题解图 16.03　集成运放的电压传输特性

电压传输特性的斜线部分为线性区，斜线的斜率就是集成运放的**开环差模电压放大倍数** A_{uo}。当集成运放工作在线性区时，u_O 和 $(u_+ - u_-)$ 之间是线性关系，即 $u_O = A_{uo}(u_+ - u_-)$。

电压传输特性的水平直线部分为非线性区。当集成运放工作在非线性区时，输出电压 u_O 只有两种情况，即正饱和电压 $+U_{o(sat)}$ 或负饱和电压 $-U_{o(sat)}$。

3. 集成运算放大器的理想化模型及理想化的主要条件

集成运算放大器的理想化电路模型：当实际集成运算放大器满足理想化条件时，可将其看作为理想集成运算放大器。理想集成运算放大器的电路符号如题解图 16.04 所示。

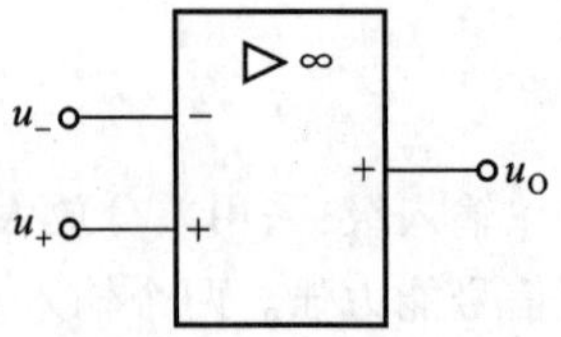

题解图 16.04　理想集成运放的电路符号

集成运算放大器理想化的主要条件：

① 开环放大倍数 $A_{uo}\to\infty$。

② 差模输入电阻 $r_{id}\to\infty$。

③ 开环输出电阻 $r_o \to 0$。

④ 共模抑制比 $K_{CMR} \to \infty$ 。

⑤ 频带宽度 $f_h \to \infty$ 。

4. 理想集成运算放大器的分析原则

（1）运放线性应用时的两条分析原则：

① $i_+ = i_- \approx 0$（虚断）。

② $u_+ \approx u_-$（虚短）。

（2）运放非线性应用时的两条分析原则：

① $i_+ = i_- \approx 0$（虚断）。

② 当 $u_+ > u_-$ 时，$u_O = +U_{o(sat)}$（正的饱和电压）。

当 $u_+ < u_-$ 时，$u_O = -U_{o(sat)}$（负的饱和电压）。

5. 集成运算放大器的线性应用

是指集成运放工作在线性状态，即 u_I 和 u_O 之间是线性控制关系。由于集成运放的开环电压放大倍数极高，所以线性应用的条件是必须引入深度负反馈，使集成运放工作在线性区。因而，它的输出电压和输入电压的关系基本决定于反馈电路和输入电路的结构与参数，与集成运放本身的参数关系不大。改变输入电路和反馈电路的结构形式，就可以实现不同的运算。线性应用主要用以实现对各种模拟信号（随时间连续变化的信号）进行比例、加法、减法、积分、微分、指数、对数、乘法、除法等数学运算，以及实现有源滤波、信号检测、取样保持等信号处理工作。

6. 集成运算放大器的非线性应用

是指集成运放工作在饱和状态，在输入 u_I 的作用下，输出 u_o 不是正的饱和电压就是负的饱和电压，即 u_I 和 u_O 为非线性控制关系。非线性应用的条件是集成运放开环工作或引入正反馈。非线性应用主要用以实现对信号幅度进行比较。常用于电压比较器、滞回比较器等各种比较器以及各种波形发生器等。

7. 集成运算放大器基本应用电路及其电压传输关系

见题解表 16.01。

题解表 16.01　集成运算放大器基本应用电路

名　称	电　路	电压传输关系	说　明
反相比例放大器	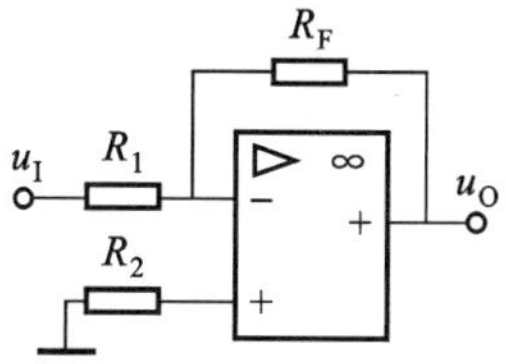	$\frac{u_O}{u_I} = -\frac{R_F}{R_1}$	反相输入 并联电压负反馈
同相比例放大器	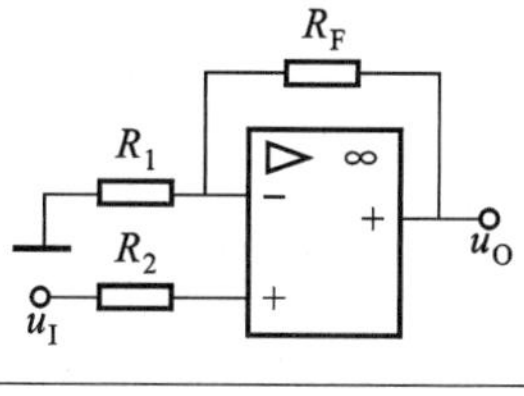	$\frac{u_O}{u_I} = 1 + \frac{R_F}{R_1}$	同相输入 串联电压负反馈

续表

名　称	电　路	电压传输关系	说　明
反相器	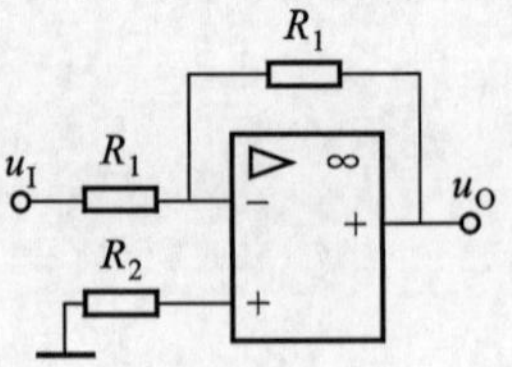	$u_I = -u_O$	反相输入 并联电压负反馈
跟随器	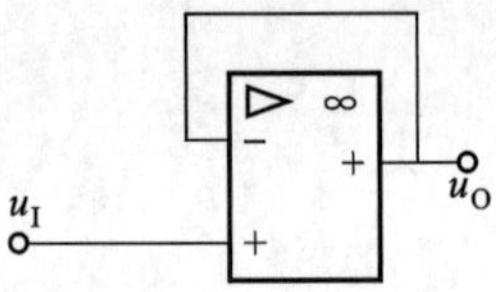	$u_I = u_O$	同相输入 串联电压负反馈
反相加法器	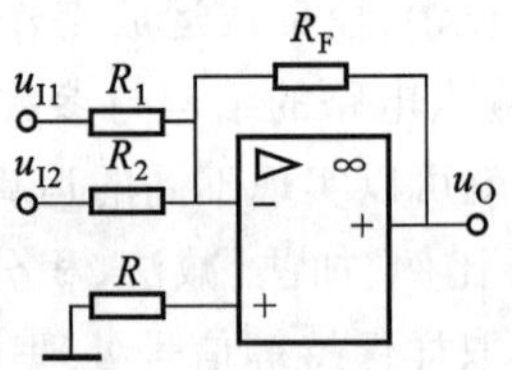	$u_O = -\left(\frac{R_F}{R_1}u_{I1} + \frac{R_F}{R_2}u_{I2}\right)$ 特别当 $R_F = R_1 = R_2$ 时 $u_O = -(u_{I1} + u_{I2})$	反相多端输入 并联电压负反馈
减法器 （差动放大器）	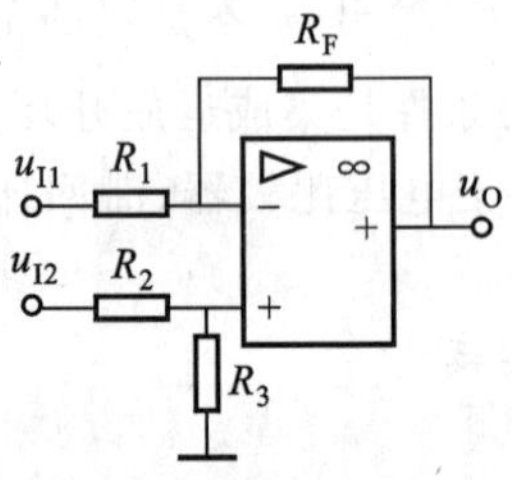	当 $R_3/R_2 = R_F/R_1$ 时 $u_O = \frac{R_F}{R_1}(u_{I2} - u_{I1})$	差分输入 并联电压负反馈（对 u_{I1}） 串联电压负反馈（对 u_{I2}）
积分器	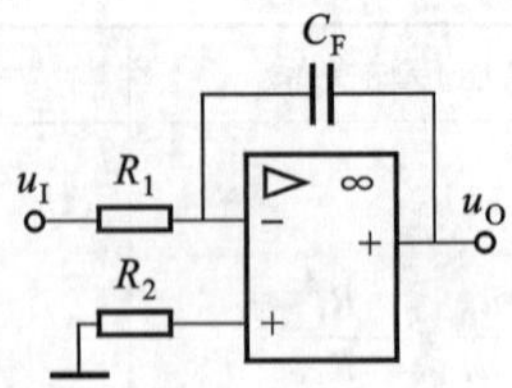	$u_O = -\frac{1}{R_1 C_F}\int u_I \mathrm{d}t$	反相输入 并联电压负反馈
微分器	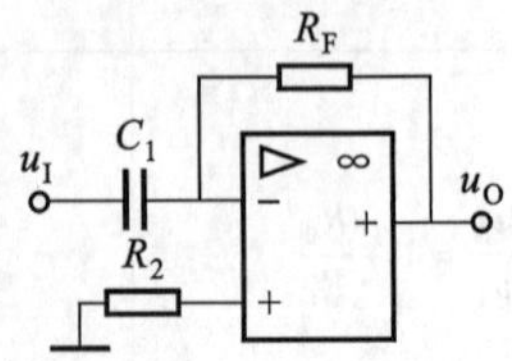	$u_O = -R_F C_1 \frac{\mathrm{d}u_I}{\mathrm{d}t}$	反相输入 并联电压负反馈

续表

名　称	电　路	电压传输关系	说　明
有源低通滤波器	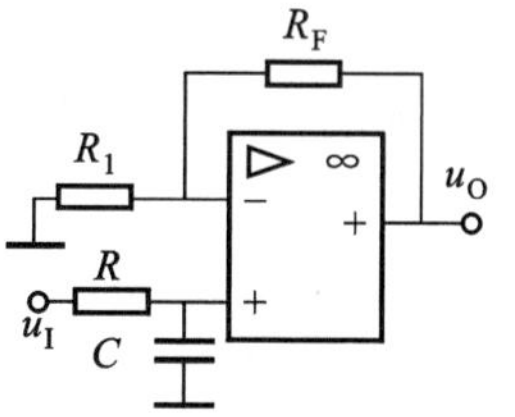	$\dfrac{\dot{U}_o}{\dot{U}_I}=\dfrac{1+\dfrac{R_F}{R_1}}{\sqrt{1+\left(\dfrac{\omega}{\omega_0}\right)^2}}$	同相端输入 $\omega_0=\dfrac{1}{RC}$
有源高通滤波器	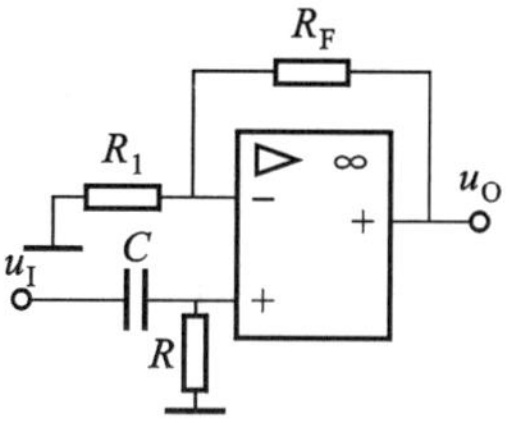	$\dfrac{\dot{U}_o}{\dot{U}_I}=\dfrac{1+\dfrac{R_F}{R_1}}{\sqrt{1+\left(\dfrac{\omega_0}{\omega}\right)^2}}$	同相端输入 $\omega_0=\dfrac{1}{RC}$
电压比较器	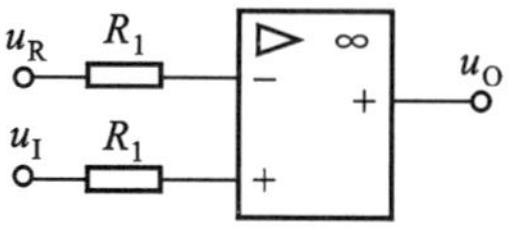	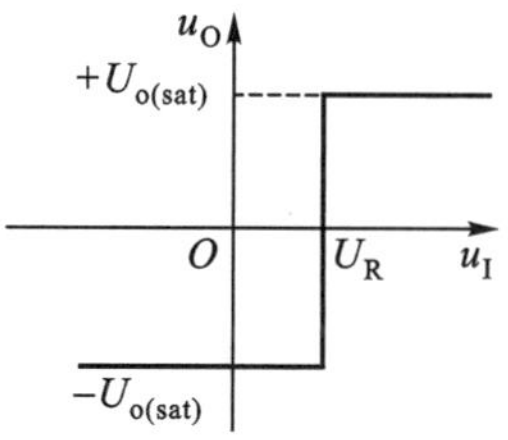	开环放大 同相输入 $u_I>u_R$，$u_O=+U_{o(sat)}$ $u_I<u_R$，$u_O=-U_{o(sat)}$
	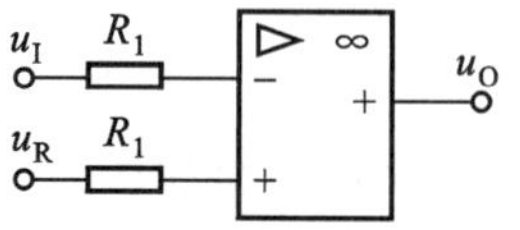	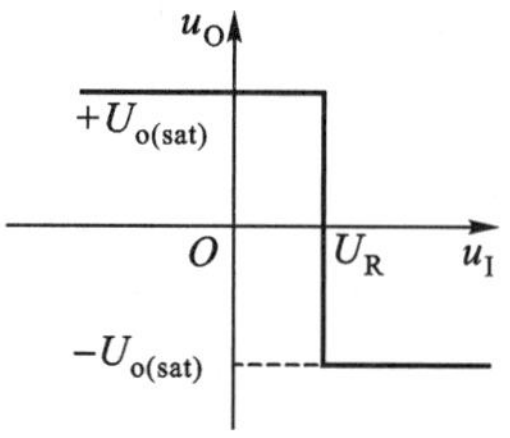	开环放大 反相输入 $u_I>u_R$，$u_O=-U_{o(sat)}$ $u_I<u_R$，$u_O=+U_{o(sat)}$
滞回比较器	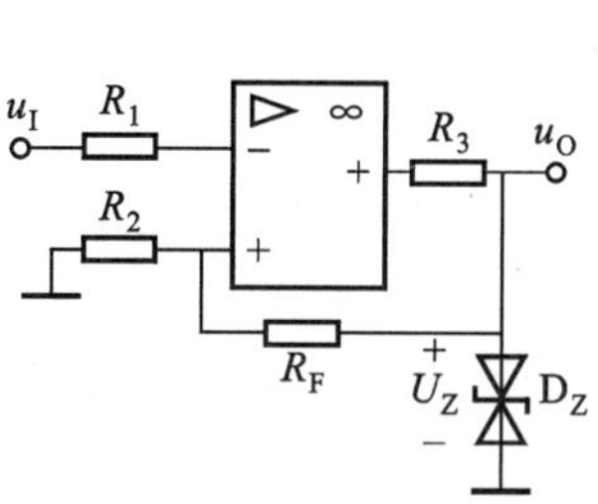	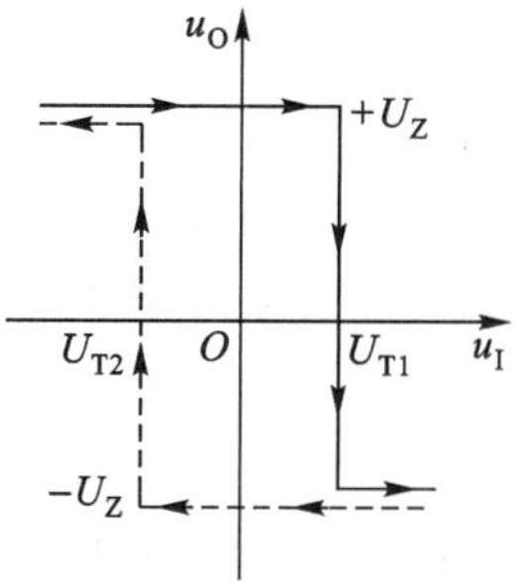	正反馈放大 上限电平 $U_{T1}=+\dfrac{R_2}{R_2+R_F}U_Z$ 下限电平 $U_{T2}=-\dfrac{R_2}{R_2+R_F}U_Z$

由于对数、反对数、乘法、除法运算不在本课程要求范围内，故此处其应用电路从略。

8. 集成运算放大器输入端的静态直流平衡电阻

集成运放的输入级为差分放大电路，为保障其对称性，在无外加输入信号时，从其反相输入端和同相输入端往外看，对地的总等效电阻应相等。

下面以教材图 16.2.1 的反相比例运算电路为例加以说明。R_2 是一平衡电阻，$R_2 = R_1 /\!/ R_F$，其作用是消除静态基极电流对输出电压的影响。

当输入信号为零时，两个输入端的静态基极电流为 I_{B1} 和 I_{B2}。这个电流对输出电压有影响。图 16.2.1 是没有输入信号时的反相比例运算电路，设 $I_{B1} = I_{B2} = I_B$。由图可得

$$u_+ = -R_2 I_B$$

$$i_1 = -\frac{u_-}{R_1} = \frac{R_2}{R_1} I_B$$

$$i_F = i_1 - I_B = \left(\frac{R_2}{R_1} - 1\right) I_B$$

$$u_O = -R_F i_F + u_- = \left(1 - \frac{R_2}{R_1}\right) R_F I_B - R_2 I_B$$

$$= \left(\frac{R_1 R_F - R_2 R_F}{R_1} - R_2\right) I_B$$

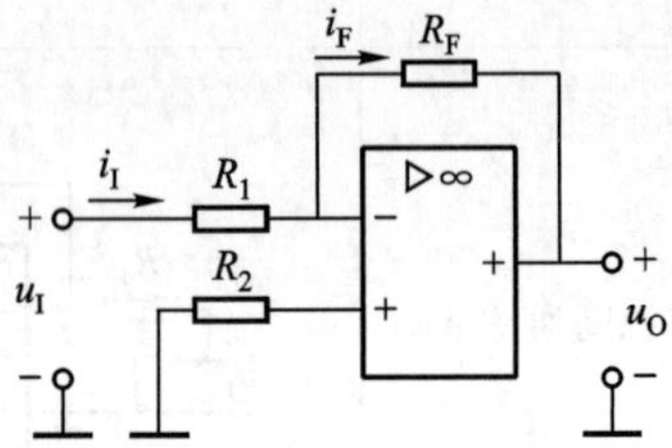

图 16.2.1　说明 $R_2 = R_1 /\!/ R_F$ 的电路

如要消除 I_B 对 u_O 的影响，必须

$$\frac{R_1 R_F - R_2 R_F}{R_1} - R_2 = 0$$

$$R_2 = \frac{R_1 R_F}{R_1 + R_F} = R_1 /\!/ R_F$$

9. 集成运算放大器的选择与使用注意事项

(1) 选择：随着集成电路技术的不断发展，集成运放的性能不断改善，种类也越来越多。不仅有通用型，而且还有高速型、高阻型、高压型、低功耗型、大功率型、高精度型及特殊专用型等。芯片等级也分为民用级、工业级、军用级等。通常应根据实际要求以满足电路性能为前提进行合理选择，不要盲目追求高性能和高指标。应逐步学会查阅器件手册和产品手册。

通用集成运放主要以满足线性放大要求而设计，虽然也可用于比较器，但相对来说工作速度较慢，对响应时间有要求的场合，可选择专用集成电压比较器，如 LM311、319、339、360 等。

(2) 使用：实际使用中有时需要外接消振电路和调零电路以避免可能出现的自激振荡，消除自身存在的失调电压；集成运放输出电流不能满足负载需要时，可在集成运放输出端外加一级互补对称电路对电流进行放大。

还应注意对集成运放的输入端、输出端、电源端采取有效的保护措施，使其安全工作。

10. 集成运算放大器应用电路的分析与综合

(1) 分析：就是针对已有集成运放电路的各部分单元的作用和整体能实现的功能进行研究的过程。

① 确定集成运放工作在线性工作状态(输出端至反相输入端之间有负反馈电路)还是工作在非线性工作状态(输出为开环或输出端至同相输入端之间有正反馈电路)，以便选择不同的分

析原则。

② 辨别电路中存在哪些典型基本电路(注意各端之间的连接关系,不要被不同的电路图画法所迷惑),逐级写出输出与输入的传输关系式。

③ 有多个信号作用于电路输入端时,注意灵活运用电路的基本定律(KCL、KVL)、基本分析方法(节点电压法等)和基本定理(叠加定理、等效电源定理),以简化分析过程。

(2) 综合:就是利用典型基本电路按功能要求设计、组成一个完整电路的过程。

① 对所需完成的任务进行功能分析和问题分析。

② 选择适合的集成运放基本电路实现各分解后的任务。

③ 进行集成运放外部元件参数计算并将各部分集成运放电路组合起来连接成一个整体。

16.2 基本要求

1. 了解集成运算放大器的基本组成和特点、各主要参数的意义,理解集成运算放大器理想化的主要条件,理解集成运算放大器的电压传输特性。

2. 掌握集成运算放大器的线性应用和非线性应用的基本条件和分析依据;理解“虚短”、“虚断”和“虚地”的概念,能够灵活、熟练地运用这些概念对集成运算放大器应用电路进行分析和设计。能够分析和判断电路中存在的反馈及其反馈方式和反馈作用。

3. 掌握集成运算放大器线性应用的三种基本输入方式(反相输入、同相输入和差分输入)及其电路的特点;熟悉比例放大器、反相器、同相器、加法器、减法器、积分器、微分器等基本运算电路的结构、工作原理、特点和功能,并能分析由这些电路组合而成的其他运算电路。

4. 掌握用集成运算放大器构成非线性应用的基本电路——比较器的方法,熟悉电压比较器的电路结构和工作原理,了解迟滞比较器(或称滞回比较器)的电路结构、工作原理和特点。

5. 了解由集成运放构成的一阶、二阶有源滤波器的电路结构、工作原理和分析方法。了解由集成运放构成的采样保持电路、波形发生电路、信号测量电路的结构和工作原理。

6. 了解集成运放在实际使用中的一些注意事项以及对输入、输出端的保护方法。

16.3 重点与难点

1. 重点

(1) 集成运算放大器的电压传输特性。

(2) 集成运算放大器线性应用和非线性应用的基本条件和分析依据。

(3) 集成运放线性应用的三种基本输入方式及常用基本运算电路。

(4) 集成运放非线性应用的基本电路——比较器(电压比较、滞回比较)。

2. 难点

(1) “虚短”和“虚断”概念的正确理解和掌握。

(2) 滞回比较器的工作过程,门限电压及回差的调整方法。

16.4 知识关联图

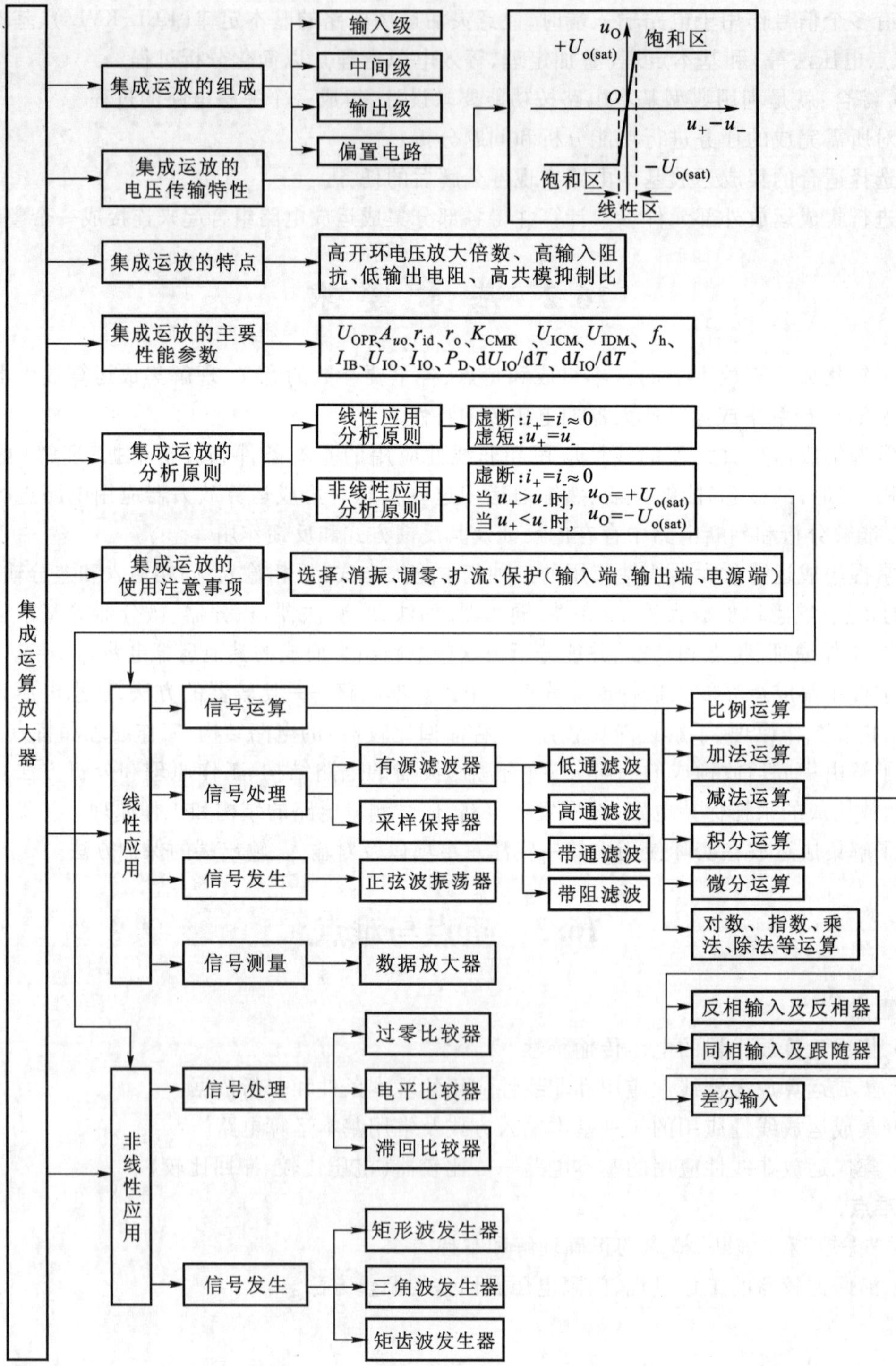
集成运算放大器
集成运放的组成
输入级
中间级
输出级
偏置电路
集成运放的电压传输特性
u_O
$+U_{o(sat)}$
饱和区
O
u_+-u_-
$-U_{o(sat)}$
饱和区
线性区
集成运放的特点
高开环电压放大倍数、高输入阻抗、低输出电阻、高共模抑制比
集成运放的主要性能参数
U_{OPP}、A_{uo}、r_{id}、r_o、K_{CMR}、U_{ICM}、U_{IDM}、f_h、I_{IB}、U_{IO}、I_{IO}、P_D、dU_{IO}/dT、dI_{IO}/dT
集成运放的分析原则
线性应用分析原则
虚断：$i_+=i_-\approx 0$
虚短：$u_+=u_-$
非线性应用分析原则
虚断：$i_+=i_-\approx 0$
当$u_+>u_-$时，$u_O=+U_{o(sat)}$
当$u_+<u_-$时，$u_O=-U_{o(sat)}$
集成运放的使用注意事项
选择、消振、调零、扩流、保护（输入端、输出端、电源端）
线性应用
信号运算
信号处理
有源滤波器
采样保持器
信号发生
正弦波振荡器
信号测量
数据放大器
低通滤波
高通滤波
带通滤波
带阻滤波
比例运算
加法运算
减法运算
积分运算
微分运算
对数、指数、乘法、除法等运算
反相输入及反相器
同相输入及跟随器
差分输入
非线性应用
信号处理
过零比较器
电平比较器
滞回比较器
信号发生
矩形波发生器
三角波发生器
矩齿波发生器

16.5 【练习与思考】题解

16.1.1 什么是理想运算放大器？理想运算放大器工作在线性区和饱和区时各有何特点？分析方法有何不同？

解：(1) 一般地，满足理想化条件的集成运算放大器称为理想运算放大器。理想化条件主要有：① 开环电压放大倍数 $A_{uo}\to\infty$；② 差模输入电阻 $r_{id}\to\infty$；③ 开环输出电阻 $r_o\to 0$；④ 共模抑制比 $K_{CMR}\to\infty$；⑤ 频带宽度$f_h\to\infty$。

实际集成运算放大器的主要技术指标大多接近理想化条件，因此分析时通常以理想集成运放模型来代替，由此引起的误差，一般情况下在工程上是允许的。在要求严格的地方，需要进行误差分析。

(2) 集成运放工作在线性区时，u_O 与 $u_I=u_+-u_-$ 呈现线性关系，即 $u_O=A_{uo}(u_+-u_-)$。由于集成运放的开环电压放大倍数 A_{uo}极高，为避免输出电压饱和，通常引入深度电压负反馈。

集成运放在线性区工作时的分析依据有两条：

① "虚断"：$i_+=i_-\approx 0$（因 $r_{id}\to\infty$）。

② "虚短"：$u_+-u_-\approx 0$ 或 $u_+\approx u_-$ （因 $A_{uo}\to\infty$，u_o 有限）。

(3) 集成运放工作在非线性区（饱和区）时，u_O 与 $u_I=u_+-u_-$ 不呈现线性关系，即 $u_O\neq A_{uo}(u_+-u_-)$。通常在开环状态下引入正反馈。由于 A_{uo}极高，u_+与 u_-稍有差异，输出电电压即达饱和值。

集成运放在饱和区工作时分析依据有两条：

① "虚断"：$i_+=i_-\approx 0$。

② 当 $u_+>u_-$时，$u_O=+U_{o(sat)}$ （正饱和电压）。

　当 $u_+<u_-$时，$u_O=-U_{o(sat)}$ （负饱和电压）。

16.1.2 在例 16.1.1 中，若将反相输入端接"地"，即 $u_-=0$ V，而在同相输入端输入正弦电压 $u_i=u_+=5\sin\omega t$ mV。试画出 u_O 的波形。

解：依题意电路如图 16.1.3 所示。由该题参数知

$$u_+-u_-=\frac{u_O}{A_{uo}}=\frac{\pm 13}{2\times 10^5}\ \text{V}=\pm 65\ \mu\text{V}$$

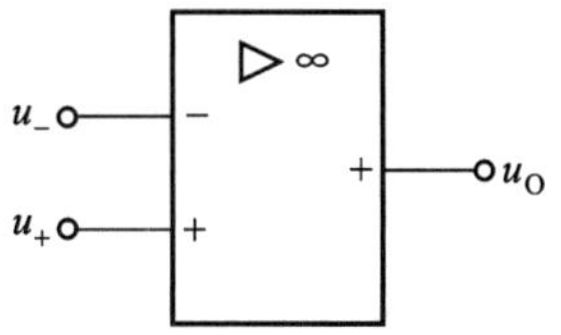

图 16.1.3

集成运放处于开环工作状态时

当 $u_+>+65\ \mu\text{V}\approx 0$ 时，$u_O=+U_{o(sat)}=+13$ V

当 $u_+<-65\ \mu\text{V}\approx 0$ 时，$u_O=-U_{o(sat)}=-13$ V

在同相输入端输入正弦电压 $u_i=5\sin\omega t$ mV 时的输出电压 u_O 波形如题解图 16.05 所示。

16.1.3 如将 $A_{uo}=2\times 10^5$ 用分贝表示，等于多少(dB)？

解：放大倍数 A_{uo}用分贝(dB)表示时称为增益，用 G_{uo}表达，$G_{uo}=20\lg A_{uo}=20\lg(2\times 10^5)=[20\lg 2+100]\ \text{dB}\approx 106\ \text{dB}$

16.2.1 什么是"虚地"？在图 16.2.1 中，同相输入端接"地"，反相输入端的电位接近"地"电位。既然这样，若把两个输入端直接连起来，是否会影响运算放大器的工作？

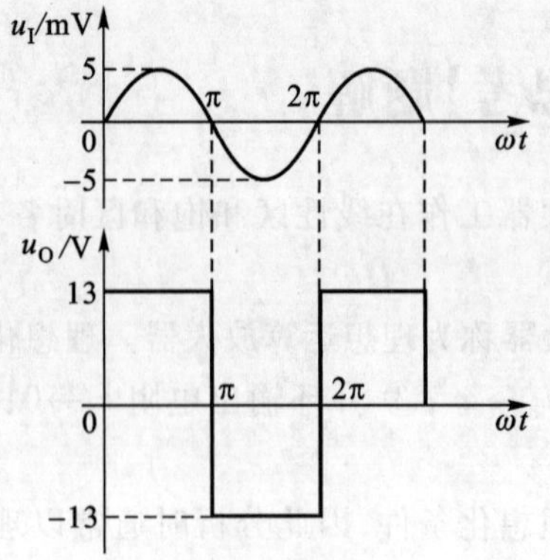

题解图 16.05

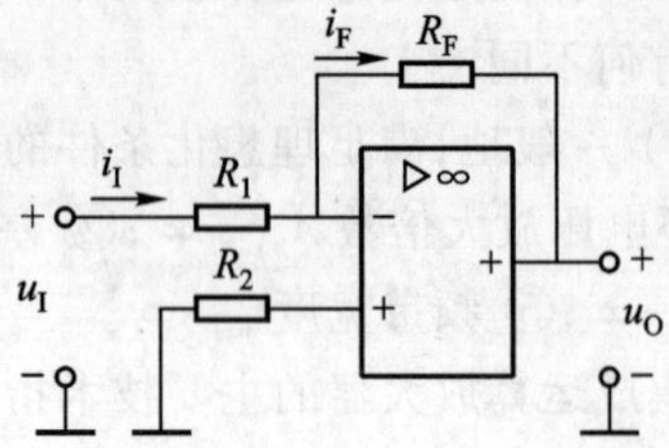

图 16.2.1　反相比例运算电路

解:理想运放在线性区工作时,由于开环放大倍数 A_{uo} 很大,而输出电压 u_O 为有限值,因此理想运放的输入电压

$$u_I = u_+ - u_- = \frac{u_O}{A_{uo}} \approx 0$$

两输入端之间的实际电压($u_+ - u_-$)极小,即 $u_+ \approx u_-$,称为“虚短”。如果同相输入端接“地”,则反相输入端的电位接近“地”电位,因此称为“虚地”(并非真正具有“地”电位)。若将两个输入端直接连起来,则 $u_+ - u_- = 0$,集成运放输入端无实际输入电压,因而不能产生输出。这样做是不可以的。

16.2.2　在图 16.2.1 中,若输入电压为正弦电压 $u_i = \sin 6\,280\,t$ mV,试求输出电压 u_O 的幅值,并画出 u_i 和 u_O 的波形图。

解:由图 16.2.1 的反相比例运算电路可知,当 $u_i = \sin 6\,280\,t$ mV时,$u_O = -\frac{R_F}{R_1}u_i = -\frac{R_F}{R_1}\sin 6\,280\,t$ mV,输出电压的幅值 $U_{om} = -\frac{R_F}{R_1} \times 1$ mV,u_i 和 u_O 的波形如题解图 16.06 所示。

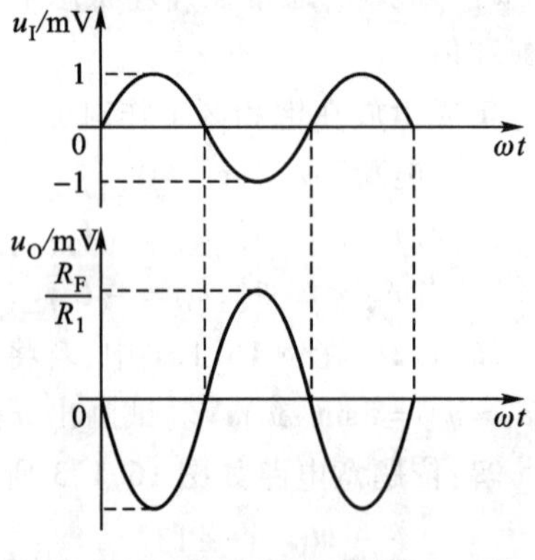

题解图 16.06

16.2.3　在图 16.2.8 所示的积分运算电路和图 16.2.11所示的微分运算电路中,输入电压 u_I 是一周期性正、负交变的矩形波电压,试分别画出输出电压 u_O 的波形。

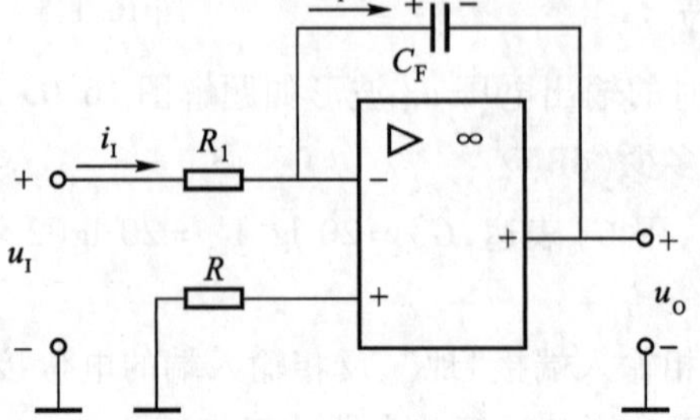

图 16.2.8　积分运算电路

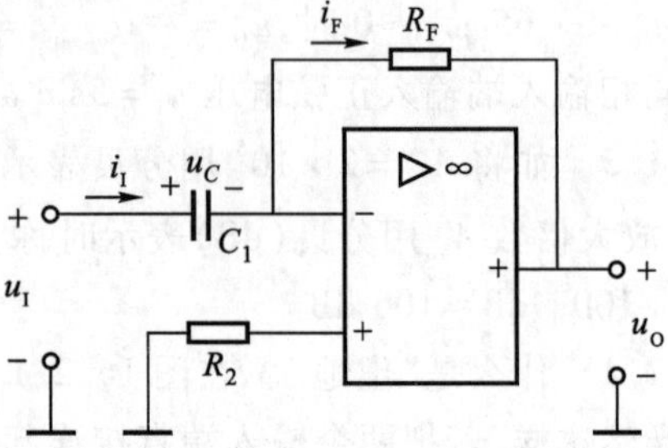

图 16.2.11　微分运算电路

解:重画图 16.2.8 所示的积分运算电路和图 16.2.11 所示的微分运算电路。由于输入电压 u_I 是一周期性正、负交变的矩形波电压,则:

(1) 对于图 16.2.8 所示的积分运算电路,当 $\tau = R_1 C_F \gg \frac{T}{2}$时,$u_O$ 与 u_I 之间满足积分关系,u_O 的波形如题解图 16.07(a)所示。

(2) 对于图 16.2.11 所示的微分运算电路,当 $\tau = R_F C_1 \ll \frac{T}{2}$时,$u_O$ 与 u_I 之间满足微分关系,u_O 的波形如题解图16.07(b)所示。

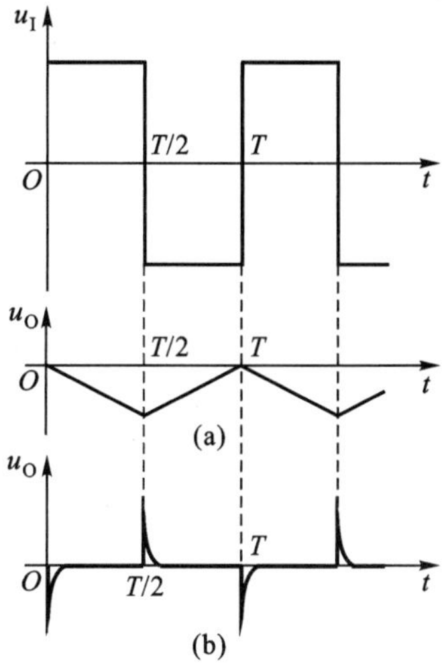

题解图 16.07

16.3.1 试说明上述三种信号处理电路(即指:有源滤波器、采样保持电路和电压比较器)中的运算放大器各工作在线性区还是饱和区。

解:有源滤波器和采样保持电路中的集成运放都具有深度的负反馈,因此工作在线性区。

电压比较器中的集成运放处于开环状态或具有正反馈,因此工作在饱和区。

16.3.2 在图 16.3.1 所示的低通滤波器电路中,$R_1 = 100\ \text{k}\Omega$,$R_F = 150\ \text{k}\Omega$,$R = 82\ \text{k}\Omega$,$C = 0.01\ \mu\text{F}$。试求 $\omega = \omega_0$ 时的 $|T(\text{j}\omega)|$ 和 ω_0。

解:$\omega_0 = \dfrac{1}{RC} = \dfrac{1}{82 \times 10^3 \times 0.01 \times 10^{-6}}\ \text{rad/s} = 1\ 219.5\ \text{rad/s}$

当 $\omega = \omega_0$时

$$|T(\text{j}\omega)| = \frac{|A_{uf0}|}{\sqrt{1 + \left(\dfrac{\omega}{\omega_0}\right)^2}} = \frac{1}{\sqrt{2}}|A_{uf0}| = \frac{1}{\sqrt{2}}\left(1 + \frac{R_F}{R_1}\right) = \frac{1}{\sqrt{2}}\left(1 + \frac{150}{100}\right) \approx 1.77$$

16.3.3 图 16.3.12 所示是一种电平检测器,图中 U_R 为参考电压且为正值,R 和 G 分别为红色和绿色发光二极管,试判断在什么情况下它们会亮?

解:图中集成运放处在开环状态,用作比较器,工作在饱和区。

当 $u_I > U_R$ 时,$u_O = +U_{o(sat)}$,红色发光二极管 R 导通点亮;

当 $u_I < U_R$ 时,$u_O = -U_{o(sat)}$,绿色发光二极管 G 导通点亮。

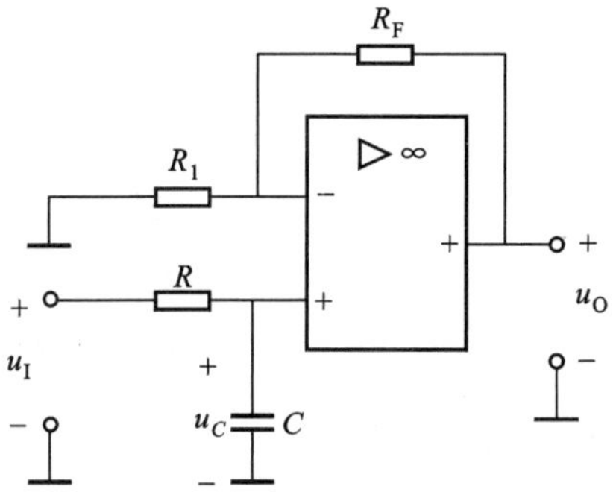

图 16.3.1

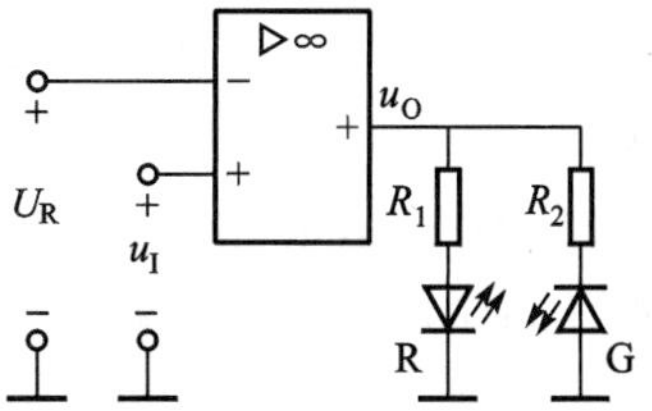

图 16.3.12　练习与思考 16.3.3 的图

16.6 【习题】题解

A 选择题

16.2.1 在图 16.01 所示电路中，若运算放大器的电源电压为 ±15 V，则输出电压 u_O 最接近于（　　）。

（1）20 V　　（2）−20 V　　（3）13 V

解： 图 16.01 所示电路为反相比例放大电路，根据分析，其输出

$$u_O=-\frac{50}{5}\times(-2)\ \text{V}=20\ \text{V}$$

超出了所加的电源电压，因而不能达到 20 V，应该选（3）。

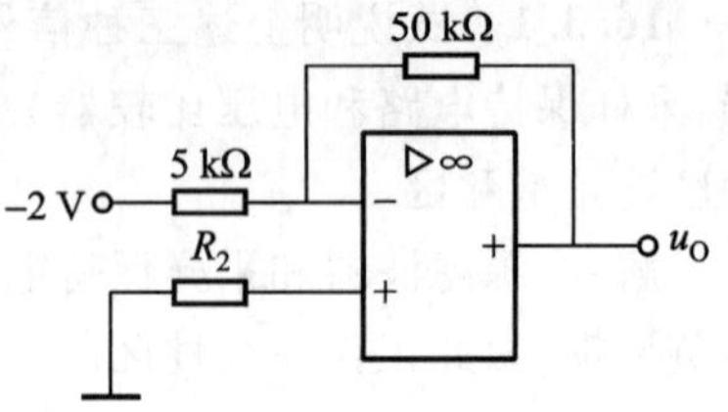

图 16.01　习题 16.2.1 的图

事实上，集成运放的输出电压是有限制的，普通集成运放的输出电压范围（一般称为电压摆幅）比电源电压从绝对值上要小 1.5 V 左右。比如电源电压是 ±15 V，则集成运放能输出的最低电压为 −13.5 V、最高电压为 13.5 V，即输出电压摆幅可以达到 13.5 V，超出这个范围已因非线性特性而被限幅。其实输出电压接近 ±13.5 V 时，集成运放的特性就已开始变差，主要表现在放大倍数急剧下降，输出信号开始非线性失真。增益越大，失真也越严重。这个特点导致电源电压不能被充分利用，特别是依靠电池工作的设备，工作电压很低，这个问题就尤为突出。近年来随着电子技术的发展出现了 Rail to Rail（轨至轨）型集成运放，其输出电压摆幅只比电源电压小 300 mV 左右。因此，实际使用集成运放时，建议电路设计的输出电压值普通集成运放应低于电源电压值 2 V 以上，Rail to Rail（轨至轨）型集成运放应低于电源电压值 300 mV 以上，以保证输出电压与输入电压的线性关系，使输出信号不产生失真。

16.2.2 在图 16.02 所示电路中，输出电压 u_O 为（　　）。

（1）u_I　　（2）$-u_I$　　（3）$-2u_I$

解： 图 16.02 所示电路处于线性工作状态，由叠加定理可得

$$u_O=\left(-\frac{2R}{R}u_I\right)+\left(1+\frac{2R}{R}\right)\frac{R}{2R+R}u_I=-u_I$$

故选择（2）。

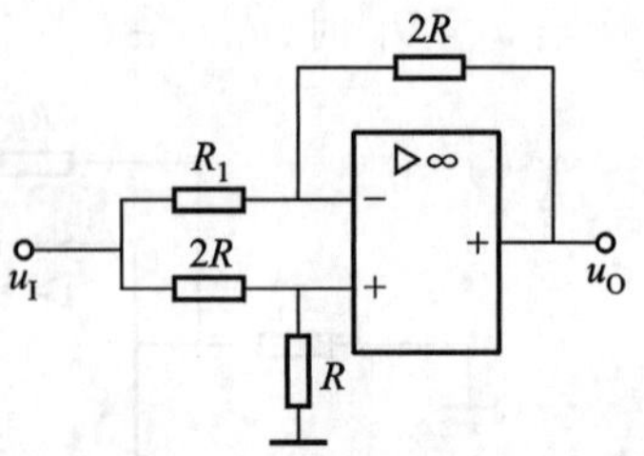

图 16.02　习题 16.2.2 的图

16.2.3 在图 16.03 所示电路中，输出电压 u_O 为（　　）。

（1）$-3u_I$　　（2）$3u_I$　　（3）u_I

解： 由图 16.03 所示电路可知，A_1 为一电压跟随器，故 $u_{O1}=-u_I$。A_2 有两个输入信号，且处于线性工作状态。由叠加定理可得

$$u_O=u_{O2}=\left(-\frac{R}{R}u_{O1}\right)+\left(1+\frac{R}{R}\right)u_I=u_I+2u_I=3u_I$$

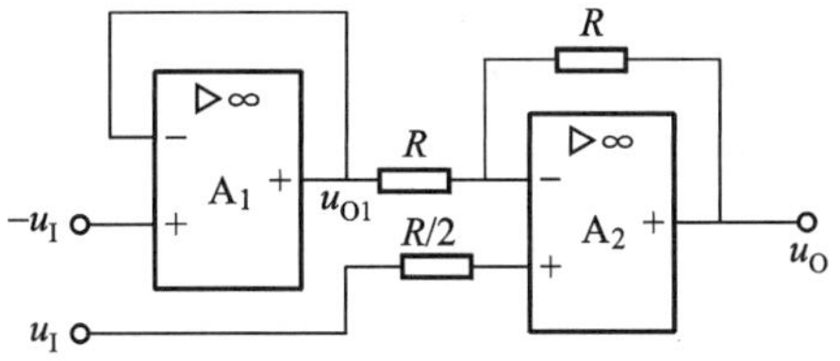

图 16.03　习题 16.2.3 的图

故选择(2)。

16.2.4　在图 16.04 所示电路中,若 $u_I = 1$ V,则 u_O 为(　　)。

(1) 6 V　　(2) 4 V　　(3) −6 V

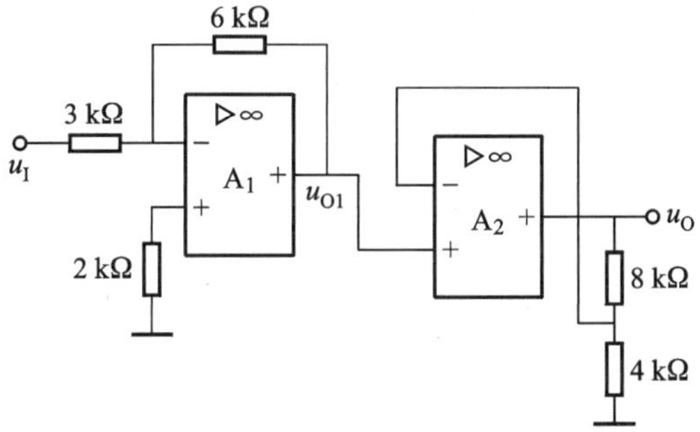

图 16.04　习题 16.2.4 的图

解:集成运放 A_1、A_2 分别组成反相比例放大和同相比例放大电路,则

$$u_{O1} = -\frac{6}{3}u_I = -2u_I$$

$$u_O = u_{O2} = \left(1 + \frac{8}{4}\right)u_{O1} = 3u_{O1} = 3(-2u_I) = -6u_I = -6\ \text{V}$$

故选择(3)。

16.2.5　在图 16.05 所示电路中,若 $u_I = -0.5$ V,则输出电流 i_O 为(　　)。

(1) 10 mA　　(2) 5 mA　　(3) −5 mA

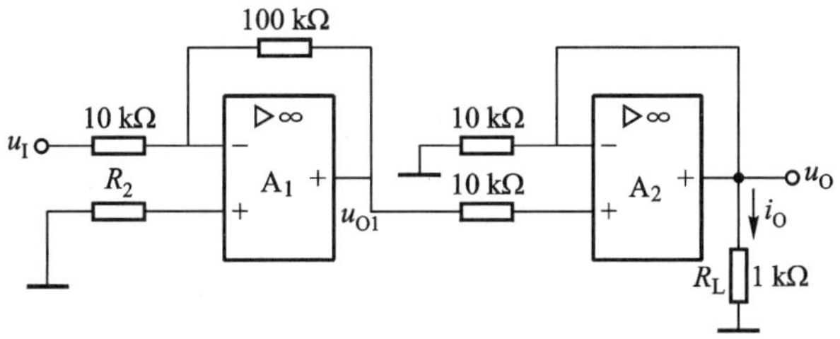

图 16.05　习题 16.2.5 的图

解:由图 16.05 可知,集成运放 A_1 的输出电压为

$$u_{O1} = -\frac{100}{10}u_I = -10u_I$$

对运放 A_2，由虚断知

$$i_{2+}\approx 0,\quad u_{2+}\approx u_{O1}$$

由虚短可知

$$u_{2-}\approx u_{2+}\approx u_{O1}$$

又因 $u_O=u_{2-}$，则

$$u_O\approx u_{O1}=-10u_I=-10\times(-0.5)\text{ V}=5\text{ V}$$

输出电流

$$i_O=\frac{u_O}{R_L}=\frac{5}{1}\text{ mA}=5\text{ mA}$$

故选择(2)。

16.3.1 在图 16.06 所示电路中，若 u_i 为正弦电压，则 u_O为( )。

(1) 与 u_i同相的正弦电压 (2) 与 u_i反相的正弦电压 (3) 矩形波电压

解：图 16.06 为一同相输入的过零比较器，当

$$u_+(=u_i)>u_-(=0)\text{时},\quad u_O=+U_{o(sat)}$$

$$u_+(=u_i)<u_-(=0)\text{时},\quad u_O=-U_{o(sat)}$$

当输入 u_i 为正弦电压时，输出 u_O为在正、负饱和电压间交变的矩形波，故应选择(3)。

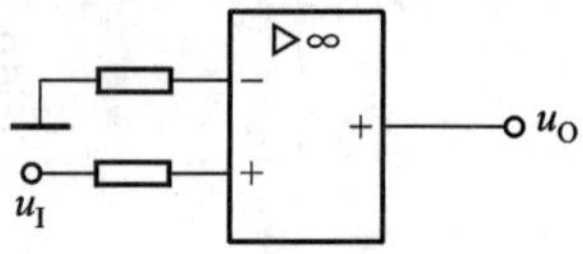

图 16.06 习题 16.3.1 的图

16.3.2 电路如图 16.07(a)所示，输入电压 u_I的波形如图 16.07(b)所示，试问指示灯 HL 的亮暗情况为( )。

(1) 亮 1 s，暗 2 s (2) 暗 1 s，亮 2 s (3) 亮 3 s，暗 1 s

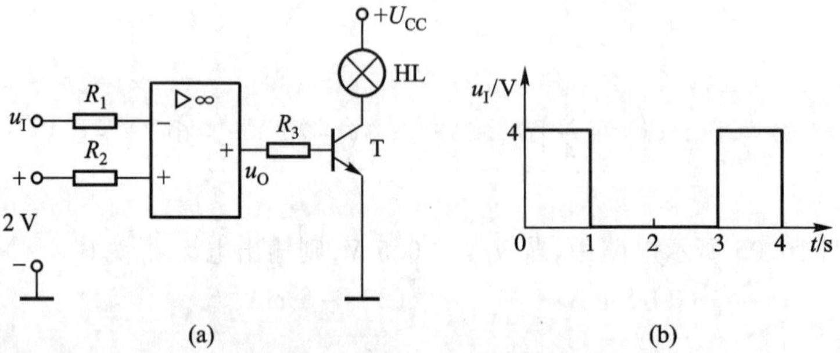

图 16.07 习题 16.3.2 的图

解：图 16.07(a)中集成运放工作在非过零比较状态，即：

$u_I>2$ V 时，比较器输出 $u_O<0$，T 截止，指示灯 HL 暗；

$u_I<2$ V 时，比较器输出 $u_O>0$，T 导通，指示灯 HL 亮。

当输入电压 U_I 波形如图 16.07(b)所示时，指示灯 HL 暗 1 s，亮 2 s，故选择(2)。

B 基 本 题

16.1.1 已知 F007 运算放大器的开环电压放大倍数 $A_{uo}=100$ dB，差模输入电阻 $r_{id}=2\text{ M}\Omega$，最大输出电压 $U_{OPP}=\pm 13$ V。为了保证工作在线性区，试求：

（1）u_+和u_-的最大允许差值。

（2）输入端电流的最大允许值。

解：（1）由于 $A_{uo}=100\ \text{dB}=10^5$，故根据 $U_{OPP}=A_{uo}(u_+-u_-)$可得

$$u_i=u_+-u_-=\frac{U_{OPP}}{A_{uo}}=\frac{\pm 13}{10^5}\ \text{V}=\pm 0.13\ \text{mV}$$

（2）输入端电流

$$i_+\approx i_-=\frac{u_i}{r_{id}}=\frac{\pm 0.13\ \text{mV}}{2\ \text{M}\Omega}=\pm 0.065\ \text{nA}$$

16.1.2 在图 16.08 中，正常情况下四个桥臂电阻均为 R。当某只电阻因受温度或应变等非电量的影响而变化 ΔR 时，电桥平衡即遭破坏，输出电压 u_O 反映此非电量的大小。试证明

$$u_O=-\frac{A_{uo}U}{4}\cdot\frac{\frac{\Delta R}{R}}{1+\frac{\Delta R}{2R}}$$

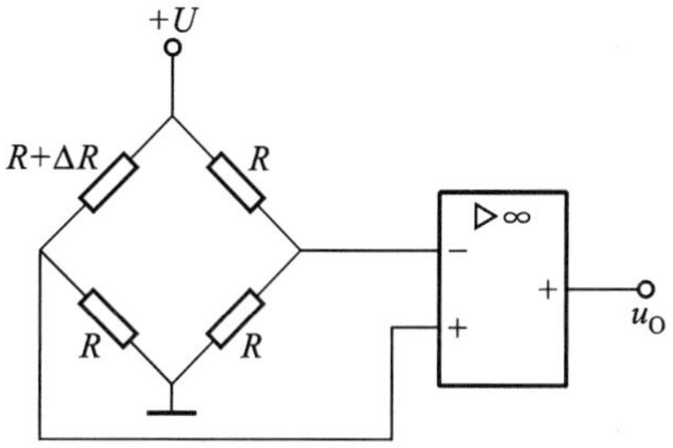

图 16.08　习题 16.1.2 的图

证明：由于集成运放的 r_{id}很大，因此 $i_+\approx i_-\approx 0$，故由图 16.08 可得

$$u_+=\frac{R}{2R+\Delta R}U$$

$$u_-=\frac{R}{2R}U=\frac{1}{2}U$$

故
$$u_O=A_{uo}(u_+-u_-)=A_{uo}\left(\frac{R}{2R+\Delta R}-\frac{R}{2R}\right)U=A_{uo}U\left(\frac{\frac{1}{2}}{1+\frac{\Delta R}{2R}}-\frac{1}{2}\right)=-\frac{A_{uo}U}{4}\frac{\frac{\Delta R}{R}}{1+\frac{\Delta R}{2R}}$$

结果得证。

16.2.6 在图 16.2.1 所示的反相比例运算电路中，设 $R_1=10\ \text{k}\Omega$，$R_F=500\ \text{k}\Omega$。试求闭环电压放大倍数 A_{uf}和平衡电阻 R_2。若 $u_I=10\ \text{mV}$，则 u_O 为多少？

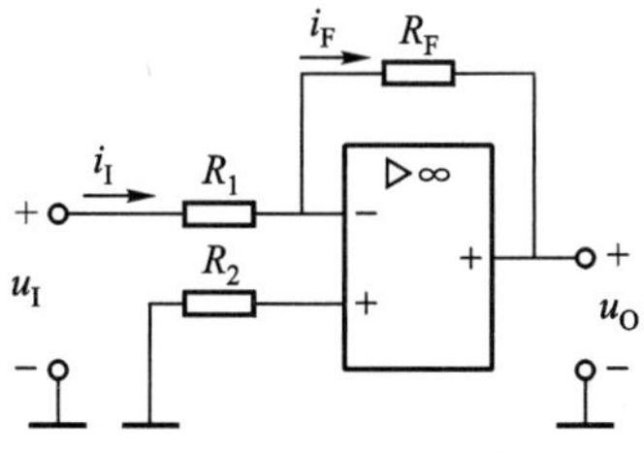

图 16.2.1　反相比例运算电路

解：反相比例运算电路的闭环电压放大倍数

$$A_{uf}=\frac{u_O}{u_I}=-\frac{R_F}{R_1}=-\frac{500}{10}=-50$$

平衡电阻　$R_2=R_1/\!/R_F=\frac{10\times 500}{10+500}\ \text{k}\Omega=9.8\ \text{k}\Omega$

若 $u_I=10\ \text{mV}$，则 $u_O=A_{uf}u_I=-50\times 10\ \text{mV}=-500\ \text{mV}$

16.2.7 在图 16.09 所示的同相比例运算电路中，已知 $R_1=2\ \text{k}\Omega$，$R_F=10\ \text{k}\Omega$，$R_2=2\ \text{k}\Omega$，$R_3=18\ \text{k}\Omega$，$u_I=1\ \text{V}$，求 u_O。

解：图 16.09 所示同相比例运算电路的闭环电压放大倍数

$$A_{uf}=\frac{u_O}{u_I}=1+\frac{R_F}{R_1}$$

由理想运放 $i_+ = i_- = 0$ 可知

$$u_+ = \frac{R_3}{R_2 + R_3} u_I$$

故
$$u_O = \left(1 + \frac{R_F}{R_1}\right)\frac{R_3}{R_2 + R_3} u_I = \left(1 + \frac{10}{2}\right) \times \frac{18}{2 + 18} \times 1\ \text{V} = 5.4\ \text{V}$$

16.2.8 为了获得较高的电压放大倍数,而又可避免采用高值电阻 R_F,将反相比例运算电路改为图 16.10 所示的电路,并设 $R_F \gg R_4$,试证:

$$A_{uf} = \frac{u_O}{u_I} = -\frac{R_F}{R_1}\left(1 + \frac{R_3}{R_4}\right)$$

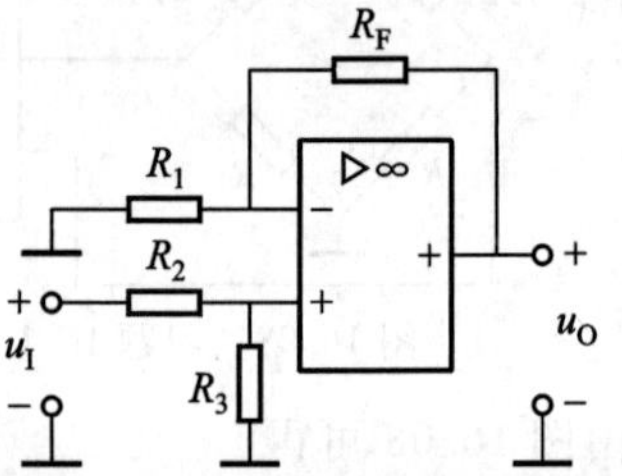

图 16.09　习题 16.2.7 的图

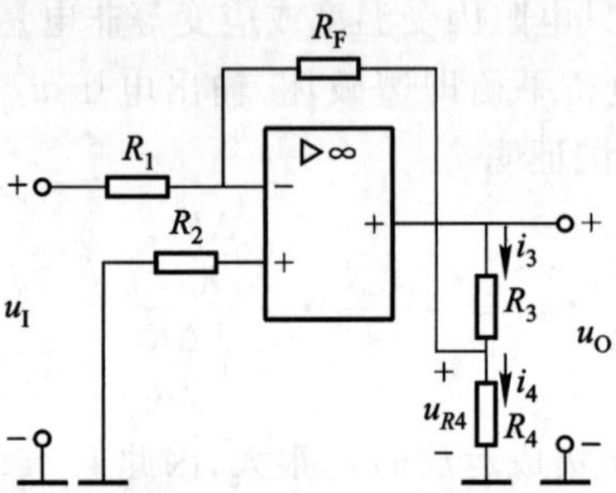

图 16.10　习题 16.2.8 的图

证明 1:设各电阻流过电流的参考方向如图 16.10 所示。

集成运放工作在线性区,由虚短可知 $u_- = u_+ = 0$;由虚断 $i_- = i_+ = 0$ 可知

$$i_F = i_1 = \frac{u_I - u_-}{R_1} = \frac{u_I}{R_1}$$

根据基尔霍夫电流定律 $i_F + i_3 = i_4$,其中

$$i_F = \frac{u_- - u_{R4}}{R_F} = -\frac{u_{R4}}{R_F}, \quad i_4 = \frac{u_{R4}}{R_4}$$

由已知 $R_F \gg R_4$,则 $|i_F| \ll i_4$,即 $i_3 \approx i_4$,故

$$u_O = i_3 R_3 + i_4 R_4 \approx i_4 (R_3 + R_4)$$

由于 $u_{R4} = i_4 R_4 = -i_F R_F$,则

$$i_4 = -i_F \frac{R_F}{R_4} = -\frac{u_I}{R_1} \cdot \frac{R_F}{R_4}$$

于是
$$u_O = -\frac{u_I}{R_1} \cdot \frac{R_F}{R_4}(R_4 + R_3) = -\frac{R_F}{R_1}\left(1 + \frac{R_3}{R_4}\right) u_I$$

故
$$A_{uf} = \frac{u_O}{u_I} = -\frac{R_F}{R_1}\left(1 + \frac{R_3}{R_4}\right)$$

结论得证。

证明 2:根据集成运放工作在线性区时的虚短和虚断可知

$$u_- = u_+ = 0, \quad i_- = i_+ = 0$$

由图 16.10 可列两个结点的基尔霍夫电流方程

$$\begin{cases} \dfrac{u_I - u_-}{R_1} = \dfrac{u_- - u_{R4}}{R_F} \\ \dfrac{u_- - u_{R4}}{R_F} + \dfrac{u_O - u_{R4}}{R_3} = \dfrac{u_{R4}}{R_4} \end{cases}$$

即

$$\begin{cases} \dfrac{u_I}{R_1} = -\dfrac{u_{R4}}{R_F} \\ -\dfrac{u_{R4}}{R_F} + \dfrac{u_O - u_{R4}}{R_3} = \dfrac{u_{R4}}{R_4} \end{cases}$$

将 $u_{R4} = -\dfrac{R_F}{R_1}u_I$

代入 $\dfrac{u_O}{R_3} = u_{R4}\left(\dfrac{1}{R_3} + \dfrac{1}{R_4} + \dfrac{1}{R_F}\right)$

整理得

$$A_{uf} = \frac{u_O}{u_I} = -\frac{R_F}{R_1}\left(1 + \frac{R_3}{R_4} + \frac{R_3}{R_F}\right) \approx -\frac{R_F}{R_1}\left(1 + \frac{R_3}{R_4}\right) \quad (\text{当 } R_F \gg R_4 \text{ 时})$$

结论得证。

16.2.9 在上题图 16.10 中:(1) 已知 $R_1 = 50\ k\Omega, R_2 = 33\ k\Omega, R_3 = 3\ k\Omega, R_4 = 2\ k\Omega, R_F = 100\ k\Omega$,求电压放大倍数 A_{uf};(2) 如果 $R_3 = 0$,要得到同样大的电压放大倍数,R_F 的阻值应增大到多少?

解:(1) $A_{uf} = -\dfrac{R_F}{R_1}\left(1 + \dfrac{R_3}{R_4}\right) = -\dfrac{100}{50}\left(1 + \dfrac{3}{2}\right) = -5$

(2) 如果 $R_3 = 0$,且 $A_{uf} = -\dfrac{R_F}{R_1} = -5$

则

$$R_F = 5R_1 = 5 \times 50\ k\Omega = 250\ k\Omega$$

16.2.10 电路如图 16.11 所示,已知 $u_{I1} = 1\ V, u_{I2} = 2\ V, u_{I3} = 3\ V, u_{I4} = 4\ V, R_1 = R_2 = 2\ k\Omega, R_3 = R_4 = R_F = 1\ k\Omega$,试计算输出电压 u_O。

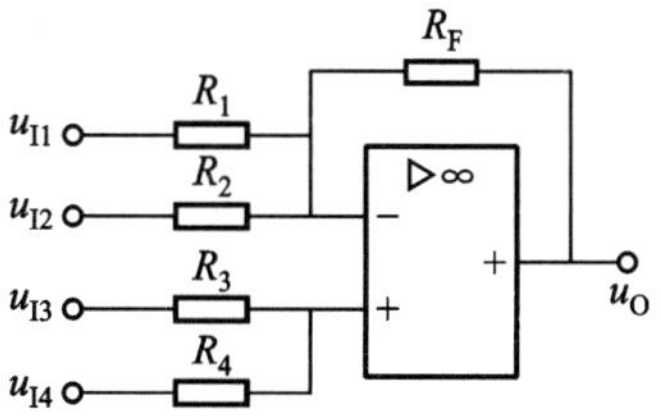

图 16.11 习题 16.2.10 的图

解:此题用叠加定理计算。

(1) 当 u_{I1}、u_{I2} 作用,而 $u_{I3} = u_{I4} = 0$ 时,有

$$u_O' = -\left(\frac{R_F}{R_1}u_{I1} + \frac{R_F}{R_2}u_{I2}\right) = -\left(\frac{1}{2} \times 1 + \frac{1}{2} \times 2\right)\ V = -1.5\ V$$

(2) 当 u_{I3}、u_{I4} 作用,而 $u_{I1} = u_{I2} = 0$ 时,有

$$u_O'' = \left(1 + \frac{R_F}{R_1 /\!/ R_2}\right)u_+$$

由虚断知 $i_+ = 0$,同相输入端电压 u_+ 可通过节点电压法求出

$$u_+ = \frac{\dfrac{u_{I3}}{R_3} + \dfrac{u_{I4}}{R_4}}{\dfrac{1}{R_3} + \dfrac{1}{R_4}} = \frac{\dfrac{3}{1} + \dfrac{4}{1}}{\dfrac{1}{1} + \dfrac{1}{1}}\ V = 3.5\ V$$

则 $$u''_O=\left(1+\frac{R_F}{R_1/\!/R_2}\right)u_+=\left(1+\frac{1}{\frac{2\times2}{2+2}}\right)\times3.5\ \text{V}=7\ \text{V}$$

(3) 当 u_{I1}、u_{I2}、u_{I3}、u_{I4}共同作用时,由叠加定理可得

$$u_O=u'_O+u''_O=(-1.5+7)\ \text{V}=5.5\ \text{V}$$

16.2.11 求图 16.12 所示电路的 u_O 与 u_I 的运算关系式。

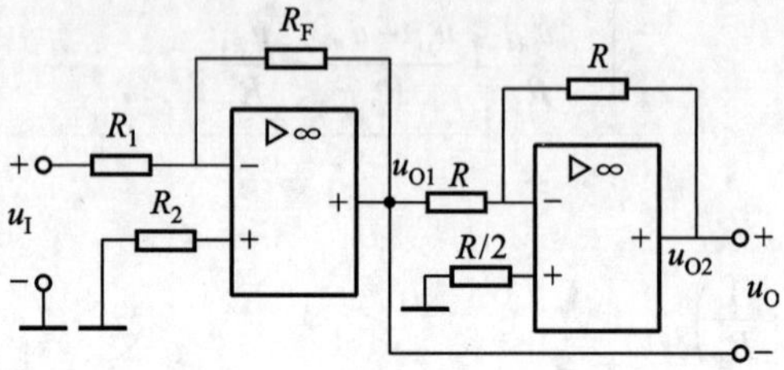

图 16.12 习题 16.2.11 的图

解:设集成运放 A_1、A_2 输出端对地电位分别为 u_{O1}、u_{O2},则

$$u_{O1}=-\frac{R_F}{R_1}u_I$$

$$u_{O2}=-\frac{R}{R}u_{O1}=\frac{R_F}{R_1}u_I$$

故 $$u_O=u_{O2}-u_{O1}=\frac{R_F}{R_1}u_I-\left(-\frac{R_F}{R_1}\right)u_I=2\frac{R_F}{R_1}u_I$$

16.2.12 有一个两信号相加的反相加法运算电路(图 16.2.5),其电阻 $R_{11}=R_{12}=R_F$。如果 u_{I1}和 u_{I2}分别为图 16.13 所示的三角波和矩形波,试画出输出电压的波形。

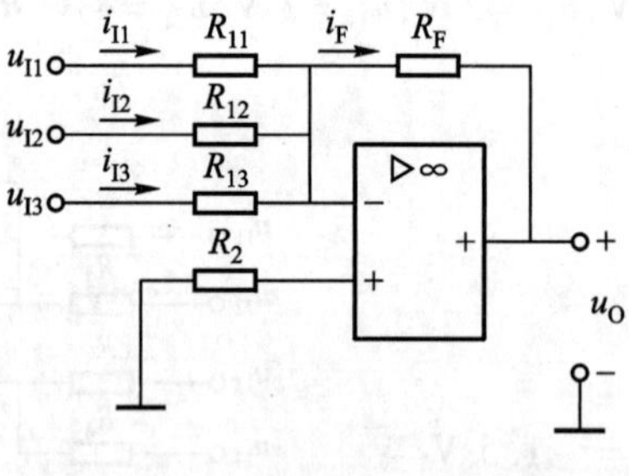

图 16.2.5 反相加法运算电路

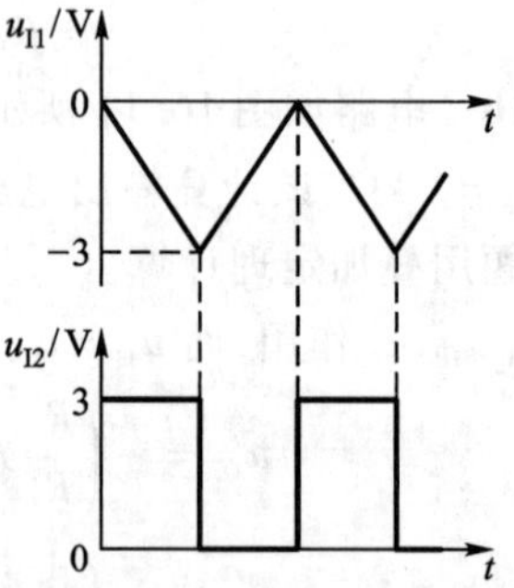

图 16.13 习题 16.2.12 的图

解:对于图 16.2.5 所示电路,当只有两个信号 u_{I1}、u_{I2}时,由于 $i_{I1}+i_{I2}=i_F$,即

$$\frac{u_{I1}}{R_{11}}+\frac{u_{I2}}{R_{12}}=-\frac{u_O}{R_F}$$

整理得 $$u_O=-\left(\frac{R_F}{R_{11}}u_{I1}+\frac{R_F}{R_{12}}u_{I2}\right)$$

当 $R_{11}=R_{12}=R_F$ 时,上式为

$$u_O=-(u_{I1}+u_{I2})$$

将图 16.13 所示 u_{I1}和 u_{I2}波形逐点代入上式可得 u_O 的波形,如题解图 16.08 所示。

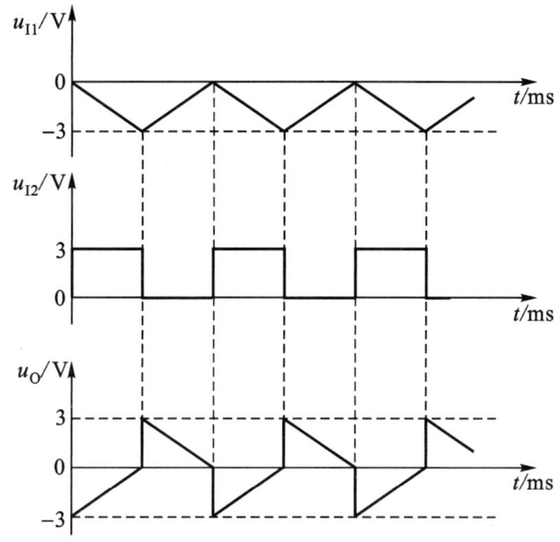

题解图 16.08

16.2.13 求图 16.14 所示的电路中 u_O 与各输入电压的运算关系式。

解:由第一级反相比例运算电路得

$$u_{O1} = -\frac{10}{1}u_I = -10u_I$$

由第二级反相加法运算电路得

$$\begin{aligned} u_O &= -\left(\frac{10}{10}u_{O1} + \frac{10}{5}u_{I2} + \frac{10}{2}u_{I3}\right) \\ &= -(-10u_{I1} + 2u_{I2} + 5u_{I3}) \\ &= 10u_{I1} - 2u_{I2} - 5u_{I3} \end{aligned}$$

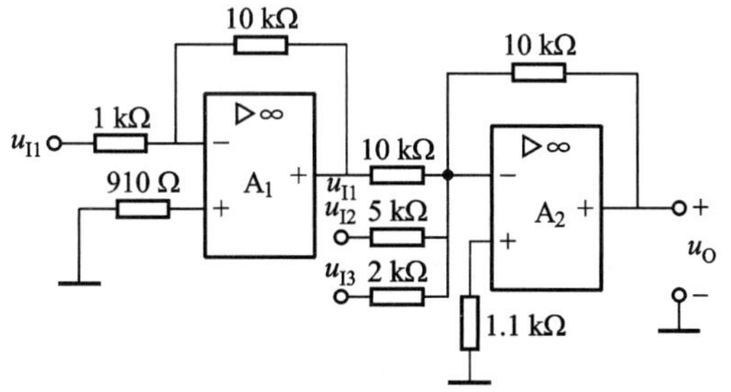

图 16.14　习题 16.2.13 的图

16.2.14 图 16.15 所示是利用两个运算放大器组成的具有较高输入电阻的差分放大电路。试求出 u_O 与 u_{I1}、u_{I2}的运算关系式。

解:图示电路第一级为同相比例运算电路,即

$$u_{O1} = \left(1 + \frac{R_1/K}{R_1}\right)u_{I1} = \left(1 + \frac{1}{K}\right)u_{I1}$$

第二级有两个输入端,利用叠加定理可得

$$u_O = -\frac{KR_2}{R_2}u_{O1} + \left(1 + \frac{KR_2}{R_2}\right)u_{I2}$$

$$= (1+K)u_{I2} - K\left(1+\frac{1}{K}\right)u_{I1}$$

$$= (1+K)(u_{I2} - u_{I1})$$

16.2.15 在图 16.2.6 所示的差分运算电路中，$R_1 = R_2 = 4\ \text{k}\Omega$，$R_F = R_3 = 20\ \text{k}\Omega$，$u_{I1} = 1.5\ \text{V}$，$u_{I2} = 1\ \text{V}$，试求输出电压 u_O。

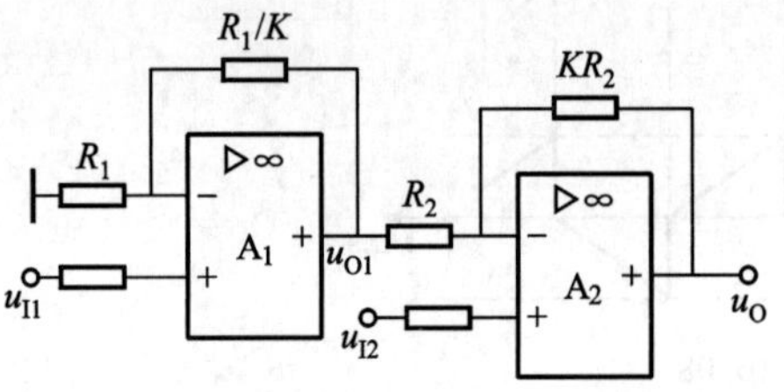

图 16.15　习题 16.2.14 的图

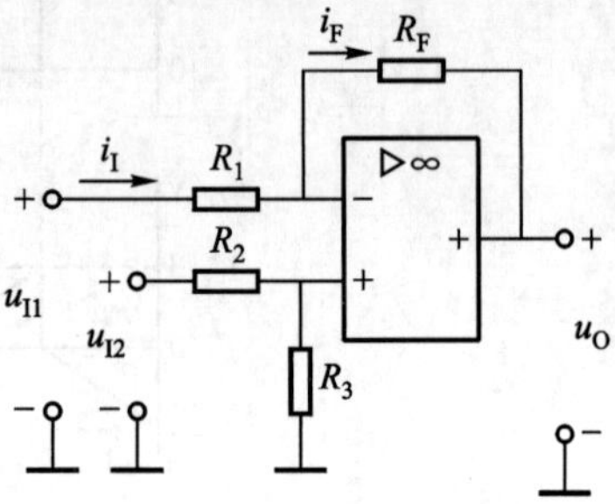

图 16.2.6　差分减法运算电路

解：对于图 16.2.6 所示的差分运算电路

$$u_O = \left(1+\frac{R_F}{R_1}\right)\frac{R_3}{R_2+R_3}u_{I2} - \frac{R_F}{R_1}u_{I1}$$

$$= \left[\left(1+\frac{20}{4}\right)\times\frac{20}{4+20}\times 1 - \frac{20}{4}\times 1.5\right]\ \text{V}$$

$$= -2.5\ \text{V}$$

16.2.16 电路如图 16.16 所示，已知 $u_I = 0.5\ \text{V}$，$R_1 = R_2 = 10\ \text{k}\Omega$，$R_P$ 调为 $2\ \text{k}\Omega$，试求 u_O。

解：由理想运放虚短的特点可知

$$u_{1-} = u_{1+},\quad u_{2-} = u_{2+}$$

则电阻 R_P 上电压　$u_{R_P} = u_{1-} - u_{2-} = u_{1+} - u_{2+} = u_I$

又由理想运放虚断的特点可知

$$i_{1-} = i_{1+} = 0,\quad i_{2-} = i_{2+} = 0$$

则电阻 R_1、R_2、R_P 中流过同一电流，设此电流为 i，故

$$i = \frac{u_{R_P}}{R_P} = \frac{u_I}{R_P}$$

因而有

$$u_O = i(R_1 + R_2 + R_P) = \frac{u_I}{R_P}(R_1 + R_2 + R_3) = \frac{0.5}{2}\times(10+10+2)\ \text{V} = 5.5\ \text{V}$$

16.2.17 电路如图 16.17 所示，试证明 $i_L = \frac{u_I}{R_L}$。

证明：因集成运放 A_2 构成电压跟随器电路，故

$$u_{O2} = u_O$$

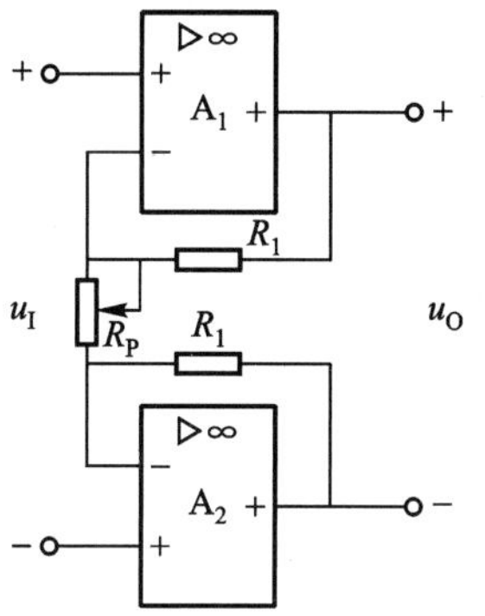

图 16.16　习题 16.2.16 的图

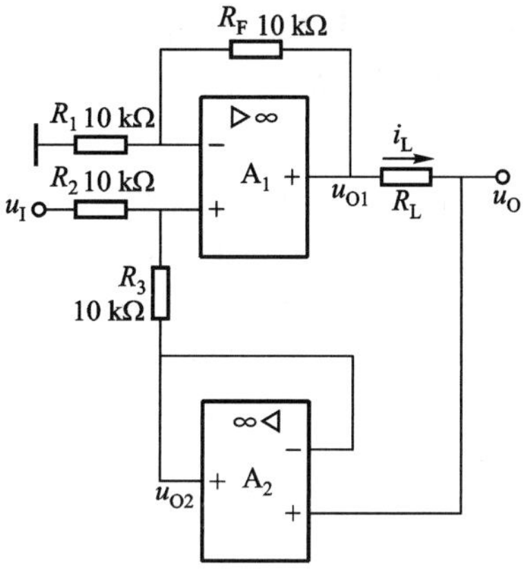

图 16.17　习题 16.2.17 的图

由节点电压法或叠加定理可求出运放 A_1 的同相输入端电压

$$u_{1+}=\frac{\dfrac{u_I}{R_2}+\dfrac{u_{O2}}{R_3}}{\dfrac{1}{R_2}+\dfrac{1}{R_3}}=\frac{\dfrac{u_I}{10}+\dfrac{u_{O2}}{10}}{\dfrac{1}{10}+\dfrac{1}{10}}=\frac{1}{2}(u_I+u_{O2})$$

则集成运放 A_1 的输出电压 u_{O1} 为

$$u_{O1}=\left(1+\frac{R_F}{R_1}\right)u_{1+}=\left(1+\frac{10}{10}\right)\times\frac{1}{2}(u_I+u_{O2})=u_I+u_{O2}$$

因而
$$i_L=\frac{u_{O1}-u_O}{R_L}=\frac{(u_I+u_{O2})-u_{O2}}{R_L}=\frac{u_I}{R_L}$$

结论得证。

16.2.18　在图 16.2.8 所示积分运算电路中,如果 $R_1=10\ \text{k}\Omega$,$C_F=1\ \mu\text{F}$,$u_I=-1$ V 时,求 u_O 由起始值 0 V 达到 +10 V(设为运算放大器的最大输出电压)所需要的时间是多少?超出这段时间后输出电压会呈现什么样的变化规律?如果要把 u_O 与 u_I 保持积分运算关系的有效时间增大 10 倍,应如何改变电路参数值?

解:由图 16.2.8 所示积分运算电路可知

$$u_O=-\frac{1}{R_1C_F}\int u_I\,\mathrm{d}t$$

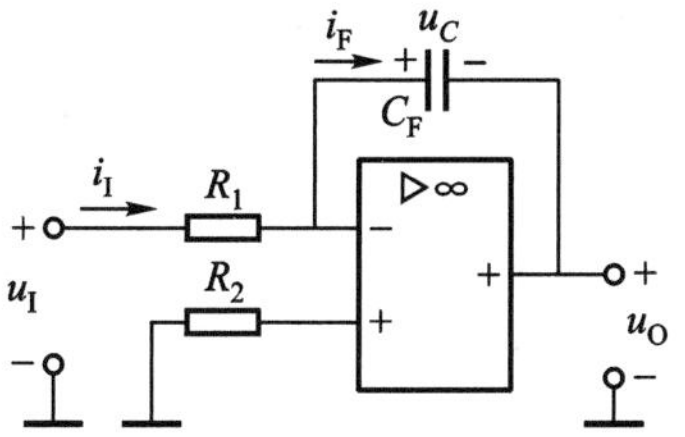

图 16.2.8　积分运算电路

当 u_I 为恒定值 U_I 时,上式为

$$u_O=-\frac{U_I}{R_1C_F}t$$

故当 $U_I=-1$ V,u_O 由起始值 0 V 达到 +10 V 所需的时间

$$t=-\frac{u_OR_1C_F}{U_I}=-\frac{(10-0)\times10\times10^3\times1\times10^{-6}}{-1}\ \text{s}$$
$$=0.1\ \text{s}$$

由于已知 +10 V 为集成运放的最大输出电压,因此超出这段时间后,集成运放输出将进入饱和状态,输出电压基本保持不变。

若要把 u_O 与 u_I 保持积分运算关系的有效时间增大10倍，只需将 R_1 与 C_F 的乘积 R_1C_F 增大10倍，即可将 R_1 或 C_F 增大10倍，例如取 $R_1=100\ \text{k}\Omega$，$C_F=1\ \mu\text{F}$ 或 $R_1=10\ \text{k}\Omega$，$C_F=10\ \mu\text{F}$。

16.2.19 在图16.18所示的电路中，电源电压为 ±15 V，$u_{I1}=1.1$ V，$u_{I2}=1$ V。试问接入输入电压后，输出电压 u_O 由0上升到10 V所需时间为多少？

解：图16.18电路中的第一级为差分放大电路，第二级为积分运算电路。

$$\begin{aligned}u_{O1}&=-\frac{R_F}{R_1}u_{I1}+\left(1+\frac{R_F}{R_1}\right)\frac{R_3}{R_2+R_3}u_{I2}\\&=-\frac{20}{10}\times u_{I1}+\left(1+\frac{20}{10}\right)\times\frac{20}{10+20}u_{I2}\\&=-2(u_{I1}-u_{I2})=-2(1.1-1)\text{ V}=-0.2\text{ V}\end{aligned}$$

$$u_O=-\frac{1}{R_4C_F}\int u_{O1}\,\mathrm{d}t=-\frac{u_{O1}}{R_4C_F}t$$

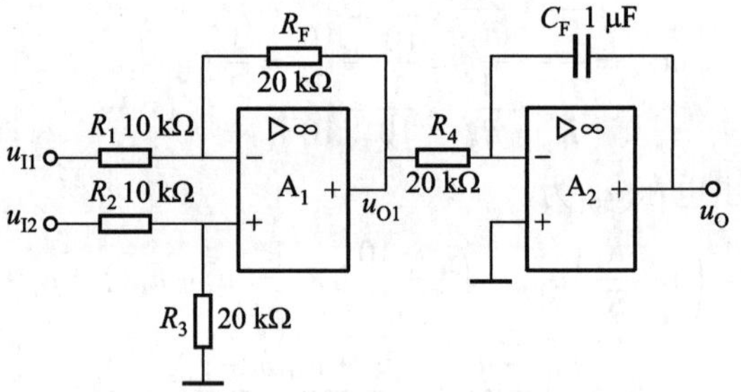

图16.18 习题16.2.19的图

当 u_O 由0 V上升到10 V时，所需的时间 t 为

$$t=-\frac{u_O}{u_{O1}}R_4C_F=-\frac{10}{(-0.2)}\times 10\times 10^3\times 1\times 10^{-6}\text{ s}=1\text{ s}$$

16.2.20 按下列各运算关系式画出运算电路，并计算各电阻的阻值，括号中的反馈电阻 R_F 和电容 C_F 是已知值。

(1) $u_O=-3u_I$ ($R_F=50\ \text{k}\Omega$)。

(2) $u_O=-(u_{I1}+0.2u_{I2})$ ($R_F=100\ \text{k}\Omega$)。

(3) $u_O=5u_I$ ($R_F=20\ \text{k}\Omega$)。

(4) $u_O=0.5u_I$ ($R_F=10\ \text{k}\Omega$)。

(5) $u_O=2u_{I2}-u_{I1}$ ($R_F=10\ \text{k}\Omega$)。

(6) $u_O=-200\int u_I\,\mathrm{d}t$ ($C_F=0.1\ \mu\text{F}$)。

(7) $u_O=-10\int u_{I1}\,\mathrm{d}t-5\int u_{I2}\,\mathrm{d}t$ ($C_F=1\ \mu\text{F}$)。

解：(1) $u_O=-3u_I$ 的运算关系可以通过以下两种电路方案实现。

电路方案一：如题解图16.09所示，采用反相比例运算电路。

由 $u_O=-\frac{R_F}{R_1}u_I=-3u_I$ 及 $R_F=50\ \text{k}\Omega$ 得

$$\frac{R_F}{R_1}=3,\quad R_1=\frac{R_F}{3}=\frac{50}{3}\ \text{k}\Omega=16.67\ \text{k}\Omega$$

平衡电阻 $R=R_F /\!/ R_1=50 /\!/ 16.67\ \text{k}\Omega=12.5\ \text{k}\Omega$

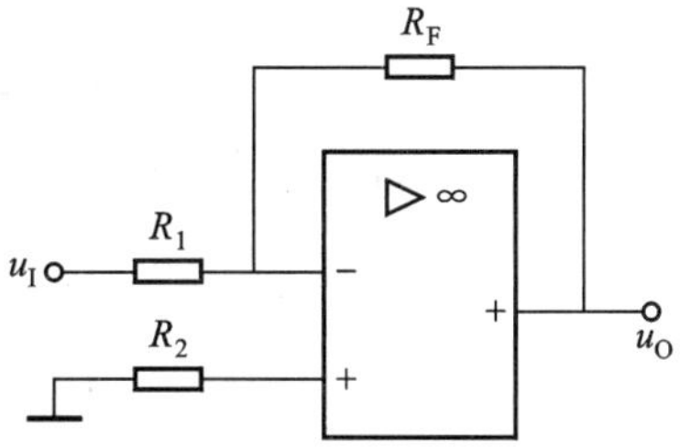

题解图 16.09

电路方案二：如题解图 16.10 所示，采用两级电路，第一级为同相比例运算电路，第二级为反相器电路。

由 $u_O=-u_{O1}=-\left(1+\frac{R_F}{R_1}\right)u_I=-3u_I,\quad R_F=50\ \text{k}\Omega$

得

$$1+\frac{R_F}{R_1}=3,\quad R_1=\frac{R_F}{2}=\frac{50}{2}\ \text{k}\Omega=25\ \text{k}\Omega$$

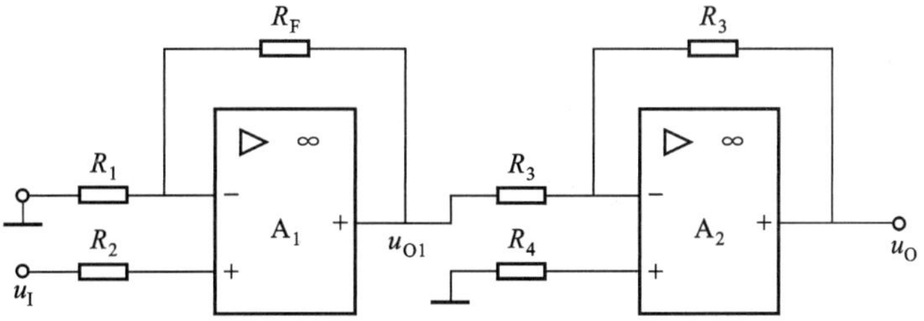

题解图 16.10

平衡电阻 $R_2=R_F /\!/ R_1=50 /\!/ 25\ \text{k}\Omega=16.67\ \text{k}\Omega$

$$R_4=\frac{R_3}{2}$$

若取 $R_3=20\ \text{k}\Omega$，则 $R_4=10\ \text{k}\Omega$。

（2）$u_O=-(u_{I1}+0.2u_{I2})$ 的运算关系可通过题解图 16.11 所示的反相加法运算电路实现。

由
$$u_O=-\left(\frac{R_F}{R_{11}}u_{I1}+\frac{R_F}{R_{12}}u_{I2}\right)=-(u_{I1}+0.2u_{I2})$$

及 $R_F=100\ \text{k}\Omega$ 可得

$$\frac{R_F}{R_{11}}=1,\quad \frac{R_F}{R_{12}}=0.2$$

则
$$R_{11}=R_F=100\ \text{k}\Omega\quad,\quad R_{12}=\frac{R_F}{0.2}=\frac{100}{0.2}\ \text{k}\Omega=500\ \text{k}\Omega$$

平衡电阻
$$R_2=R_F /\!/ R_{11} /\!/ R_{12}\approx 45.5\ \text{k}\Omega$$

（3）$u_O=5u_I$ 的运算关系可通过题解图 16.12 所示的同相比例运算电路实现。

由 $u_O=\left(1+\frac{R_F}{R_1}\right)u_I$ 及 $R_F=20\ \text{k}\Omega$

可得

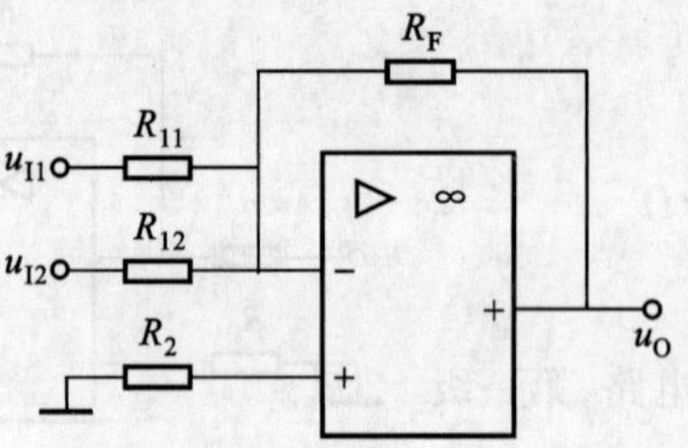

题解图 16.11

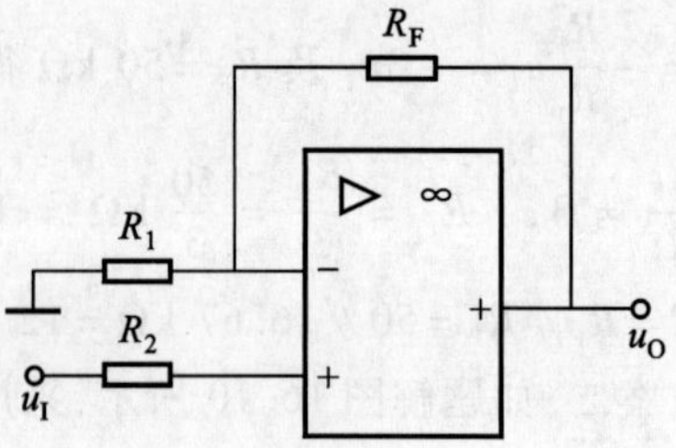

题解图 16.12

$$1+\frac{R_F}{R_1}=5$$

则
$$R_1=\frac{R_F}{4}=\frac{20}{4}\ \text{k}\Omega=5\ \text{k}\Omega$$

平衡电阻
$$R_2=R_F/\!/R_1=4\ \text{k}\Omega$$

(4) $u_O=0.5u_I$ 的运算关系可以通过以下两种电路方案实现。

电路方案一:如题解图 16.13 所示,采用差分减法运算电路。

取 $R_2=R_F=10\ \text{k}\Omega$,由 $u_O=\frac{R_F}{R_1}(u_{I2}-u_{I1})=\frac{R_F}{R_1}u_I=0.5u_I$

得

$$\frac{R_F}{R_1}=0.5$$

则
$$R_1=\frac{R_F}{0.5}=\frac{10}{0.5}\ \text{k}\Omega=20\ \text{k}\Omega$$

此电路适于对浮地信号进行放大。

电路方案二:如题解图 16.14 所示,采用同相分压输入方式。

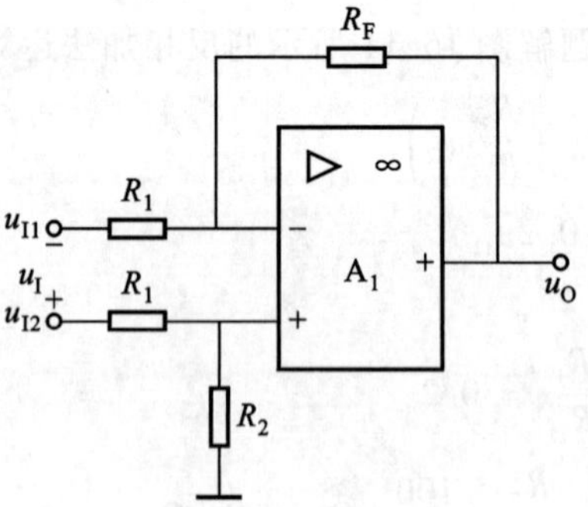

题解图 16.13

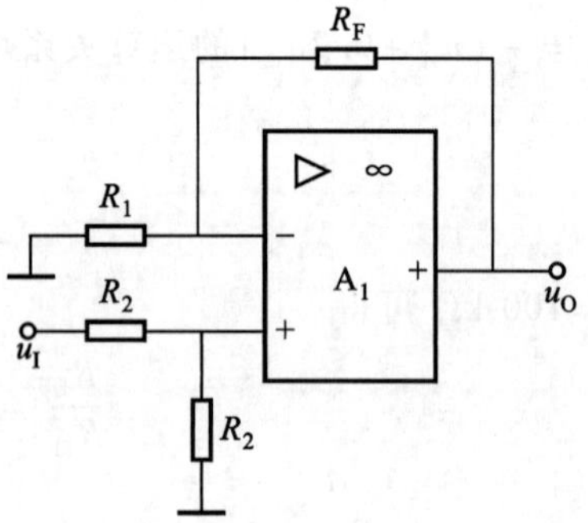

题解图 16.14

由 $u_O=\left(1+\frac{R_F}{R_1}\right)\frac{R_3}{R_2+R_3}u_I=0.5u_I$

得

$$\left(1+\frac{R_F}{R_1}\right)\frac{R_3}{R_2+R_3}=0.5$$

取 $R_2=R_1, R_3=R_F$，故

$$\left(1+\frac{R_F}{R_1}\right)\frac{R_3}{R_2+R_3}=\frac{R_F}{R_1}=0.5$$

则 $$R_1=\frac{R_F}{0.5}=\frac{10}{0.5}\ \text{k}\Omega=20\ \text{k}\Omega,\quad R_2=R_1=20\ \text{k}\Omega,\quad R_3=R_F=10\ \text{k}\Omega$$

此电路适于对共地信号进行放大。

（5）$u_O=2u_{I2}-u_{I1}$ 运算关系可通过题解图 16.15 所示的电路实现。

由 $$u_O=\left(1+\frac{R_F}{R_1}\right)u_{I2}-\frac{R_F}{R_1}u_{I1}$$
$$=2u_{I2}-u_{I1}$$

得 $$1+\frac{R_F}{R_1}=2\quad,\quad\frac{R_F}{R_1}=1$$

则 $$R_1=R_F=10\ \text{k}\Omega$$

平衡电阻 $$R_2=R_F/\!/R_1=5\ \text{k}\Omega$$

（6）$u_O=-200\int u_I\text{d}t$ 的运算关系可通过题解图 16.16 所示的积分运算电路实现。

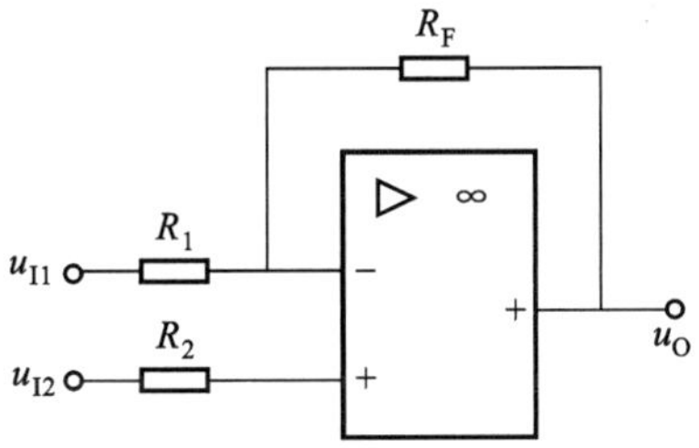

题解图 16.15

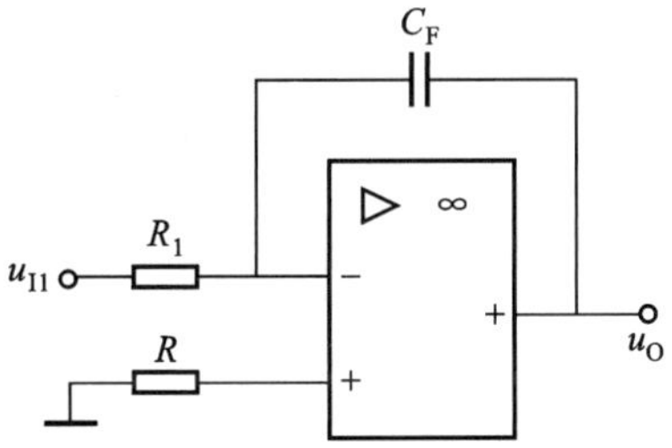

题解图 16.16

由 $u_O=-\frac{1}{R_1C_F}\int u_I\text{d}t=-200\int u_I\text{d}t$

得

$$\frac{1}{R_1C_F}=200$$

则 $$R_1=\frac{1}{200C_F}=\frac{1}{200\times0.1\times10^{-6}}\ \Omega=50\ \text{k}\Omega$$

平衡电阻 $$R=R_1=50\ \text{k}\Omega$$

（7）$u_O=-10\int u_{I1}\text{d}t-5\int u_{I2}\text{d}t$ 的运算关系可通过题解图 16.17 所示的两输入的积分运算电路实现。

由 $$u_O=-\left(\frac{1}{R_{11}C_F}\int u_{I1}\text{d}t+\frac{1}{R_{12}C_F}\int u_{I2}\text{d}t\right)=-10\int u_{I1}\text{d}t-5\int u_{I2}\text{d}t$$

得 $$\frac{1}{R_{11}C_F}=10,\quad\frac{1}{R_{12}C_F}=5$$

则 $$R_{11}=\frac{1}{10C_F}=\frac{1}{10\times1\times10^{-6}}\ \Omega=100\ \text{k}\Omega$$

$$R_{12}=\frac{1}{5C_{\rm F}}=\frac{1}{5\times1\times10^{-6}}\ \Omega=200\ \text{k}\Omega$$

平衡电阻 $$R_2=R_{11}/\!/R_{12}=\frac{100\times200}{100+200}\ \text{k}\Omega\approx66.7\ \text{k}\Omega$$

16.2.21 电路如图 16.19 所示，试求 $u_{\rm O}$ 与 $u_{\rm I1}$、$u_{\rm I2}$的关系式。

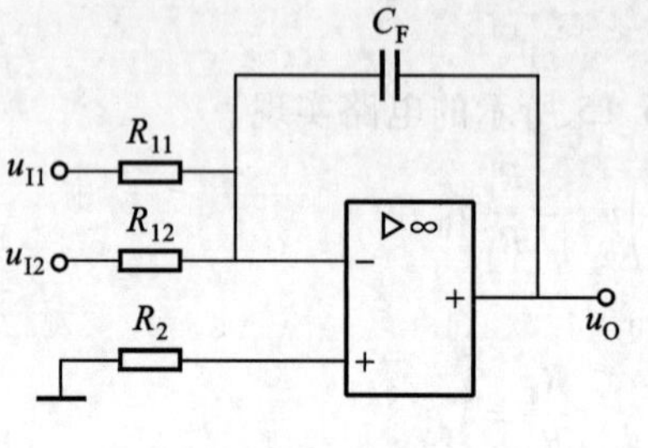

题解图 16.17

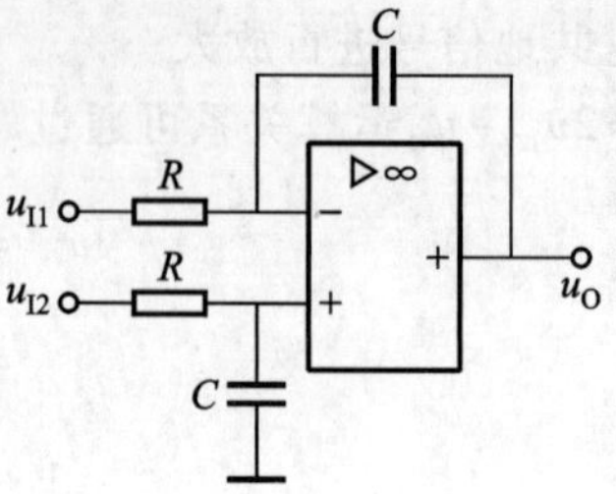

图 16.19 习题 16.2.21 的图

解：由理想运放虚断的特点可知

$$i_+=i_-=0$$

故有 $$\frac{u_{\rm I1}-u_-}{R}=C\frac{{\rm d}(u_--u_{\rm o})}{{\rm d}t} \qquad ①$$

$$\frac{u_{\rm I2}-u_+}{R}=C\frac{{\rm d}(u_+-0)}{{\rm d}t}$$

又由理想运放虚短的特点可知 $u_+=u_-$

故 $$\frac{u_{\rm I2}-u_-}{R}=C\frac{{\rm d}u_-}{{\rm d}t} \qquad ②$$

式① - 式②得

$$\frac{u_{\rm I1}-u_{\rm I2}}{R}=-C\frac{{\rm d}u_{\rm O}}{{\rm d}t}$$

所以 $$u_{\rm O}=\frac{1}{RC}\int(u_{\rm I1}-u_{\rm I2})\,{\rm d}t$$

16.2.22 在图 16.2.8 所示积分运算电路中，如果 $R_1=50\ \text{k}\Omega$，$C_{\rm F}=1\ \mu\text{F}$，$u_{\rm I}$ 如图 16.20 所示，试画出输出电压 $u_{\rm O}$ 的波形。设$u_C(0)=0$。

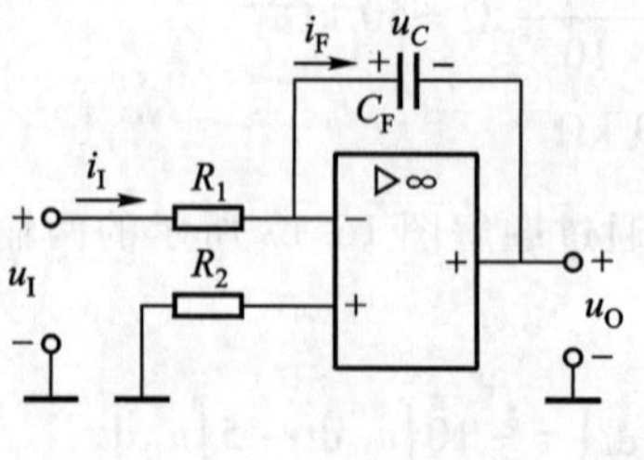

图 16.2.8 积分运算电路

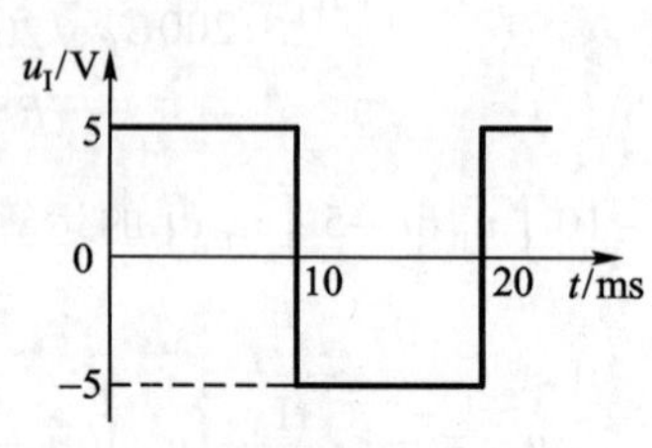

图 16.20 习题 16.2.22 的图

解：图 16.2.8 所示积分运算电路的输出电压

$$u_{\rm O}=-\frac{1}{R_1C}\int u_{\rm I}{\rm d}t=-\frac{u_{\rm I}}{R_1C}t+k$$

式中 u_I 为分段电压信号；k 为各分段电压起始时刻的输出 u_O。

(1) 在 $t=0\sim10$ ms 时间段，$u_I=+5$ V，且已知 $u_C(0)=0$，故

$$u_O=-\frac{u_I}{R_1C}t=-\frac{5}{50\times10^3\times1\times10^{-6}}t=-100t\ \text{V}$$

当 $t=10$ ms $=0.01$ s 时，$u_O=-1$ V。

(2) 在 $t=10\sim20$ ms 时间段，$u_I=-5$ V，故

$$u_O=-\frac{u_I}{R_1C}(t-0.01)-1=-\frac{(-5)}{50\times10^3\times1\times10^{-6}}(t-0.01)-1=[100(t-0.01)-1]\text{V}$$

当 $t=20$ ms $=0.02$ s 时，$u_O=0$ V。

此后周期性重复，输出电压 u_O 波形如题解图 16.18 所示。

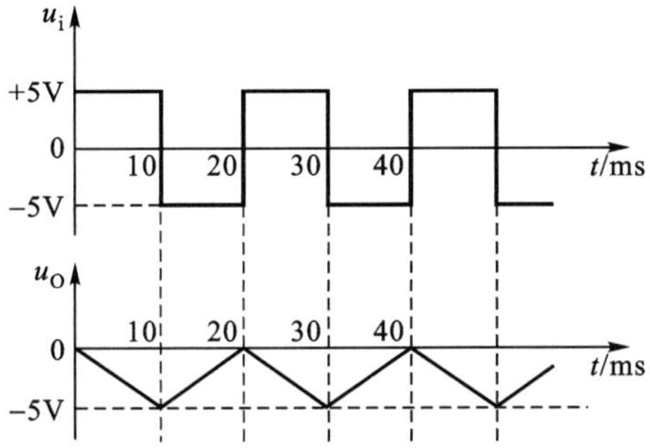

题解图 16.18

16.2.23 在图 16.21 中，求 u_O。

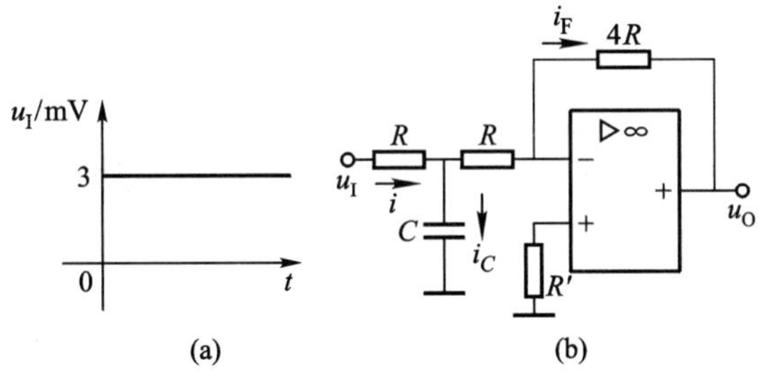

图 16.21 习题 16.2.23 的图

解：先求 u_C，再由反相比例放大关系求 u_O。

解法一：由运放的虚断特点可知 $i_-\approx i_+=0$，故根据图 16.21 所示电路有 $i=i_C+i_F$，即

$$\frac{u_I-u_C}{R}=C\frac{du_C}{dt}+\frac{u_C}{R}$$

化简得

$$u_I=RC\frac{du_C}{dt}+2u_C$$

由输入信号 u_I 的曲线可知，$t<0$ 时，$u_I=0$，故 $u_C(0)=0$。

解此一阶线性微分方程,并根据 u_C 的上述边界条件可得

$$u_C=\frac{3}{2}(1-e^{-\frac{2}{RC}t})\text{mV}\quad(t\geqslant 0)$$

解法二:由 u_I 曲线可知,输入信号为一个阶跃电压,电路在 $t=0$ 时发生“换路”,随后出现暂态过程。

由于反相输入端为“虚地”,即 $u_-=0$,所以

$$u_C(\infty)=\frac{R}{2R}u_I=\frac{1}{2}u_I=1.5\text{ mV}$$

又因 $t<0$ 时 $u_I=0$,故 $u_C(0_+)=u_C(0_-)=0$,时间常数 $\tau=(R/\!/R)C=0.5RC$ s。

根据一阶线性电路的三要素法可得

$$\begin{aligned}u_C&=u_C(\infty)+[u_C(0_+)-u_C(\infty)]e^{-\frac{t}{\tau}}\\&=1.5+(0-1.5)e^{-\frac{t}{RC/2}}=1.5(1-e^{-\frac{2}{RC}t})\text{ mV}\end{aligned}$$

最后由反相比例放大关系可得

$$u_O=-\frac{4R}{R}u_C=-4u_C=-6(1-e^{-\frac{2}{RC}t})\text{ mV}\qquad(t\geqslant 0)$$

u_O 的变化曲线如题解图 16.19 所示。

16.2.24 图 16.22 所示是一基准电压电路,u_O 可作基准电压用,试计算 u_O 的调节范围。

解:把图 16.22 电路中的运算放大器接成同相跟随器电路,其输入阻抗极高,故输出电压 u_O 的大小仅由可变电阻滑动端位置所决定。

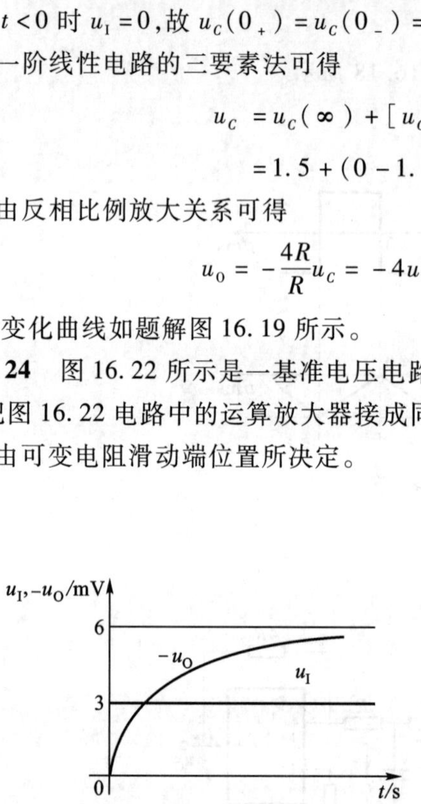

题解图 16.19

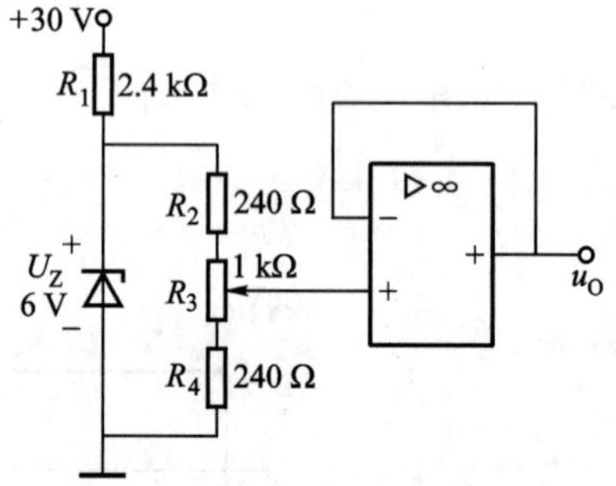

图 16.22 习题 16.2.24 的图

当滑动端处于 1 kΩ 电阻的最低位置时,u_O 为最小,即

$$u_{O\min}=\frac{R_4}{R_2+R_3+R_4}U_Z=\frac{0.24}{0.24+1+0.24}\times 6\text{ V}=0.97\text{ V}$$

当滑动端处于 1 kΩ 电阻的最高位置时,u_O 为最大,即

$$u_{O\max}=\frac{R_3+R_4}{R_2+R_3+R_4}U_Z=\frac{0.24+1}{0.24+1+0.24}\times 6\text{ V}=5.02\text{ V}$$

所以,输出电压 u_O 的可调范围是 0.97 ~ 5.02 V。

16.2.25 图 16.23 所示是应用运算放大器测量电压的原理电路,共有 0.5 V、1 V、5 V、10 V、50 V五种量程,试计算电阻 $R_{11}\sim R_{15}$的阻值。输出端接有满量程 5 V、500 μA 的电压表。

解：此电路是针对五种量程的反相比例运算电路。当选择开关拨至不同量程挡时，对应于该量程的最大输入电压皆使输出端电压达到电压表满量程 5 V，因此可选择电阻 $R_{11} \sim R_{15}$ 如下：

50 V 挡： $R_{11} = \frac{50}{5} \times 1\ \text{M}\Omega = 10\ \text{M}\Omega$

10 V 挡： $R_{12} = \frac{10}{5} \times 1\ \text{M}\Omega = 2\ \text{M}\Omega$

5 V 挡： $R_{13} = \frac{5}{5} \times 1\ \text{M}\Omega = 1\ \text{M}\Omega$

1 V 挡： $R_{14} = \frac{1}{5} \times 1\ \text{M}\Omega = 200\ \text{k}\Omega$

0.5 V 挡： $R_{15} = \frac{0.5}{5} \times 1\ \text{M}\Omega = 100\ \text{k}\Omega$

16.2.26 图 16.24 所示是应用运算放大器测量小电流的原理电路，试计算电阻 $R_{F1} \sim R_{F5}$ 的阻值。输出端接的电压表同题 16.2.25。

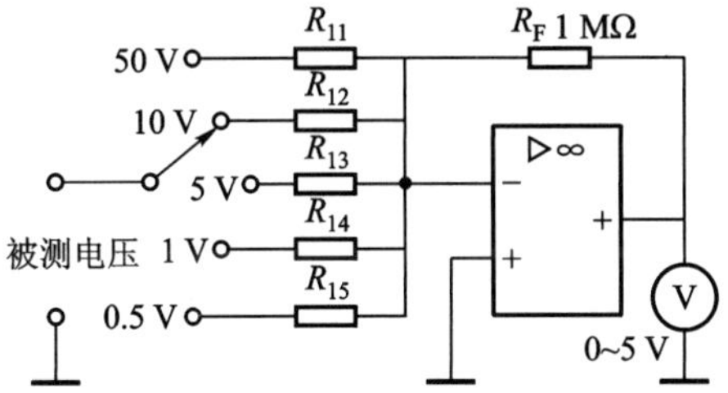

图 16.23 习题 16.2.25 的图

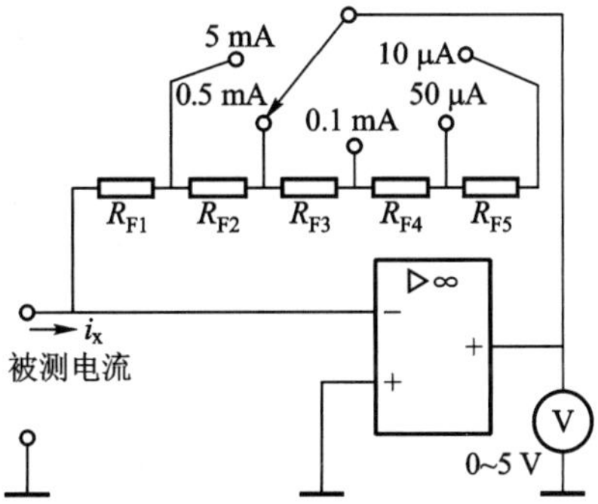

图 16.24 习题 16.2.26 的图

解：设被测电流为 i_x，运放反馈回路中的电流为 i_F。

由理想运放的虚断可知，$i_F = i_x$，因此

$$u_O = -i_F R_F = -i_x R_F$$

$$R_F = \frac{u_O}{-i_x}$$

当选择开关拨至不同量程挡时，对应于该量程的最大输入电流皆使输出端电压达到电压表满量程 5 V，因此可选择电阻 $R_{F1} \sim R_{F5}$ 如下：

50 mA 挡： $R_{F1} = \frac{5}{5 \times 10^{-3}}\ \text{k}\Omega = 1\ \text{k}\Omega$

0.5 mA 挡： $R_{F2} = \frac{5}{0.5 \times 10^{-3}} - R_{F1} = (10 - 1)\ \text{k}\Omega = 9\ \text{k}\Omega$

0.1 mA 挡： $R_{F3} = \frac{5}{0.1 \times 10^{-3}} - (R_{F1} + R_{F2}) = [50 - (1 + 9)]\ \text{k}\Omega = 40\ \text{k}\Omega$

50 μA 挡： $R_{F4}=\dfrac{5}{50\times10^{-6}}-(R_{F1}+R_{F2}+R_{F3})=[100-(1+9+40)]\ \text{k}\Omega=50\ \text{k}\Omega$

10 μA 挡： $R_{F5}=\dfrac{5}{10\times10^{-6}}-(R_{F1}+R_{F2}+R_{F3}+R_{F4})=[500-(1+9+40+50)]\ \text{k}\Omega$

$=400\ \text{k}\Omega$

16.2.27 图 16.25 所示是应用运算放大器测量电阻的原理电路，输出端接的电压表同题 16.2.25。当电压表指示 5 V 时，试计算被测电阻 R_F 的阻值。

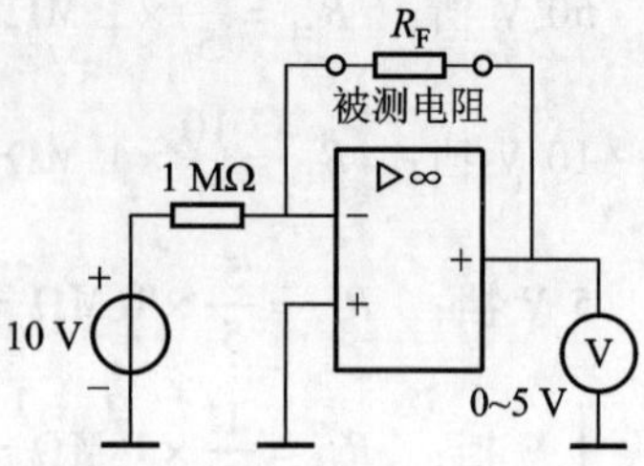

图 16.25 习题 16.2.27 的图

解：此电路实际是一个输入电压恒定的电路，根据输出电压大小来衡量被测电阻 R_F 的大小 。

题中所接被测电阻 R_F 的值可由下式得到

$$\frac{5}{10}=\frac{R_F}{1\times10^6}$$

$$R_F=\frac{5}{10}\times1\times10^6\ \Omega=500\ \text{k}\Omega$$

16.3.3 画出图 16.26 所示各电压比较器的传输特性曲线。

解：对于电压比较器，当 $u_+>u_-$ 时，$u_O=+U_{OM}$；当 $u_+<u_-$ 时，$u_O=-U_{OM}$。如图 16.26(a)～(d)所示四个电压比较器：

(a) 当 $u_I<3\text{V}, u_O=+U_{OM}$；$u_I>3\text{V}, u_O=-U_{OM}$。

(b) 当 $u_I<-3\text{V}, u_O=+U_{OM}$；$u_I>-3\text{V}, u_O=-U_{OM}$。

(c) 当 $u_I>3\text{V}, u_O=+U_{OM}$；$u_I<3\text{V}, u_O=-U_{OM}$。

(d) 当 $u_I>-3\text{V}, u_O=+U_{OM}$；$u_I<-3\text{V}, u_O=-U_{OM}$。

则各电压比较器的传输特性曲线如题解图 16.20(a)～(d)所示。

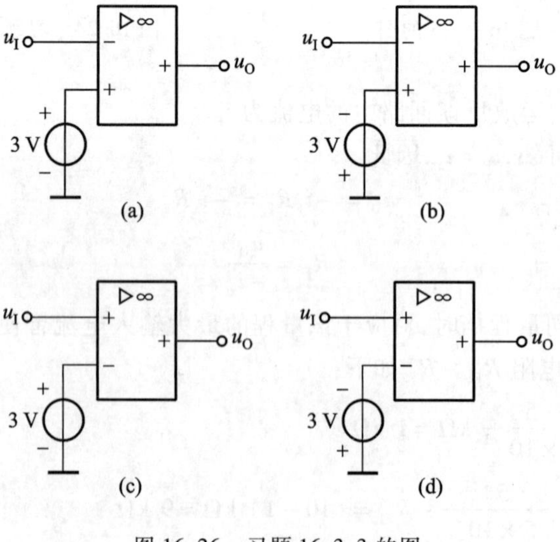

图 16.26 习题 16.3.3 的图

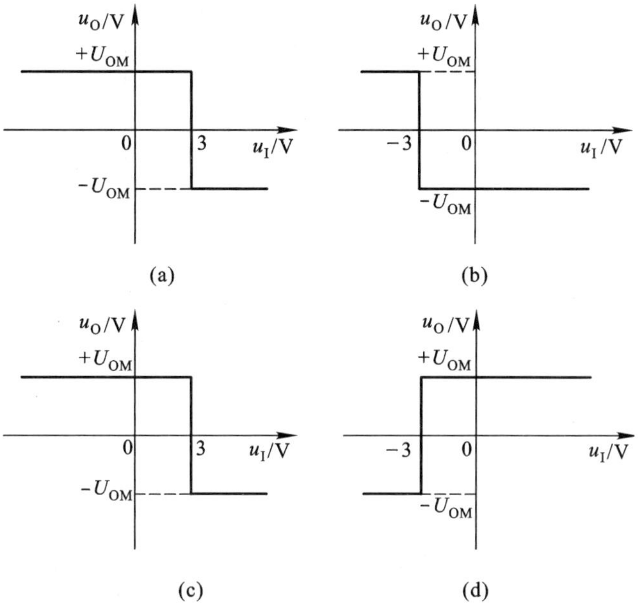

题解图 16.20

16.3.4 在图 16.27 中，运算放大器的最大输出电压 $U_{OM}=\pm 12$ V，稳压二极管的稳定电压 $U_Z=6$ V，其正向压降 $U_D=0.7$ V，$u_i=12\sin\omega t$ V。当参考电压 $U_R=+3$ V 和 −3 V 两种情况下，试画出传输特性和输出电压 u_O 的波形。

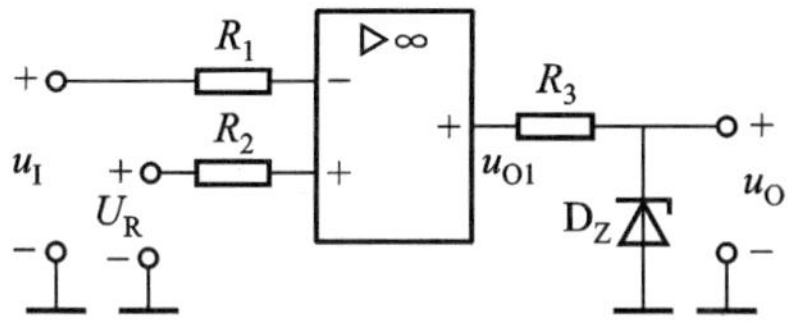

图 16.27　习题 16.3.4 的图

解：图 16.27 所示的电路包含了由集成运放开环状态下构成的比较电路和由电阻 R_3 及稳压二极管 D_Z 构成的限幅电路。

当 $u_i<U_R$ 时，　$u_{O1}=+12$ V，$u_O=U_Z=6$ V。

当 $u_i>U_R$ 时，　$u_{O1}=-12$ V，$u_O=-0.7$ V。

对应于参考电压 $U_R=3$ V 时的电压传输特性和输出电压 u_O 的波形图分别如题解图 16.21(a)、(b)所示。

对应于参考电压 $U_R=-3$ V 时的电压传输特性和输出电压 u_O 的波形图分别如题解图 16.22(a)、(b)所示。

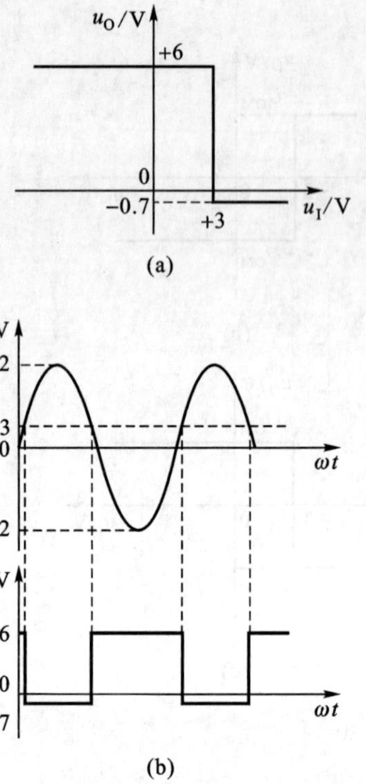

题解图 16.21

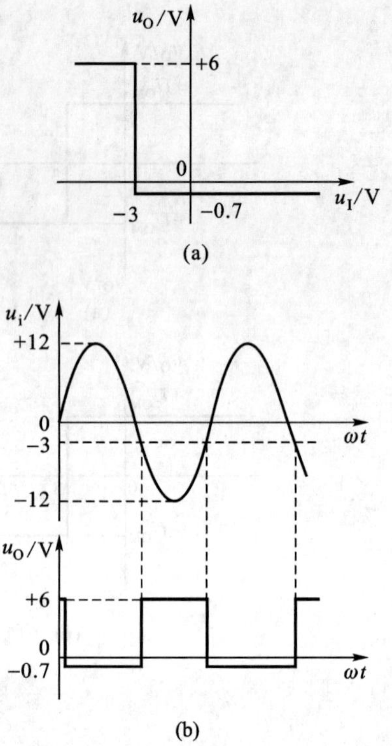

题解图 16.22

16.3.5 在图 16.28(a)中,运算放大器的最大输出电压 $U_{OM}=\pm 12$ V,参考电压 $U_R=3$ V,输入电压 u_I 为三角波电压,如图 16.28(b)所示,试画出输出电压 u_O 的波形。

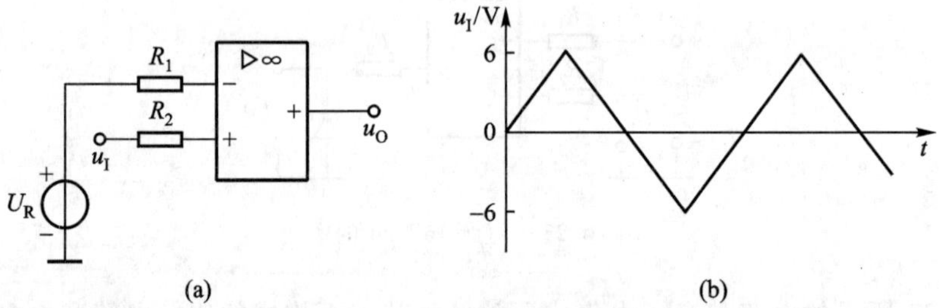

图 16.28 习题 16.3.5 的图

解:当 $u_I>U_R$,即 $u_I>3$ V 时,$u_O=+U_{OM}=+12$ V。

当 $u_I<U_R$,即 $u_I<3$ V 时,$u_O=-U_{OM}=-12$ V。

输出电压 u_O 的波形如题解图 16.23 所示。

16.3.6 图 16.29 所示是火灾报警电路的方框图。u_{I1} 和 u_{I2} 分别来自两个温度传感器,它们安装在室内同一处:一个安装在塑料壳内,产生 u_{I1};另一个安装在金属板上,产生 u_{I2}。无火情时,$u_{I1}=u_{I2}$,声光报警电路不响不亮。一旦发生火情,安装在金属板上的温度传感器因金属板导热快而温度升高较快,而另一个温度上升较慢,于是产生差值电压($u_{I2}-u_{I1}$),当这差值电压增高到一定数值时,发光二极管 LED 点亮,蜂鸣器 HA 鸣响,同时报警。请按图示方框图设计电路。

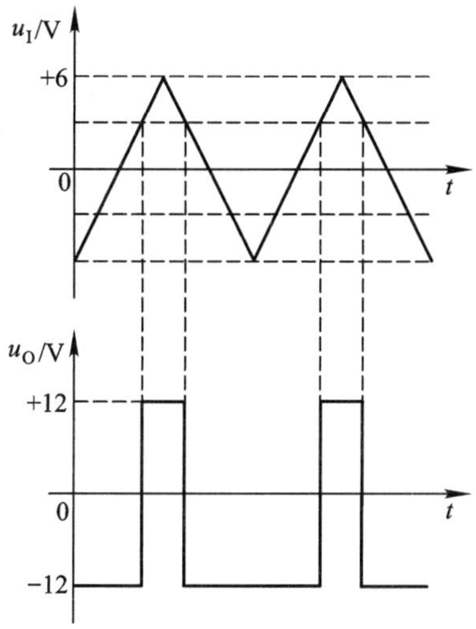

题解图 16.23

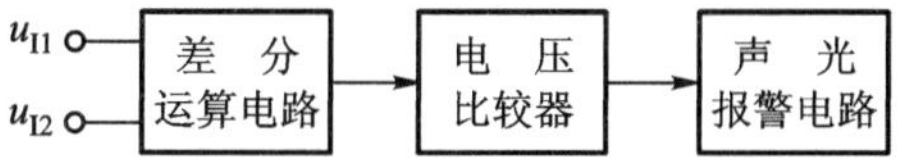

图 16.29 习题 16.3.6 的火灾报警电路的方框图

解:根据题意设计的火灾报警电路如题解图 16.24 所示。

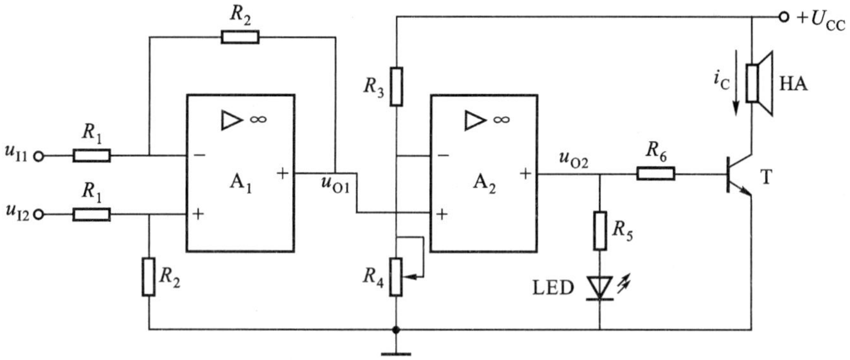

题解图 16.24

当没有火情时,$u_{I1}=u_{I2}$,差分运算放大电路 A_1 的输出 $u_{O1}=0$。而 $u_{2-}=\left(\dfrac{R_4}{R_3+R_4}\right)U_{CC}>u_{2+}$ $(=u_{O1}=0)$,电压比较器 A_2 的输出 $u_{O2}=-U_{o(sat)}<0$,LED 截止不发光,晶体管 T 不导通($i_C=0$),故蜂鸣器 HA 不鸣响。

当有火情时,$u_{I1}\neq u_{I2}$,两者差值($u_{I2}-u_{I1}$)大到一定程度后,即 $u_{2+}\left[=u_{O1}=\dfrac{R_2}{R_1}(u_{I2}-u_{I1})\right]>u_{2-}\left(=\dfrac{R_4}{R_3+R_4}U_{CC}\right)$,电压比较器 A_2 的输出 $u_{O2}=+U_{o(sat)}>0$,LED 导通发光,晶体管 T 导通($i_C\neq 0$),蜂鸣器 HA 开始鸣响报警。改变 R_4 可调节报警灵敏度。

C 拓 宽 题

16.2.28 测量放大电路用于放大从测量电路或传感器送来的微弱信号，对它的主要要求是输入电阻高和共模抑制比大。图 16.30 所示是由三个运算放大器组成的测量放大电路。第一级由两个同相输入运算电路组成(即为习题 16.2.16 的电路)，其输入电阻高，并由于电路结构对称，可抑制零点漂移或共模输入；第二级是差分放大电路，用于放大差模信号。试求输出电压 u_O 和电压放大倍数 A_d。

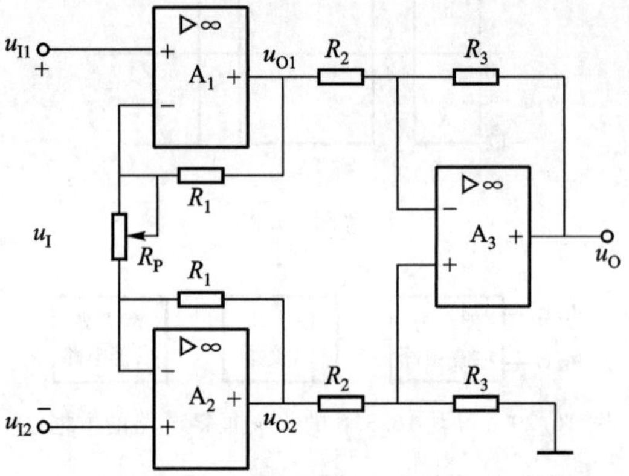

图 16.30 习题 16.2.28 的图

解：

方法一：集成运放 A_1 和 A_2 皆工作在线性工作状态。

由虚短可知： $u_{1-}=u_{1+}=u_{I1}$， $u_{2-}=u_{2+}=u_{I2}$

由虚断可知：$i_{1-}\approx 0$， $i_{2-}\approx 0$

电阻 R_1、R_P、R_1 流过同一电流 i_{R_P}

即

$$i_{R_P}=\frac{u_{1-}-u_{2-}}{R_P}=\frac{u_{I1}-u_{I2}}{R_P}$$

因而

$$u_{O1}-u_{O2}=i_{R_P}(R_1+R_P+R_1)=\left(\frac{u_{I1}-u_{I2}}{R_P}\right)(R_1+R_P+R_1)$$

$(u_{O1}-u_{O2})$为由 A_3 构成的差分放大电路输入电压，则输出电压

$$u_O=-\frac{R_3}{R_2}(u_{O1}-u_{O2})=-\frac{R_3}{R_2}\left(\frac{R_1+R_P+R_1}{R_P}\right)(u_{I1}-u_{I2})$$

$$=-\frac{R_3}{R_2}\left(1+2\frac{R_1}{R_P}\right)(u_{I1}-u_{I2})=-\frac{R_3}{R_1}\left(1+2\frac{R_1}{R_P}\right)u_I$$

电压放大倍数

$$A_d = \frac{u_O}{u_I} = -\frac{R_3}{R_2}\left(1 + 2\frac{R_1}{R_P}\right)$$

方法二：A_1、A_2、A_3 都工作在线性工作状态，电路为线性电路，可利用叠加定理分别求出 u_{I1} 和 u_{I2} 分别单独作用时的 u'_{O1}、u'_{O2} 和 u''_{O1}、u''_{O2}，进行叠加后得 $u_{O1} = u'_{O1} + u'_{O2}$、$u_{O2} = u'_{O2} + u''_{O2}$，然后由 A_3 构成的差分电路进行放大（同上）。

此电路亦称为仪用放大器。由于信号从运放同相端输入，且输入级 A_1、A_2 和输出级 A_3 构成的差分电路元件参数对称，因而输入电阻极高、共模抑制比极大，放大倍数可由 R_P 连续调节。

16.3.7 图 16.31 所示是由电桥和差分运算电路组成的测温电路。图中 R_t 为热敏电阻，具有正的电阻温度系数，$\alpha = 4\times10^{-3}$（1/℃），在 0℃ 时的阻值 $R_0 = 51\ \Omega$。R_1、R_2 和 R_3 为精密固定电阻，其阻值均为 51 Ω。$R_4 = R_5 = 10\ \text{k}\Omega$，$R_6 = R_7 = 100\ \text{k}\Omega$。电源电压 $U = 10$ V。试求环境温度分别为 25℃ 和 −5℃ 时的输出电压 u_O。

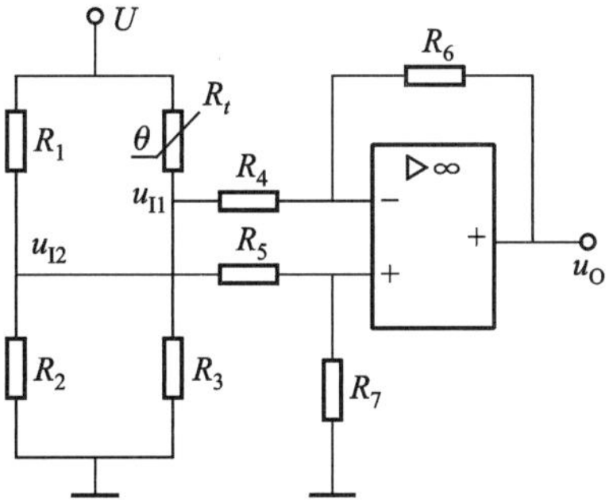

图 16.31 习题 16.3.7 的图

解：热敏电阻 R_t 的温度系数

$$\alpha = \frac{R_{t2} - R_{t1}}{R_{t1}(t_2 - t_1)}(1/℃)$$

式中 R_{t1}、R_{t2} 分别是温度为 t_1、t_2 时热敏电阻 R_t 的阻值。设 R_t（T℃）为环境温度 T℃ 时的电阻，依题意可得

$$R_t(T℃) = R_0 + R_0\alpha(T-0) = [1 + \alpha(T-0)]R_0$$

则 $$R_t(25℃) = [1 + 4\times10^{-3}(25-0)]\times 51\ \Omega = 56.1\ \Omega$$

$$R_t(-5℃) = [1 + 4\times10^{-3}(-5-0)]\times 51\ \Omega = 49.98\ \Omega$$

由电桥电路

$$u_{I1} = \frac{R_3}{R_3 + R_t}U$$

$$u_{I2} = \frac{R_2}{R_1 + R_2}U = \frac{1}{2}U = 5\ \text{V}$$

由差分电路 $$u_O = -\frac{R_6}{R_4}(u_{I1} - u_{I2}) = -10(u_{I1} - u_{I2})$$

当 $T = 25$℃ 时

$$u_{I1}(25℃) = \frac{51}{51 + 56.1}\times 10\text{V} = 4.76\ \text{V}$$

$$u_O(25℃) = -10(4.76 - 5)\text{V} = 2.4\ \text{V}$$

当 $T = -5$℃ 时

$$u_{I1}(-5℃) = \frac{51}{51 + 49.98}\ \text{V} = 5.05\ \text{V}$$

$$u_O(-5℃) = -10(5.05 - 5)\text{V} = -0.5\ \text{V}$$

16.3.8 图 16.32 所示是液体恒温控制电路。本电路由测温电桥、温度信号放大电路、恒温预置电路、继电器驱动电路、显示电路和电阻丝加热电路六部分组成。当温度在设置值范围内，电桥平衡，加热电路断开，液体处于保温状态；当温度低于设置值时，电桥失去平衡，加热电路接通，液体处于加温状态。图中，R_t 是具有正的电阻温度系数的热敏电阻；电位器 R_P 用于设定液体温度的预置值。试逐级分析该电路的工作原理。

解:设 t_R℃为通过电位器 R_P 设定的液体温度预置值。由图 16.32 所示的液体恒温控制电路的六个组成部分的功能可分析出该电路逐级工作过程,如题解图 16.25 所示。

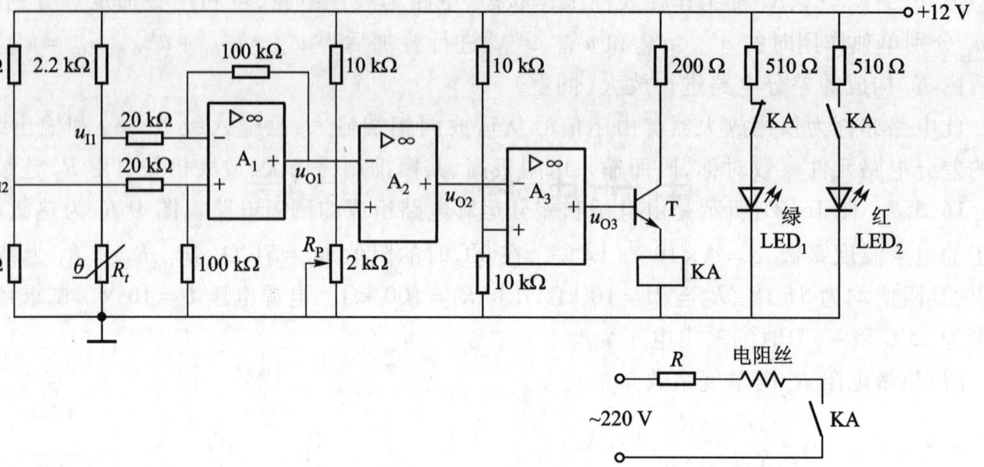

图 16.32　习题 16.3.8 的图

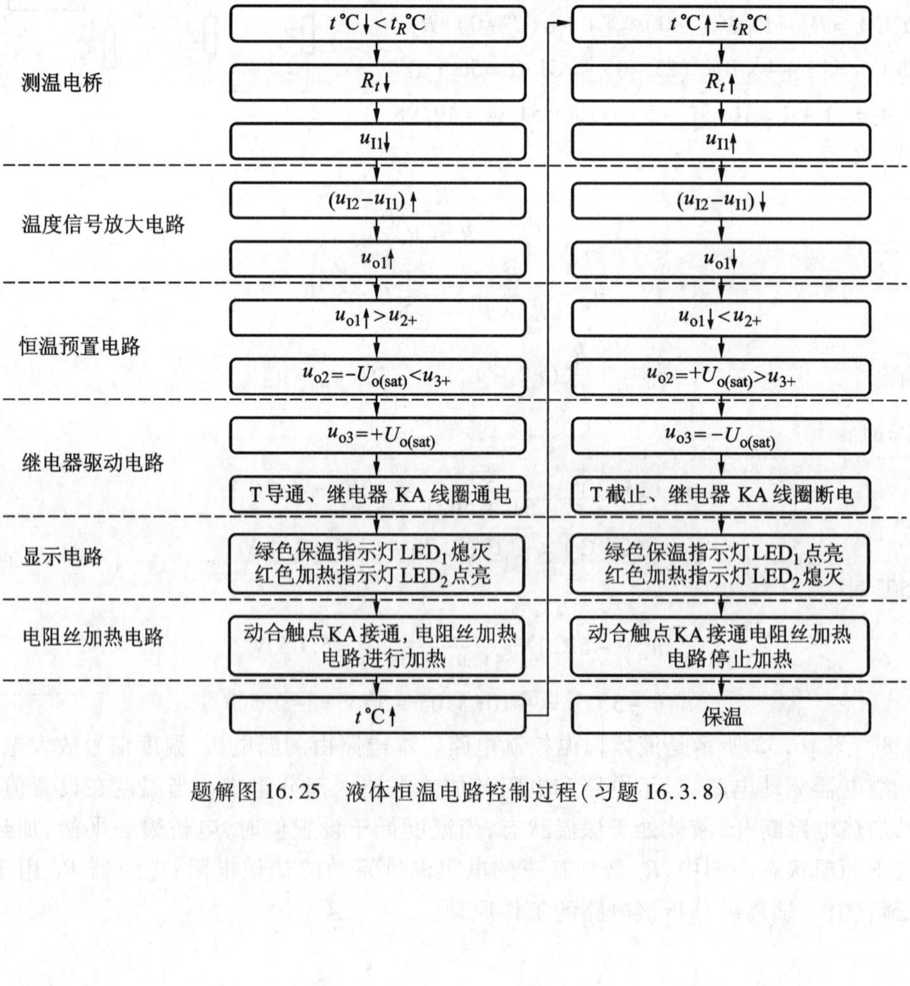

题解图 16.25　液体恒温电路控制过程(习题 16.3.8)

第17章

电子电路中的反馈

反馈理论和反馈技术在电子电路中具有重要作用。反馈有负反馈和正反馈之分。对放大电路而言，需要负反馈，因为负反馈能改善放大电路的工作性能；对振荡电路而言，需要正反馈，因为正反馈是振荡电路建立自激振荡的条件。

17.1 内容要点与阅读指导

本章从反馈的基本概念出发，分析了正、负反馈的判别方法、放大电路中负反馈的基本类型、负反馈对放大电路工作性能的影响和振荡电路中正反馈产生的自激振荡。

1. 反馈的基本概念

(1) 反馈问题随处可见，如行政管理、商业活动、教学过程以及科技领域等各个方面都有反馈。通过反馈回来的信息与预定指标或要求比较，得出差距，进行修订或改正，从而取得预期效果。在上册第9章曾结合控制电机提出过自动调节系统是通过反馈来实现自动调节的。在电子电路中，反馈的应用也极为广泛。

(2) 首先看一个电子电路中有没有引入反馈。反馈电路都接在电子电路的输出端与输入端之间（或晶体管的输出电路与输入电路之间）。反馈电路往往是一个电阻或一个电阻与一个电容的串联电路。

(3) 其次看它是直流反馈还是交流反馈。直流反馈存在于直流通路中，交流反馈存在于交流通路中。很多电子电路中这两种反馈同时存在。例如教材图17.2.8(a)所示是发射极电阻R_E上无交流旁路电容C_E的分压式偏置放大电路，R_E上既有直流反馈（稳定静态工作点），又有交流反馈（改善放大电路的工作性能）。若R_E上并联了C_E，则对交流视作短路，R_E上只有直流反馈。

(4) 接着判别正反馈还是负反馈，这通常采用瞬时极性法。其判别原则为，对单级运算放大电路而言：由于同相输入时，输出端信号电位的瞬时极性与同相输入端信号电位的瞬时极性相同；反相输入时，输出端信号电位的瞬时极性与反相输入端信号电位的瞬时极性相反，因此，凡是反馈电路从输出端引回到同相输入端的为正反馈，引回到反相输入端的则为负反馈。对晶体管发射极带有电阻R_E而无旁路电容的分立元件电子电路而言，如题解图17.01所示，晶体管集电极信号电位的瞬时极性与基极信号电位的瞬时极性相反，而发射极信号电位的瞬时极性与基极信号电位的瞬时极性相同，因此，对NPN型晶体管而言，凡是反馈降低了基极电位或提高了发射极电位则均为负反馈,反之则均为正反馈。

2. 放大电路中的负反馈

(1) 教材图 17.2.1 至图 17.2.4 分别为运算放大器电路中引入的串联电压、并联电压、串联电流和并联电流四种类型的负反馈。判别的方法为:

① 反馈电路直接从输出端引出的,是电压反馈;从负载电阻 R_L 的靠近"地"端引出的,是电流反馈。

② 输入信号和反馈信号分别加在两个输入端(同相和反相)上的,是串联反馈;加在同一个输入端(同相或反相)上的,是并联反馈。

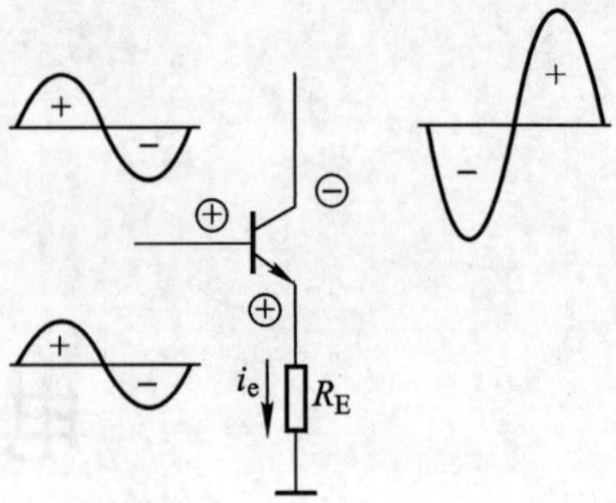

题解图 17.01 瞬时极性

③ 反馈信号使净输入信号减小的,是负反馈。

(2) 对共发射极分立元件放大电路来说,四种类型负反馈的判别方法为:

如果反馈电路是从放大电路输出端的集电极引出的,是电压反馈;从发射极引出的,是电流反馈。如果反馈电路引入到放大电路输入端的基极,是并联反馈;引入到发射极,是串联反馈。射极输出器是共集电极电路,不在此内,它是串联电压负反馈电路。

串联负反馈使放大电路的输入电阻增高,并联负反馈则使输入电阻减低。

电压负反馈使放大电路的输出电阻减低,具有稳定输出电压的作用,而电流负反馈使输出电阻增高,具有稳定输出电流的作用。

(3) 放大电路中引入负反馈后,虽然放大倍数降低了,但改善了放大电路的工作性能:如提高放大倍数的稳定性;改善波形失真,展宽通频带;串联反馈能提高输入电阻,电压反馈能减小输出电阻;电流反馈能稳定输出电流,电压反馈能稳定输出电压。

3. 振荡电路中的正反馈

(1) 自激振荡:从实质上说,振荡电路也是一个放大电路,只不过它的输入信号不是来自外部,而是起源于自身的输出端,其输出信号由无到有,由小到大,直到稳定,这一过程称为自激振荡。

① 自激振荡的条件:

相位条件:$\dot{U}_f$ 与 $\dot{U}_i$ 同相。

幅度条件:$U_f = U_i$,即 $|A_u F| = 1$。

② 自激振荡的建立:起振时必须 $|A_u F| > 1$。从 $|A_u F| > 1$ 到 $|A_u F| = 1$ 是自激振荡的建立过程,输出电压和反馈电压不断增大。

③ 自激振荡的稳定:由于 *RC* 振荡电路的反馈元件(R_{F1}、D_1、D_2)的稳幅作用和 *LC* 振荡电路晶体管(T)的非线性影响,自激振荡的幅度能够自动稳定下来,使振荡电路有稳定的输出。

(2) *RC* 振荡电路:正弦波振荡电路一般含有放大、正反馈、选频和稳幅四个环节。

所谓选频,就是正弦波振荡器只能在某一频率下产生自激振荡,输出的是单一频率的正弦信号。

RC 振荡器的选频电路是由 R_1, C_1, R_2, C_2 所组成的串并联电路,见题解图 17.02。此电路在教材上册 4.7 节中已分析过,当 $R_1 = R_2 = R$ 和 $C_1 = C_2 = C$ 时,得出

$$\frac{\dot{U}_i}{\dot{U}_o}=\frac{1}{3+j\left(\omega RC-\frac{1}{\omega RC}\right)}=\frac{1}{\sqrt{3^2+\left(\omega RC-\frac{1}{\omega RC}\right)^2}}\times\angle -\arctan\frac{\omega RC-\frac{1}{\omega RC}}{3}=\frac{U_i}{U_o}\angle\varphi$$

由上式可列出表17.2.1和题解图17.03所示的频率特性。当 $\omega=\omega_0=\frac{1}{RC}$ 时，$\frac{U_i}{U_o}=\frac{1}{3}$，其值最大，且 $\dot{U}_i$ 与 $\dot{U}_o$ 同相。这满足自激振荡的相位条件，并且只对一个频率 f_0 发生振荡。因此，RC振荡电路具有选频性。至于幅度条件 $|A_uF|=1$，因为 $|F|=\frac{U_i}{U_o}=\frac{1}{3}$，所以 $|A_u|=3$ 时即可满足，但在起振时，要求 $|A_u|>3$。

表 17.2.1 频率特性

ω	0	$\omega_0=\frac{1}{RC}$	∞
U_i/U_o	0	$\frac{1}{3}$	0
φ	$\frac{\pi}{2}$	0	$-\frac{\pi}{2}$

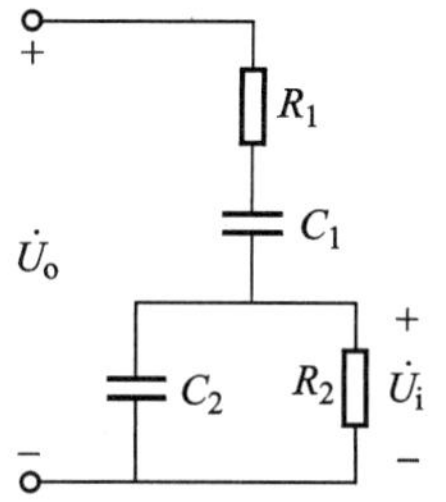

题解图 17.02　RC 串并联电路

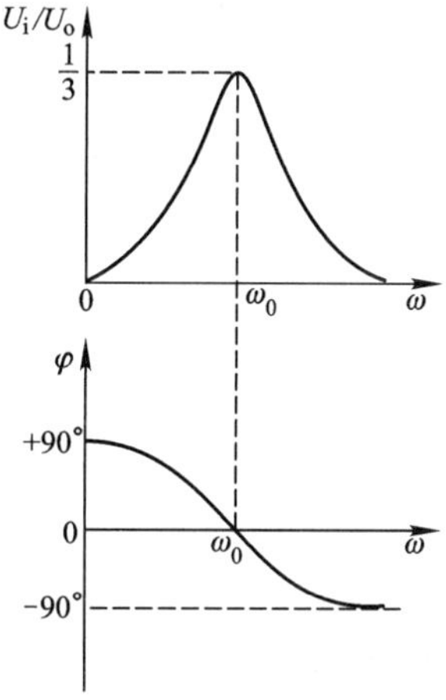

题解图 17.03　RC 串并联电路的频率特性

教材中式(17.3.1)的推导：

$$F=\frac{\dot{U}_i}{\dot{U}_o}=\frac{\frac{-jRX_C}{R-jX_C}}{R-jX_C+\frac{-jRX_C}{R-jX_C}}=\frac{\frac{-jRX_C}{R-jX_C}}{\frac{(R-jX_C)^2-jRX_C}{R-jX_C}}$$

$$=\frac{-jRX_C}{R^2-2jRX_C-X_C^2-jRX_C}=\frac{-jRX_C}{R^2-X_C^2-j3RX_C}$$

$$=\frac{1}{3+\frac{R^2-X_C^2}{-jRX_C}}=\frac{1}{3+j\frac{R^2-X_C^2}{RX_C}}$$

当 $R^2 - X_C^2 = 0$ 时，$\dot{U}_i$ 与 $\dot{U}_o$ 同相，此时 $F = \frac{1}{3}$。

因为
$$R = X_C = \frac{1}{\omega C}$$
所以
$$\omega = \omega_0 = \frac{1}{RC}$$
$$f = f_0 = \frac{1}{2\pi RC}$$

(3) LC 振荡电路：LC 振荡器的选频电路是接在集电极的 LC 并联谐振电路，它的频率特性已在教材上册 4.7 节中讲过，今补充说明几点。

题解图 17.04 是 LC 并联谐振电路，其中 R 是等效损耗电阻（包括线圈铜损、负载损耗等）。当信号频率很低时，电容支路可视作开路，R 一般很小，常可忽略不计，这时 $\dot{U} \approx j\omega L\dot{I}$，$\dot{I}$ 较 $\dot{U}$ 滞后，相位差 φ 接近 $+90°$，$|Z| \approx X_L = \omega L$ 和 U 都很小。当信号频率很高时，电感支路可视作开路，这时 $\dot{U} \approx -j\frac{1}{\omega C}$，$\dot{I}$ 较 $\dot{U}$ 超前，相位差 φ 接近 $-90°$，$|Z| \approx X_C = \frac{1}{\omega C}$ 和 U 也都很小。只有在 $\omega = \omega_0$ 发生谐振时，$|Z| = |Z_0| = \frac{L}{RC}$，其值最大（复习上册 4.7 节），所以电压 U 也是最大；这时 $\dot{I}$ 与 $\dot{U}$ 同相，$\varphi = 0$，即电路为电阻性的。上述是对 LC 并联谐振电路的定性分析，其频率特性大致如题解图 17.05 所示。

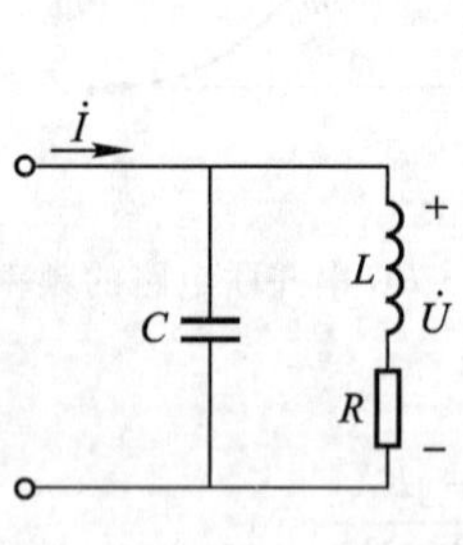

题解图 17.04　LC 并联谐振电路

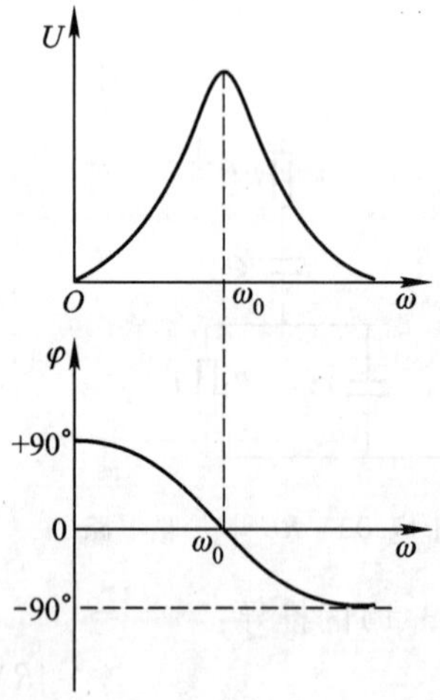

题解图 17.05　LC 并联谐振电路的频率特性

教材图 17.3.3 所示的 LC 振荡电路，只有当
$$\omega = \omega_0 \approx \frac{1}{\sqrt{LC}}$$
时，集电极等效负载阻抗（电阻性的）最大，电压放大倍数最高，且输入电压 u_{be} 与输出电压 u_{ce} 反相。当 $\omega \neq \omega_0$ 时，由于集电极等效负载阻抗较小，放大倍数也较低，且 u_{be} 与 u_{ce} 不是 180° 的相位关系（因为这时 LC 并联电路不是电阻性的）。因此，LC 振荡电路具有选频性。由于选频性，输

出的才是正弦(单一频率)信号。

教材图 17.3.3 中,u_f 与 u_{be}同相,是正反馈。反馈的判别也可采用瞬时极性法。

在图中,设基极电位的瞬时极性为"⊕",集电极为"⊖",线圈 L 和 L_f 的同极性端极性相同,即反馈线圈 L_f 的下端为"⊕",于是反馈信号通过 C_1(对交流视作短路)提高了基极的电位而使 U_{be}增加,故为正反馈。

17.2 基本要求

1. 理解什么是反馈,掌握电子电路中的直流反馈和交流反馈、正反馈和负反馈以及负反馈的四种类型的判别方法。

2. 理解负反馈对放大电路工作性能的影响。

3. 了解正弦波振荡电路中自激振荡的条件、自激振荡的建立和自激振荡的稳定。

4. 了解 RC 振荡电路和 LC 振荡电路的工作原理。

17.3 重点与难点

1. 重点

(1) 正反馈与负反馈的判别。

(2) 电压反馈与电流反馈的判别。

(3) 串联反馈与并联反馈的判别。

(4) 负反馈对放大电路工作性能的影响。

2. 难点

(1) 反馈的基本概念,反馈关系式 $A_f=\dfrac{A}{1+AF}$,反馈深度$(1+AF)$。

(2) 负反馈与放大电路输出电压波形的失真。

(3) RC 与 LC 振荡电路的自激振荡原理。

17.4　知识关联图

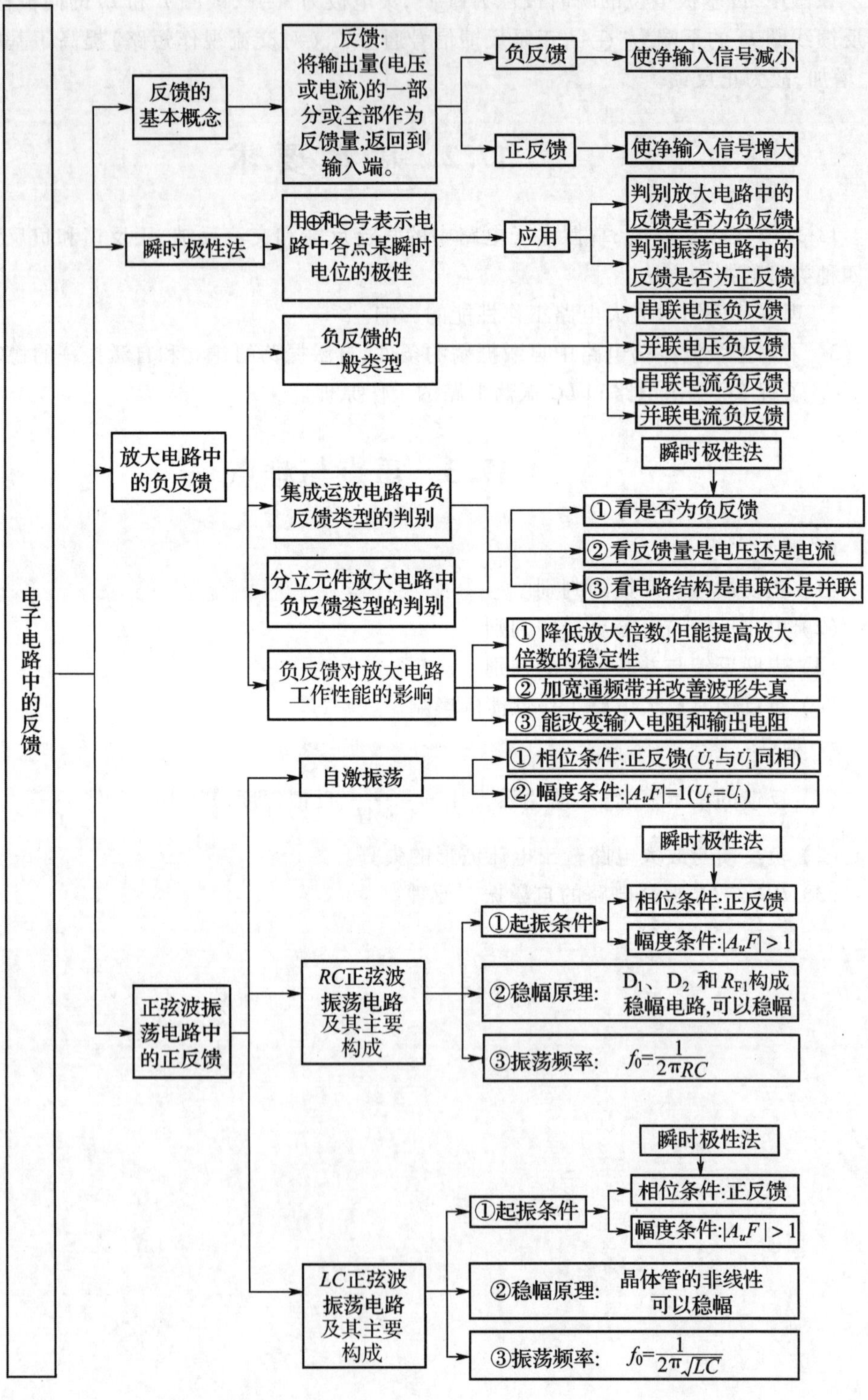
电子电路中的反馈
反馈的基本概念
反馈：将输出量（电压或电流）的一部分或全部作为反馈量，返回到输入端。
负反馈
使净输入信号减小
正反馈
使净输入信号增大
瞬时极性法
用⊕和⊖号表示电路中各点某瞬时电位的极性
应用
判别放大电路中的反馈是否为负反馈
判别振荡电路中的反馈是否为正反馈
放大电路中的负反馈
负反馈的一般类型
串联电压负反馈
并联电压负反馈
串联电流负反馈
并联电流负反馈
集成运放电路中负反馈类型的判别
分立元件放大电路中负反馈类型的判别
瞬时极性法
①看是否为负反馈
②看反馈量是电压还是电流
③看电路结构是串联还是并联
负反馈对放大电路工作性能的影响
①降低放大倍数，但能提高放大倍数的稳定性
②加宽通频带并改善波形失真
③能改变输入电阻和输出电阻
正弦波振荡电路中的正反馈
自激振荡
①相位条件：正反馈（$\dot{U}_f$与$\dot{U}_i$同相）
②幅度条件：$|A_uF|=1(U_f=U_i)$
RC正弦波振荡电路及其主要构成
瞬时极性法
①起振条件
相位条件：正反馈
幅度条件：$|A_uF|>1$
②稳幅原理：D_1、D_2和R_{F1}构成稳幅电路，可以稳幅
③振荡频率：$f_0=\frac{1}{2\pi RC}$
LC正弦波振荡电路及其主要构成
瞬时极性法
①起振条件
相位条件：正反馈
幅度条件：$|A_uF|>1$
②稳幅原理：晶体管的非线性可以稳幅
③振荡频率：$f_0=\frac{1}{2\pi\sqrt{LC}}$

17.5 【练习与思考】题解

17.2.1 如果需要实现下列要求，在交流放大电路中应引入哪种类型的负反馈？

（1）要求输出电压 u_0 基本稳定，并能提高输入电阻。

（2）要求输出电流 i_0 基本稳定，并能减小输入电阻。

（3）要求输出电流 i_0 基本稳定，并能提高输入电阻。

解：（1）要求输出电压 u_0 基本稳定，应当引入电压负反馈；要求提高输入电阻，应当引入串联反馈。综合起来看，应当引入串联电压负反馈。

（2）要求输出电流 i_0 基本稳定，应当引入电流负反馈；要求减小输入电阻，应当引入并联反馈。综合起来看，应当引入并联电流负反馈。

（3）要求输出电流 i_0 基本稳定，应当引入电流负反馈；要求提高输入电阻，应当引入串联反馈；综合起来看，应当引入串联电流负反馈。

17.2.2 在上题（1）中，是否能同时提高输出电阻？

解：在上题（1）中，引入电压负反馈能使输出电压基本稳定。输出电压基本稳定，说明放大电路此时的输出电阻明显减小了。所以在上题（1）中，不能同时提高输出电阻。

17.2.3 如果输入信号本身已是一个失真的正弦量，试问引入负反馈后能否改善失真，为什么？

解：不能，原因如下。

放大电路放大正弦信号时，因电路自身的非线性不可避免地会产生失真，引入负反馈后，只能降低失真的程度，但不能消除失真。即使是标准的正弦波信号通过有负反馈的放大电路，也会产生一定程度的失真（波形畸变）。因此，波形原已失真的正弦量，通过有负反馈的放大电路时，会在原已失真的波形基础上增加一定程度的新的波形畸变，使正弦量的波形比原先还要差些。

17.2.4 什么是深度反馈？怎样理解“负反馈愈深，放大倍数降低得愈多，但电路工作愈稳定”。

解：（1）在放大电路中，反馈系数 F 愈大，则反馈作用愈强。负反馈的引入，会使放大电路的放大倍数降低，关系式为

$$A_f = \frac{A}{1+AF}$$

通常将 $(1+AF)$ 称为反馈深度（AF 为正实数），其值愈大，负反馈作用愈强，放大倍数 A_f 愈低，此种反馈称为深度反馈。

（2）“负反馈愈深，放大倍数降低得愈多，但电路工作愈稳定”，可以这样理解：

① 由式 $A_f = \frac{A}{1+AF}$ 可以看出，负反馈愈深，$(1+AF)$ 值愈大，放大倍数 A_f 降低得愈多。

② 设无负反馈时放大倍数的相对变化为 $\frac{dA}{A}$，有负反馈时放大倍数的相对变化为 $\frac{dA_f}{A_f}$，两者的

关系为

$$\frac{dA_f}{A_f}=\frac{1}{1+AF}\cdot\frac{dA}{A}$$

负反馈愈深，$(1+AF)$值愈大，放大倍数 A_f 的相对变化率$\frac{dA_f}{A_f}$愈小，A_f 愈稳定，放大电路的工作就愈稳定$\left(\frac{dA_f}{A_f}\text{只是}\frac{dA}{A}\text{的}\frac{1}{1+AF}\right)$。

17.2.5 在负反馈放大电路中，如果反馈系数$|F|$发生变化，闭环电压放大倍数能否保持稳定？

解：(1) 负反馈放大电路的闭环电压放大倍数 A_f 与开环电压放大倍数 A 的关系为

$$A_f=\frac{A}{1+AF}$$

(2) 可以看出，如果反馈系数$|F|$发生变化，对 A_f 是有影响的，所以 A_f 不能保持稳定。

17.2.6 对分压式偏置放大电路(图 15.4.1)做实验时，在接入旁路电容 C_E 和除去 C_E 的两种情况下，用示波器观察的输出电压波形在失真和幅度上有何不同，为什么？

解：重新画出图 15.4.1，如题解图 17.06 所示。

(1) 在题解图 17.06 中，接入 C_E 时，由于 C_E 对交流信号电流 i_e 有旁路作用，i_e 基本上不通过电阻 R_E，没有负反馈作用。所以，对交流而言，该放大电路是无反馈的放大电路。用示波器观察其输出电压 u_o，可以看到 u_o 的波形会发生一定程度的失真，u_o 的幅度较大。

(2) 在题解图 17.06 中，除去 C_E 时，如题解图 17.07 所示，交流信号电流 i_e 通过电阻 R_E 产生电流串联负反馈。对交流而言，该放大电路就是负反馈放大电路，反馈电压 $u_f=i_eR_E$，使净输入信号 u_{be}减小。用示波器观察其输出电压 u_o，可以看到波形失真会显著地减小(波形变好)，但波形幅度会降低很多。

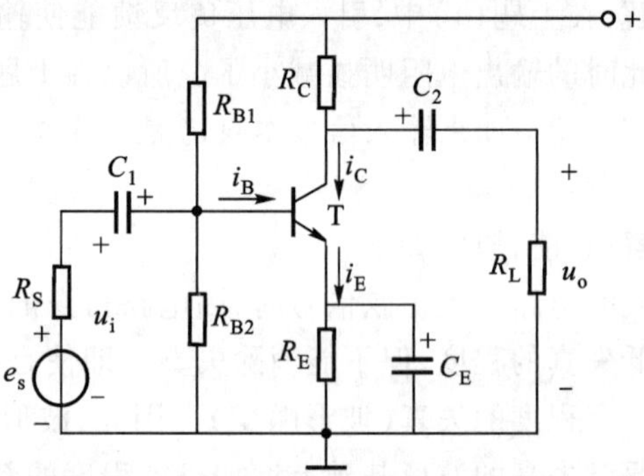

题解图 17.06　习题 12.2.6 的图

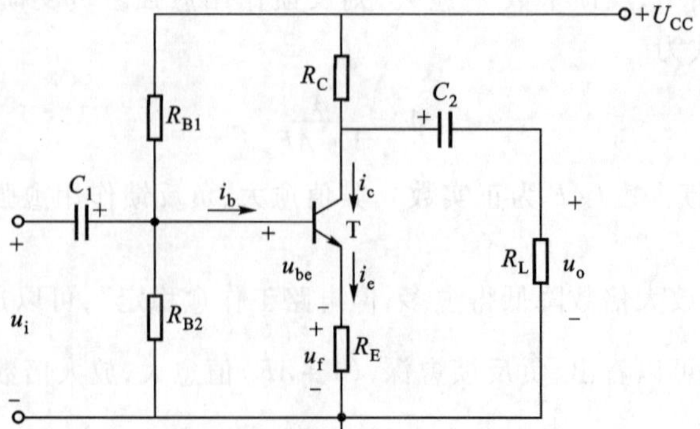

题解图 17.07　习题 12.2.6 的图

17.3.1 试说明振荡条件、振荡建立和振荡稳定三个问题。

解:振荡电路的基本组成有放大电路、反馈电路和选频电路。振荡电路的三个核心问题是:

1. 振荡条件

反馈电路必须具备两个条件:

(1) 正反馈(使反馈电压 $\dot{U}_f$ 与输入电压 $\dot{U}_i$ 同相)。

(2) 足够的反馈量(使反馈电压 U_f 与输入电压 U_i 相等,或$|A_uF|=1$)。

2. 振荡建立

接通电源后,在振荡电路中会激起一个初始信号,该信号的波形具有随机性质,是非正弦量,它含有许多不同频率的谐波分量。在众多谐波分量中,选频电路只选择其中一种。这一谐波分量经过反馈电路的正反馈和放大电路的放大,接着再正反馈。在起振之初,每次的反馈电压 U_f 都大于前一次的输入电压 U_i(即 $U_f>U_i$ 或$|A_uF|>1$),此过程迅速进行,谐波幅度越来越大,直到稳定。达到稳定后,反馈电压 U_f 等于输入电压 U_i(即 $U_f=U_i$ 或$|A_uF|=1$)。

3. 振荡稳定

在振荡电路中,其放大电路还具有稳幅作用(*RC* 振荡电路:D_1、D_2 和 R_{F1}构成稳幅环节;*LC* 振荡电路:晶体管的非线性具有稳幅作用)。所以,振荡建立后,电路便能自行保持稳定的振荡。

17.3.2 从$|A_uF|>1$ 到$|A_uF|=1$,是自激振荡的建立过程,在此过程中,哪个量减小了?

解:在此过程中,电压放大倍数$|A_u|$减小了。这是因为,振荡稳定后,对 *RC* 振荡电路而言,其中的稳幅电路使$|A_u|$下降;对 *LC* 振荡电路而言,晶体管进入饱和工作区,β 值减小,致使$|A_u|$下降。

17.3.3 正弦波振荡电路中为什么要有选频电路?没有它是否也能产生振荡?这时输出的是不是正弦信号?

解:(1) 选频电路能在一定频率范围内选取某一特定频率的谐波信号,经正反馈和放大以及稳幅,使振荡电路产生自激振荡,输出正弦波信号。所以,选频电路是正弦波振荡电路中必须具有的重要环节。

(2) 在 *RC* 振荡电路中,*RC* 串并联电路既是选频电路,又是正反馈电路,如果没有选频电路,正反馈电路也不存在,就不能产生自激振荡;而在 *LC* 振荡电路中,选频电路与正反馈电路之间有电磁耦合关系,如果没有选频电路,正反馈电路也不存在,就不能产生自激振荡。

(3) 由于正弦波振荡电路中含有放大器,存在寄生电容和寄生电感。即使没有选频电路,如果放大器的电压放大倍数足够大,这些数值很小的寄生参数在高频下也能形成正反馈,产生寄生自激振荡。单一频率的寄生振荡波形是正弦波,多种频率的寄生振荡,其合成波形不是正弦波。

17.6 【习题】题解

A 选 择 题

17.1.1 在图 17.01 所示电路中,引入了何种反馈?( )

(1) 正反馈 (2) 负反馈 (3) 无反馈

解:在图 17.01 所示电路中,输出电压信号 u_O 既未反馈到反相输入端,也未反馈到同相输入端,所以答案应为(3) 无反馈。

17.1.2 在图 17.02 所示电路中,设 u_I 和 u_O 均为直流电压,试问引入了何种直流反馈?(　　)

(1) 正反馈　　　　(2) 负反馈　　　　(3) 无反馈

解:在图 17.02 中,信号的瞬时极性如题解图 17.08 所示,反馈电压 u_F 使净输入电压 u_D 减小,所以答案应为(2) 直流负反馈。

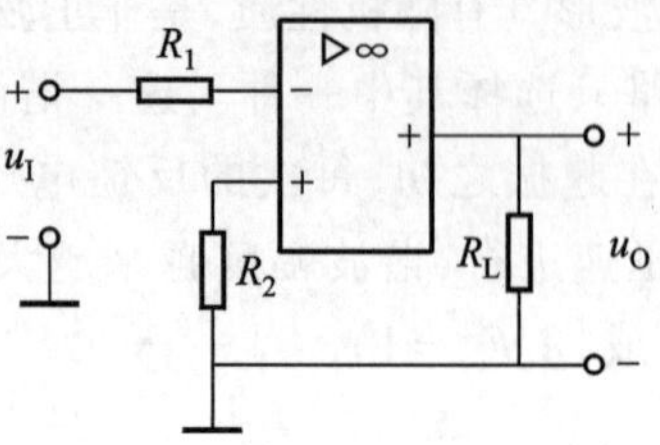

图 17.01　习题 17.1.1 的图

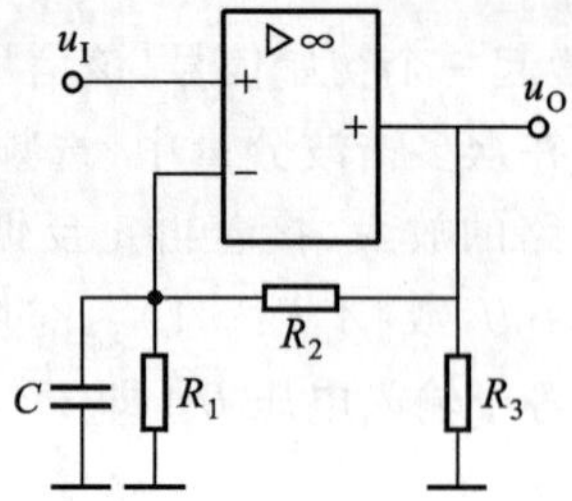

图 17.02　习题 17.1.2 的图

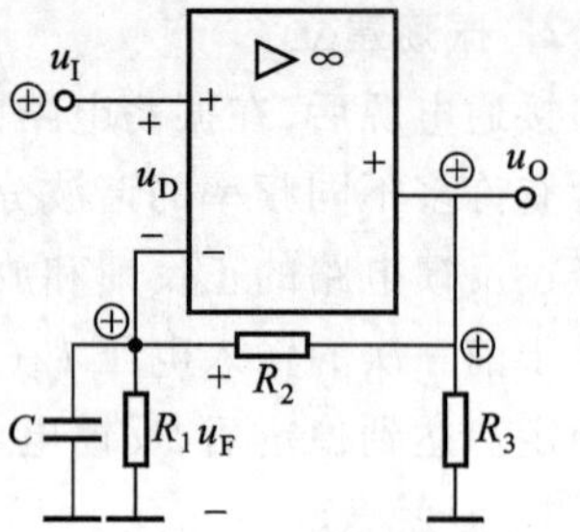

题解图 17.08　习题 17.1.2 的图

17.1.3 在图 17.02 所示电路中,设输入电压和输出电压为正弦交流分量,且 $R_1 \gg X_C$,试问引入了何种交流反馈?(　　)

(1) 正反馈　　　　(2) 负反馈　　　　(3) 无反馈

解:在图 17.02 中,因为 $R_1 \gg X_C$,X_C 对交流信号有旁路作用,使集成运放的反相输入端为"地"电平,无交流反馈。所以答案应为(3)无反馈。

17.2.1 在图 17.03 所示电路中,反馈电阻 R_F 引入的是(　　)。

(1) 并联电流负反馈　　(2) 串联电压负反馈　　(3) 并联电压负反馈

解:对图 17.03,信号的瞬时极性如题解图 17.09 所示,由反馈电流 i_F 的实际方向可知,净输入电流 i_D 减小了,所以反馈电阻 R_F 引入的是(3)并联电压负反馈。

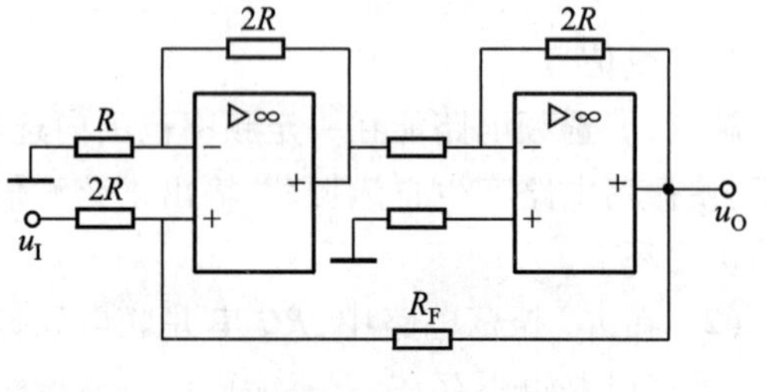

图 17.03　习题 17.2.1 的图

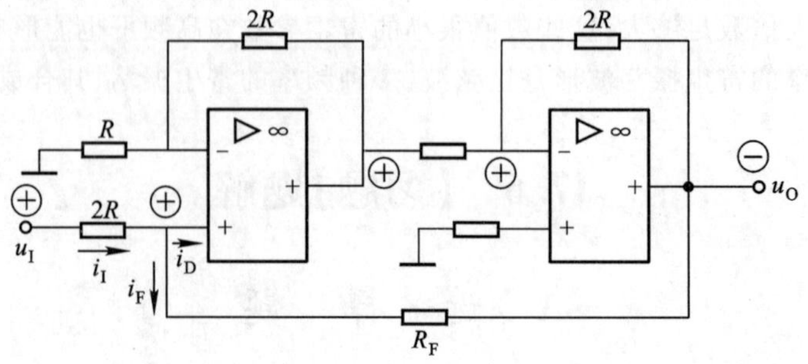

题解图 17.09　习题 17.2.1 的图

17.2.2 在图 17.04 所示电路中：当 $u_I > 0$ 时，对运算放大器电路，R_F 引入的是(　　)；对晶体管电路，R_E 引入的是(　　)。

R_F：(1)串联电压负反馈　(2)串联电流负反馈　(3)并联电压负反馈

R_E：(1)串联电压负反馈　(2)串联电流负反馈　(3)并联电流负反馈

解：在图 17.04 中，信号的瞬时极性如题解图 17.10 所示，反馈电压 u_{F1} 减小了净输入信号电压 u_D，电阻 R_F 引入的是(1)串联电压负反馈。电阻 R_E 对晶体管电路引入的是(2)串联电流负反馈，反馈电压是 u_{F2}。

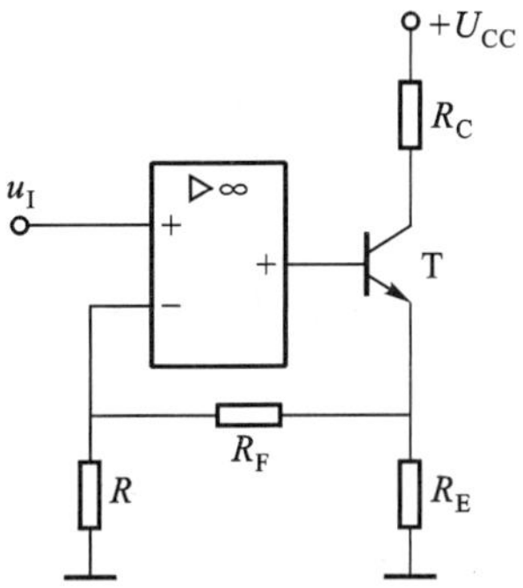

图 17.04　习题 17.2.2 的图

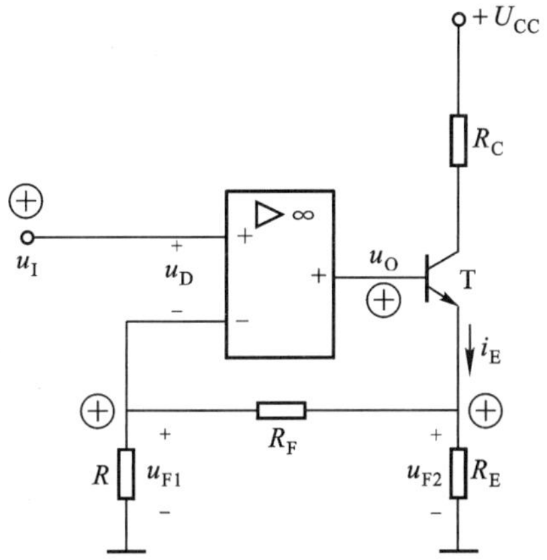

题解图 17.10　习题 17.2.2 的图

17.2.3 某测量放大电路，要求输入电阻高，输出电流稳定，应引入(　　)。

(1)并联电流负反馈　　(2)串联电流负反馈　　(3)串联电压负反馈

解：串联反馈能使输入电阻增高，电流反馈能使输出电流稳定。所以，应引入(2)串联电流负反馈。

17.2.4 希望提高放大器的输入电阻和带负载能力，应引入(　　)。

(1)并联电压负反馈　(2)串联电压负反馈　(3)串联电流负反馈

解：串联反馈能使输入电阻增高。电压反馈具有稳定输出电压的作用，能降低输出电阻，增强放大电路带负载的能力。所以，应引入(2)串联电压负反馈。

17.2.5 某反馈放大器的方框图如图 17.05 所示，其总放大倍数为(　　)。

(1)10　　　　(2)20　　　　(3)100

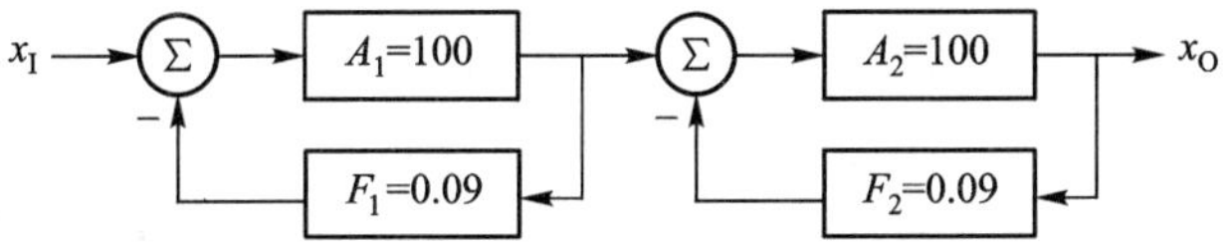

图 17.05　习题 17.2.5 的图

解：$A_{f1} = \dfrac{A_1}{1 + A_1 F_1} = \dfrac{100}{1 + 100 \times 0.09} = 10$

$$A_{f2} = \frac{A_2}{1 + A_2 F_2} = \frac{100}{1 + 100 \times 0.09} = 10$$

$$A_f = A_{f1} A_{f2} = 10 \times 10 = 100$$

所以，其总放大倍数应为(3)100。

17.3.1 图 17.06 所示是 *RC* 正弦波振荡电路，在维持等幅振荡时，若 $R_F = 200\ \text{k}\Omega$，则 R_1 为(　　)。

(1) 100 kΩ　　　　(2) 200 kΩ　　　　(3) 50 kΩ

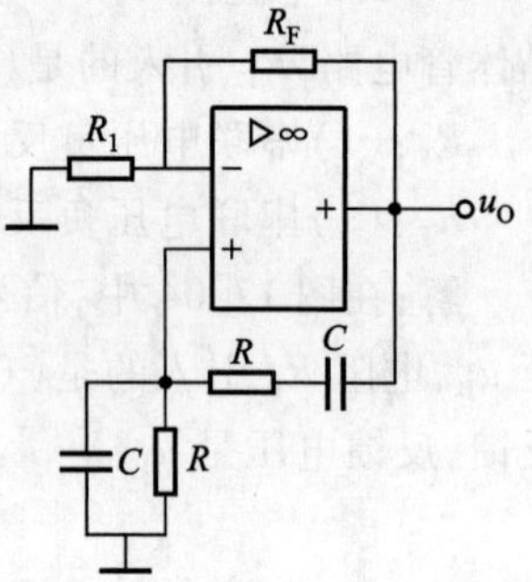

图 17.06　习题 17.3.1 的图

解：RC 正弦波振荡电路等幅振荡时，由 $|A_u| = 3$ 可知

$$1 + \frac{R_F}{R_1} = 3 \qquad \frac{R_F}{R_1} = 2$$

所以　　$$R_1 = \frac{R_F}{2} = \frac{200}{2}\ \text{k}\Omega = 100\ \text{k}\Omega$$

答案应为(1)100 kΩ。

B　基　本　题

17.2.6 试判别图 17.07(a)和(b)两个两级放大电路中引入了何种类型的交流反馈？

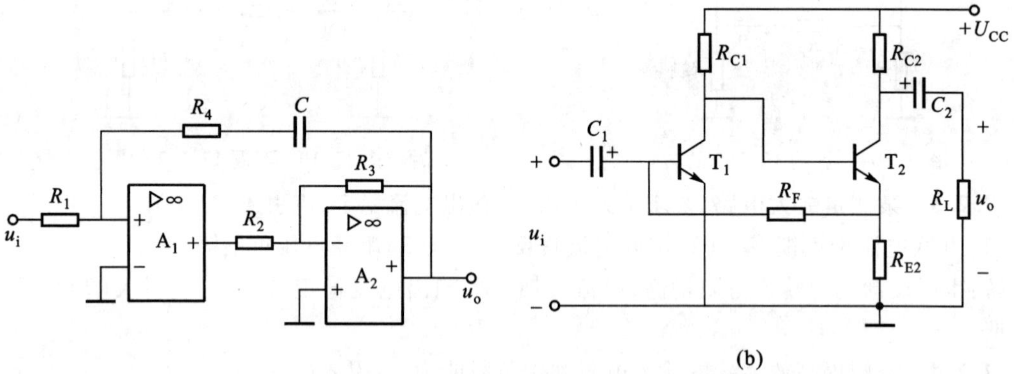

图 17.07　习题 17.2.6 的图

解：(1) 在图 17.07(a)所示电路中，两级放大电路之间的反馈电路是由 R_4 和 C 构成的串联电路。现将有关各点的瞬时极性标出，如题解图 17.11(a)所示。

① 放大电路 A_2 的输出端电位低于 A_1 的同相输入端电位，反馈电流 i_f 为正值，净输入电流 i_d 减小，故为负反馈。

② 反馈量是输出电压 u_o，故为电压反馈。

③ 反馈电流 i_f 与输入电流 i_i 相比较，电路结构是并联的，故为并联反馈。

综合而言，该两级放大电路应为并联电压负反馈。反馈电路中的电容 C 可以隔断反馈量 u_O 中的直流成分，只有 u_O 中的交流成分形成反馈。所以，图 17.07(a)两级放大电路中引入了交流的并联电压负反馈。

(2) 在图 17.07(b)所示电路中，两级放大电路之间的反馈元件是电阻 R_F。现将有关各点交流信号的瞬时极性标出，如题解图 17.11(b)所示。

① 晶体管 T_2 的发射极电位低于 T_1 的基极电位，反馈电流 i_f 为正值，净输入电流 i_d 减小，故为负反馈。

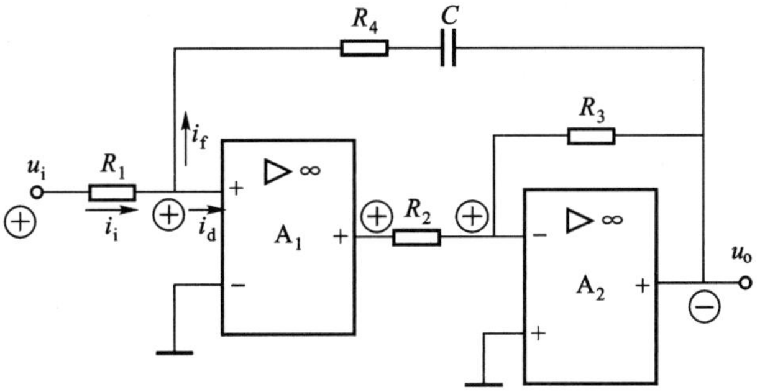

(a)

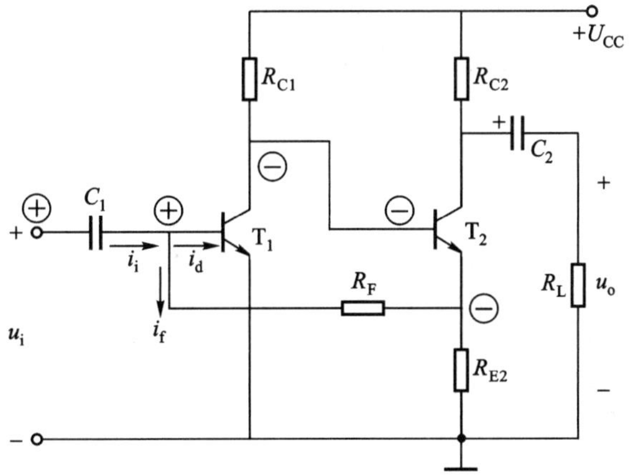

(b)

题解图 17.11　习题 17.2.6 的图

② 反馈信号取自 T_2 的发射极电压 $u_{e2}=R_{E2}\ i_{e2}\approx R_{E2}i_{c2}$，反馈量是输出电流 i_{c2}，故为电流反馈。

③ 反馈电流 i_f 与输入电流 i_i 相比较，电路结构是并联的，故为并联反馈。

综合而言，该两级放大电路引入了交流信号的并联电流负反馈。

17.2.7　有一负反馈放大电路，已知 $A=300,F=0.01$。试问：

（1）闭环电压放大倍数 A_f 为多少？

（2）如果 A 发生 ±20% 的变化，则 A_f 的相对变化为多少？

解：（1）闭环电压放大倍数 A_f

$$A_f=\frac{A}{1+AF}=\frac{300}{1+300\times 0.01}=75$$

（2）A_f 的相对变化

① A 发生 +20% 的变化时

$$A=300\times 1.2=360$$

$$A_f = \frac{A}{1+AF} = \frac{360}{1+360\times 0.01} = 78.26$$

$$\frac{\Delta A_f}{A_f} = \frac{78.26-75}{75} = 4.35\%$$

② A 发生 -20% 的变化时

$$A = 300\times 0.8 = 240$$

$$A_f = \frac{A}{1+AF} = \frac{240}{1+240\times 0.01} = 70.59$$

$$\frac{\Delta A_f}{A_f} = \frac{70.59-75}{75} = -5.88\%$$

所以，若 A 发生 $\pm 20\%$ 的变化，则 A_f 的相对变化分别为 4.35% 和 -5.88%。

17.2.8 有一同相比例运算电路，如图 17.2.1 所示。已知 $A_{uo}=1\ 000$，$F=+0.049$。如果输出电压 $u_O=2$ V，试计算输入电压 u_I，反馈电压 u_F 及净输入电压 u_D。

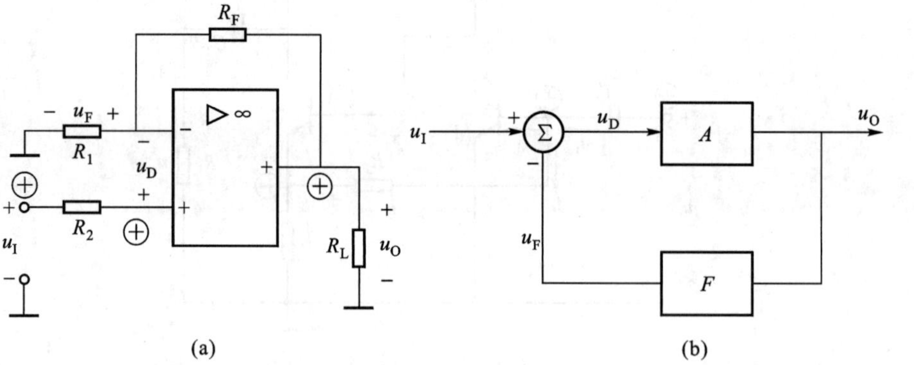

题解图 17.12　习题 17.2.8 的图

解：重画图 17.2.1 如题解图 17.12 所示，计算如下：

(1) 计算反馈后的电压放大倍数 A_{uf}

$$A_{uf} = \frac{A_{uo}}{1+A_{uo}F} = \frac{1\ 000}{1+1\ 000\times 0.049} = 20$$

(2) 计算 u_I、u_F 和 u_D

因为 $$u_O = A_{uf}u_I$$

所以 $$u_I = \frac{u_O}{A_{uf}} = \frac{2}{20}\ \text{V} = 0.1\ \text{V}$$

$$u_F = Fu_O = 0.049\times 2\ \text{V} = 0.098\ \text{V}$$

$$u_D = u_I - u_F = (0.1-0.098)\ \text{V} = 0.002\ \text{V}$$

17.2.9 在图 17.2.1 的同相比例运算放大电路中，$R_F=100\ \text{k}\Omega$，$R_1=10\ \text{k}\Omega$，开环差模电压放大倍数 A_{uo} 和差模输入电阻 r_{id} 均近于无穷大，输出最大电压为 ± 13 V。试问：

(1) 电压放大倍数 A_{uf} 和反馈系数 F 各为多少？

(2) 当 $u_I=1$ V 时，u_O 为多少伏？

(3) 若在 R_1 开路、R_1 短路、R_F 开路和 R_F 短路这四种情况下，输出电压分别变为多少？

解：重画图 17.2.1 所示的同相比例运算电路如题解图 17.13 所示。

（1）电压放大倍数 A_{uf} 和反馈系数 F

$$A_{uf}=1+\frac{R_F}{R_1}=1+\frac{100}{10}=11$$

$$F=\frac{u_F}{u_O}=\frac{R_1}{R_F+R_1}=\frac{10}{100+10}\approx 0.091$$

或者从另一角度考虑 A_{uf} 的数值，因该运算放大器处于深度负反馈，所以

$$A_{uf}\approx\frac{1}{F}=\frac{1}{0.091}\approx 11$$

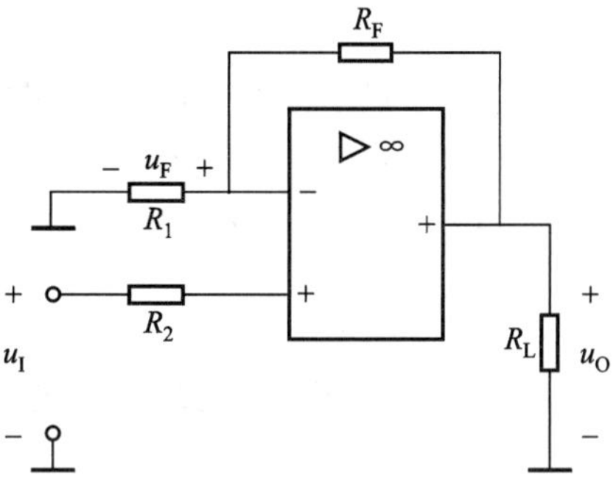

题解图 17.13　习题 17.2.9 的图

（2）$u_I=1$ V 时 u_O 的数值

$$\begin{aligned}u_O&=\left(1+\frac{R_F}{R_1}\right)u_I=A_{uf}\cdot u_I\\&=11\times 1\ \text{V}=11\ \text{V}\end{aligned}$$

（3）R_1 开路、R_1 短路、R_F 开路和 R_F 短路四种情况下的输出电压 u_O

四种情况的电路如题解图 17.14(a)、(b)、(c)和(d)所示。

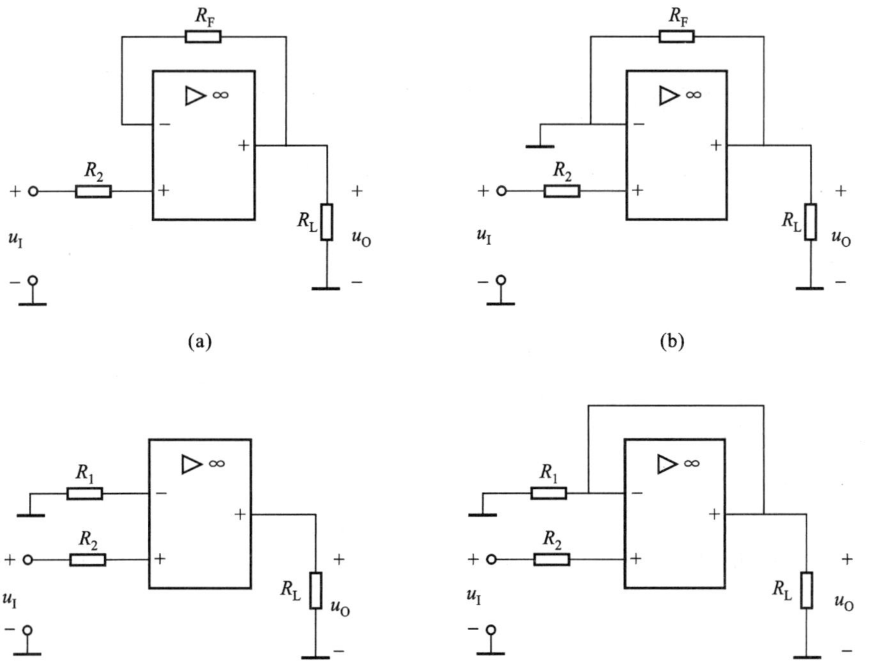

题解图 17.14　习题 17.2.9 的图

① R_1 开路时如题解图 17.14(a)所示，此时运放电路变为电压跟随器，$u_O=u_I=1$ V。

② R_1 短路时如题解图 17.14(b)所示，运放电路的反相输入端接地，R_F 与 R_L 并联，此时运放电路无负反馈，变为开环状态，$u_O=+13$ V。

③ R_F 开路时如题解图 17.14(c)所示，此时运放电路无负反馈，变为开环状态，$u_O=+13$ V。

④ R_F 短路时如题解图 17.14(d)所示，R_1 与 R_L 并联，此时运放电路变为电压跟随器，$u_O = u_I = 1\ V$。

17.2.10 已知一个串联电压负反馈放大电路的电压放大倍数 $A_{uf}=20$，当其基本放大电路的电压放大倍数 A_{uo} 相对变化 +10% 时，A_{uf} 的相对变化应小于 +0.1%，试问 F 和 A_{uo} 各为多少？

解：(1) A_{uo} 与 A_{uf} 的关系式

$$A_{uf}=\frac{A_{uo}}{1+A_{uo}F}=20 \quad ①$$

(2) A_{uo} 与 A_{uf} 相对变化的关系式

$$\frac{A_{uo}(1+10\%)}{1+A_{uo}(1+10\%)F}=A_{uf}(1+0.1\%),\qquad \frac{1.1A_{uo}}{1+1.1A_{uo}F}=1.001A_{uf}$$

$$\frac{1.1A_{uo}}{1+1.1A_{uo}F}=1.001\times 20,\qquad \frac{1.1A_{uo}}{1+1.1A_{uo}F}=20.02 \quad ②$$

(3) 将①和②两式联立求解

$$\begin{cases}\dfrac{A_{uo}}{1+A_{uo}F}=20\\[2mm] \dfrac{1.1A_{uo}}{1+1.1A_{uo}F}=20.02\end{cases}$$

得

$$A_{uo}=1\ 820,F\approx 0.495$$

17.2.11 试分析射极输出器(图 15.6.1)中引入了何种类型的负反馈？为什么说它负反馈很深？

解：(1) 重画图 15.6.1 如题解图 17.15 所示，根据分析的需要标注了有关各点电位的瞬时极性，其反馈的类型是：

① 发射极电位为正，反馈电压 u_F 为正值，使净输入电压 u_D 减小，故为负反馈。

② 反馈电压 $u_F = u_o$，反馈量是输出电压 u_o，故为电压反馈。

③ 反馈电压 u_F 与输入电压 u_i 相比较，电路结构是串联的，故为串联反馈。

综合起来就是串联电压负反馈。

(2) 射极输出器的反馈电压 $u_F = u_o$，把输出电压 u_o 全部反馈到输入端，因此说它的负反馈很深。

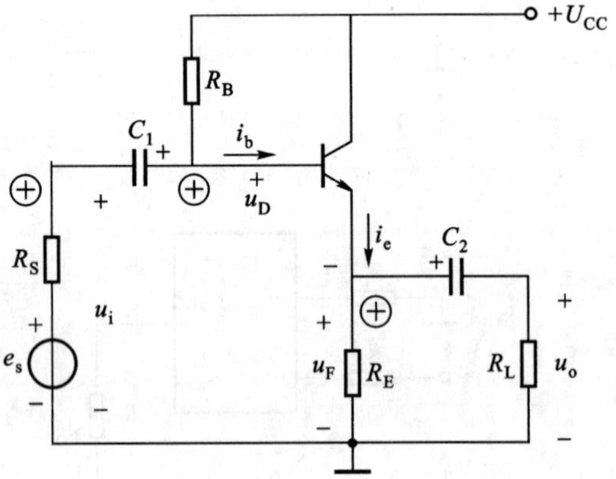

题解图 17.15 习题 17.2.11 的图

17.2.12 为了实现下述要求，在图 17.08 中应引入何种类型的负反馈？反馈电阻 R_F 应从何处引至何处？

(1) 减小输入电阻，增大输出电阻；

(2) 稳定输出电压，此时输入电阻增大否？

(3) 稳定输出电流，并减小输入电阻。

解：重画图 17.08 如题解图 17.16 所示，并标出了有关各点电位的瞬时极性。分析如下：

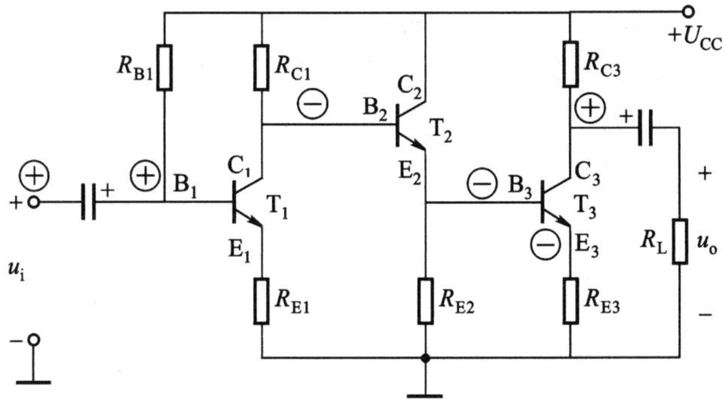

题解图 17.16　习题 17.2.12 的图

(1) 减小输入电阻,增大输出电阻。

减小输入电阻应引入并联反馈;增大输出电阻应引入电流反馈。总的来看,应引入并联电流负反馈。所以,应将反馈电阻 R_F 接在 B_1 和 E_3 之间(电阻 R_F 未画出,可以在图上设想)。

(2) 稳定输出电压,此时输入电阻增大否?

稳定输出电压应引入电压反馈,电压反馈有两种引入方案:

① 将输出电压引入至 B_1,但这不是负反馈(C_3 处的电位高于 B_1 处的电位,是正反馈)。

② 将输出电压引入至 E_1,这是负反馈。

所以,要想稳定输出电压,应采用第二种方案,即将反馈电阻 R_F 接在 E_1 和 C_3 之间,构成串联电压负反馈,此时输入电阻增加。

(3) 稳定输出电流,并减小输入电阻。

稳定输出电流应引入电流反馈;减小输入电阻应引入并联反馈。总的来看,应引入并联电流负反馈,即将 R_F 接在 B_1 和 E_3 之间。与(1)相同。

17.2.13　试画出一种引入并联电压负反馈的单级晶体管放大电路。

解:要想得到并联反馈,应将反馈信号引入到晶体管的基极上;要想得到电压反馈,反馈信号应取自晶体管放大电路的输出电压;而要得到负反馈,则必须使净输入电流减小。

满足以上三方面要求的单级晶体管放大电路如题解图 17.17 所示,根据电位的瞬时极性可知,反馈电流 i_F 为正值,使净输入电流 i_D 减小,所以该电路是并联电压负反馈单级晶体管放大电路。

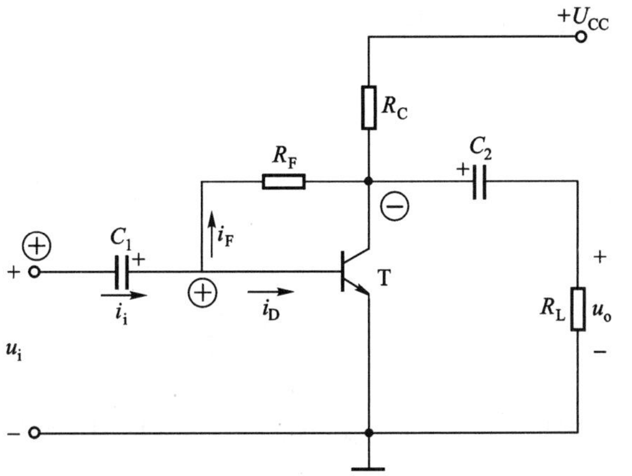

题解图 17.17　习题 17.2.13 的图

17.2.14 当保持收音机收听的音量不变时,能否在收音机的放大电路中引入负反馈来减小外部干扰信号的影响?负反馈能不能抑制放大电路内部出现的干扰信号?

解:本题前后提出了两个问题,按顺序分析如下。

(1) 不能。因为:在收音机放大电路中引入负反馈后,首先会显著降低放大电路的电压放大倍数,收音机的音量将大大下降,保持音量不变是不可能的。其次,外部干扰信号和有用的信号通过有负反馈的收音机放大电路后,得到同样的放大,干扰信号对有用的广播信号的干扰程度并未减轻。所以,收音机放大电路引入负反馈不能减小外部干扰信号的影响。

(2) 能。因为:收音机内部放大电路引入负反馈后,放大电路因非线性产生的波形失真能通过负反馈电路送回放大电路的输入端,反相地调整放大电路的净输入信号,使其输出信号减小失真。于是,放大电路的输出信号在"放大"与"反馈"两个过程中,动态地得到改善,从而抑制了放大电路内部因非线性失真而产生的干扰信号。

17.3.2 图 17.09 所示是用运算放大器构成的音频信号发生器的简化电路。

(1) R_1 大致调到多大才能起振?

(2) R_P 为双联电位器,可从 0 调到 14.4 kΩ,试求振荡频率的调节范围。

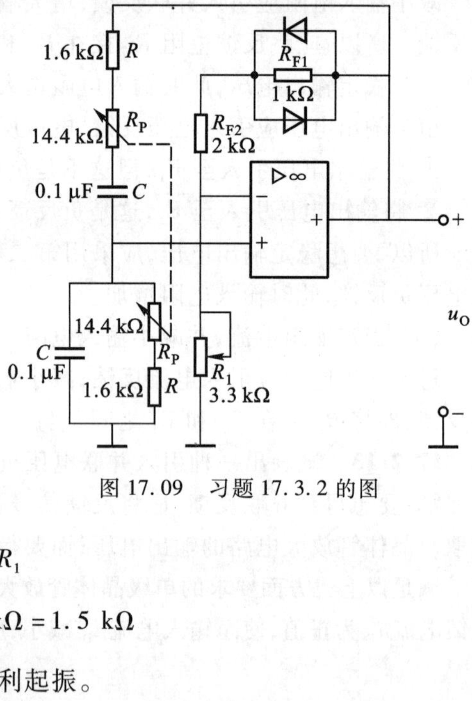

图 17.09 习题 17.3.2 的图

解:(1) 起振时 R_1 的数值

本题电路中的音频信号发生器是 *RC* 正弦波振荡电路。为使 *RC* 振荡电路容易起振,放大电路的电压放大倍数 $|A_u|$ 应大于 3。而且要考虑到,起振之初,电路中与电阻 R_{F1} 并联的两只二极管尚未导通。因此,应有如下关系式

$$|A_u| = 1 + \frac{R_{F1} + R_{F2}}{R_1} > 3$$

即

$$R_{F1} + R_{F2} > 2R_1$$

$$R_1 < \frac{R_{F1} + R_{F2}}{2} = \frac{1+2}{2}\ \text{k}\Omega = 1.5\ \text{k}\Omega$$

所以,将 R_1 的值调到 1.5 kΩ 以下就能使振荡电路顺利起振。

(2) 振荡频率的调节范围

① 下限频率

$$f_L = \frac{1}{2\pi(R+R_P)C} = \frac{1}{2\pi(1.6+14.4)\times 10^3 \times 0.1 \times 10^{-6}}\ \text{Hz} \approx 99.52\ \text{Hz}$$

② 上限频率

$$f_H = \frac{1}{2\pi(R+R_P)C} = \frac{1}{2\pi(1.6+0)\times 10^3 \times 0.1 \times 10^{-6}}\ \text{Hz} \approx 995.2\ \text{Hz}$$

所以,频率的调节范围是 99.52 ~ 995.2 Hz,大致是在 100 ~ 1 000 Hz。

17.3.3 图 17.10 所示是简易电子琴电路,按下不同琴键(图示为开关)就可以改变 R_2 的阻值。

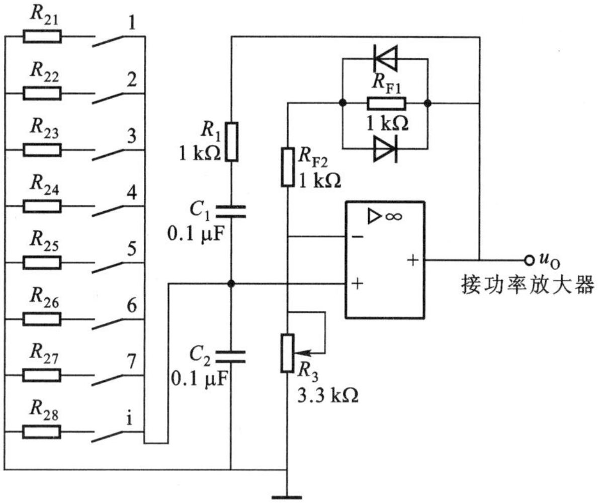

图 17.10　习题 17.3.3 的图

当 $C_1 = C_2 = C$，而 $R_1 \neq R_2$ 时，振荡频率

$$f_0 = \frac{1}{2\pi C\sqrt{R_1 R_2}}$$

且在 f_0 时

$$F = \frac{1}{2 + \frac{R_1}{R_2}}$$

当 $R_2 \gg R_1$ 时，$F \approx \frac{1}{2}$。八个基本音阶在 C 调时所对应的频率见表 17.01。

表 17.01　基本音阶与频率的对应关系

C 调	1	2	3	4	5	6	7	i
f_0/Hz	264	297	330	352	396	440	495	528

试问：(1) R_3 大致调到多大才能起振？(2) 计算 $R_{21} \sim R_{28}$。

解：(1) R_3 的调节

本题是 RC 正弦波振荡电路，为使电路容易起振，应满足以下关系式

$$|A_u| = 1 + \frac{R_F}{R_3} = 1 + \frac{R_{F1} + R_{F2}}{R_3} > 3$$

即

$$\frac{R_{F1} + R_{F2}}{R_3} > 2 \qquad \frac{1+1}{R_3} > 2$$

故 $R_3 < 1\ \mathrm{k\Omega}$ 可以起振（此电阻调好后，固定）。

(2) $R_{21} \sim R_{28}$ 的计算

由式 $f_0 = \frac{1}{2\pi C\sqrt{R_1 R_2}}$，可得出计算 R_2（含 $R_{21} \sim R_{28}$）的算式

$$R_2=\frac{1}{(2\pi f_0 C)^2 R_1}=\frac{1}{(2\pi f_0)^2 C^2 R_1}=\frac{1}{(2\pi f_0)^2\times(0.1\times10^{-6})^2\times10^3}=\frac{10^{11}}{(2\pi f_0)^2}$$

$R_{21}\sim R_{28}$的计算如下：

$$R_{21}=\frac{10^{11}}{(2\pi\times264)^2}\ \Omega=36.4\ \text{k}\Omega,R_{22}=\frac{10^{11}}{(2\pi\times297)^2}\ \Omega=28.7\ \text{k}\Omega$$

$$R_{23}=\frac{10^{11}}{(2\pi\times330)^2}\ \Omega=23.3\ \text{k}\Omega,R_{24}=\frac{10^{11}}{(2\pi\times352)^2}\ \Omega=20.5\ \text{k}\Omega$$

$$R_{25}=\frac{10^{11}}{(2\pi\times396)^2}\ \Omega=16.2\ \text{k}\Omega,R_{26}=\frac{10^{11}}{(2\pi\times440)^2}\ \Omega=13.1\ \text{k}\Omega$$

$$R_{27}=\frac{10^{11}}{(2\pi\times495)^2}\ \Omega=10.3\ \text{k}\Omega,R_{28}=\frac{10^{11}}{(2\pi\times528)^2}\ \Omega=9.1\ \text{k}\Omega$$

17.3.4 试用相位条件判别图 17.11 所示两个电路能否产生自激振荡，并说明理由。

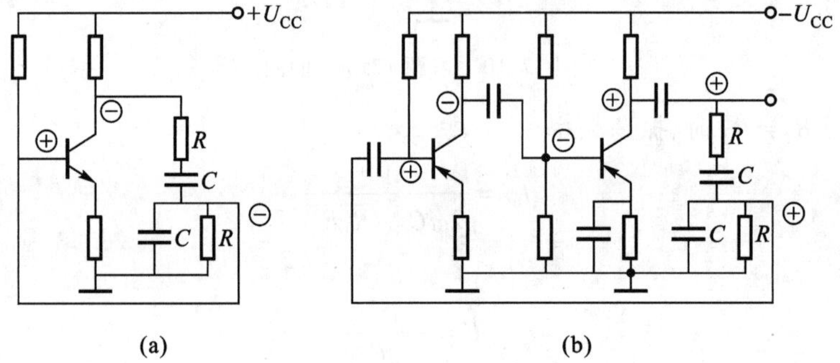

图 17.11 习题 17.3.4 的图

解：首先将两个电路中有关各点电位的瞬时极性标出，如图 17.11 所示。

(1) 对图(a)的判别

该电路中的放大电路是单级的，输出端 RC 串并联网络的并联部分对输入端的反馈是负反馈，不满足相位条件（正反馈），故不能产生自激振荡。

(2) 对图(b)的判别

该电路中的放大电路是两级的，输出端 RC 串并联网络的并联部分对输入端的反馈是正反馈，满足相位条件（正反馈），故能产生自激振荡。

17.3.5 在调试图 17.3.3 所示电路时，试解释下列现象：

(1) 对调反馈线圈的两个接头后就能起振。

(2) 调整 R_{B1}、R_{B2}或 R_E 的阻值后就能起振。

(3) 改用β较大的晶体管后就能起振。

(4) 适当增加反馈线圈的圈数后就能起振。

(5) 适当增大 L 值或减小 C 值后就能起振。

(6) 反馈太强，波形变坏。

(7) 调整 R_{B1}、R_{B2}或 R_E 的阻值后可使波形变好。

(8) 负载太大不仅影响输出波形，有时甚至不能起振。

解：图 17.3.3 可画成如题解图 17.18 所示电路，对以上八种现象解释如下。

(1) 对调反馈线圈的两个接头后电路就能起振。这是因为反馈线圈 L_f 原来接反了，是负反馈；现在对调一下接头，变为正反馈，所以就起振了。

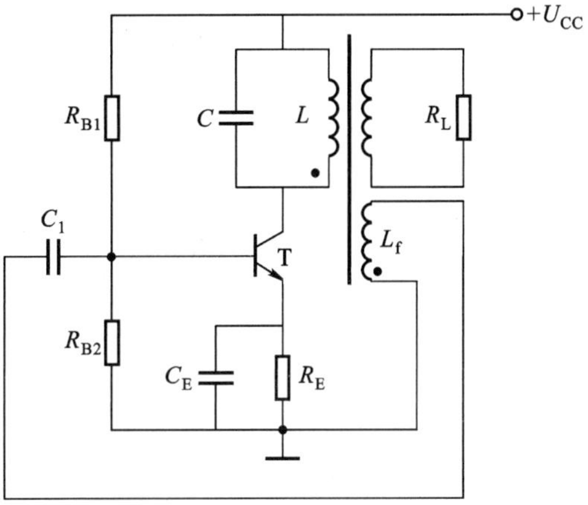

题解图 17.18　习题 17.3.5 的图

(2) 调整 R_{B1}、R_{B2}或 R_E 的阻值后就能起振。这是因为放大电路原来的工作点位置不合适；现在通过对 R_{B1}、R_{B2}或 R_E 的阻值调整，工作点位置合适了，所以就起振了。

(3) 改用 β 值较大的晶体管后就能起振。这是因为放大电路中原来晶体管的 β 值偏小，使电压放大倍数不够大；现在，晶体管 β 值大了，放大电路电压放大倍数增大了，就起振了。

(4) 适当增加反馈线圈的圈数后就能起振。这是因为原来的反馈线圈的圈数不够，反馈量(或反馈系数)太小；现在把反馈线圈的圈数增加，有足够的反馈量(反馈系数增大)，所以就起振了。

(5) 适当增大 L 值或减小 C 值后就能起振。这是因为 LC 选频电路的谐振阻抗 $|Z_0| = \frac{L}{RC}$，增大 L 或减小 C 均使 $|Z_0|$ 增大，从而增大 LC 选频电路两端的电压，并且增大放大电路的电压放大倍数，所以就容易起振了。

(6) 反馈太强，波形变坏。这是因为反馈太强，振荡幅度增大而使晶体管 T 进入饱和区工作，因而输出电压波形变坏。

(7) 调整 R_{B1}、R_{B2}或 R_E 的阻值后可使波形变好，这是因为放大电路原来的工作点位置不甚理想，线性度不高；现在通过 R_{B1}、R_{B2}或 R_E 阻值的调整，工作点位置合适，线性度较高，所以波形就好了。

(8) 负载太大不仅影响输出波形，有时甚至不能起振。原因是：负载太大即负载电阻 R_L 太小，负载电流 i_L 太大。耦合到原线圈 L，就是晶体管集电极电流 i_C 太大，进入饱和区，其波幅产生失真。另一方面，集电极电流 i_C 太大，会使 β 和 $|A_u|$ 降低，因而有可能使振荡电路不能起振。

C　拓　宽　题

17.3.6　图 17.12(a)和(b)所示分别为电感三点式和电容三点式振荡电路，试用相位条件判别它们能否产生自激振荡，并说明哪一段上产生反馈电压。

解：为便于分析，将本题中 L_1、L_2 之间和 C_1、C_2 之间的接地点单独画出，如图 17.12(a)、(b)所示。两个电路均属 LC 振荡电路，前者为电感三点式，后者为电容三点式。它们没有单独的反馈线圈，反馈电压 u_F 均取自 LC 选频网络中的某一部分电感或某一部分电容。为判别它们能否产生自激振荡，首先应标出有关各点电位的瞬时极性，如图 17.12 两图所示。

(1) 对图(a)所示电路的判别：选频电路由电感 L_1、L_2 和电容 C 构成，O 点是 L_1 和 L_2 的公共点，接地。

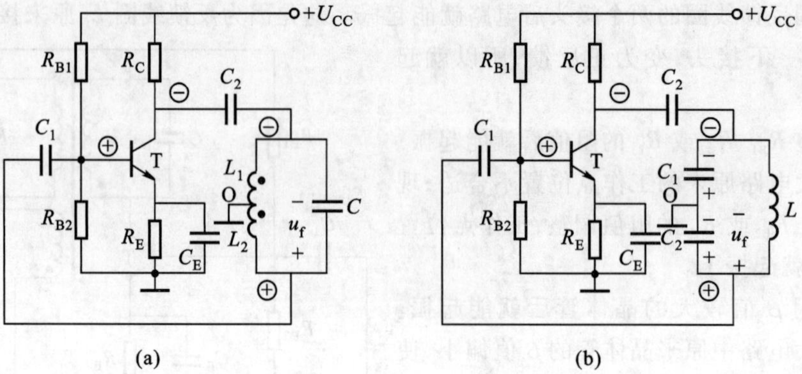

图 17.12　习题 17.3.6 的图

由瞬时极性法可知，设晶体管基极电位为正，当频率为 f_0 时，集电极电位为负。L_1 上端（打·处）电位为负，下端（未打·处）是地电位，电位为零。可见，L_1 线圈未打·处电位比打·处电位高。根据线圈同极性端规则，L_2 上端（打·处）是地电位，电位为零，那么下端（未打·处）电位必定为正。这个正电位反馈到放大电路的输入端，经过耦合电容 C_1（C_1 对交流信号容抗很小）送至晶体管的基极。这是正反馈，满足相位条件，能产生自激振荡。反馈电压 u_f 是在电感 L_2 上产生的。

（2）对图（b）所示电路的判别：选频电路由电感 L 和电容 C_1、C_2 构成，O 点是 C_1 和 C_2 的公共点，接地。

由瞬时极性法可知，设晶体管基极电位为正，当频率为 f_0 时，集电极电位为负。C_1 的下极板接地，电位为零，上极板电位为负，下极板电位比上极板电位高。C_2 的上下极板的电位也是如此，上极板电位为零，下极板电位为正。C_2 下极板的正电位反馈到放大电路的输入端，经过 C_1 送至晶体管的基极。这也是正反馈，满足相位条件，能产生自激振荡。反馈电压 u_f 是在电容 C_2 上产生的。

第18章

直流稳压电源

除应用普遍的50 Hz交流电以外，另一类电源就是常用的直流电。干电池、蓄电池、直流发电机等都是直流电源，但它们所供给的电压不够稳定，而且电源成本很高。使用半导体器件可以将廉价的交流电经过整流电路变为直流电，再经过滤波电路和稳压电路，即可获得稳定的直流电压。这样的直流稳压电源可以达到很高的精度，是电子电路和各种精密电子设备不可缺少的供电电源。

18.1 内容要点与阅读指导

直流稳压电源由整流、滤波和稳压三个环节组成。整流电路将交流电压变换为脉动的直流电压，滤波电路可减小电压的脉动而使之平滑，稳压电路的作用是当电源电压发生波动或负载电流发生变化时保持负载电压基本不变。

1. 整流与滤波电路

(1) 在分析整流电路的工作原理时，要分别找出在交流电压的正半周和负半周时电流的通路，判别哪个二极管导通，哪个截止；流过负载电阻 R_L 的电流是否始终为同一个方向。还要画出整流电压的波形图。再根据波形图求出整流电压的平均值 U_0 与交流电压的有效值 U 之间的大小关系：单相半波整流时，$U_0 = 0.45\ U$；单相全波整流时，$U_0 = 0.9\ U$。注意，上述关系是在忽略整流电路的内阻抗的情况下得出的。整流电路的内阻抗包括变压器的电阻和漏磁感抗以及二极管的正向电阻。如考虑了内阻抗，其上必然有电压降，U_0 要小一些。通常整流电路的内阻抗比负载电阻小得多。

当半波和桥式两种单相整流电路带有电容滤波器时，在同样的交流电压 U 下，它们的整流电压的平均值 U_0 比无电容滤波时要提高不少。一种是负载端开路的情况，这时 U_0 为电容器上所充电压的最大值，即为交流电压的最大值$\sqrt{2}U$（电容器充电后无路可放）。这对上述两种整流电路是一样的。另一种是接有负载电阻 R_L 的情况，这时 U_0 的大小可估算确定。一般当 $R_LC \geqslant (3\sim5)\dfrac{T}{2}$时

$$U_0 = U\text{（半波）}$$

$$U_0 = 1.2\ U\text{（全波）}$$

(2) 能在整流电路图上分析二极管截止时所承受的最高反向电压 U_{RM}，见教材表18.1.1。

二极管的反向工作峰值电压 U_{RWM} 应比 U_{RM} 大一倍左右，在选管时注意。另外，U_{RWM} 与 U_{RM} 两者概念不同，不能混淆，前者是管子的参数，而后者是管子在实际电路中所承受的最高反向电压值。

(3) 负载电流较小时可采用电容滤波，负载电流较大时应采用电感滤波，要求输出电压脉动较小时可采用 π 形滤波电路。

(4) 教材表 18.1.1 所列几种常见整流电路的变压器二次侧电流有效值 I 的推导如下（设负载为电阻性）：

① 单相半波

$$I_O = \frac{1}{2\pi}\int_0^{\pi} I_m \sin \omega t \, d(\omega t) = \frac{I_m}{\pi}$$

$$I = \sqrt{\frac{1}{2\pi}\int_0^{\pi} (I_m \sin \omega t)^2 d(\omega t)} = \frac{I_m}{2}$$

故

$$I = \frac{\pi}{2} I_O = 1.57 I_O$$

② 单相全波

$$I_O = \frac{2I_m}{\pi}$$

$$I = \frac{I_m}{2}$$

故

$$I = \frac{\pi}{4} I_O = 0.79 I_O$$

③ 单相桥式

$$I_O = \frac{2I_m}{\pi}$$

$$I = \sqrt{\frac{1}{\pi}\int_0^{\pi} (I_m \sin \omega t)^2 d(\omega t)} = \frac{I_m}{\sqrt{2}}$$

故

$$I = \frac{\pi}{2\sqrt{2}} I_O = 1.11 I_O$$

④ 三相半波

$$I_O = \frac{1}{2\pi/3}\int_{\pi/6}^{5\pi/6} I_m \sin \omega t d(\omega t) = 0.827 I_m$$

$$I = \sqrt{\frac{1}{2\pi}\int_{\pi/6}^{5\pi/6} (I_m \sin \omega t)^2 d(\omega t)} = 0.486 I_m$$

故

$$I = \frac{0.486}{0.827} I_O = 0.59 I_O$$

⑤ 三相桥式

$$I_0 = \frac{1}{\pi/3}\int_{\pi/6}^{\pi/2} I_m \sin(\omega t + 30°)\,d(\omega t) = 0.955 I_m$$

$$I = \sqrt{\frac{1}{\pi/2}\int_{\pi/6}^{\pi/2} [I_m \sin(\omega t + 30°)]^2 d(\omega t)} = 0.78 I_m$$

故

$$I = \frac{0.78}{0.955} I_0 = 0.82 I_0$$

（5）教材图 18.1.6 和图 18.1.7，由波形图可见：$\omega t_1 = \frac{\pi}{6}$，$\omega t_2 = \frac{\pi}{2}$；$t_1 \sim t_2$ 期间，电流 $i = I_m \sin(\omega t + 30°)$；变压器二次侧每相正半周通电 120°，负半周也是 120°。

2. 直流稳压电源

（1）一方面由于交流电源电压经常波动，整流后的电压也就不稳定了；另一方面由于整流滤波电路有内阻，当负载电流变化时，负载电压也就变化了。为此，在整流和滤波之后，又连接了稳压环节，总称直流稳压电源。

（2）稳压管稳压电路结构简单，但输出电压不可调，仅适用于负载电流较小且其变化范围也较小的场合。它是靠稳压管 D_Z 的电流调节作用和限流电阻 R 的电压补偿作用，才使负载电压保持近似不变。限流电阻必不可少，其阻值要适当。

（3）串联型稳压电路中的调整管是工作于放大区的晶体管，只要控制基极电位 U_B 和基极电流 I_B，就可以改变集电极电流 I_C 和集－射极电压 U_{CE}。U_B 即为运算放大器的输出电压，它是由基准电压 U_Z 和反馈电压 U_f 的差值来控制的。可见，输出电压的稳定是由于电路中引入了串联电压负反馈而得以实现。

（4）三端集成稳压器（W78××系列、W79××系列等）的应用极为广泛，对它着重于应用。

18.2 基 本 要 求

1. 理解单相半波整流电路和单相桥式整流电路的工作原理。
2. 了解滤波电路和稳压管稳压电路的工作原理。
3. 了解串联型稳压电路的工作原理。
4. 了解集成稳压电源的应用。

18.3 重点与难点

1. 重点

（1）单相半波整流电路和单相桥式整流电路。

（2）电容滤波器和 π 形滤波器。

（3）稳压管稳压电路和集成稳压电源。

2. 难点

（1）三相桥式整流电路。

(2) 串联型稳压电路和开关型稳压电源。

18.4 知识关联图

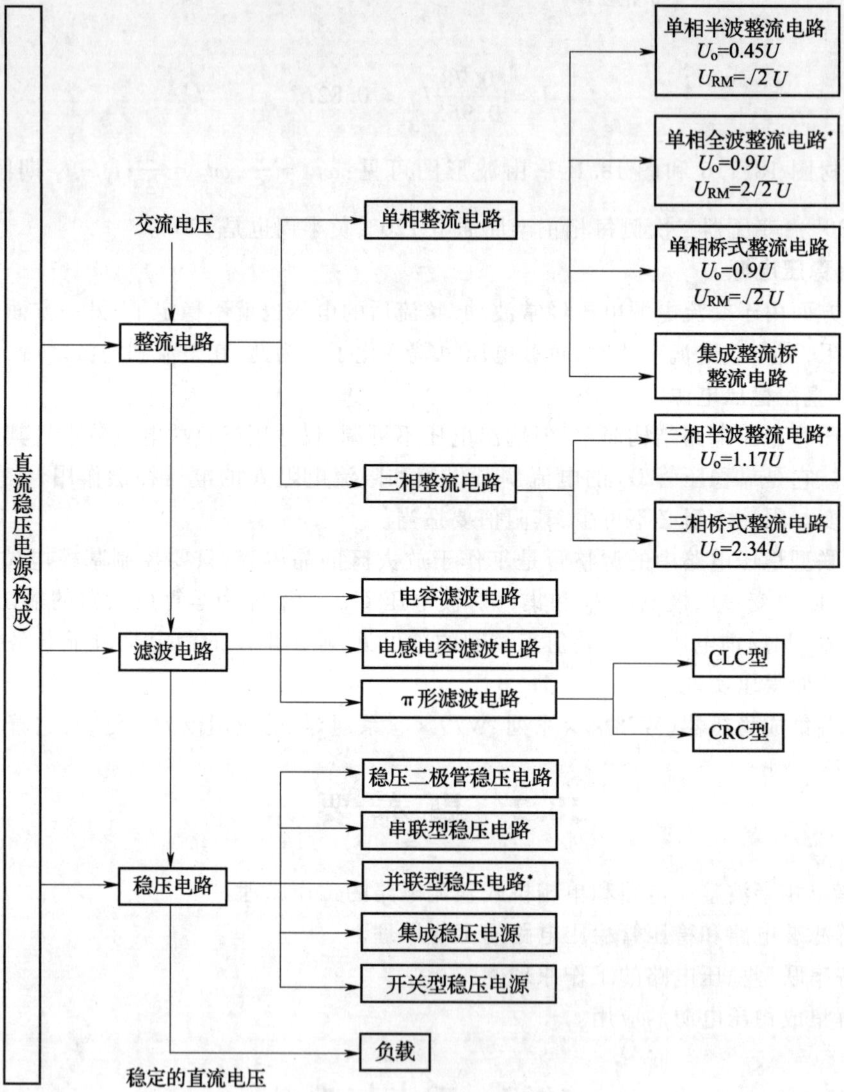

注:有*者教材未列入

18.5 【练习与思考】题解

18.1.1 在图 18.1.3 所示的单相桥式整流电路中,如果(1)D_3 接反;(2)因过电压 D_3 被击穿短路;(3)D_3 断开,试分别说明上述三种情况下其后果如何?(4)若将四个二极管都接反,又将如何?

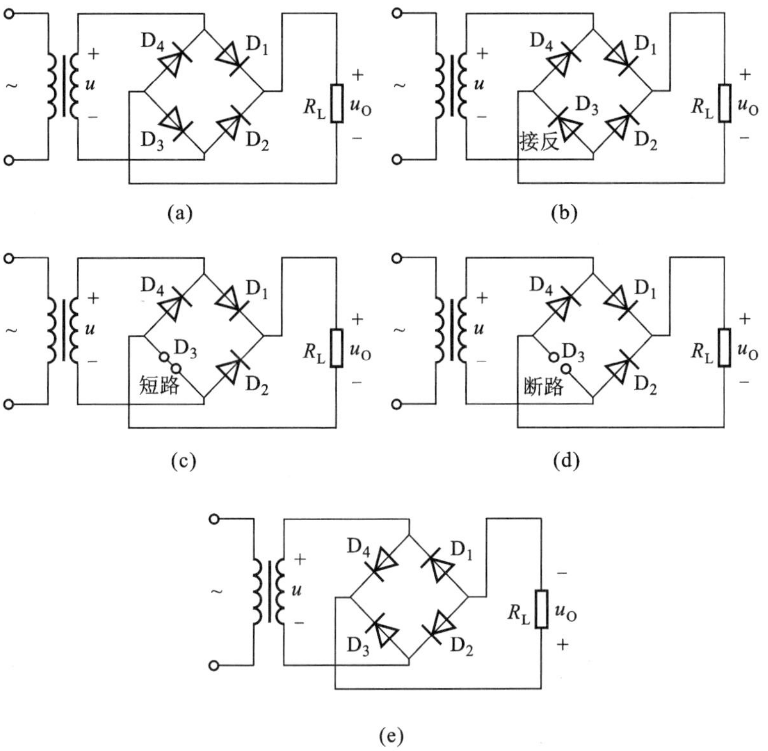

题解图 18.01

解:重画图 18.1.3 如题解图 18.01(a)所示,本题所要讨论的四种情况,分别如题解图 18.01(b)、(c)、(d)和(e)所示。

(1) 图(b)电路:D_3 接反

① 电源的正半周,因 D_3 接反而不通。

② 电源的负半周,D_3 和 D_4 将电源短路,后果是烧毁这两只二极管,电源也有被烧的可能。

(2) 图(c)电路:D_3 短路

① 电源的正半周,电路可进行半波整流。

② 电源的负半周,D_3 和 D_4 将电源短路,后果是 D_4 被烧毁,电源也有被烧的可能。

(3) 图(d)电路:D_3 断路

① 电源的正半周,电路不通。

② 电源的负半周,电路可进行半波整流。

(4) 图(e)电路:四个二极管都接反

① 电源的正半周,D_4 和 D_2 导通,电路可进行半波整流。

② 电源的负半周,D_3 和 D_1 导通,电路可进行半波整流。

总之,若四个二极管都接反,整流电路同样可以工作,只是整流电流的方向发生改变,整流电压 u_0 的方向也改变了,与图(a)u_0 所示方向相反。

18.1.2 如果要求某一单相桥式整流电路的输出直流电压 U_0 为 36 V,直流电流 I_0 为 1.5 A,试选用合适的二极管。

解:(1) 二极管通过的平均电流

$$I_D = \frac{I_O}{2} = \frac{1.5}{2}\text{A} = 0.75\ \text{A}$$

(2) 二极管承受的最高反向电压

因为 $$U_O = 0.9\ U, U = \frac{U_O}{0.9}$$

而 $$U_{RM} = \sqrt{2}U$$

所以 $$U_{RM} = \sqrt{2} \times \frac{U_O}{0.9} = \sqrt{2} \times \frac{36}{0.9}\ \text{V} = 56.4\ \text{V}$$

(3) 选取 2CZ55C 型二极管,其最大整流电流为 1 A,反向工作峰值电压为 100 V。

18.6 【习题】题解

A 选 择 题

18.1.1 在图 18.1.1 所示的单相半波整流电路中,$u = 141\sin \omega t$ V,整流电压平均值 U_O 为(　　)。

(1) 63.45 V　(2) 45 V　(3) 90 V

解:单相半波整流电压平均值 $U_o = 0.45\ U = 0.45 \times 100\ \text{V} = 45\ \text{V}$,答案应为(2)。

18.1.2 在图 18.1.3 所示的单相桥式整流电路中,$u = 141\sin \omega t$ V,若有一个二极管断开,整流电压平均值 U_O 为(　　)。

(1) 63.45 V　(2) 45 V　(3) 90 V

解:在单相桥式整流电路中,若有一个二极管断开,则只能进行半波整流,整流电压平均值 $U_o = 0.45\ U = 0.45 \times 100\ \text{V} = 45\ \text{V}$,所以答案应为(2)。

18.1.3 在图 18.01 所示的变压器二次绕组有中心抽头的单相全波整流电路中,$u = 20\sqrt{2}\sin \omega t$ V,整流电压平均值 U_O 为(　　)。

(1) 9 V　(2) 18 V　(3) 20 V

解:在图示单相全波整流电路中,整流电压平均值 $U_o = 0.9\ U = 0.9 \times 20\ \text{V} = 18\ \text{V}$(见教材表 18.1.1),所以答案应为(2)。

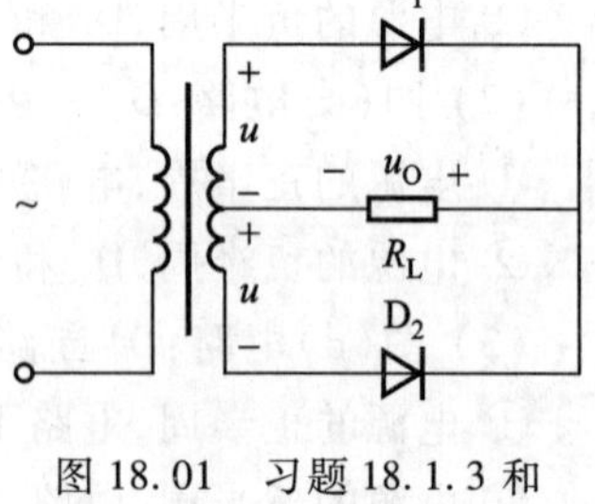

图 18.01　习题 18.1.3 和习题 18.1.4 的图

18.1.4 在上题中,截止时二极管承受的最高反向电压 U_{RM} 为(　　)。

(1) 40 V　(2) $40\sqrt{2}$ V　(3) $20\sqrt{2}$ V

解:在图 18.01 中,设 D_1 导通,D_2 截止,那么 D_2 承受的最高反向电压为 $2\ U_m$,即 $U_{RM} = 2\ U_m = 2 \times 20\sqrt{2}\ \text{V} = 40\sqrt{2}\ \text{V}$,所以答案应为(2)。

18.2.1 在图 18.02 所示电路中,$u = 10\sqrt{2}\sin \omega t$ V,二极管 D 承受的最高反向电压 U_{RM} 为(　　)。

(1) $10\sqrt{2}$ V　(2) $20\sqrt{2}$ V　(3) 10 V

解:(1) u 的正半周时,D 导通,电容 C 充电,电容电压 u_C 可达 U_m。

(2) u 的负半周时,D 截止,电容 C 通过 R_L 放电,但放电较慢,u_C 仍近似等于 U_m。D 承受的最高反向电压为 $U_{RM}=u_C+U_m\approx U_m+U_m=2U_m=2\times10\sqrt{2}\ \text{V}=20\sqrt{2}\ \text{V}$ 所以答案应为(2)。

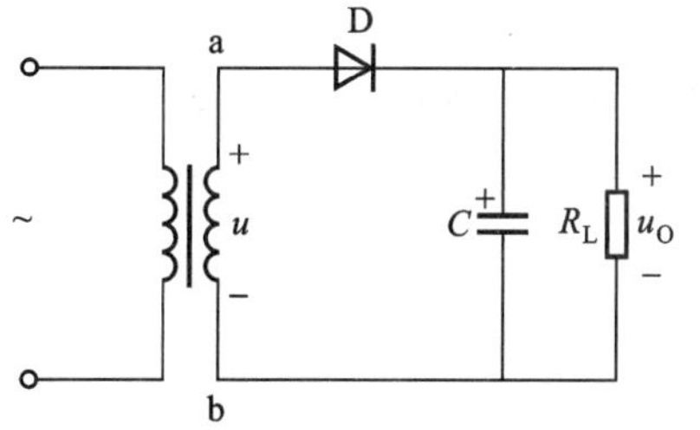

图 18.02　习题 18.2.1 和习题 18.2.2 的图

18.2.2　在上题中,当输出端开路时,则电压 u_O 为(　　)。

(1) $10\sqrt{2}$ V　　(2) $20\sqrt{2}$ V　　(3) u

解:u 的正半周时,D 导通,C 充电至 $u_C=U_m$;u 的负半周时,D 截止,C 的电压仍保持为 U_m。所以输出端开路时,电压 $u_O=u_C=U_m=10\sqrt{2}$ V,答案应为(1)。

18.3.1　在图 18.03 所示稳压电路中,已知 $U_I=10$ V,$U_O=5$ V,$I_Z=10$ mA,$R_L=500\ \Omega$,则限流电阻 R 应为(　　)。

(1) 1 000 Ω　　(2) 500 Ω　　(3) 250 Ω

解:(1) 负载电阻 R_L 中的电流

$$I_O=\frac{U_O}{R_L}=\frac{5}{500}\ \text{A}=0.01\ \text{A}$$

(2) 限流电阻 R 中的电流

$$I=I_Z+I_O=0.01\ \text{A}+0.01\ \text{A}=0.02\ \text{A}$$

(3) 限流电阻

$$R=\frac{U_I-U_O}{I}=\frac{10-5}{0.02}\ \Omega=250\ \Omega$$

所以,答案应为(3)。

18.3.2　在图 18.04 所示的稳压电路中,已知 $U_Z=6$ V,则 U_O 为(　　)。

(1) 6 V　　(2) 15 V　　(3) 21 V

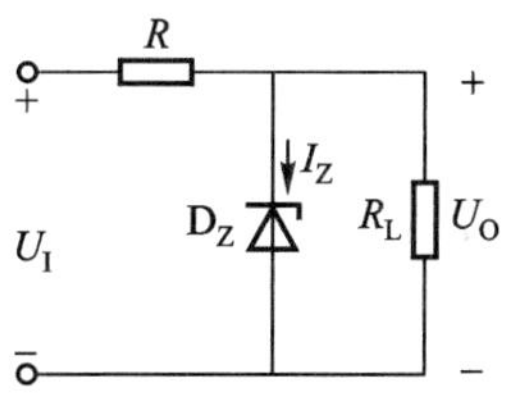

图 18.03　习题 18.3.1 的图

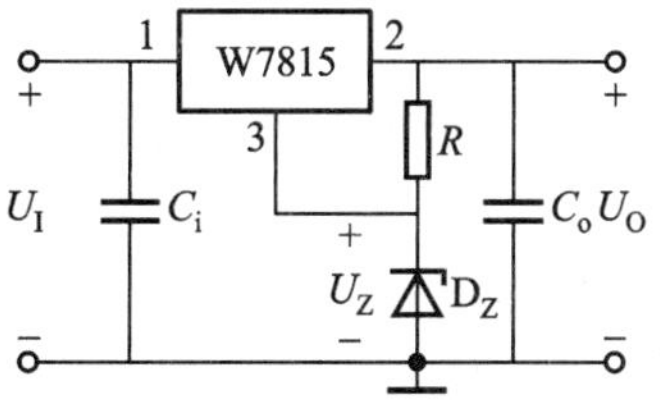

图 18.04　习题 18.3.2 的图

解:(1) W7815 集成稳压器的 $U_{\times\times}=15$ V。

(2) 图 18.04 稳压电路中

$$U_O=U_{\times\times}+U_Z=(15+6)\text{V}=21\ \text{V}$$

所以,答案应为(3)。

18.3.3 在图 18.05 所示的可调稳压电路中,$R=0.25\ \text{k}\Omega$,如果要得到 10 V 的输出电压,应将 R_P 调到多大?(　　)

(1) 6.8 kΩ　　(2) 4.5 kΩ　　(3) 1.75 kΩ

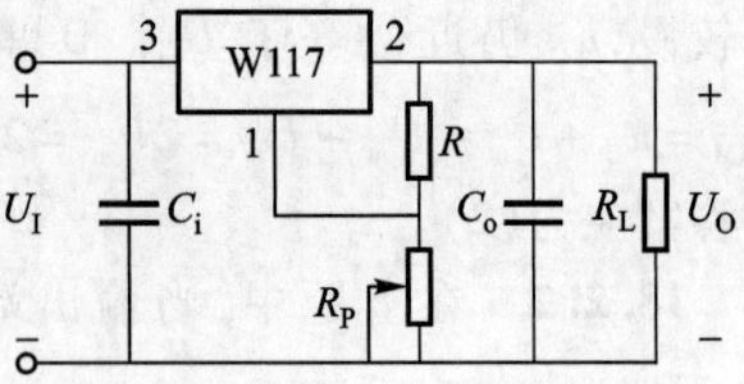

图 18.05　习题 18.3.3 的图

解:按教材式(18.3.4)计算

$$U_O=\left(1+\frac{R_P}{R}\right)\times 1.25\ \text{V}$$

即

$$10=\left(1+\frac{R_P}{0.25}\right)\times 1.25$$

$$10=1.25+5R_P$$

$$8.75=5R_P$$

算得

$$R_P=1.75\ \text{k}\Omega$$

所以,答案应为(3)。

B　基　本　题

18.1.5 在图 18.06 中,已知 $R_L=80\ \Omega$,直流电压表 Ⓥ 的读数为 110 V,试求:

(1) 直流电流表 Ⓐ 的读数。

(2) 整流电流的最大值。

(3) 交流电压表 Ⓥ_1 的读数。

(4) 变压器二次电流的有效值。二极管的正向压降忽略不计。

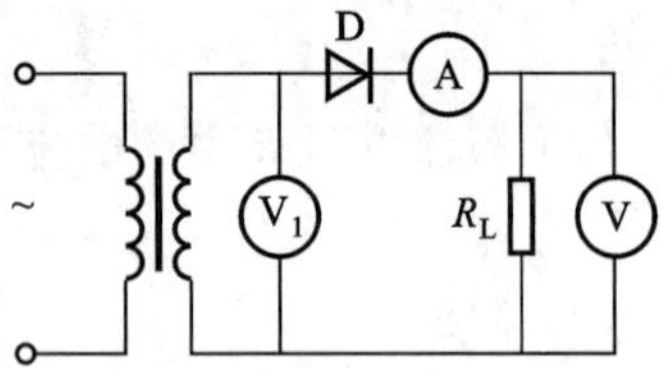

图 18.06　习题 18.1.5 的图

解:为计算方便,调整一下计算顺序:

(1) 直流电流表的读数

直流电流表的电流即通过二极管的电流,也是通过负载的电流

$$I_D=I_O=\frac{U_O}{R_L}=\frac{110}{80}\ \text{A}\approx 1.38\ \text{A}$$

(2) 交流电压表的读数

$$U=\frac{U_O}{0.45}=\frac{110}{0.45}\ \text{V}\approx 244.4\ \text{V}$$

(3) 整流电流的最大值

$$I_{OM}=\frac{U_{OM}}{R_L}=\frac{\sqrt{2}U}{R_L}=\frac{\sqrt{2}\times 244.4}{80}\ \text{A}\approx 4.3\ \text{A}$$

(4) 变压器二次电流的有效值

$$I=1.57\ I_O=1.57\times 1.38\ \text{A}\approx 2.17\ \text{A}$$

18.1.6 在图 18.1.1 的单相半波整流电路中,已知变压器二次电压的有效值 $U=30\ \text{V}$,负载电阻 $R_L=100\ \Omega$,试问:

(1) 输出电压和输出电流的平均值 U_O 和 I_O 各为多少?

(2) 若电源电压波动 ±10%，二极管承受的最高反向电压为多少？

解：重画图 18.1.1 如题解图 18.02 所示。

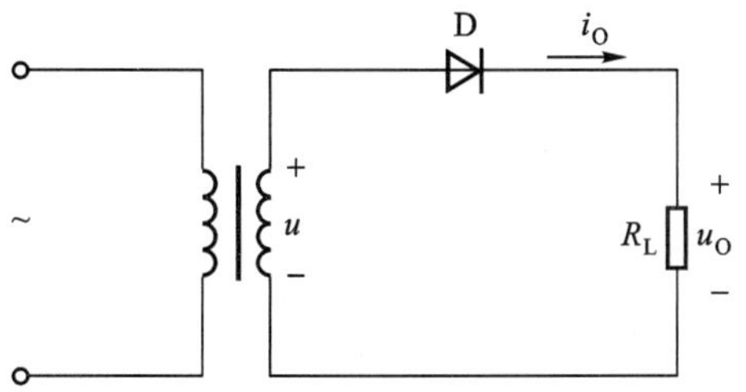

题解图 18.02

(1) 输出电压和输出电流平均值 U_O、I_O

$$U_O = 0.45\ U = 0.45 \times 30\ \text{V} = 13.5\ \text{V}$$

$$I_O = \frac{U_O}{R_L} = \frac{13.5}{100}\ \text{A} = 0.135\ \text{A}$$

(2) 电源电压波动 ±10% 时，二极管承受的最高反压分别为

电源电压波动 +10% 时

$$U_{RM} = \sqrt{2}U(1 + 10\%) = \sqrt{2} \times 30 \times 1.1\ \text{V} = 46.53\ \text{V}$$

电源电压波动 −10% 时

$$U_{RM} = \sqrt{2}U(1 - 10\%) = \sqrt{2} \times 30 \times 0.9\ \text{V} = 38.07\ \text{V}$$

二极管的最高反向电压应取 46.53 V。

18.1.7 若采用图 18.1.3 的单相桥式整流电路，试计算上题。

解：若采用单相桥式整流电路，计算如下。

(1) 输出电压和输出电流的平均值 U_O、I_O

$$U_O = 0.9\ U = 0.9 \times 30\ \text{V} = 27\ \text{V}$$

$$I_O = \frac{U_O}{R_L} = \frac{27}{100}\ \text{A} = 0.27\ \text{A}$$

(2) 二极管承受的最高反压

$$U_{RM} = \sqrt{2}U(1 \pm 10\%)$$
$$= \sqrt{2} \times 30(1 \pm 10\%)\ \text{V}$$

U_{RM}分别为 46.53 V 和 38.07 V，与上题相同。取 $U_{RM} = 46.53$ V。

18.1.8 有一电压为 110 V，电阻为 55 Ω 的直流负载，采用单相桥式整流电路（不带滤波器）供电，试求变压器二次电压和二次电流的有效值，并选用二极管。

解：(1) 变压器二次电压和电流的有效值

$$U = \frac{U_O}{0.9} = \frac{110}{0.9}\ \text{V} \approx 122.2\ \text{V}$$

$$I = 1.11\ I_O = 1.11\ \frac{U_O}{R_L}$$
$$= 1.11 \times \frac{110}{55}\ \text{A} = 2.22\ \text{A}$$

(2) 选择二极管

每只二极管通过的平均电流为

$$I_D = \frac{1}{2}I_O = \frac{1}{2}\ \frac{U_O}{R_L} = \frac{1}{2} \times \frac{110}{55}\ \text{A} = 1\ \text{A}$$

每只二极管承受的最高反向电压为

$$U_{RM} = \sqrt{2}U = \sqrt{2} \times 122.2\ \text{V} = 172.3\ \text{V}$$

查手册选用 2CZ55E 型二极管。

18.1.9 在图 18.07 所示的整流电路中,变压器二次电压有效值 $U_1=20\ \text{V}$, $U_2=50\ \text{V}$; $R_1=100\ \Omega$, $R_2=30\ \Omega$;二极管最大整流电流 I_{OM} 和反向工作峰值电压 U_{RWM} 如表中所列。

(1) 试校核电路中各整流桥所选用的二极管型号是否合适。

(2) 若将绕组 2-2′的极性接反,对整流电路有无影响,为什么?

(3) 若将 a、b 间连线去掉,电路是否仍能工作?此时输出电压 U_O 和输出电流 I_O 等于多少?所选用的二极管是否合适?

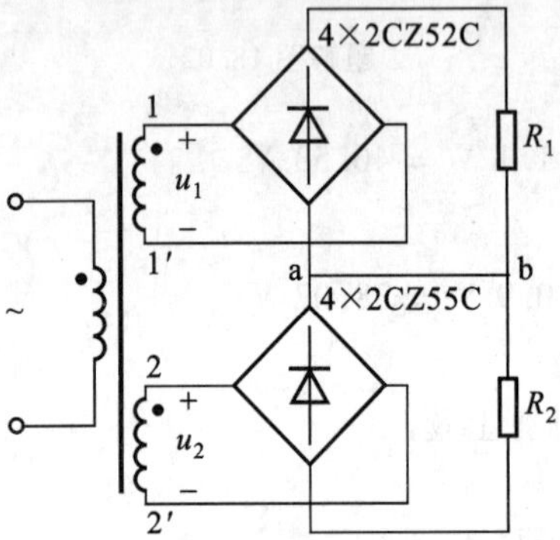

型号	I_{OM}/A	U_{RWM}/V
2CZ52C	0.1	100
2CZ55C	1	100

图 18.07 习题 18.1.9 的图

解:(1) 在图 18.07 中,a、b 间连线使上下两个整流电路互相独立。在上面整流电路中

$$U_{O1}=0.9\ U_1=0.9\times20\ \text{V}=18\ \text{V}$$

$$I_{O1}=\frac{U_{O1}}{R_1}=\frac{18}{100}\ \text{A}=0.18\ \text{A}$$

$$I_{D1}=\frac{1}{2}I_{O1}=\frac{1}{2}\times0.18\ \text{A}=0.09\ \text{A}$$

$$U_{RM1}=\sqrt{2}U_1=\sqrt{2}\times20\ \text{V}=28.2\ \text{V}$$

可见,所选二极管 2CZ52C 的 $I_{D1}<I_{OM1}=0.1\ \text{A}$, $U_{RM1}<U_{RWM1}=100\ \text{V}$,管子选得合适。

在下面整流电路中

$$U_{O2}=0.9\ U_2=0.9\times50\ \text{V}=45\ \text{V}$$

$$I_{O2}=\frac{U_{O2}}{R_2}=\frac{45}{30}\ \text{A}=1.5\ \text{A}$$

$$I_{D2}=\frac{1}{2}I_{O2}=\frac{1}{2}\times1.5\ \text{A}=0.75\ \text{A}$$

$$U_{RM2}=\sqrt{2}U_2=\sqrt{2}\times50\ \text{V}=70.5\ \text{V}$$

可见,所选二极管 2CZ55C 的 $I_{D2}<I_{OM2}=1\ \text{A}$, $U_{RM2}<U_{RWM2}=100\ \text{V}$,管子选得也合适。

(2) 在图 18.07 中,若将绕组 2-2′的极性接反,但整流桥中四只二极管的接线并未改变,整流电流方向不变,输出电压极性也不变。所以,绕组 2-2′的极性接反对桥式整流电路无影响。

(3) 在图 18.07 中,若将 a,b 间连线去掉,上下两个整流电路串联形成一个整体,构成一个大的整流电路,如题解图 18.03 所示。

当电源电压 u_1 和 u_2 为正半周时,电流的通路为

$$\rightarrow 1 \rightarrow D_1 \rightarrow R_1 \rightarrow R_2 \rightarrow D_7 \rightarrow 2' \rightarrow 2 \rightarrow D_5 \rightarrow D_3 \rightarrow 1' \rightarrow$$

当电源电压 u_1 和 u_2 为负半周时，电流的通路为

$$\rightarrow 1' \rightarrow D_2 \rightarrow R_1 \rightarrow R_2 \rightarrow D_8 \rightarrow 2 \rightarrow 2' \rightarrow D_6 \rightarrow D_4 \rightarrow 1 \rightarrow$$

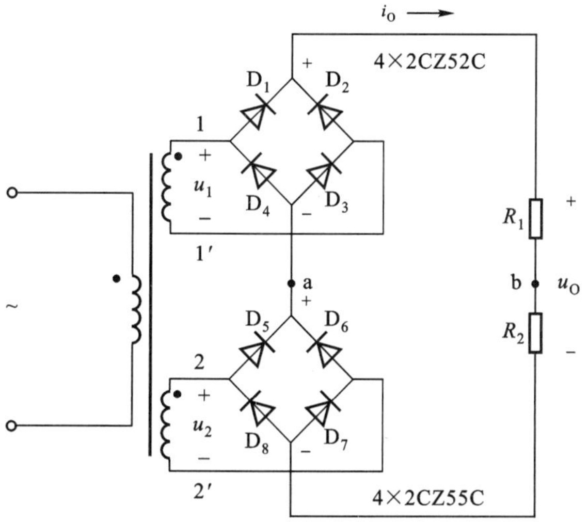

题解图 18.03

无论是正半周，还是负半周，在电源电压（u_1+u_2）的作用下，各有四只二极管导通，整流电压 u_O 和整流电流 i_O 方向都不变，它们的平均值分别为

$$U_O = 0.9(U_1+U_2) = 0.9(20+50)\text{ V} = 63\text{ V}$$

$$I_O = \frac{U_O}{R_1+R_2} = \frac{63}{100+30}\text{ A} = 0.48\text{ A}$$

通过二极管的电流平均值为

$$I_D = \frac{1}{2}I_O = \frac{1}{2}\times 0.48\text{ A} = 0.24\text{ A}$$

显然，对上面整流桥 2CZ52C 型二极管来说，0.24 A > 0.1 A，超过太多，会烧坏二极管；而对下面整流桥 2CZ55C 型二极管来说，0.24 A < 1 A，仍然合适。

由于绕组 1 − 1′和 2 − 2′是分别接在上下两个整流桥上，a、b 间连线断开，2CZ52C 型和 2CZ55C 型两组二极管的反向工作电压没有改变，仍然为

$$U_{RM1} = 28.2\text{ V}, U_{RM2} = 70.5\text{ V}$$

总之，去掉 a、b 间连线，改变了两个整流桥电路二极管的工作电流。对下面的整流桥 2CZ55C 型二极管来说，电路仍能继续工作；但对上面的整流桥 2CZ52C 型二极管来说，电流超过太多，电路不能继续工作（二极管会被烧坏），应更换型号。

2CZ52C 型二极管更换后，题解图 18.03 所示电路能正常工作。

18.1.10 有一整流电路如图 18.08 所示。

（1）试求负载电阻 R_{L1} 和 R_{L2} 上整流电压的平均值 U_{O1} 和 U_{O2}，并标出极性。

（2）试求二极管 D_1、D_2、D_3 中的平均电流 I_{D1}、I_{D2}、I_{D3} 以及各管所承受的最高反向电压。

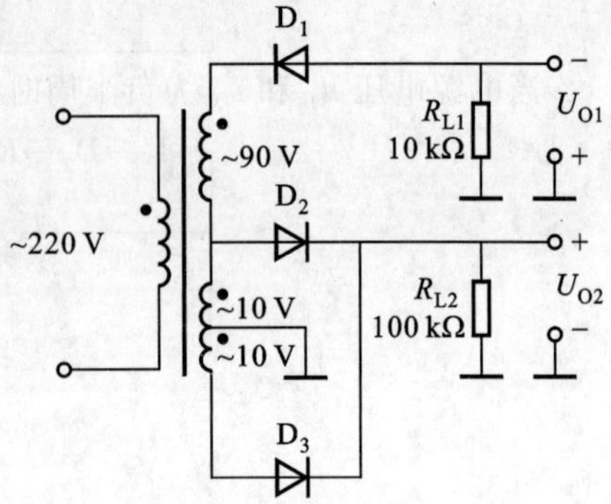

图 18.08　习题 18.1.10 的图

解：在图 18.08 中，含有两个整流电路。

（1）整流电压平均值 U_{O1} 和 U_{O2} 及其极性

① 变压器二次侧（90 + 10）V，二极管 D_1 和负载 R_{L1}，构成了单相半波整流电路，整流电压平均值为

$$U_{O1}=0.45(90+10)\text{ V}=45\text{ V}$$

其极性为下正上负。

② 变压器二次侧（10 + 10）V（中间有抽头），二极管 D_2、D_3 和负载 R_{L2}，构成了单相全波整流电路，整流电压平均值为

$$U_{O2}=0.9\times10\text{ V}=9\text{ V}$$

其极性为上正下负。

（2）二极管的平均电流和最高反向电压

① 单相半波整流

$$I_{D1}=I_{O1}=\frac{U_{O1}}{R_{L1}}=\frac{45}{10\times10^{3}}\text{ A}=4.5\text{ mA}$$

$$U_{RM1}=\sqrt{2}(90+10)\text{ V}=141\text{ V}$$

② 单相全波整流

$$I_{D2}=I_{D3}=\frac{1}{2}I_{O2}=\frac{1}{2}\cdot\frac{U_{O2}}{R_{L2}}=\frac{1}{2}\times\frac{9}{100}\text{ A}=45\text{ mA}$$

$$U_{RM2}=U_{RM3}=2\sqrt{2}\times10=28.3\text{ V}$$

18.1.11　有一电解电源，采用三相桥式整流，如要求负载直流电压 $U_O=20$ V，负载电流 $I_O=200$ A。

（1）试求变压器容量为多少 kV · A。

（2）选用整流元件。考虑到变压器二次绕组及管子上的压降，变压器的二次电压要加大 10%。

解：引用三相桥式整流电路的有关公式（表 18.1.1）

$$U_O=2.34U\quad I_D=\frac{1}{3}I_O\quad U_{RM}=\sqrt{3}\cdot\sqrt{2}U\quad I=0.82I_O$$

（1）整流变压器的容量

$$U=\frac{U_O}{2.34}\times(1+10\%)=\frac{20}{2.34}\times1.1\text{ V}=9.4\text{ V}$$

$$I=0.82I_O=0.82\times200\text{ A}=164\text{ A}$$

$$S=3UI=3\times9.4\times164\text{ V}\cdot\text{A}=4.6\text{ kV}\cdot\text{A}$$

取 $S=5$ kV · A。

（2）选用整流元件

$$I_D=\frac{1}{3}I_O=\frac{1}{3}\times200\text{ A}=66.7\text{ A}$$

$$U_{RM}=\sqrt{3}\cdot\sqrt{2}U=\sqrt{6}\times 9.4\ \mathrm{V}=23\ \mathrm{V}$$

可选 $I_{OM}=100$ A,$U_{RWM}=50$ V 的整流二极管(2CZ52B 型)。

18.2.3 在表 18.1.1 中,试证明单相半波整流时变压器二次电流的有效值 $I=1.57I_O$。如果带电容滤波器后,是否仍有上述关系?

解:设变压器二次电压为

$$u=U_m\sin\omega t$$

则二次电流为

$$i=\begin{cases}\dfrac{U_m}{R_L}\sin\omega t & 0\leqslant\omega t\leqslant\pi\\ 0 & \pi\leqslant\omega t\leqslant 2\pi\end{cases}$$

(1) 二次电流有效值 I 的关系式

$$\begin{aligned}I&=\sqrt{\frac{1}{2\pi}\int_0^{\pi}\left(\frac{U_m}{R_L}\right)^2\sin^2\omega t\,d(\omega t)}\\&=\frac{U_m}{R_L}\sqrt{\frac{1}{2\pi}\int_0^{\pi}\sin^2\omega t d(\omega t)}\\&=\frac{\sqrt{2}U}{R_L}\sqrt{\frac{1}{2\pi}\int_0^{\pi}\frac{1-\cos 2\omega t}{2}d(\omega t)}\\&=\frac{U}{\sqrt{2}R_L}\end{aligned}$$

(2) 半波整流电流平均值 I_O 的关系式

$$I_O=\frac{U_O}{R_L}=\frac{\frac{\sqrt{2}}{\pi}U}{R_L}=\frac{\sqrt{2}U}{\pi R_L}$$

$$\frac{I}{I_O}=\frac{\frac{U}{\sqrt{2}R_L}}{\frac{\sqrt{2}U}{\pi R_L}}=\frac{\pi}{2}=1.57$$

所以 $$I=1.57\ I_O$$

(3) 如果整流电路带上电容进行滤波,由于二极管导通时间缩短,峰值电流增大,将不再有上述关系。

18.2.4 图 18.09 所示为变压器二次绕组有中心抽头的单相整流电路,二次绕组两段的电压有效值各为 U。

(1) 试分析在交流电压的正半周和负半周时电流的通路,并标出负载电阻 R_L 上电压 u_O 和滤波极性电容器 C 的极性。

(2) 分别画出无滤波电容和有滤波电容两种情况下负载电阻上电压 u_O 的波形,是全波还是半波整流?

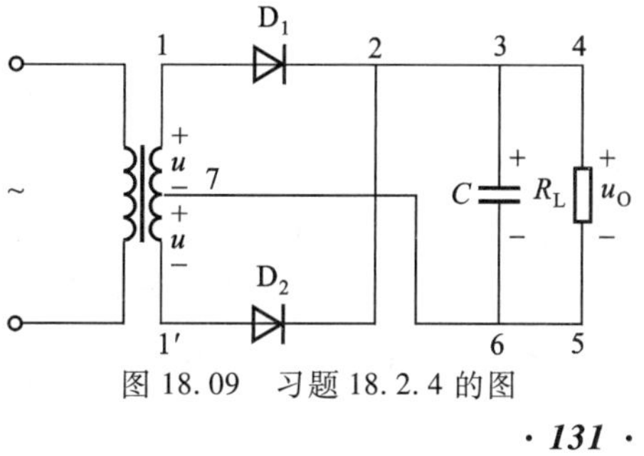

图 18.09 习题 18.2.4 的图

(3) 如无滤波电容,负载整流电压的平均值 U_0 和变压器二次绕组每段的有效值 U 之间的数值关系如何? 如有滤波电容,则又如何?

(4) 分别说明有滤波电容和无滤波电容两种情况下,截止时二极管所承受的最高反向电压 U_{RM} 是否都等于 $2\sqrt{2}U$。

(5) 如果整流二极管 D_2 虚焊,U_0 是否是正常情况下的一半? 如果变压器二次绕组中心抽头虚焊,这时有输出电压吗?

(6) 如果把 D_2 的极性接反,是否能正常工作? 会出现什么问题?

(7) 如果 D_2 因过载损坏造成短路,还会出现什么其他问题?

(8) 如果输出端短路,又将出现什么问题?

(9) 如果把图中的 D_1 和 D_2 都反接,是否仍有整流作用? 所不同者是什么?

解:这是单相全波整流电路,分析如下。

(1) 交流电压正半周时,电流的通路为

$$\rightarrow 1 \rightarrow D_1 \rightarrow 2 \rightarrow 3 \rightarrow 4 \rightarrow R_L \rightarrow 5 \rightarrow 6 \rightarrow 7 \text{ (回到起点)}$$

(D_2 截止)

交流电压负半周时,电流的通路为

$$\rightarrow 1' \rightarrow D_2 \rightarrow 2 \rightarrow 3 \rightarrow 4 \rightarrow R_L \rightarrow 5 \rightarrow 6 \rightarrow 7 \text{ (回到起点)}$$

(D_1 截止)

R_L 上电压 u_O 的极性和电容 C 的极性,如图 18.09 所示。

(2) 该电路是全波整流。无电容滤波和有电容滤波两种情况时,负载电阻 R_L上电压 u_O 的波形分别如题解图 18.04(a)和(b)所示。

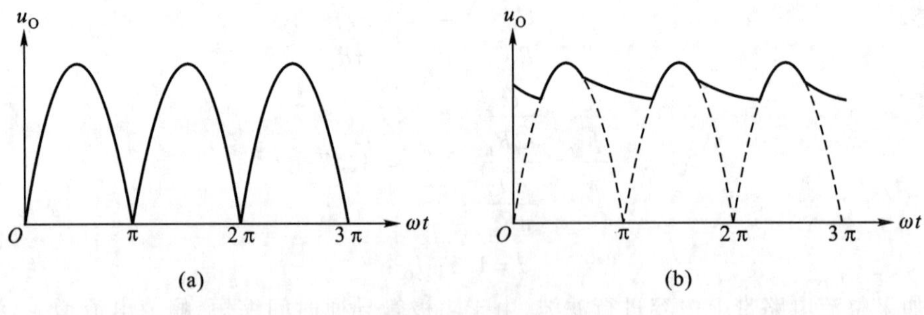

题解图 18.04

(3) 无电容滤波时,整流电压平均值 U_0 与二次绕组每段电压有效值 U 之间的关系是 $U_0 = 0.9\,U$;有电容滤波时,U_0 与 U 之间的关系是 $U_0 = 1.2\,U$。

(4) 有滤波电容和无滤波电容两种情况时,截止二极管所承受的最高反向电压 U_{RM} 的数值可分别由题解图18.05(a)和(b)看出。

在图(a)中,当电源电压为正半周时,二极管 D_1 导通,由于它的钳位作用,点 2 的电位与点 1 相同,于是 $2u$ 的电源电压反向加在 D_2 上,D_2 截止。当电源为负半周时,情况相反,D_2 导通,D_1 截止。截止管的最高反向电压 $U_{RM} = 2\,U_m = 2\sqrt{2}U$。

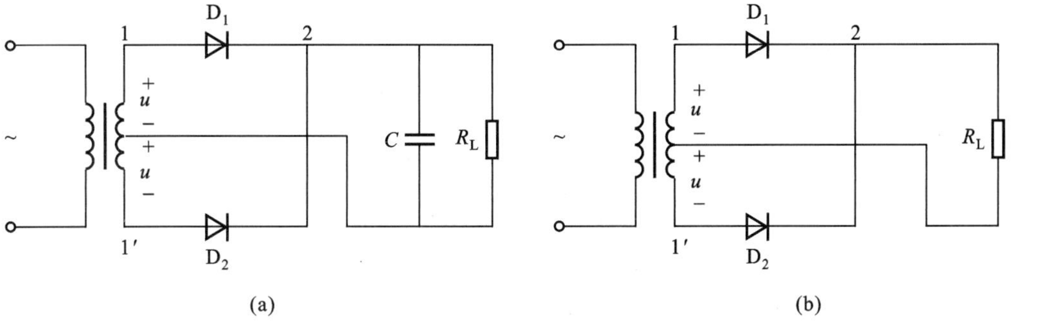

题解图 18.05

在图(b)中,当电源电压为正半周时,D_1 导通,同样,由于它的钳位作用,点 2 的电位与点 1 相同,$2u$ 的电源电压反向加在 D_2 上,D_2 截止。当电源电压为负半周时,情况相反,D_2 导通,D_1 截止。截止管的最高反向电压 $U_{RM}=2U_m=2\sqrt{2}U$。

所以,有滤波电容器和无滤波电容器两种情况下,截止二极管所承受的最高反向电压 U_{RM} 都等于 $2\sqrt{2}U$。

(5) 这里的两种虚焊,对整流电路的影响如下:

① 如果整流二极管 D_2 虚焊,则整流电路为半波整流,此时若无电容滤波,整流电压平均值 $U_O=0.45U$,是正常情况的一半;若有电容滤波,$U_O\neq\frac{1}{2}\times1.2U$,不是正常情况的一半。

② 如果变压器二次绕组的中心抽头虚焊,则整流电路的整流部分与负载部分不通,$U_O=0$,这时没有输出电压。

(6) 如果把 D_2 极性接反,由题解图 18.05 可以看出,电源正半周时,电源被 D_1 和 D_2 短路,后果是电源和两只二极管将被烧毁;电源负半周时,两只二极管均截止,负载 R_L 上无整流电压。所以,把 D_2 的极性接反,电路不能正常工作。

(7) 如果 D_2 因过载损坏而短路,那么电源正半周时,和上一种情况一样,电源仍被 D_1 和 D_2(此时 D_2 相当于一段导线)短路;电源负半周时,变压器二次侧一半电压(下段 u)直接与负载相通。其实,整流电路在电源的正半周时,已经被烧坏了,电路不能继续工作。

(8) 如果输出端短路(即负载端短路),出现的问题是:电源正半周时,D_1 短路,后果是电源和 D_1 被烧毁;电源负半周时,D_2 短路,后果是电源和 D_2 被烧毁。

(9) 如果将 D_1 和 D_2 都反接,电路仍然是单相全波整流电路,所不同的是输出电压的极性相反,滤波电容的极性也要相反。

18.2.5 今要求负载电压 $U_O=30$ V,负载电流 $I_O=150$ mA。采用单相桥式整流电路,带电容滤波器。已知交流频率为 50 Hz,试选用管子型号和滤波电容,并与单相半波整流电路比较,带电容滤波器后,管子承受的最高反向电压是否相同?

解:(1) 选择整流二极管

① 二极管的平均电流

$$I_D = \frac{1}{2}I_O = \frac{1}{2} \times 150\ \text{mA} = 75\ \text{mA}$$

② 二极管承受的最高反向电压

因为有电容滤波，取
$$U_O = 1.2U$$
$$U = \frac{U_O}{1.2} = \frac{30}{1.2}\ \text{V} = 25\ \text{V}$$

所以
$$U_{RM} = \sqrt{2}U = \sqrt{2} \times 25\ \text{V} = 35.25\ \text{V}$$

可选用 $I_{OM} = 100$ mA，$U_{RWM} = 100$ V 的 2CZ52C 型二极管。

(2) 选择滤波电容

为了得到比较平直的输出电压，按下式选取滤波电容
$$R_L C = 5 \times \frac{T}{2}$$

即
$$C = \frac{5T}{2R_L} = \frac{5}{2fR_L} = \frac{5}{2 \times 50 R_L}$$

式中
$$R_L = \frac{U_O}{I_O} = \frac{30}{150 \times 10^{-3}}\ \Omega = 200\ \Omega$$

所以
$$C = \frac{5}{2 \times 50 \times 200}\text{F} = 250\ \mu\text{F}$$

可选用容量为 250 μF，耐压为 50 V 的极性电容。

(3) 比较

若采用单相半波整流电路，带电容滤波器后，整流电压平均值按 $U_O = 1.0\ U$ 计算。所以变压器二次电压 $U = U_O = 30$ V。二极管承受的最高反向电压为
$$U_{RM} = 2\sqrt{2}\ U = 2\sqrt{2} \times 30\ \text{V} = 84.6\ \text{V}$$

由此可知，有电容滤波的单相桥式整流电路与有电容滤波的单相半波整流电路相比，二极管承受的最高反向电压是不相同的，前者比后者小得多。

18.2.6 在图 18.2.4 所示的具有 π 形 RC 滤波器的整流电路中，已知交流电压 $U = 6$ V，今要求负载电压 $U_O = 6$ V，负载电流 $I_O = 100$ mA，试计算滤波电阻 R。

解：重画图 18.2.4 如题解图 18.06 所示。

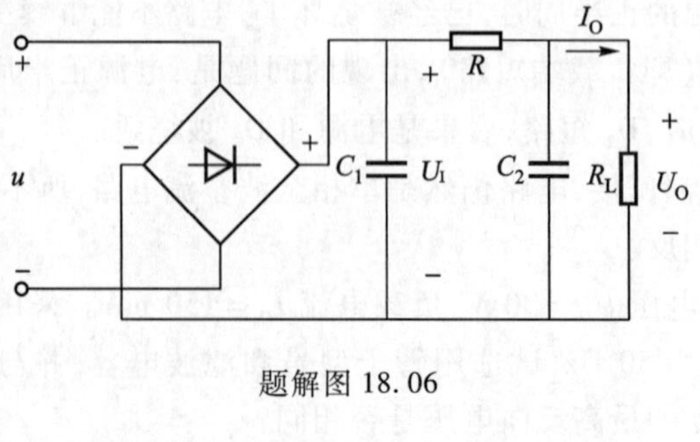

题解图 18.06

(1) 整流桥将交流电压 u 整流，再经电容 C_1 滤波，得直流电压 U_I，可知
$$U_I = 1.2U = 1.2 \times 6\ \text{V} = 7.2\ \text{V}$$

（2）电压 U_I 经 R 和 R_L 分压（C_1 和 C_2 均可看作开路），R 上电压为

$$U_R = U_I - U_O = (7.2 - 6)\ \text{V} = 1.2\ \text{V}$$

（3）滤波电阻

$$R = \frac{U_R}{I_O} = \frac{1.2}{100 \times 10^{-3}}\ \Omega = 12\ \Omega$$

18.2.7 在图 18.10 的整流电路中，已知变压器二次电压的有效值 $U = 20$ V，负载电阻 $R_L = 50\ \Omega$。试分别计算开关 $S_1 \sim S_4$ 在不同合断情况下，负载两端电压 U_O、电流 I_O、每只二极管中流过的电流 I_D 和承受的最高反向电压 U_{RM}。设 $R = 20\ \Omega$。

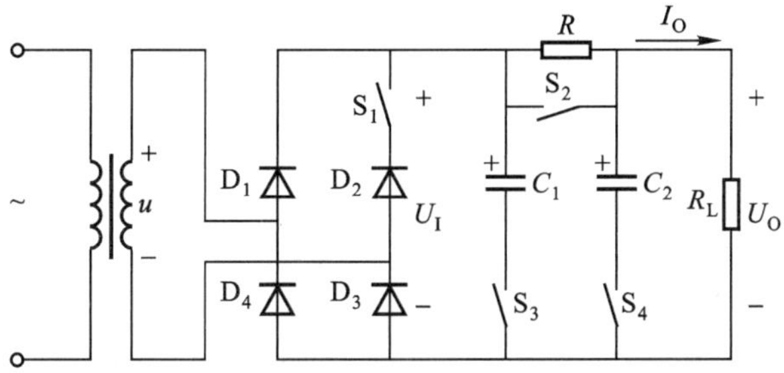

图 18.10　习题 18.2.7 的图

（1）S_1 和 S_2 合上，其他断开。

（2）S_1 合上，其他断开。

（3）$S_1 \sim S_4$ 均合上。

（4）S_1，S_3，S_4 合上，S_2 断开。

（5）$S_1 \sim S_4$ 均断开。

解：在图 18.10 中，通过开关 $S_1 \sim S_4$ 的接通与断开，可使整流电路变为单相桥式或单相半波整流电路；同时，可使整流电路变为有电容滤波器、π 形 RC 滤波器和无滤波器的多种结构。

（1）S_1 和 S_2 合上，其他断开

此时是单相桥式整流电路，无滤波器，负载电阻为 R_L，计算如下。

$$U_O = U_I = 0.9U = 0.9 \times 20\ \text{V} = 18\ \text{V}$$

$$I_O = \frac{U_O}{R_L} = \frac{18}{50}\ \text{A} = 0.36\ \text{A} = 360\ \text{mA}$$

$$I_D = \frac{1}{2}I_O = \frac{1}{2} \times 360\ \text{mA} = 180\ \text{mA}$$

$$U_{RM} = \sqrt{2}U = \sqrt{2} \times 20\ \text{V} = 28.3\ \text{V}$$

（2）S_1 合上，其他断开

此时是单相桥式整流电路，无滤波器，R 与 R_L 串联，计算如下。

$$U_I = 0.9U = 0.9 \times 20\ \text{V} = 18\ \text{V}$$

$$U_O = \frac{R_L}{R + R_L}U_I = \frac{50}{20 + 50} \times 18\ \text{V} = 12.86\ \text{V}$$

$$I_O = \frac{U_O}{R_L} = \frac{12.86}{50}\ \text{A} = 260\ \text{mA}$$

$$I_D=\frac{1}{2}I_O=\frac{1}{2}\times 260\ \text{mA}=130\ \text{mA}$$

$$U_{RM}=\sqrt{2}U=\sqrt{2}\times 20\ \text{V}=28.3\ \text{V}$$

(3) $S_1\sim S_4$ 均合上

此时是单相桥式整流电路，有电容滤波器（C_1 和 C_2 并联），负载为 R_L，计算如下。

$$U_O=U_I=1.2U=1.2\times 20\ \text{V}=24\ \text{V}$$

$$I_O=\frac{U_O}{R_L}=\frac{24}{50}\ \text{A}=480\ \text{mA}$$

$$I_D=\frac{1}{2}I_O=\frac{1}{2}\times 480\ \text{mA}=240\ \text{mA}$$

$$U_{RM}=\sqrt{2}U=\sqrt{2}\times 20=28.3\ \text{V}$$

(4) S_1，S_3，S_4 合上，S_2 断开

此时是单相桥式整流电路，有 π 形 CRC 滤波器，负载为 R_L，计算如下。

$$U_I=1.2U=1.2\times 20\ \text{V}=24\ \text{V}$$

$$U_O=\frac{R_L}{R+R_L}U_I=\frac{50}{20+50}\times 24\ \text{V}=17.1\ \text{V}$$

$$I_O=\frac{U_O}{R_L}=\frac{17.1}{50}\ \text{A}=340\ \text{mA}$$

$$I_D=\frac{1}{2}I_O=\frac{1}{2}\times 340\ \text{mA}=170\ \text{mA}$$

$$U_{RM}=\sqrt{2}U=\sqrt{2}\times 20\ \text{V}=28.3\ \text{V}$$

(5) $S_1\sim S_4$ 均断开

此时整流桥少了一只二极管，只能在电源的正半周工作（负半周时电路不通），变为单相半波整流电路，且无滤波器，R 与 R_L 串联，计算如下。

$$U_I=0.45U=0.45\times 20\ \text{V}=9\ \text{V}$$

$$U_O=\frac{R_L}{R+R_L}U_I=\frac{50}{20+50}\times 9\ \text{V}=6.43\ \text{V}$$

$$I_O=\frac{U_O}{R_L}=\frac{6.43}{50}\ \text{A}=129\ \text{mA}$$

$$I_D=I_O=129\ \text{mA}$$

$$U_{RM}=\sqrt{2}U=\sqrt{2}\times 20\ \text{V}=28.3\ \text{V}$$

18.3.4 稳压二极管稳压电路如图 18.11 所示，已知 $u=28.2\sin\omega t\text{V}$，稳压二极管的稳压值 $U_Z=6\ \text{V}$，$R_L=2\ \text{k}\Omega$，$R=1.2\ \text{k}\Omega$。试求：

(1) S_1 断开、S_2 合上时的 I_O、I_R 和 I_Z。

(2) S_1 和 S_2 均合上时的 I_O、I_R 和 I_Z，并说明 $R=0$ 和 D_Z 接反两种情况下电路能否起稳压作用。

解：在图 18.11 中，除交流电源和负载外，还含有单相桥式整流电路、电容滤波电路和稳压二极管稳压电路这三个环节。电压 $u=28.2\sin\omega t=20\sqrt{2}\sin\omega t\ \text{V}$，$U=20\ \text{V}$。

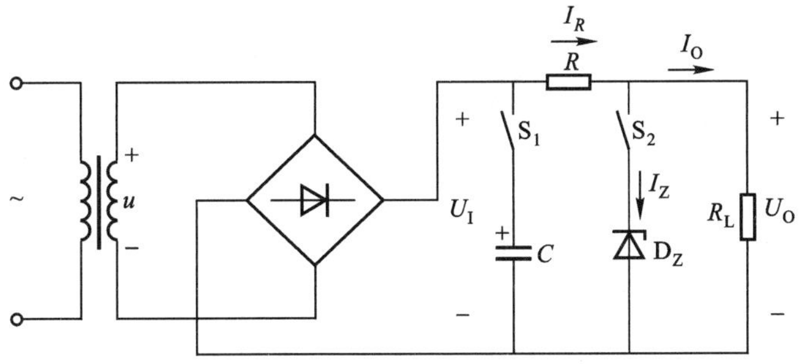

图 18.11　习题 18.3.4 的图

(1) S_1 断开,S_2 合上时的 I_O、I_R 和 I_Z。

此时电路是由单相桥式整流电路和稳压二极管稳压电路构成。

$$U_I = 0.9U = 0.9 \times 20\ \text{V} = 18\ \text{V}$$

$$U_O = U_Z = 6\ \text{V}$$

$$I_O = \frac{U_O}{R_L} = \frac{6}{2 \times 10^3}\ \text{A} = 3\ \text{mA}$$

$$I_R = \frac{U_R}{R} = \frac{U_I - U_O}{R} = \frac{18 - 6}{1.2 \times 10^3}\ \text{A} = 10\ \text{mA}$$

$$I_Z = I_R - I_O = (10 - 3)\ \text{mA} = 7\ \text{mA}$$

(2) S_1 和 S_2 均合上时的 I_O、I_R 和 I_Z;$R=0$ 和 D_Z 接反两种情况下电路能否起稳压作用。

此时电路是由单相桥式整流电路、电容滤波电路和稳压二极管稳压电路构成。

$$U_I = 1.2U = 1.2 \times 20\ \text{V} = 24\ \text{V}$$

$$U_O = U_Z = 6\ \text{V}$$

$$I_O = \frac{U_O}{R_L} = \frac{6}{2 \times 10^3}\ \text{A} = 3\ \text{mA}$$

$$I_R = \frac{U_I - U_O}{R} = \frac{24 - 6}{1.2 \times 10^3}\ \text{A} = 15\ \text{mA}$$

$$I_Z = I_R - I_O = (15 - 3)\ \text{mA} = 12\ \text{mA}$$

说明:

① $R=0$,电路没有稳压作用。因为稳压二极管 D_Z 只有与 R 配合(R 是调整电阻)才能产生稳压作用。如果 $R=0$,U_I 直接加在 D_Z 上,由于 U_I 数值较大,会造成 D_Z 损坏性反向击穿。

② 如果将 D_Z 接反,D_Z 此时只相当于一只普通的二极管,不但没有稳压作用,还将负载 R_L 短路。

18.3.5　如何连接图 18.12 中的各个元器件以及接“地”符号才能得到对“地”为 ±15 V 的直流稳压电源,并写出其导通路径。

解:(1) 在图 18.12 中,变压器二次侧和各个元器件的连接,如题解图 18.07 所示。图中 $C_1 = C_2 = C$,$R_1 = R_2 = R$,$D_{Z1} = D_{Z2} = D_Z$。

(2) 在题解图 18.07 中,以公共地线(B 至“地”之间)为界,可分为上下两个独立的整流、滤波与稳压电路,上边输出电压为 +15 V,下边输出电压为 −15 V,这是一个很实用的应用电路。

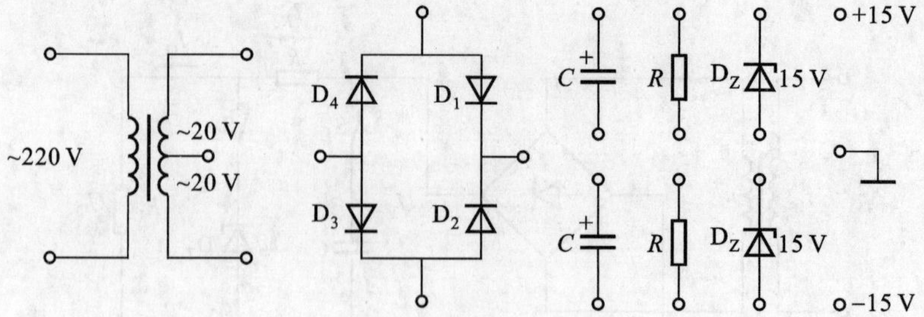

图 18.12　习题 18.3.5 的图

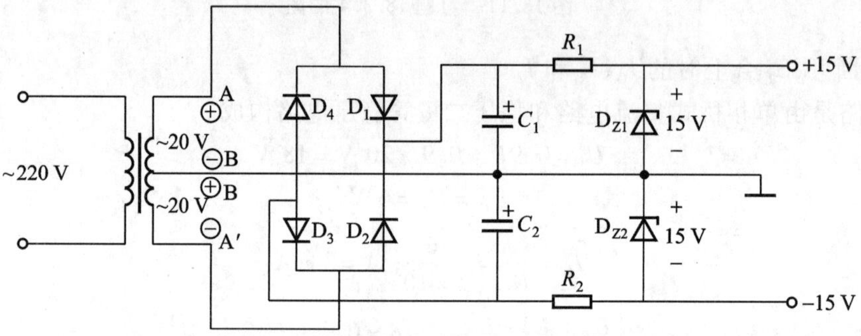

题解图 18.07

(3) 两个独立整流、滤波与稳压电路的路径：

① 变压器二次电压为正半周时：A、B 和 B、A′电位极性如题解图 18.07 所示（两个 B 点电位相同）。上边的 A 为⊕，B 为⊖，整流桥的 D_1 导通，构成通路；下边的 B 为⊕，A′为⊖，整流桥的 D_3 导通，构成通路。两个通路同时导通，路径如下。

上通路的路径为

A⊕ → D_1导通(阳极为⊕) → C_1 → R_1 → D_{Z1} → 公共“地”端 —(构成回路)→ B⊖

为使下通路的路径看起来清晰，我们逆着电流方向看，便也有和上通路一样的路径。

下通路的路径为

A′⊖ → D_3导通(阴极为⊖) → C_2 → R_2 → D_{Z2} → 公共“地”端 —(构成回路)→ B⊕

② 变压器二次电压为负半周时：A、B 和 B、A′电位极性与正半周时相反，整流桥的 D_2 和 D_4 导通，构成上边通路和下边通路，整流桥电流流出方向不变。通路的路径也可按上述方法画出。

18.3.6　某稳压电源如图 18.13 所示，试问：

(1) 输出电压 U_O 的实际极性和大小如何？

(2) 电容 C_1 和 C_2 的极性如何？它们的耐压应选多高？

(3) 负载电阻 R_L 的最小值约为多少？

(4) 如将稳压二极管 D_Z 接反，后果如何？

(5) 如 $R=0$，又将如何？

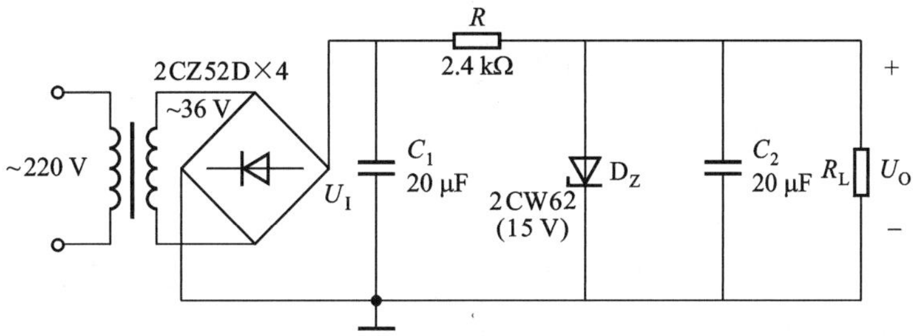

图 18.13　习题 18.3.6 的图

解:(1) U_O 的极性和大小

由整流桥内所标注的二极管整流电流流向和稳压二极管 D_Z 的极性可知,输出电压 U_O 的极性为下正上负(与图 18.13 标注的极性相反)。U_O 的大小为

$$U_O = U_Z = 15\ \mathrm{V}$$

(2) C_1 和 C_2 的极性和耐压

C_1 和 C_2 的下端均为 +。因为 $U_I = 1.2\ U = 1.2 \times 36\ \mathrm{V} = 43.2\ \mathrm{V}$,所以 C_1 和 C_2 的耐压均可取 50 V。

(3) R_L 的最小值

π 形滤波器的输入电压 $U_I = 43.2\ \mathrm{V}$,流过电阻 R 的电流为

$$I_R = \frac{U_I - U_O}{R} = \frac{43.2 - 15}{2.4 \times 10^3}\ \mathrm{A} = 11.75\ \mathrm{mA}$$

I_R 等于稳压管电流和负载电流之和(C_2 对直流可视为开路),即

$$I_L + I_Z = I_R$$

应使稳压管在 I_Z(最小的稳压电流值)情况下工作,以便增大负载电流,故

$$I_{Lmax} + I_Z = I_R$$

$$I_{Lmax} = I_R - I_Z$$

查教材附录 B 中的 2CW62

$$I_Z = 3\ \mathrm{mA} \qquad I_{ZM} = 14\ \mathrm{mA}$$

$$I_{Lmax} = (11.75 - 3)\ \mathrm{mA} = 8.75\ \mathrm{mA}$$

R_L 的最小值

$$R_{Lmin} = \frac{U_O}{I_{Lmax}} = \frac{15}{8.75}\ \mathrm{k\Omega} = 1.7\ \mathrm{k\Omega}$$

(4) D_Z 接反的后果

如果将 D_Z 接反,它就相当于普通二极管,在滤波电压 U_I 作用下 D_Z 正向导通,后果是:

① 通过 D_Z 的电流为

$$\frac{U_I}{R} = \frac{43.2}{2.4 \times 10^3}\ \mathrm{A} = 18\ \mathrm{mA} > I_{ZM}$$

稳压管 D_Z 损坏。

② 通过整流桥二极管的电流为

$$I_D = \frac{1}{2} \times 18 \text{ mA} = 9 \text{ mA}$$

查 2CZ52D 型二极管，$I_{OM} = 100$ mA，$I_D < 100$ mA，二极管安全。

③ 输出电压 $U_O = 0$。

（5）$R = 0$ 的后果

① 稳压二极管没有稳压作用了。

② 滤波电压 $U_I = 43.2$ V 直接加在稳压二极管上，稳压二极管电流将大大超过 $I_{ZM} = 14$ mA 的数值，被反向击穿而损坏（短路），整流二极管也相继被烧毁。

18.3.7 电路如图 18.3.2 所示。已知：$U_Z = 6$ V，$R_1 = 2$ kΩ，$R_2 = 1$ kΩ，$R_3 = 2$ kΩ，$U_I = 30$ V，T 的电流放大系数 $\beta = 50$。试求：

（1）电压输出范围。

（2）当 $U_O = 15$ V，$R_L = 150$ Ω 时，调整管 T 的管耗和运算放大器的输出电流。

解：重新画出图 18.3.2 如题解图 18.08 所示。

（1）电压输出范围

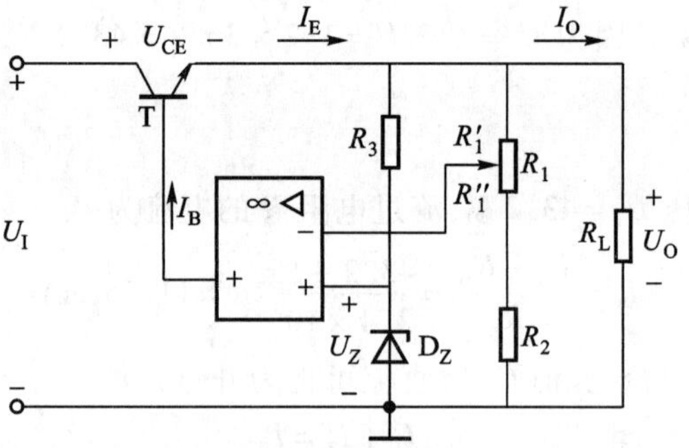

题解图 18.08

在题解图 18.08 中，集成运放构成了同相比例运算电路，若忽略晶体管 T 发射结电压 $U_{BE} \approx 0.6$ V，可以写出如下计算公式

$$U_O = \left(1 + \frac{R_1'}{R_1'' + R_2}\right) U_Z = \frac{R_1'' + R_2 + R_1'}{R_1'' + R_2} U_Z = \frac{R_1 + R_2}{R_1'' + R_2} U_Z$$

当 $R_1'' = R_1$ 时

$$U_O = \frac{R_1 + R_2}{R_1 + R_2} U_Z = U_Z = 6 \text{ V}$$

当 $R_1'' = 0$ 时

$$U_O = \frac{R_1 + R_2}{R_2} U_Z = \frac{2 + 1}{1} \times 6 \text{ V} = 18 \text{ V}$$

所以电压输出范围是 6 ~ 18 V。

（2）运算放大器的输出电流和调整管的管耗

调整管的发射极电流为三部分电流之和，即

$$I_E = \frac{U_O - U_Z}{R_3} + \frac{U_O}{R_1 + R_2} + \frac{U_O}{R_L}$$

$$=\frac{15-6}{2}\ \text{mA}+\frac{15}{2+1}\ \text{mA}+\frac{15}{150}\ \text{A}$$

$$=(4.5+5+100)\ \text{mA}=109.5\ \text{mA}$$

运算放大器的输出电流就是调整管的基极电流，即

$$I_B=\frac{I_E}{1+\beta}=\frac{109.5}{1+50}\ \text{mA}=2.15\ \text{mA}$$

调整管的管耗为

$$P_C=U_{CE}I_C=(U_I-U_O)\beta I_B$$

$$=(30-15)\times 50\times 2.15\ \text{mW}=1\ 612.5\ \text{mW}=1.61\ \text{W}$$

18.3.8 在图 18.14 中，试求输出电压 U_O 的可调范围是多少？

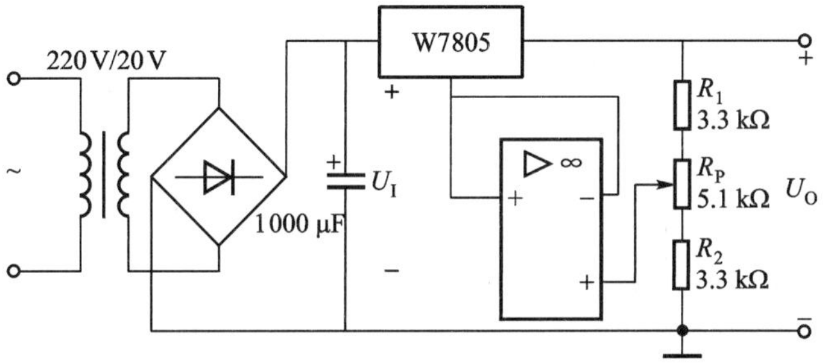

图 18.14　习题 18.3.8 的图

解：(1) 稳压器 W7805 的输出电压为

$$U_{\times\times}=5\ \text{V}$$

(2) 运算放大器（在这里是电压跟随器）的同相输入电压 U_+ 和输出电压 U_O' 分别为

$$U_+=\frac{R_2'+R_2}{R_1+R_P+R_2}U_O$$

式中 R_2' 为电位器 R_P 滑动端以下的部分电阻。

$$U_O'=U_+=\frac{R_2'+R_2}{R_1+R_P+R_2}U_O$$

(3) 输出电压 U_O 的可调范围有如下关系式

$$U_O'+U_{\times\times}=U_O$$

$$\frac{R_2'+R_2}{R_1+R_P+R_2}U_O+U_{\times\times}=U_O$$

$$U_O-\frac{R_2'+R_2}{R_1+R_P+R_2}U_O=U_{\times\times}$$

$$U_O-\frac{R_2'+3.3}{3.3+5.1+3.3}U_O=5$$

$$U_O\left(1-\frac{R_2'+3.3}{11.7}\right)=5$$

$$U_O=\frac{58.5}{8.4-R_2'}$$

当 $R_2'=0$ 时

$$U_O=\frac{58.5}{8.4}\ \text{V}=6.96\ \text{V}$$

当 $R_2'=5.1\ \text{k}\Omega$ 时

$$U_O=\frac{58.5}{8.4-5.1}\ \text{V}=17.73\ \text{V}$$

所以,输出电压 U_O 的可调范围是 6.96 ~ 17.73 V。

C 拓 宽 题

18.1.12 图 18.15 是二倍压整流电路,$U_O=2\sqrt{2}U$,试分析之,并标出 U_O 的极性。

解:在图 18.15 所示二倍压整流电路中,有两个电容 C_1 和 C_2,它们的作用是积累充电电荷。

(1) 电源电压正半周时,电压加在电容 C_1 和二极管 D_1 的串联电路上,形成通路(D_1 导通,D_2 截止),向 C_1 充电,C_1 上电压可充至 $U_m=\sqrt{2}U$,极性如图所示。

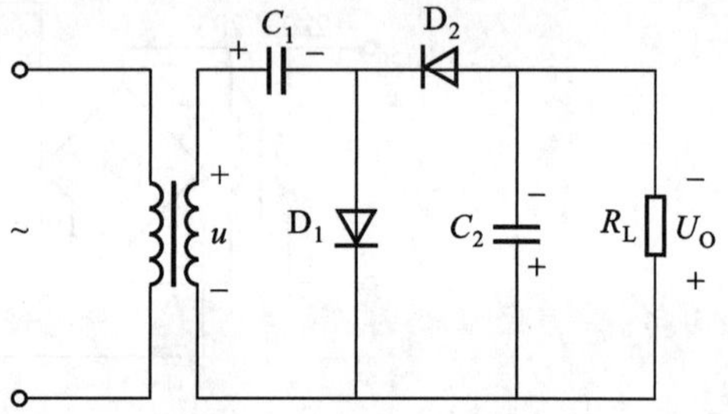

图 18.15 习题 18.1.12 的图

(2) 电源电压负半周时,C_1 上电压与电源电压相加,向 C_2 充电(D_2 导通,D_1 截止),C_2 上电压可充至 $2U_m=2\sqrt{2}U$。C_2 上电压就是 R_L上电压,即 $U_O=2\sqrt{2}\ U$,极性为下正上负,如图所示。

18.3.9 图 18.16 所示的是另一种串联型稳压电路,其比较放大环节由晶体管 T_1 和电阻 R_4 组成。已知稳压二极管 D_Z 的稳定电压 $U_Z=5.3\ \text{V}$,电阻 $R_1=R_2=200\ \Omega$,晶体管 T_1 的 $U_{BE}=0.7\ \text{V}$。

(1) 当电位器 R_P 的滑动触头在最下端时,测得输出电压 U_O 为 15 V,试求 R_P 的值。

(2) 输出电压 U_O 的可调范围是多少?

(3) 试分析其稳压过程。

解:为使分析清晰,将图 18.16 重画如题解图 18.09 所示(负载电阻 R_L 没有画出)。

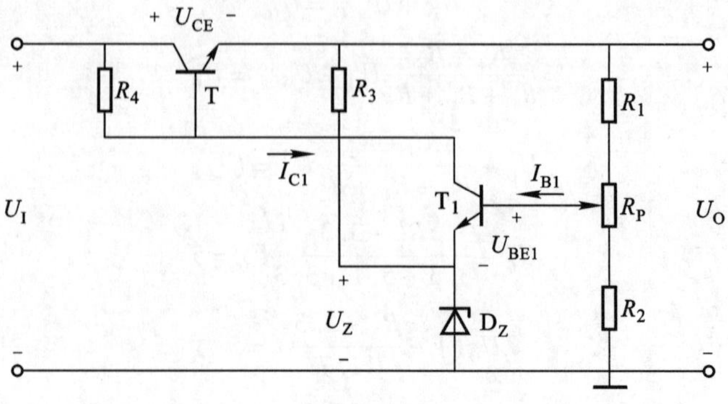

题解图 18.09 习题 18.3.9 的图

（1）当电位器 R_P 的滑动触点位于最下端时，可列出等式

$$\frac{R_2}{U_Z+U_{BE1}}=\frac{R_1+R_P+R_2}{U_O}$$

$$\frac{200}{5.3+0.7}=\frac{200+R_P+200}{15}$$

$$\frac{200}{6}=\frac{400+R_P}{15}$$

可得

$$R_P=100\ \Omega$$

（2）当电位器 R_P 的滑动触点位于最上端时，可列出等式

$$\frac{R_2+R_P}{U_Z+U_{BE1}}=\frac{R_1+R_P+R_2}{U_O}$$

$$\frac{200+100}{5.3+0.7}=\frac{200+100+200}{U_O}$$

$$\frac{300}{6}=\frac{500}{U_O}$$

可得

$$U_O=10\ \text{V}$$

所以，输出电压 U_O 的可调范围是(10～15)V。

（3）稳压过程

设由于电源或负载的变化引起输出电压 U_O 升高时，稳压过程是：

$$U_O\uparrow\longrightarrow \text{T}_1\text{管}U_{BE1}\uparrow\longrightarrow I_{B1}\uparrow\longrightarrow I_{C1}\uparrow\longrightarrow \text{T}_1\text{管集电极电位}\downarrow$$

$$\longrightarrow \text{T管基极电位}\downarrow\longrightarrow \text{T管的}U_{CE}\uparrow\longrightarrow U_O\downarrow$$

这个动态过程使 U_O 保持稳定。当输出电压 U_O 降低时，其稳定过程中的变化与上述相反，仍然使 U_O 保持稳定。

18.3.10 试设计一直流稳压电源，其输入为 220 V/50 Hz 的交流电源，输出电压 U_O 为 15 V，最大输出电流为 500 mA，采用单相桥式整流电路(带电容滤波)和三端集成稳压器(输入输出电压差为 5 V)。

（1）画出电路图。

（2）确定电源变压器的变比。

（3）选择整流二极管、滤波电容和三端集成稳压器。

解：(1) 电路图

所设计的电路如题解图 18.10 所示。

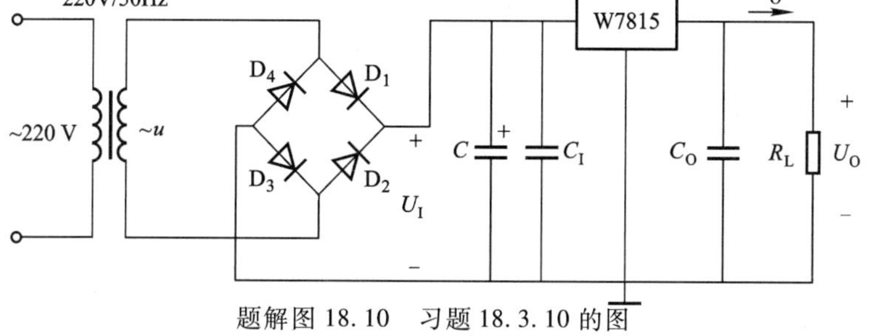

题解图 18.10　习题 18.3.10 的图

（2）电源变压器的变压比

$$U_{\mathrm{I}}=(15+5)\ \mathrm{V}=20\ \mathrm{V}$$

因为
$$U_{\mathrm{I}}=1.2\ U$$

所以
$$U=\frac{U_{\mathrm{I}}}{1.2}=\frac{20}{1.2}\ \mathrm{V}=17\ \mathrm{V}$$

变压比
$$k=\frac{220}{17}=13$$

（3）选择器件

① 整流二极管

$$I_{\mathrm{D}}=\frac{I_{\mathrm{D}}}{2}=\frac{500}{2}\ \mathrm{mA}=250\ \mathrm{mA}$$

$$U_{\mathrm{RM}}=\sqrt{2}U=\sqrt{2}\times 17\ \mathrm{V}=23.8\ \mathrm{V}$$

选用 2CZ55B 型二极管四只，其 $I_{\mathrm{OM}}=1000\ \mathrm{mA}$，$U_{\mathrm{RWM}}=50\ \mathrm{V}$。

② 滤波电容

取 $C=1000\ \mu\mathrm{F}$，耐压 50 V 的电解电容。

③ 三端集成稳压器

选取 W7815 型集成稳压器，其输出电压 15 V，输出电流 1.5 A。W7815 的输入/输出电容：取 $C_{\mathrm{I}}=0.33\ \mu\mathrm{F}$，$C_{\mathrm{O}}=1\ \mu\mathrm{F}$。

△第 19 章

电力电子技术

电力电子技术诞生和发展于20世纪后半叶,是融合电子技术和控制技术对电能进行变换和控制的多学科相互渗透的新兴的综合性技术。一些高耐压、大电流的电力电子器件的逐步出现,使电子技术进入了强电领域,并由弱电控制强电。电力电子技术为节约电能、降低材料消耗、提高电能使用效率提供了重要手段,推动电气工程的不断进步。在交直流传动系统、电化学工业、冶金工业、交通运输、电力系统、通信系统、新能源系统、电子装置电源、绿色照明、家用电器等国民经济和日常生活等诸多领域得到日益广泛的应用。

本章概要介绍了几种常用的电力电子器件和几种电能变换电路。主要论述了晶闸管的结构、原理、特性、主要参数和保护,以及其触发和应用电路。

19.1 内容要点与阅读指导

电力电子技术所涉及的内容多、知识面广、应用面宽,本章作为非共同性基本内容,只进行几种常用电力电子器件(如晶闸管、功率晶体管、功率场效晶体管和绝缘栅双极型晶体管)和几种常用变换电路(可控整流电路、逆变电路、交流调压电路、直流斩波电路)的简单介绍,重点讨论晶闸管和由其构成的可控整流电路的工作原理。

1. 电力电子器件的分类

电力电子器件是电力电子技术的核心。根据器件的开关特性,电力电子器件分为:不可控器件(整流二极管等),半控器件(晶闸管等),全控器件(可关断晶闸管、功率晶体管、功率场效晶体管、绝缘栅双极型晶体管等)。

2. 可控整流电路

晶闸管是最早应用于电力电子技术领域的电力电子器件之一,由其构成的单相半波可控整流电路和单相半控桥式整流电路属于电力电子技术的常用基本电路形式,与二极管整流电路的区别在于可控整流电路可以靠晶闸管触发脉冲的移相来调节输出直流平均电压。

3. 晶闸管的触发电路

单结晶体管触发电路是常用的晶闸管触发电路。触发电路应具备产生足够宽度和幅度的触发脉冲,而且可实现触发脉冲的移相控制以及与主电路交流电压同步等功能。

4. 电力电子电路的分类

电力电子电路的拓扑结构非常多,如果按照输入、输出电能的形式,电力电子电路可分为交流－直流(AC－DC)变换、直流－交流(DC－AC)变换、交流－交流(AC－AC)变换和直流－直流(DC－DC)变换四种基本类型。实际应用的电力电子装置中,通常是以上几种变换的组合。例如用于交流电动机调速的变频电路,属于交流－交流变换,实际其中包含了 AC－DC 变换(整流)、DC－AC 变换(逆变)两种变换形式,即 AC－DC－AC 变换。

19.2 基 本 要 求

1. 了解几种常用的电力电子器件:普通晶闸管(SCR)、可关断晶闸管(GTO)、功率晶体管(GTR)、功率场效晶体管(Power MOSFET)和绝缘栅双极型晶体管(IGBT)。其中以普通晶闸管为重点,了解它的工作原理、特性曲线和主要参数。

2. 了解单相可控整流电路的工作原理、电压和电流的波形图。了解单相可控整流电路在电感性负载时的工作情况,理解续流二极管的作用。

3. 了解单结晶体管及其构成的晶闸管触发电路,理解同步的概念。

4. 了解几种基本变换器:逆变器、变频器、交流调压器和直流斩波器的概念和用途。

19.3 重点与难点

1. 重点

(1) 了解晶闸管的工作原理和使用方法。

(2) 了解单相可控整流电路的工作原理。

(3)了解单结晶体管触发电路的工作原理,理解触发脉冲与主电路交流电压的同步。

2. 难点

(1) 理解晶闸管的导通和关断条件。

(2) 单结晶体管触发脉冲产生电路。

19.4 知识关联图

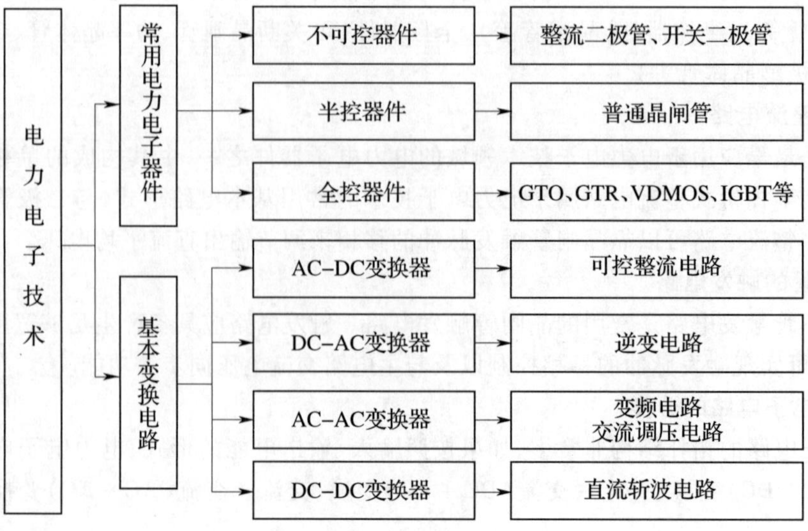

19.5 【练习与思考】题解

19.1.1 在晶闸管中，控制极电流是小的，阳极电流是大的；在晶体管中，基极电流是小的，集电极电流是大的。两者有何不同？晶闸管是否也能放大电流？

解：晶闸管和晶体管的最大区别在于：晶闸管只能作为开关元件使用，而晶体管既可以作开关元件，也可以作线性放大元件使用。晶闸管阳极电位高于阴极电位时，很小的控制极电流就可以使其导通。晶闸管一旦导通，控制极即失去控制作用，即控制极只能控制晶闸管的开通，无法控制关断。晶闸管只有在阳极电流减小到维持电流以下时才会关断，而且导通时的阳极电流由外电路参数决定，没有电流放大作用。晶体管工作在线性放大状态时，其基极电流与集电极电流有近似的线性关系，可以用很小的基极电流来控制较大的集电极电流。晶体管工作于开关状态时，集电极电流的大小由外电路决定，但是导通和阻断均受基极电流信号控制。

19.1.2 晶闸管导通的条件是什么？导通时，其中电流的大小由什么决定？晶闸管阻断时，承受电压的大小由什么决定？

解：晶闸管导通条件为：

（1）晶闸管外加正向电压，即阳极电位高于阴极电位。

（2）在其控制极和阴极之间外加正向触发脉冲。

晶闸管导通时的阳极电流决定于电源电压和负载电阻的大小；晶闸管有正向阻断和反向阻断两种情况，阻断时承受的电压决定于电源电压。不管是正向阻断还是反向阻断，晶闸管所承受的电压不要超过其转折电压，否则会造成晶闸管被击穿而损坏。

19.1.3 为什么晶闸管导通之后，控制极就失去控制作用？在什么条件下晶闸管才能从导通转为截止？

解：题解图 19.01 是晶闸管的符号及其内部等效电路图。在晶闸管阳极电位高于阴极电位时，如果控制极也加正向电压，则晶体管 T_2 的发射结正向偏置，形成基极电流即控制极电流 I_G，T_2 的集电极电流被放大为 $\beta_2 I_G$。T_2 的集电极电流同时也是 T_1 的基极电流，而 T_1 的集电极电流达到 $\beta_1\beta_2 I_G$，又流入 T_2 的基极。如此循环，逐步放大，形成强烈的正反馈作用，使两个晶体管迅速饱和导通，即晶闸管导通。而且在导通之后，即使去掉控制极信号 I_G，晶闸管仍然可以依靠正反馈作用维持导通状态。只有降低阳极电压或阳极加反向电压使阳极电流减小到不足以维持正反馈过程时，即阳极电流减小到维持电流以下时晶闸管才会处于阻断状态。

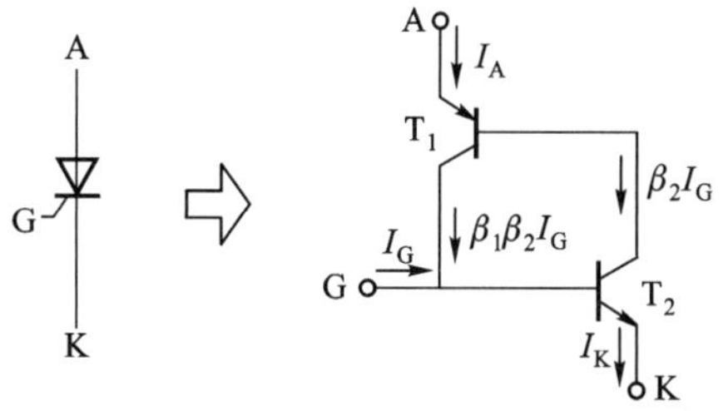

题解图 19.01

19.1.4 晶闸管参数中的“控制极触发电压”和“控制极触发电流”这两项表示什么意义？

解：在实际中规定：晶闸管的阳极与阴极之间加上 6 V 直流电压，能使晶闸管导通的控制极最小电压和电流，称为触发电压和电流。

19.1.5 型号 KP200－18F 中各个文字和数字代表什么？

解：各字母和数字表示的意义如下：

K：晶闸管；P：普通型；200：额定正向平均电流为 200 A；18：额定电压为 1 800 V；F：表示

其正向导通时平均电压组别(小于 100 A 的晶闸管不标),分为 A ~ I 九级,分别对应 0.4 ~ 1.2 V,F 级为 0.9 V。

19.2.1 在图 19.2.6 所示的单相半控桥式整流电路中,变压器二次交流电压的有效值为 300 V,选用 400 V 的晶闸管是否可以?

解:因晶闸管所承受的最高正向电压 U_{FM} 和最高反向电压 U_{RM} 已达到 $300\sqrt{2}(\approx 424)$ V,不可以使用 400 V 的晶闸管。实际选择晶闸管时,考虑到电网电压的波动和瞬间过电压,一般留有一倍以上的余量,可按下式选择晶闸管的正向和反向重复峰值电压:

$$U_{DRM} \geqslant (2\sim3)U_{FM} = (2\sim3)\times 424\ \text{V} = (848\sim1\ 272)\ \text{V}$$

$$U_{RRM} \geqslant (2\sim3)U_{RM} = (2\sim3)\times 424\ \text{V} = (848\sim1\ 272)\ \text{V}$$

本例可选用 1 000 V 的晶闸管。

19.2.2 为什么接电感性负载的可控整流电路(图 19.2.3)的负载上会出现负电压?而接续流二极管后负载上就不出现负电压了,又是为什么?

解:接电感性负载的单相半波可控整流电路如题解图 19.02 所示,其中图(a)不带续流二极管,图(b)接有续流二极管。

在题解图 19.02(a)所示的电路中,晶闸管导通时,输出电压 u_O 等于交流电压 u。由于电感性负载的电流滞后于电压的变化,当 u 从正向幅值衰减到等于零时,电感电流仍大于零,晶闸管处于导通状态,此时电感电动势 $e_L<0$,输出电压 $u_O=0$。此后,虽然 u 已变化到负半周,但是,只要 $|e_L|>|u|$,电感电流大于晶闸管维持电流,晶闸管就会维持导通状态,使输出电压 u_O 出现了负值。

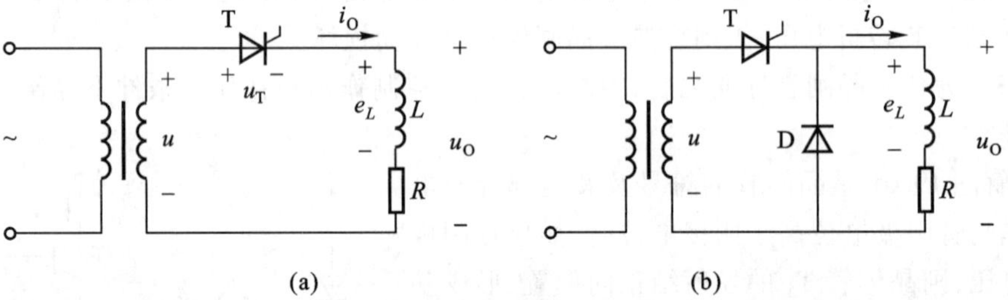

题解图 19.02

在题解图 19.02(b)所示的电路中,续流二极管 D 反向并联在负载两端,当负载出现负的电压时,续流二极管导通,输出电压 u_O 接近于零。同时,其正向导通压降不足以维持晶闸管继续导通,晶闸管阻断。

19.2.3 设 $U_{BB}=20$ V,$U_D=0.7$ V,单结晶体管的分压比 $\eta=0.6$,试问发射极电压升高到多少伏管子导通?如果 $U_{BB}=15$ V,则又如何?

解:当发射极电压 $U_E=\eta U_{BB}+U_D$ 时,单结晶体管导通,所以 $U_{BB}=20$ V 时,发射极电压应升高到

$$U_E=\eta U_{BB}+U_D=(0.6\times20+0.7)\ \text{V}=12.7\ \text{V}$$

如果 $U_{BB}=15$ V,则有

$$U_E=\eta U_{BB}+U_D=(0.6\times15+0.7)\ \text{V}=9.7\ \text{V}$$

19.2.4 为什么触发电路要与主电路同步?在本书中是如何实现同步的?

解:为了实现输出电压的平均值不变,必须保证每半个周期晶闸管触发脉冲到来的时刻相同,即控制角相同。所谓同步即是指触发电路电源电压的过零点与主电路交流电压过零点的时刻相同,与主电路交流电压同步。本书中触发电路和主电路交流电源取自同一变压器的两个不同输出绕组,实现了控制电路与主电路同步。

19.2.5 如何实现触发脉冲的移相?

解:在单结晶体管的触发脉冲产生电路中,在电容 C 不变的情况下,改变其充电电流的大小可使第一个触发脉冲出现的时间发生变化,使触发脉冲移相。在开环控制的电路中,可以手动调节电位器 R_P 来改变其充电电流以达到移相的目的。

19.2.6 什么是稳压管的削波作用?其目的何在?

解:在单结晶体管的触发脉冲产生电路中,所谓削波即是指用稳压管将整流电压变成等幅的梯形波。其目的是使每半周输出的第一个触发脉冲的幅度和每半周相对于交流电压过零点的时间基本相同,不受电网电压波动的影响。

19.2.7 在单结晶体管的触发电路中,(1) 电容 C 一般在 0.1 ~ 1 μF 范围内,如果取得太小或太大,对晶闸管的工作有何影响?(2) 电阻 R_1 一般在 50 ~ 100 Ω 之间,如果取得太小和太大,对晶闸管的触发有何影响?

解:晶闸管从阻断状态到完全导通需要一定的时间,一般在 10 μs 量级,所以要求触发脉冲的宽度达到数十微秒。在单结晶体管的触发电路中,单结晶体管导通时,电容 C 通过电阻 R_1 放电的时间常数大小决定了触发脉冲宽度的大小,电容 C 充电的时间常数决定了第一个触发脉冲产生的时刻即控制角的大小。综上所述,(1) 如果电容 C 太小,R_1 必须很大,当单结晶体管尚未导通时,其漏电流在 R_1 上产生的压降就有可能使晶闸管误触发而导通。如果电容 C 太大在需要较小的控制角时,电容 C 的充电电阻必须很小,有可能造成单结晶体管的直通现象。(2) R_1 如果太小,电容 C 放电太快,满足不了对触发脉冲宽度的要求。R_1 太大,又容易造成前面述及的晶闸管误触发现象。

19.2.8 什么是单结晶体管的"直通"?是如何产生的?

解:所谓单结晶体管的"直通",是指单结晶体管触发电路中的单结晶体管导通后不能截止的现象。其原因是电容 C 的充电电阻太小,导致电源流经电阻提供的发射极电流不能降到谷点电流以下,电容电压始终大于谷点电压,单结晶体管不能截止。解决的办法就是选用谷点电压和谷点电流大一点的单结晶体管,适当加大电容的充电电阻。

19.6 【习题】题解

19.2.1 某一电阻性负载,需要直流电压 60 V、电流 30 A。今采用单相半波可控整流电路,直接由 220 V 电网供电。试计算晶闸管的导通角、电流的有效值,并选用晶闸管。

解:(1) 先求晶闸管控制角 α

由

$$U_O = 0.45U\frac{1+\cos\alpha}{2}$$

可得

$$\cos\alpha=\frac{2\times 60}{0.45\times 220}-1=0.212$$

$$\alpha=77.76°=\left(77.76\times\frac{\pi}{180}\right)\text{rad}=1.36\ \text{rad}$$

则导通角

$$\theta=180°-\alpha\approx 102.2°$$

（2）求负载电阻 R_L

$$R_L=\frac{60}{30}\ \Omega=2\ \Omega$$

电流有效值

$$I=\sqrt{\frac{1}{2\pi}\int_0^{2\pi}i^2\,\mathrm{d}(\omega t)}=\sqrt{\frac{1}{2\pi}\int_\alpha^{\pi}\left(\frac{\sqrt{2}U}{R_L}\sin\omega t\right)^2\mathrm{d}(\omega t)}$$

$$=\frac{\sqrt{2}U}{R_L}\sqrt{\frac{1}{2\pi}\int_\alpha^{\pi}\sin^2\omega t\mathrm{d}(\omega t)}$$

$$=\frac{\sqrt{2}U}{2\sqrt{\pi}R_L}\sqrt{\left[(\omega t)-\frac{1}{2}\sin 2(\omega t)\right]_\alpha^{\pi}}$$

$$=\frac{\sqrt{2}\times 220}{2\sqrt{\pi}\times 2}\times\sqrt{(\pi-0)-\left[1.36-\frac{1}{2}\sin(2\times 1.36)\right]}\ \text{A}\approx 62\ \text{A}$$

（3）选用晶闸管

晶闸管的平均电流等于负载平均电流，亦为 30 A。

晶闸管承受的最高正、反向电压均为

$$U_{FM}=U_{RM}=\sqrt{2}U=311\ \text{V}$$

为了保证晶闸管在出现瞬时过电压时不致损坏，通常选择晶闸管的正向和反向重复峰值电压分别为

$$U_{DRM}\geqslant(2\sim 3)U_{FM}=(2\sim 3)\times 311\ \text{V}=(622\sim 933)\ \text{V}$$

$$U_{RRM}\geqslant(2\sim 3)U_{RM}=(2\sim 3)\times 311\ \text{V}=(622\sim 933)\ \text{V}$$

可选用 KP50－6 型、600 V、50 A 的晶闸管。

19.2.2 有一单相半波可控整流电路，负载电阻 $R_L=10\ \Omega$，直接由 220 V 电网供电，控制角 $\alpha=60°$。试计算整流电压的平均值、整流电流的平均值和电流的有效值，并选用晶闸管。

解：整流电压的平均值为

$$U_O=0.45U\cdot\frac{1+\cos\alpha}{2}$$

$$=0.45\times 220\times\frac{1+\cos 60°}{2}\ \text{V}$$

$$=74.25\ \text{V}$$

整流电流的平均值为

$$I_O=\frac{U_O}{R_L}=\left(\frac{74.25}{10}\right)\ \text{A}=7.425\ \text{A}$$

整流电流的有效值为

$$I = \sqrt{\frac{1}{2\pi}\int_0^{2\pi} i^2 \mathrm{d}(\omega t)}$$

$$= \sqrt{\frac{1}{2\pi}\int_\alpha^{\pi}\left(\frac{\sqrt{2}U}{R_L}\sin \omega t\right)^2 \mathrm{d}(\omega t)}$$

$$= \frac{\sqrt{2}U}{R_L}\sqrt{\frac{1}{2\pi}\int_\alpha^{\pi}\sin^2 \omega t \mathrm{d}(\omega t)}$$

$$= \frac{\sqrt{2}U}{2\sqrt{\pi}R_L}\sqrt{\left[(\omega t) - \frac{1}{2}\sin 2(\omega t)\right]_\alpha^{\pi}} = 13.95\ \mathrm{A}$$

晶闸管承受的最高正、反向电压均为

$$U_{FM} = U_{RM} = \sqrt{2}U = 311\ \mathrm{V}$$

可选用正向平均电流 10 A，正、反向重复峰值电压 600 V 的晶闸管。

19.2.3 有一电阻性负载，它需要可调的直流电压 $U_O = 0 \sim 60$ V，电流 $I_O = 0 \sim 10$ A。现采用单相半控桥式整流电路，试计算变压器二次侧的电压，并选用整流元件。

解：(1) 求变压器二次侧的电压 U

设导通角 $\theta = 180°$时，$U_O = 60$ V，$I_O = 10$ A，由

$$U_O = 0.9U \cdot \frac{1 + \cos \alpha}{2} = 0.9U$$

得

$$U = \frac{U_O}{0.9} = \frac{60}{0.9}\ \mathrm{V} = 66.7\ \mathrm{V}$$

(2) 选用整流元件

晶闸管承受的最高正、反向电压，以及二极管承受的最高反向电压均为

$$U_{FM} = U_{RM} = \sqrt{2}U = \sqrt{2} \times 66.7\ \mathrm{V} = 94\ \mathrm{V}$$

流过晶闸管和二极管的最大平均电流均为负载平均电流的一半，即

$$I_T = I_D = \frac{1}{2}I_O = 5\ \mathrm{A}$$

可选用 10 A、200 V 的晶闸管和 10 A、100 V 的二极管。

19.2.4 在上题中，如果不用变压器，而将整流电路的输入端直接接在 220 V 的交流电源上，试计算输入电流的有效值，并选用整流元件。

解：计算输入为 220 V 交流电压时的控制角 α，由

$$U_O = 0.9U \cdot \frac{1 + \cos \alpha}{2}$$

可得

$$\alpha = \arccos\left(\frac{2U_O}{0.9U} - 1\right) = \arccos\left(\frac{2 \times 60}{0.9 \times 220} - 1\right) = 113.2° = 1.98\ \mathrm{rad}$$

输出电流的有效值为

$$I = \sqrt{\frac{1}{2\pi}\int_0^{2\pi} i^2 \mathrm{d}(\omega t)}$$

$$= \sqrt{\frac{1}{\pi}\int_{\alpha}^{\pi}\left(\frac{\sqrt{2}U}{R_L}\sin\omega t\right)^2 d(\omega t)}$$

$$= \frac{U}{R_L}\sqrt{\frac{1}{2\pi}\int_{\alpha}^{\pi}\sin^2\omega t d(\omega t)}$$

$$= \frac{U}{\sqrt{\pi}R_L}\sqrt{\left[(\omega t) - \frac{1}{2}\sin 2(\omega t)\right]_{\alpha}^{\pi}}$$

将负载电阻 $R_L = \frac{U_O}{I_O} = 6\ \Omega$，$U = 220$ V 及 $\alpha = 1.98$ rad 代入上式，可得

$$I = \frac{220}{\sqrt{\pi}\times 6}\sqrt{\left[\left(\pi - \frac{1}{2}\sin 2\pi\right) - (1.98 - \sin 3.96)\right]}\ \text{A}$$
$$= 18.5\ \text{A}$$

与上题相比，整流输出平均电流不变，输入电压改变为 220 V 交流。可选用 10 A、600 V 的晶闸管和 10 A、300 V的二极管。

19.2.5 试分析图 19.01 所示的可控整流电路的工作情况。

解：在图 19.01 所示的可控整流电路中，二极管桥式整流电路输出全波整流电压，晶闸管只起到直流开关的作用。在交流的每半个周期，晶闸管均承受正向电压，可以通过改变其导通角调整负载电阻 R_L 上的直流电压 U_O，输出波形与半控桥式整流波形相同。晶闸管承受的最高正向电压等于变压器二次侧电压的峰值，其平均电流等于负载电阻的平均电流。

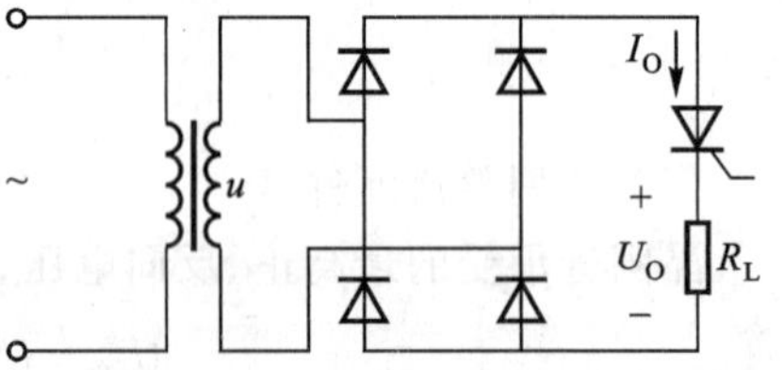

图 19.01 习题 19.2.5 的图

19.3.1 图 19.02 所示是一种触摸式密码箱电路。当继电器 KA_1 通电后就能把锁打开。触摸键有 $C_1 \sim C_{10}$ 共十个。当手指摸到某个键时，相应的晶体管就会由于人体感应而导通，从而在晶闸管的控制极上得到触发信号使晶闸管导通。试分析：

(1) 开锁时应摸哪几个触摸键？有无触摸顺序？

(2) 如误摸不是开锁的键，后果如何？如何恢复正常？

解：(1) 从电路图中可以看出，使继电器 KA_1 的线圈通电的条件是：晶闸管 T_1，T_2，T_3 导通，晶闸管 T_4 阻断，继电器 KA_2 线圈断电。三只晶闸管的导通顺序是 T_3—T_2—T_1，因此，应按 C_7—C_4—C_2 的顺序依次触摸按键。

(2) 如果误触摸 C_7，C_4，C_2 以外的按键，晶闸管 T_4 就会导通，继电器 KA_2 吸合，串联在 T_3 支路上的触点断开，无法开锁。这时，只需将电源开关 S 断开，重新接通电源即可恢复正常。

19.4.1 试分析图 19.03 所示电路的工作情况。

解：这是一个两级的晶闸管触发电路。第一级是普通单结晶体管触发电路，受其输出电流能力的限制，不能直接触发 100 A 晶闸管，故增加一只 5 A 晶闸管以提高驱动能力。100 A晶闸管一旦导通，其正向电压只有 1 V 左右，使 5 A 晶闸管的正向电流小于其维持电流而被阻断。

单结晶体管触发电路仍起移相、同步等作用。图中的二极管是防止 5 A 晶闸管的控制极与阴极之间反向击穿而使用的。

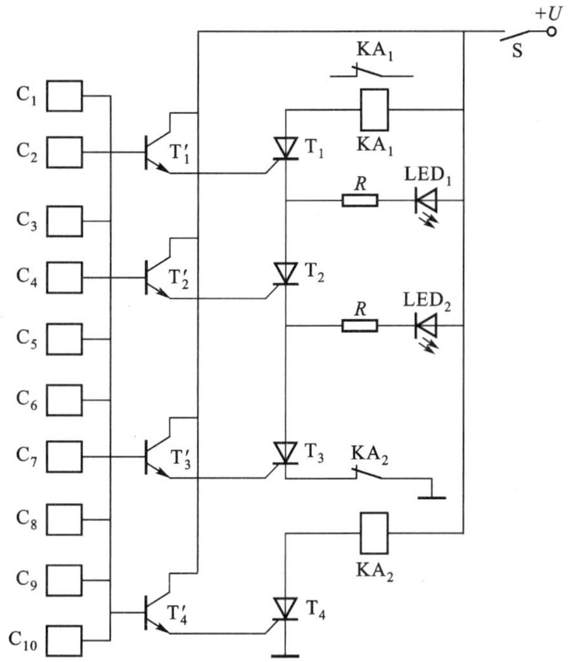

图 19.02　习题 19.3.1 的图

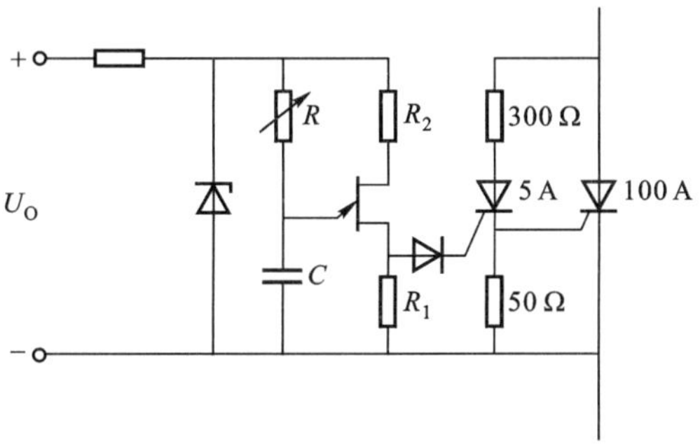

图 19.03　习题 19.4.1 的图

19.4.2　图 19.04 所示是一种晶闸管时间继电器的电路。在此,晶闸管作为一个开关。试分析电路的工作情况。

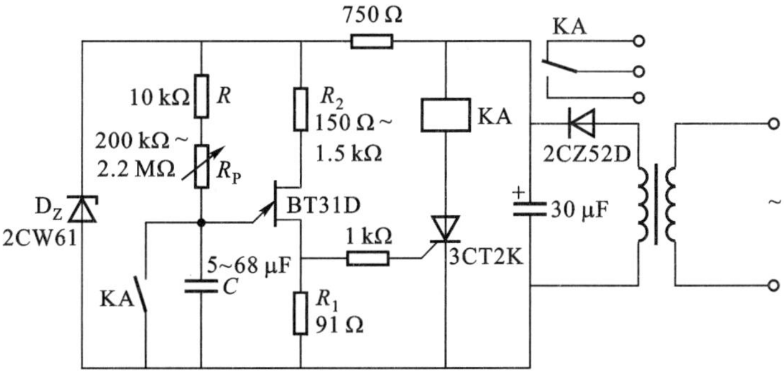

图 19.04　习题 19.4.2 的图

解:这是一个通电延时时间继电器,该电路包括以下三部分:

(1) 继电器 KA 及其晶闸管驱动电路。

(2) 单结晶体管构成的晶闸管触发电路。

(3) 电源。首先由变压器降压,然后经二极管 2CZ52D 和 30 μF 电容构成的半波整流、电容滤波电路给继电器供电,滤波输出再经 750 Ω 电阻和 D_Z 构成的稳压二极管稳压电路给晶闸管触发电路供电。

与继电器的动作延迟时间相比,稳压二极管建立稳定的电压输出所需时间非常短暂,可以认为是在交流电源接通的同时,稳压二极管稳压电路即通过电阻 R、R_P 给电容 C 充电,当电容电压达到单结晶体管的峰点电压时,单结晶体管导通,经 1 kΩ 限流电阻触发晶闸管 3CT2K 导通,继电器 KA 线圈通电,触点动作。具有外部引出端子的触点可以用于时间控制,而并联在电容 C 上的触点闭合,使电容电压迅速降为零,单结晶体管阻断,但晶闸管仍然导通,维持 KA 线圈通电,直到断开交流电源,继电器复位时为止。从交流电源接通到继电器触点动作所需时间 T 就是时间继电器的延时时间,大小等于电容电压从零上升到单结晶体管峰点电压所需的时间,改变充电电阻大小(通过调整 R_P 实现)可以调整延时时间。延时时间 T 可由下式估算

$$T=(R+R_P)C\ln\frac{1}{1-\eta}$$

式中 η 为单结晶体管的分压比。

第20章

门电路和组合逻辑电路

本章是数字电子技术的重要基础。主要介绍了有关逻辑代数的基本知识、逻辑函数的概念和分析方法;基本门电路的概念和功能;常用TTL和CMOS集成逻辑门电路;组合逻辑电路的概念及其分析和设计方法以及常用的组合逻辑电路部件。掌握好本章内容对于后续触发器与时序逻辑电路的学习有着十分重要的意义。

20.1 内容要点与阅读指导

"逻辑"反映事物之间的因果关系,任何复杂的逻辑关系都可通过最基本的逻辑关系的组合加以描述和表达,而通过电路方式实现基本逻辑关系的门电路是构成各种复杂逻辑电路的基本单元。逻辑代数是分析和设计各种逻辑电路的有效工具。

1. 数字电路的基本知识

(1) 开关器件:二极管、晶体管、场效晶体管都是数字电路中常用的开关器件。

(2) 开关作用:开关器件在适当的外部条件下的导通或截止相当于实际开关的接通或断开。

(3) 逻辑约定:正逻辑——高电平为**1**、低电平为**0**;负逻辑——高电平为**0**、低电平为**1**。在未加特别说明时,一般均采用正逻辑。

(4) 信号特点:输入和输出皆为在时间和幅度上不连续的脉冲或数字(**0**或**1**)信号。

(5) 电路特点:输入和输出之间具有确定的逻辑关系。

(6) 分析和设计工具:逻辑代数(也称为布尔代数或开关代数)。

2. 逻辑代数的基本知识

(1) 基本逻辑关系:**与**逻辑、**或**逻辑、**非**逻辑。

(2) 逻辑代数的特点:

① 虽然有些逻辑代数的运算公式在形式上和普通代数的运算公式相同,但是两者所代表的物理意义有着本质的不同。

② 逻辑代数中用字母表示变量,这种变量称为逻辑变量,变量的取值不是**0**就是**1**,没有第三种值。逻辑变量的值已不表示具体数量的大小,而表示两种不同的逻辑状态。逻辑运算表示的是逻辑变量以及常量之间逻辑状态的推理运算,而不是数量之间的运算。

③ 虽然在二值逻辑中,每个变量的取值只有**0**和**1**两种可能,只能表示两种不同的逻辑

状态,但是可以用多个变量的不同状态组合来表示事物的多种逻辑状态,处理任何复杂的逻辑问题。

(3) 逻辑代数的运算法则:① 基本定理;② 基本定律。逻辑代数的基本定理、基本定律及常用公式详见题解表 20.01。

题解表 20.01 逻辑代数的基本定理、基本定律及常用公式

名称	类别	内容			
基本定理	与逻辑	$\mathbf{0}\cdot A=0$	$\mathbf{1}\cdot A=A$	$A\cdot A=A$	
	或逻辑	$\mathbf{0}+A=A$	$\mathbf{1}+A=\mathbf{1}$	$A+A=A$	
	非逻辑	$A\cdot\bar{A}=\mathbf{0}$	$A+\bar{A}=\mathbf{1}$	$\bar{\bar{A}}=A$	
基本定律	交换律	$A\cdot B=B\cdot A$	$A+B=B+A$		
	结合律	$(A\cdot B)\cdot C=A\cdot(B\cdot C)$	$(A+B)+C=A+(B+C)$		
	分配律	$A\cdot(B+C)=A\cdot B+A\cdot C$	$A+BC=(A+B)\cdot(A+C)$		
	反演律(摩根定律)	$\overline{A\cdot B}=\bar{A}+\bar{B}$	$\overline{A+B}=\bar{A}\cdot\bar{B}$		
	吸收律	$A\cdot(A+B)=A$	$A+A\cdot B=A$	$A\cdot B+A\cdot\bar{B}=A$	$A\cdot(\bar{A}+B)=AB$
常用公式	吸收	$A+\bar{A}B=A+B$	$AB+\bar{A}C+BC=AB+\bar{A}C$		
	反演	$\overline{A\bar{B}+\bar{A}B}=AB+\bar{A}\bar{B}$	$\overline{AB+\bar{A}\bar{B}}=A\bar{B}+\bar{A}B$		

(4) 逻辑函数的表示方法:逻辑函数反映了实际逻辑问题中输入变量与输出变量之间的因果关系,任何复杂的逻辑关系均可通过**与**、**或**、**非**三种基本逻辑及其组合形式的逻辑函数来表达。

① 最小项的概念:由 n 个逻辑变量(因子)组成的**与**项(乘积项),其中每个变量以原变量或反变量形式在其中仅出现一次,此**与**项称为该组变量的一个最小项。n 个变量的最小项有 2^n 个。每个最小项对应卡诺图中的一个小方格。

② 逻辑函数的最小项表达式:任何一个逻辑函数都可以表示成唯一的一组最小项之和的形式。该表达式是该逻辑函数的标准**与或**形式,具有唯一性。

③ 表达逻辑函数常用的方法:逻辑状态真值表;逻辑表达式;逻辑图;波形图;卡诺图。

(5) 逻辑函数的化简:使函数表达式中的**与**项最少、每个**与**项中的变量最少、易于用尽量少的常用逻辑器件实现。

① 逻辑代数公式法:按运算法则通过并项法、配项法、加项法、吸收法等进行化简。

② 卡诺图法:以画圈尽量大(圈入的最小项格数可为 1、2、4、8)、每圈中至少要包含一个新的格(最小项)、圈数尽量少为原则。如果逻辑式不是由最小项构成,一般应先利用 $A+\bar{A}=\mathbf{1}$ 将原式化为最小项表达式(或列出其逻辑状态表),而后将逻辑式中的最小项(或逻辑状态表中取

值为 **1** 的最小项)分别用 **1** 填入卡诺图中相应的小方格内。

通过化简,一个逻辑函数可用多个逻辑式来表示,所以逻辑式不是唯一的,相应的逻辑图也不是唯一的。但由最小项组成标准**与或**逻辑式则是唯一的,而逻辑状态表是用最小项表示的,因此也是唯一的。

3. 门电路

(1) 门电路:门电路是数字电路中最基本的逻辑元件。“门”,可看做是一种特殊的、由一些特定的条件决定其开通或关闭的无触点开关,这些特定的条件与“门”的开通或关闭之间存在一定的逻辑关系。决定“门”状态的条件就是门的输入信号,而“门”的状态即为门的输出信号。最基本的门电路是**与**门电路、**或**门电路和**非**门电路。

(2) 分立元件逻辑门:由二极管和晶体管组成的**与**门 、**或**门、**非**门、**与非**门。目前已很少使用。

(3) 集成逻辑门:

① TTL 逻辑门:**与非**门电路、OC 门、三态门。

② CMOS 逻辑门:**非**门电路、**与非**门电路、**或非**门电路、三态门、传输门(模拟开关)。

③ 集成逻辑门的电压传输特性和主要参数。

④ TTL 逻辑门与 CMOS 逻辑门的互连方法及多余输入端的处理。

⑤ 门电路驱动分立元件的方法。

基本门电路的逻辑函数表达式、逻辑符号和逻辑状态表(真值表)及逻辑功能如题解表 20.02 所示。常用特殊集成门电路逻辑符号、功能及用途如题解表 20.03 所示。TTL 和 CMOS 逻辑门电路特点及区别如题解表 20.04 所示。数字集成电路各系列型号分类表如题解表 20.05 所示。

题解表 20.02 基本门电路逻辑函数表达式、逻辑符号、逻辑状态表及逻辑功能

名称	逻辑函数表达式	逻辑符号	逻辑状态表			逻辑功能
与门	$Y=A\cdot B$	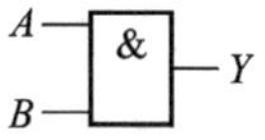	A	B	Y	有 **0** 出 **0** 全 **1** 出 **1**
			0	**0**	**0**	
			0	**1**	**0**	
			1	**0**	**0**	
			1	**1**	**1**	
或门	$Y=A+B$	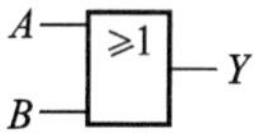	A	B	Y	有 **1** 出 **1** 全 **0** 出 **0**
			0	**0**	**0**	
			0	**1**	**1**	
			1	**0**	**1**	
			1	**1**	**1**	
非门	$Y=\overline{A}$	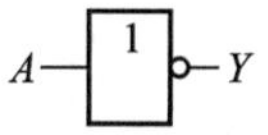	A		Y	入 **0** 出 **1** 入 **1** 出 **0**
			0		**1**	
			1		**0**	

名称	逻辑函数表达式	逻辑符号	逻辑状态表			逻辑功能
			A	B	Y	
与非门	$Y = \overline{A \cdot B}$	A —[&]o— Y B	0	0	1	有0出1 全1出0
			0	1	1	
			1	0	1	
			1	1	0	
			A	B	Y	
或非门	$Y = \overline{A + B}$	A —[≥1]o— Y B	0	0	1	有1出0 全0出1
			0	1	0	
			1	0	0	
			1	1	0	
			A	B	Y	
异或门	$Y = A \cdot \overline{B} + \overline{A} \cdot B$ $= A \oplus B$	A —[=1]— Y B	0	0	0	输入相异出1 输入相同出0
			0	1	1	
			1	0	1	
			1	1	0	
			A	B	Y	
同或门	$Y = \overline{A} \cdot \overline{B} + A \cdot B$ $= A \odot B$	A —[=]— Y B	0	0	1	输入相同出1 输入相异出0
			0	1	0	
			1	0	0	
			1	1	1	

题解表 20.03　常用特殊集成门电路逻辑符号、功能及用途

名　　称	逻辑符号	功　　能	用　　途
OC门 （集电极开路与非门）	A —[&]o— Y B	当输出端通过上拉电阻接电源正极时，$Y = \overline{A \cdot B}$	1. 输出端可以直接带小功率负载 2. 多个 OC 门输出端可并联连接，实现线与
三态与非门	A B —[&]o— Y $\overline{E}$ —[EN]	当 $\overline{E} = 0$ 时，$Y = \overline{A \cdot B}$ 当 $\overline{E} = 1$ 时，输出端高阻	多个三态门输出端可并联连接，通过总线分时传输数据或控制信号
	A B —[&]o— Y E —[EN]	当 $E = 1$ 时，$Y = \overline{A \cdot B}$ 当 $E = 0$ 时，输出端高阻	

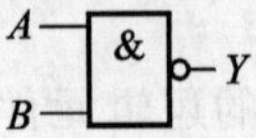

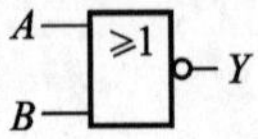

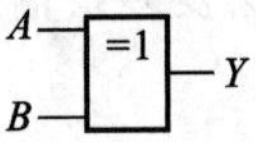

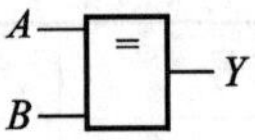

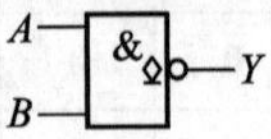

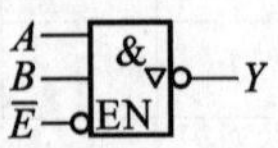

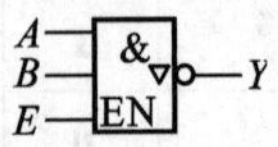

续表

名　　称	逻辑符号	功　　能	用　　途
CMOS 传输门 （模拟电子开关）	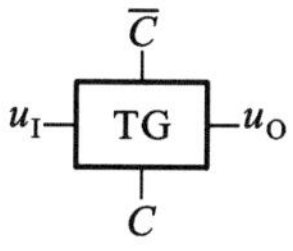	当 $\overline{C}=\mathbf{0}$、$C=\mathbf{1}$ 时，传输门开通，$u_O=u_I$ 当 $\overline{C}=\mathbf{1}$、$C=\mathbf{0}$ 时，传输门关断，u_O 和 u_I 之间高阻 输入端与输出端可以对调使用	传输数字信号或传输模拟信号

题解表 20.04　TTL 和 CMOS 逻辑门电路特点及区别

比较内容	TTL 逻辑门电路	CMOS 逻辑门电路
器件构成及控制类型	晶体管构成，电流控制器件	场效晶体管构成，电压控制器件
速度	速度快，传输延迟时间短（5 ~ 10 ns）	速度慢，传输延迟时间长（25 ~ 50 ns）
功耗	较大	很小
输入阻抗	较低	很高
高、低电平值	最小输出高电平 U_{OHmin} 为 2.4 V，最大输出低电平 U_{OLmax} 为 0.4 V；在室温下，一般输出高电平是 3.5 V，输出低电平是 0.2 V；最小输入高电平 U_{IHmin} 为 2.0 V，最大输入低电平 U_{ILmax} 为 0.8 V；它的噪声容限是 0.4 V	逻辑高电平电压接近于电源电压，约为 0.9 U_{CC}；逻辑低电平接近于 0 V，约为 0.1 U_{CC}；具有很宽的噪声容限
高、低电平差值	较小	较大
噪声容限及抗干扰能力	噪声容限较小，抗干扰能力较弱	噪声容限大，抗干扰能力强
逻辑电平范围	只能在 5 V 下工作	工作逻辑电平范围比较大（5 ~ 15 V）
闲置输入端的处理	输入端悬空相当于接高电平	闲置端不允许悬空
驱动能力	弱	强

表 20.05　数字集成电路各系列型号分类表

系列	子系列	名称	国标型号	国际型号	速度 - 功耗
TTL	TTL	标准 TTL 系列	CT1000	54/74TTL	10 ns - 10 mW
	HTTL	高速 TTL 系列	CT2000	54/74HTTL	6 ns - 22 mW
	STTL	甚高速 TTL 系列	CT3000	54/74STTL	3 ns - 19 mW

续表

系列	子系列	名称	国标型号	国际型号	速度 - 功耗
TTL	LSTTL	低功耗肖特基系列	CT4000	54/74LSTTL	5 ns - 2 mW
	ALSTTL	先进低功耗肖特基系列		54/74ALSTTL	4 ns - 1 mW
MOS	PMOS	P 沟道场效晶体管系列			—
	NMOS	N 沟道场效晶体管系列			
	CMOS	互补场效晶体管系列	CC4000	CD4000 MC14000	
	HCMOS	高速 CMOS 系列		54/74HC	
	HCMOST	与 TTL 兼容的 HC 系列		54/74HCT	

TTL 系列集成电路主要用于电子计算机、数字化仪表及程序控制系统中。TTL 电路的电源电压为 +5 V,采用正逻辑结构。其优点是速度较高。

MOS 系列集成电路因其结构简单、集成度高及功耗低等优点,被大量地应用于各种数字电路。其中 PMOS 和 NMOS 由于电源、功耗、速度等原因,没有大量推广使用。目前应用较广的是 CMOS 器件。它可以用 +5 V、+10 V、+15 V 三种电源电压供电,电源电压允许变化范围较大,便于与 TTL 器件、线性集成电路配合使用。MOS 集成电路也采用正逻辑结构。

最常用的是 LSTTL 和 HCMOS 这两个系列。

不论哪种系列,只要序号相同,就说明它们的电路功能一致,双列直插封装的外引线排列也一致。例如,CT1010、CT2010、CT3010、CT4010、54HC10,74HC10,54HCT10 和 74HCT10 都是三 3 输入**与非门**,它们的外引线排列一致。

74 系列(商用)是 TTL 典型系列,用于一般工业设备及消费类电子产品,适用的温度范围为 0 ~ 70℃;54 系列(军用)与 74 系列的电路功能相同,只是适用的温度范围为 -55 ~ 125℃。每个系列又有若干子系列。

4. 组合逻辑电路及其分析与设计

(1) 组合逻辑电路:由基本逻辑门电路组合而成、具有一定逻辑功能、并且输出状态仅取决于当前输入状态的复杂逻辑电路。

(2) 组合逻辑电路的分析:根据给定的逻辑电路图,研究输出与输入之间的逻辑关系,从而确定其逻辑功能的过程。

分析的步骤:① 研究逻辑电路;② 写逻辑表达式;③ 化简和变换逻辑表达式;④ 列写逻辑状态真值表;⑤ 确定逻辑功能。

(3) 组合逻辑电路的设计:根据给定的逻辑功能要求,用最简单的逻辑电路加以实现的过程。

设计的步骤:① 分析逻辑功能要求,确定输出与输入间的逻辑关系;② 列写逻辑状态真值表;③ 写逻辑表达式;④ 化简和变换逻辑表达式;⑤ 画出逻辑电路。

5. 数制与码制

(1) 数制:按一定基数构成的计数体制。

常用的数制有:① 二进制;② 八进制;③ 十进制;④ 十六进制。

(2) 码制:以某种编码方式组成代码的体制。

常用的码制有:① 二进制代码;② 二-十进制代码(BCD 码);③ 七段显示代码等。

6. 常用组合逻辑电路

(1) 加法器:实现二进制加法运算的电路。

① 半加器:只考虑本位加数与被加数、不考虑低位进位的组合逻辑电路。

② 全加器:不仅考虑本位加数与被加数、而且还要考虑低位进位的组合逻辑电路。

(2) 编码器:按一定规律或约定将事物或信息用代码的形式表示并通过门电路来实现的组合逻辑电路。

① 二进制编码器:将所代表的事物或信息编成二进制代码的逻辑电路。n 位二进制代码可表示 2^n 件事物或信息。

② 二-十进制编码器:将十进制数的 10 个数码 0~9 编成 4 位二进制代码的逻辑电路,即 BCD 码编码器。常用的有 8421BCD 码编码器等。

③ 优先编码器:允许输入端加有多个信号并能自动识别输入信号的优先级别,按次序进行编码的逻辑电路。常用的有 74LS147 型优先编码器。

(3) 译码器:将二进制代码按编码时的原意译成与所代表事物或信息对应的信号或另一组代码的逻辑电路。

① 二进制译码器:将 n 位二进制代码翻译成对应的 2^n 个输出的逻辑电路。常用的有 74LS139 型双 2 线-4 线译码器和 74LS138 型 3 线-8 线译码器。除译码外还可扩展应用实现逻辑函数。

② 二-十进制译码器:将 4 位 BCD 码翻译成对应的十进制数 0~9 的 10 个数码的逻辑电路。

③ 七段显示译码器:将 4 位 BCD 码翻译成对应的能够驱动 LED 数码管显示 0~9 的 10 个数字的一组二进制代码(显示代码)的逻辑电路。常用的有 74LS247 型共阳极译码器和 74LS248 型共阴极译码器。

(4) 数据分配器:将一路输入数据通过不同的地址输入控制分配到不同输出端的逻辑电路。无单独产品,常由译码器改接而成。

(5) 数据选择器:从多路输入数据中通过不同的地址输入控制选择其中一个送到输出端的逻辑电路。常用的有 74LS153 型双 4 选 1 和 74LS151 型 8 选 1 数据分配器。

组合逻辑电路设计中,实现同一逻辑功能常可用不同的逻辑部件经过适当的改接去实现。

20.2 基本要求

1. 掌握**与**门、**或**门、**非**门、**与非**门、**或非**门和**异或**门的逻辑功能。了解 OC 门、三态门、传输门的概念和功能。了解 TTL 和 CMOS 门电路的特点、电压传输特性和主要参数。

2. 掌握逻辑代数的基本运算法则和基本定律,能够熟练地应用逻辑表达式、逻辑状态表和逻辑图表示逻辑函数,掌握逻辑函数的化简方法。

3. 掌握简单组合逻辑电路分析和设计的方法和步骤。

4. 理解加法器、编码器和译码器的工作原理,了解七段显示译码驱动器的功能。

5. 了解数据选择器、数据分配器的工作原理。

20.3　重点与难点

1. 重点

(1) 逻辑代数的基本运算法则和基本定律。

(2) 逻辑函数的表达方法及其相互转换。逻辑函数的公式化简法和卡诺图化简法。

(3) 基本逻辑门(与门、或门、非门)和常用逻辑门(与非门、或非门、异或门)的逻辑功能。

(4) 组合逻辑电路的分析与设计方法。

2. 难点

(1) 如何将一逻辑要求完整、准确地用真值表表达出来。

(2) 如何将一逻辑函数化为最简式并用最合理的电路实现。

(3) 用二进制译码器实现某一逻辑函数。

20.4　知识关联图

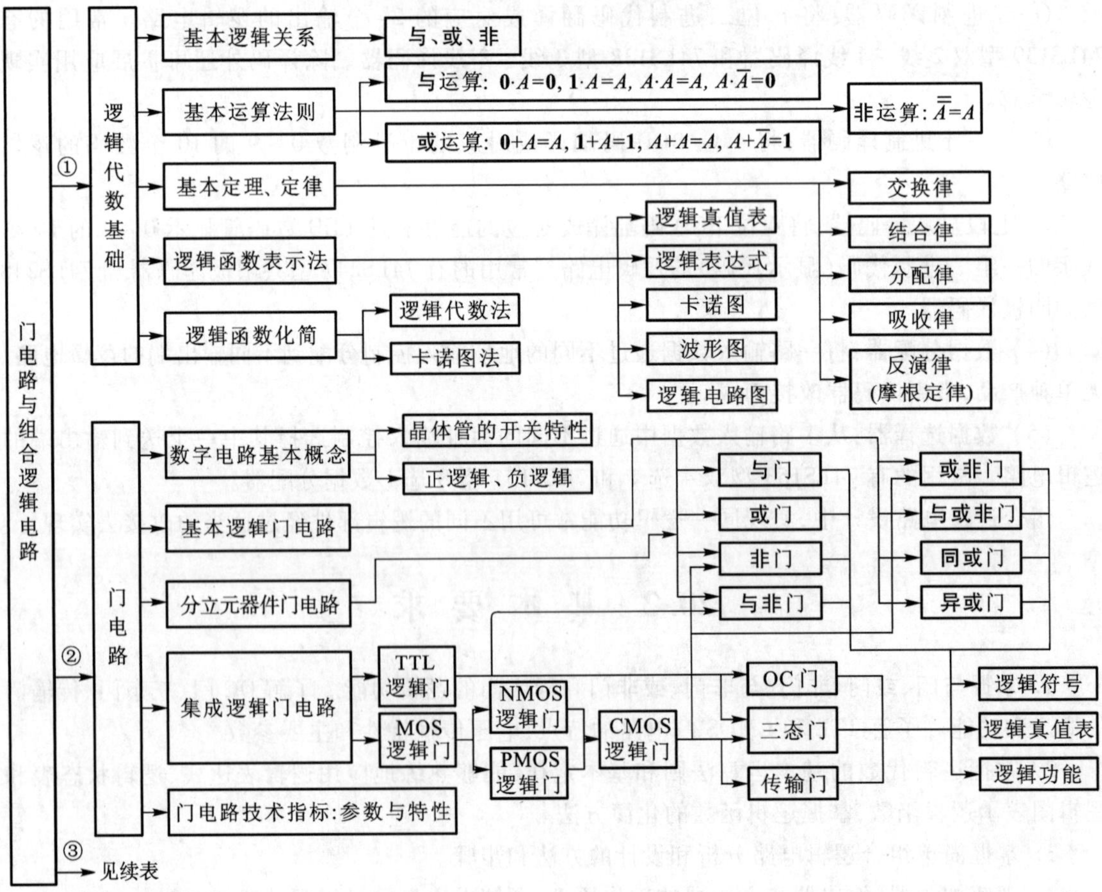

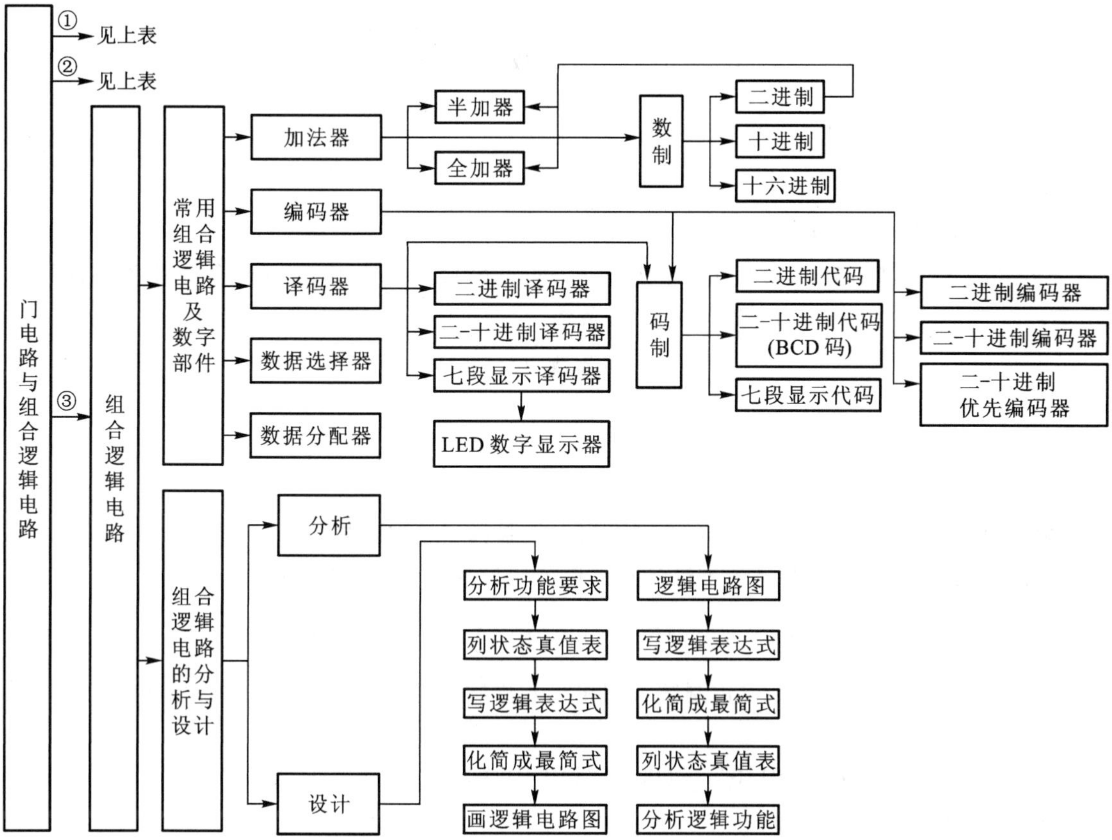

20.5 【练习与思考】题解

20.1.1 试将十进制数$(215)_{10}$转换为二进制、八进制、十六进制数。

解:(1) 将十进制数$(215)_{10}$转换为二进制数,采用除 2 取余数法,直至商等于 0 为止,即

2 | 215 …… 余数 1 (d_0)

2 | 107 …… 余数 1 (d_1)

2 | 53 …… 余数 1 (d_2)

2 | 26 …… 余数 0 (d_3)

2 | 13 …… 余数 1 (d_4)

2 | 6 …… 余数 0 (d_5)

2 | 3 …… 余数 1 (d_6)

2 | 1 …… 余数 1 (d_7)

0

转换结果为

$(215)_{10}=(d_7d_6d_5d_4d_3d_2d_1d_0)_2=(11010111)_2$

(2) 将十进制数$(215)_{10}$转换为八进制数,采用除8取余数法,直至商等于0为止,即

$$\begin{array}{r|l} 8 & 215 \quad \cdots\cdots \text{余数 } 7 \quad (d_0) \\ 8 & 26 \quad \cdots\cdots \text{余数 } 2 \quad (d_1) \\ 8 & 3 \quad \cdots\cdots \text{余数 } 3 \quad (d_2) \\ & 0 \end{array}$$

转换结果为

$(215)_{10}=(d_2d_1d_0)_8=(327)_8$

(3) 将十进制数$(215)_{10}$转换为十六进制数,采用除16取余数法,直至商等于0为止,即

$$\begin{array}{r|l} 16 & 215 \quad \cdots\cdots \text{余数 } 7 \quad (d_0) \\ 16 & 13 \quad \cdots\cdots \text{余数 } 13(\text{即 D}) \quad (d_1) \\ & 0 \end{array}$$

转换结果为

$(215)_{10}=(d_1d_0)_{16}=(\text{D7})_{16}$

20.1.2 试将十六进制数$(3\text{E}.4)_{16}$转换为十进制数和二进制数。

解:(1) 将十六进制数转换为十进制数采用各位按权展开后求和,即

$$(3\text{E}.4)_{16}=3\times16^1+\text{E}\times16^0+4\times16^{-1}=3\times16+14\times1+\frac{4}{16}=(62.25)_{10}$$

(2) 将十六进制数转换为二进制数采用将十六进制数的每一位用对应的等值4位二进制数代替即可。

$(3\text{E}.4)_{16}=(0011\ 1110.0110)_2=(0011\ 1110.011)_2$

20.1.3 试转换下列各题:

(1) $(45.34)_8=(\qquad)_2$

(2) $(4.\text{A6})_{16}=(\qquad)_2$

(3) $(11101.11)_2=(\qquad)_8$

(4) $(11011011.01)_2=(\qquad)_{16}$

解:(1) 八进制数转换为二进制数只需将八进制数的每一位用等值的3位二进制数代替即可。

$(45.34)_8=(110\ 101.011\ 110)_2=(110101.01111)_2$

(2) $(4.\text{A6})_{16}=(0110.1010\ 0110)_2=(110.1010011)_2$

(3) 将二进制数转换为八进制数采用将二进制数的整数部分由低位到高位、小数部分由高位到低位每3位分成一组并代之以等值的八进制数即可。

$(11101.11)_2=(011\ 101.110)_2=(35.6)_8$

(4) 将二进制数转换为十六进制数采用将二进制数的整数部分由低位到高位、小数部分由高位到低位每4位分成一组并代之以等值的十六进制数即可。

$(110\ 110\ 11.01)_2=(1101\ 1011.0100)_2=(\text{DB}.4)_{16}$

20.2.1 逻辑运算中的**1**和**0**是否表示两个数字?逻辑加法运算和算术加法运算有何不同?

解:逻辑运算中的**1**和**0**表示的不是两个数字,而是两个相反的逻辑状态,例如“有”和

"无"、"开"和"关"等。

逻辑加法运算是一种**或**的逻辑关系——"有 **1** 为 **1**,全 **0** 为 **0**",**1** + **1** = **1**。

算术加法运算是一种数字的加法关系——十进制中 1 + 1 = 2,二进制中 **1** + **1** = **10**。

20.2.2 在图 20.2.2(a)所示电路中,二极管的正向压降为 0.7 V。试问:

(1) A 端接 3 V,B 端接 0.3 V 时,输出端的电压为几伏?

(2) A、B 端均接 3 V 时,输出端的电压为几伏?

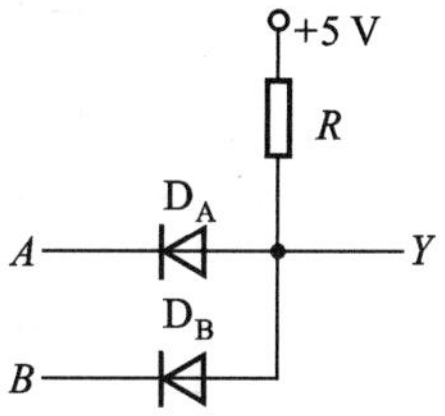

图 20.2.2(a)

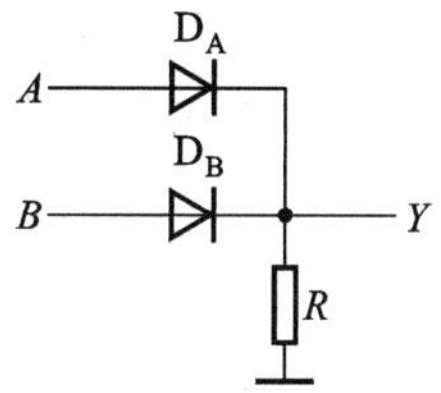

图 20.2.3(a)

解:(1) A 端接 3 V,B 端接 0.3 V 时,D_B 导通,D_A 截止,输出端 Y 的电位为(0.3 + 0.7) V = 1 V。

(2) A、B 端均接 3 V 时,D_A、D_B 皆导通,输出端 Y 的电位为(3 + 0.7) V = 3.7 V。

20.2.3 在图 20.2.3(a)所示电路中,二极管的正向压降为 0.7 V。试问:

(1) A 端接 3 V,B 端接 0.3 V 时,输出端的电压为几伏?

(2) A、B 端均接 0.3 V 时,输出端的电压为几伏?

解:(1) A 端接 3 V,B 端接 0.3 V 时,D_A 导通、D_B 截止,输出端 Y 的电位为(3 − 0.7) V = 2.3 V。

(2) A、B 端均接 0.3 V 时,D_A、D_B 皆截止,输出端 Y 的电位为 0 V。

20.2.4 试写出图 20.2.9 所示各组合门电路的逻辑式。

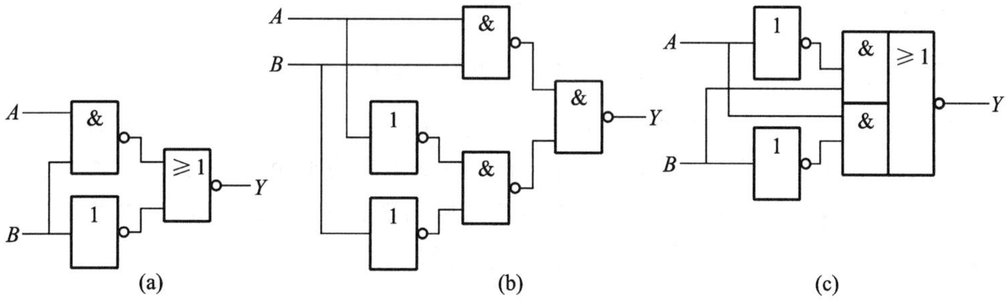

图 20.2.9 练习与思考 20.2.4 的图

解:(a) $Y=\overline{\overline{AB}+\overline{B}}=\overline{\overline{AB}}\cdot\overline{\overline{B}}=AB\cdot B=AB$

(b) $Y=\overline{\overline{AB}\cdot\overline{\bar{A}\bar{B}}}=\overline{\overline{AB}}+\overline{\overline{\bar{A}\bar{B}}}=AB+\bar{A}\bar{B}$

(c) $Y=\overline{\bar{A}B+A\bar{B}}=\overline{\bar{A}B}\cdot\overline{A\bar{B}}=(A+\bar{B})\cdot(\bar{A}+B)=A\bar{A}+\bar{A}\bar{B}+B\bar{B}+AB=AB+\bar{A}\bar{B}$

20.2.5 试写出图 20.2.10 所示电路的逻辑式,并画出输出波形 Y。

解:(1) 逻辑式 $Y=\overline{AC+BC}=\overline{(A+B)C}$

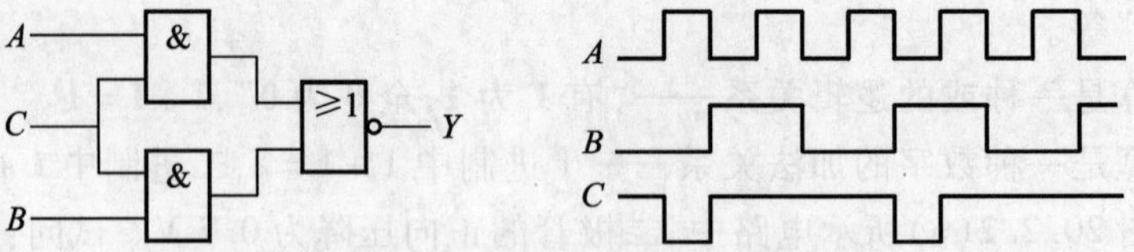

图 20.2.10　练习与思考 20.2.5 的图

（2）输出信号 Y 波形图如题解图 20.01 所示。

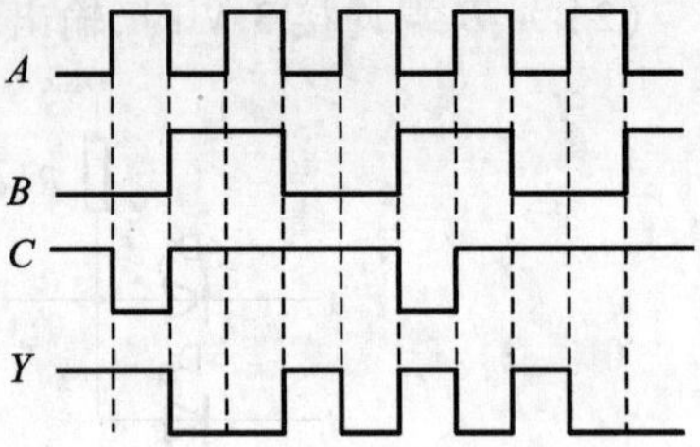

题解图 20.01

20.2.6　图 20.2.11 所示是由门电路组成的智力竞赛抢答电路，供两组使用，试分析其工作原理。

解：抢答开始前，选手 1、2 的抢答开关 S_1、S_2 均接于地（低电平），**与非**门 G_1、G_2 输出均为高电平，经**非**门反相后输出低电平，两个指示灯 EL_1、EL_2 都不亮；**与非**门 G_3 输出为低电平，晶体管 T 截止，蜂鸣器不响。

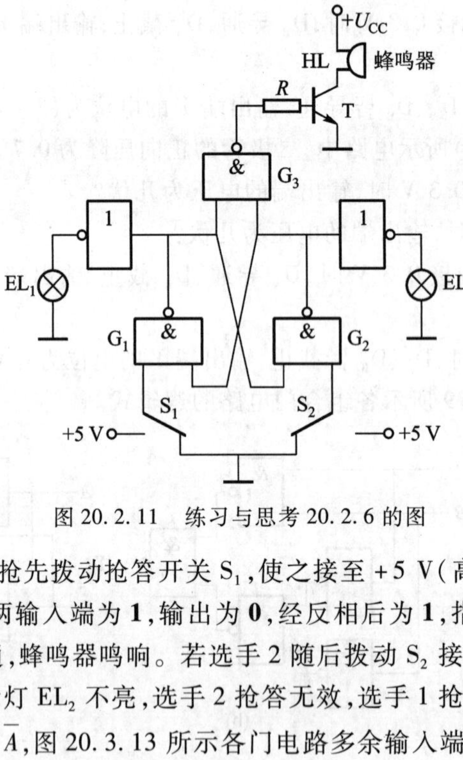

图 20.2.11　练习与思考 20.2.6 的图

抢答开始时，若选手 1 抢先拨动抢答开关 S_1，使之接至 +5 V（高电平），此时选手 2 未动，S_2 仍接低电平，则**与非**门 G_1 两输入端为 **1**，输出为 **0**，经反相后为 **1**，指示灯 EL_1 被点亮，同时**与非**门 G_3 输出为 **1**，晶体管导通，蜂鸣器鸣响。若选手 2 随后拨动 S_2 接至高电平，**与非**门 G_2 输出仍为 **1**（因 G_1 输出为 **0**），指示灯 EL_2 不亮，选手 2 抢答无效，选手 1 抢答成功。

20.3.1　为了实现 $Y=\overline{A}$，图 20.3.13 所示各门电路多余输入端的处理是否正确？哪些电路能实现 $Y=\overline{A}$？

解：（c）、（e）处理不正确。（a）、（b）、（d）、（f）处理正确，可实现 $Y=\overline{A}$。

（a）：$Y=\overline{A\cdot A\cdot A}=\overline{A}$　　（b）：$Y=\overline{\mathbf{1}\cdot\mathbf{1}\cdot A}=\overline{A}$

（c）：$Y=\overline{A\cdot\mathbf{0}\cdot\mathbf{0}}=\mathbf{1}$　　（d）：$Y=\overline{A+A+A}=\overline{A}$

（e）：$Y=\overline{\mathbf{1}+\mathbf{1}+A}=\mathbf{0}$　　（f）：$Y=\overline{A+\mathbf{0}+\mathbf{0}}=\overline{A}$

对于**与非**门，多余输入端应与信号输入端接在一起或接至高电平（电源正极）。

对于**或非**门，多余输入端应与信号输入端接在一起或接至低电平（电源地）。

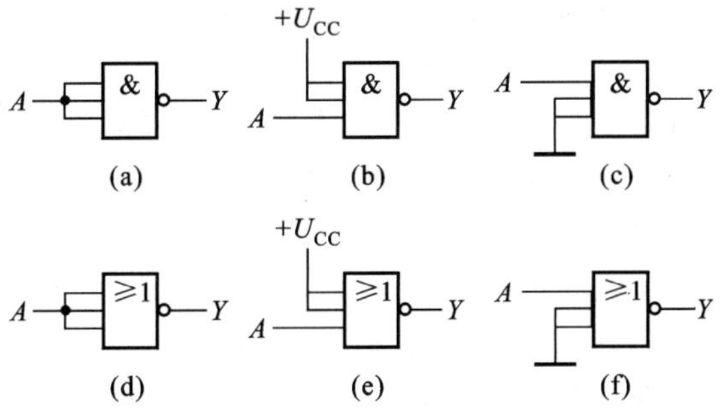

图 20.3.13　练习与思考 20.3.1 的图

20.3.2　什么是**线与**？试写出图 20.3.11 所示电路 Y 的逻辑式。

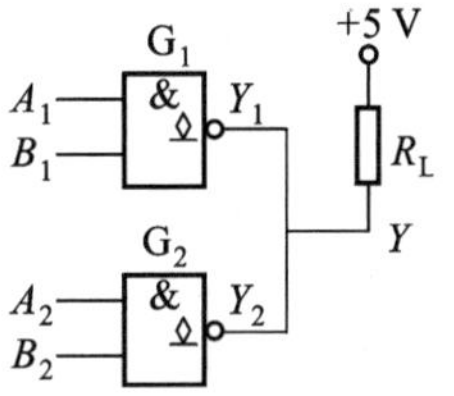

图 20.3.11　**线与**电路图

解:在实际应用中，当需要对几个 TTL **与非**门的输出进行逻辑**与**时，可通过将这些 TTL **与非**门的输出接到另一个 TTL **与**门来实现。但在速度和噪声容限（低电平噪声容限电压 $U_{NL}=U_{OFF}-U_{IL}$；高电平噪声容限电压 $U_{NH}=U_{IH}-U_{ON}$）要求不高的情况下，也可用图 20.3.11 所示的集电极开路**与非**门（即 OC 门）来代替一般的 TTL **与非**门，将这些 OC 门的输出并联在一起作为电路的输出端（注意：一般的 TTL 门输出不允许连在一起），然后通过一个外接电阻与电源正极相连。这样连接之后，当各 OC 门的输出均为高电平时，电路的输出 Y 才为高电平；而任一 OC 门的低电平输出都将导致电路的输出 Y 为低电平，从而实现电路输出 Y 为各 OC 门输出状态的逻辑**与**。

把这种将 OC 门的输出端直接并联实现逻辑**与**的做法称为**线与**连接，相应的逻辑关系称为**线与**逻辑。

根据**线与**的原理，图 20.3.11 所示电路中 Y 的逻辑式为

$$Y = Y_1 \cdot Y_2 = \overline{A_1B_1} \cdot \overline{A_2B_2}$$

20.3.3　在图 20.3.14 所示的电路中，试画出输出信号 Y 的波形。

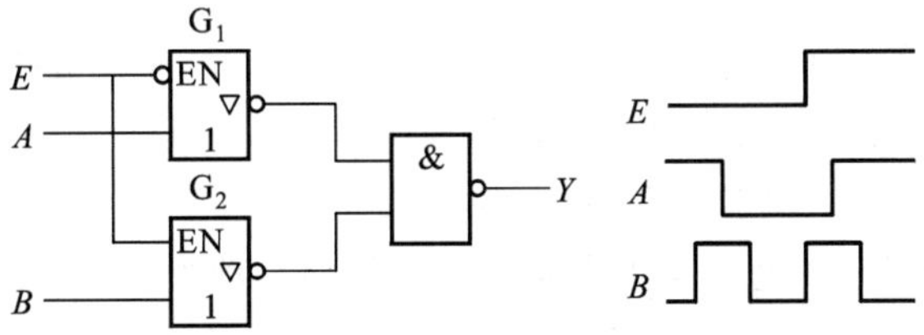

图 20.3.14　练习与思考 20.3.3 的图

解:图 20.3.14(a) 所示电路中 G_1、G_2 为两个三态**非**门，其中 G_1 为低电平使能，G_2 为高电平使能。当外加使能信号 $E=\mathbf{0}$ 时，G_1 门正常工作（$Y_1=\overline{A}$）；G_2 门呈高阻态，从而 $Y=\overline{Y_1}$。当 $E=\mathbf{1}$ 时，G_1 门呈高阻态；G_2 门正常工作（$Y_2=\overline{B}$），从而 $Y=\overline{Y_2}$。对应于图 20.3.14(b) 所示的波形，输出信号 Y 的波形如题解图 20.02 所示。

20.5.1　逻辑代数和普通代数有什么区别？

解:逻辑代数和普通代数的主要区别有：

(1) 逻辑代数中的各种运算都是逻辑运算,而普通代数中的各种运算都是数值运算。

(2) 逻辑代数中的逻辑变量的取值只有 **0** 和 **1** 两种,代表的不是两个数值,而是两个相反的状态;而普通代数中变量的取值可以是任意的,代表着不同的数值。

(3) 逻辑代数中的基本运算有逻辑乘(**与**)、逻辑加(**或**)和逻辑取反(**非**)三种;而普通代数中的基本运算有加、减、乘、除四种。

(4) 逻辑代数中的逻辑变量有原变量和反变量两类;而普通代数中没有反变量。

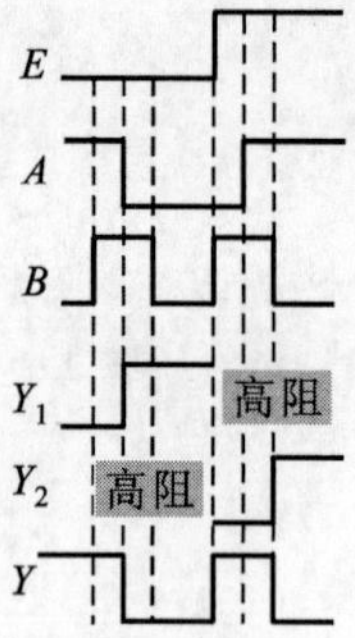

题解图 20.02

(5) 逻辑代数遵循逻辑运算法则;而普遍代数遵循算术运算法则。

20.5.2 能否将 $AB = AC$、$A + B = A + C$、$A + AB = A + AC$ 这三个逻辑式化简为 $B = C$?

解:不能。以上三个等式只表明等式两边的逻辑运算结果相同,但并不能由此推断等式两边变量间存在确定的关系(逻辑代数中没有"逻辑减"和"逻辑除"运算)。

例如,$A = \mathbf{0}, B = \mathbf{1}, C = \mathbf{0}$时,$AB = AC, A + AB = A + AC$,但 $B \neq C$。

又如,$A = \mathbf{1}, B = \mathbf{1}, C = \mathbf{0}$时,$A + B = A + C, A + AB = A + AC$,但 $B \neq C$。

20.5.3 逻辑函数的四种表示法(逻辑状态表、逻辑表达式、逻辑图、卡诺图)之间是如何转换的?如何理解逻辑状态表和卡诺图是唯一的?

解:(1) 将逻辑函数的逻辑状态表转换为另外三种表示法:

① 转换为逻辑表达式:在逻辑状态真值表中,选取那些使函数值为 **1** 的各变量取值组合,变量值为 **1** 的写成原变量,变量值为 **0** 的写成反变量,把组合中各个变量相乘(**与**),这样对应于函数值为 **1** 的每一个变量组合就可以写成一个乘积项,把这些乘积项相加(**或**),就可以得到函数的标准**与或**形式的逻辑表达式。

② 转换为逻辑图:由逻辑状态真值表先写出逻辑表达式,然后按逻辑运算规律和法则进行变换和化简,从而得到最简的、由基本逻辑运算及其组合表示的逻辑关系,最后用相应的逻辑单元去实现,即可得到函数的逻辑图。

③ 转换为卡诺图:将逻辑状态真值表中使函数值为 **1** 的各变量取值组合对应的卡诺图小方格内填入 **1**,其余的填入 **0**,即可得到逻辑函数的卡诺图。

(2) 将逻辑函数的逻辑式转换为另外三种表示法:

① 转换为逻辑状态表:将逻辑式变换为其对应的最小项形式的表达式,在状态表中把每个最小项所对应的变量组合函数值填 **1**,其余填 **0**,即得到对应的逻辑状态表。

② 转换为逻辑图:对逻辑式进行化简以得到由基本逻辑运算及其组合表示的最简逻辑式,然后用相应的逻辑单元去实现。

③ 转换为卡诺图:将逻辑式变换为对应的最小项形式的表达式,在卡诺图中将与表达式的每个最小项对应的小方格内填入 **1**,其余的填入 **0**,即得到该逻辑式的卡诺图。

(3) 将逻辑函数的逻辑图转换为另外三种表示法:

① 转换为逻辑状态表:先将逻辑图转换为逻辑式,再将逻辑式变换为最小项形式的表达式,即可得到逻辑状态表。也可直接计算逻辑式在变量不同取值下的函数值,填入表中即得到逻辑状态表。

② 转换为逻辑式：对逻辑图逐门、逐级写出逻辑运算结果并综合在一起即可得到逻辑式。

③ 转换为卡诺图：先将逻辑图转换为逻辑式，再将逻辑式用最小项形式表示，将每个最小项对应的小方格内填入 **1**，其余填入 **0**，即得到对应的卡诺图。

(4) 将逻辑函数的卡诺图转换为另外三种表示法：

① 转换为逻辑状态表：将卡诺图中为 **1** 的小方格代表的最小项所对应的函数值取 **1**，卡诺图中为 **0** 的小方格代表的最小项所对应的函数值取 **0**，即可直接得到逻辑状态表。

② 转换为逻辑式：将卡诺图中取值为 **1** 的逻辑相邻的小方格圈成方形或矩形，被圈的小方格的个数应为 2^n（$n=0,1,2,3,\cdots$），以圈数最少、每个圈中小方格尽量多、每个圈中至少有一个小方格不在其他圈中出现过为原则。取各圈中所有小方格对应最小项中的公共变量并相乘（**与**），然后将得到的各乘积项相加（**或**），即可得到最简**与或**形式的逻辑式。

③ 转换为逻辑图：先将卡诺图转换为最简逻辑式，并变换为所要求的基本逻辑关系，然后用相应的逻辑单元实现。

(5) 逻辑状态表和卡诺图的唯一性：

逻辑状态表中所有输入变量取值组合及其对应的输出变量取值与卡诺图中每一小方格代表的最小项及其取值是一一对应的，对于同一个逻辑问题或逻辑函数，它们都反映了变量与函数间全部的因果关系，因此是唯一的。

20.5.4 什么是最小项？

解：在具有 n 个变量的逻辑函数中，若 m_i 为包含 n 个变量因子的乘积项（**与**项），其中每个变量因子仅以原变量或反变量形式在乘积项 m_i 中出现一次，则称 m_i 为 n 个变量的一个最小项，n 个变量的最小项共有 2^n 个。例如，A、B、C 三个变量的最小项共有 $2^3=8$ 个——$\bar A\,\bar B\,\bar C$、$\bar A\,\bar B\,C$、$\bar A\,B\,\bar C$、$\bar ABC$、$A\bar B\,\bar C$、$A\,\bar B\,C$、$AB\,\bar C$、ABC。

20.5.5 试用卡诺图表示 $Y=\bar A\,\bar BC+\bar AB\,\bar C+A\,\bar B\,\bar C+ABC$，从卡诺图上能否看出这已是最简式？

解：将题给逻辑式中各最小项对应的卡诺图小方格取值填入 **1**，如题解图 20.03 所示。由卡诺图可以看出这四个为 **1** 的小方格之间不是逻辑相邻的，因此不能合并消去任何变量，故题中的**与或**表达式已是最简式。

20.5.6 试列出逻辑状态表来说明 $Y=\bar A\cdot\bar B$ 和 $Y=\overline{A\cdot B}$ 是否相等。

解：根据逻辑变量的不同取值，由逻辑运算规律可得逻辑状态表如题解表 20.06 所示。

A \ BC	00	01	11	10
0	0	1	0	1
1	1	0	1	0

题解图 20.03

题解表 20.06

A	B	$Y=\bar A\cdot\bar B$	$Y=\overline{A\cdot B}$
0	0	1	1
0	1	0	1
1	0	0	1
1	1	0	0

两逻辑表达式的函数值必须在所有变量取值时都对应相等，才能称此二逻辑表达式相等。显然，$Y=\bar A\cdot\bar B$ 与 $Y=\overline{A\cdot B}$ 不等。

20.6.1 由逻辑式 $Y=\bar ABC+A\,\bar BC+AB\,\bar C$ 列出逻辑状态表，并说明具有判偶（三个输入变量

组合中有偶数个取**1**时,Y为**1**)逻辑功能。

解:题给逻辑式相应的逻辑状态表如题解表 20.07 所示。

从表可以看出,三个变量的取值组合中,有偶数个**1**时,输出变量为**1**,即具有“判偶”的逻辑功能。

20.6.2 计算下列各式:(1) $Y=1\oplus1\oplus0\oplus1\oplus0$;(2) $Y=1\oplus1\oplus1\oplus1$;(3) $Y=1\oplus1\oplus1\oplus1\oplus1$。

解:(1) $Y=1\oplus1\oplus0\oplus1\oplus0=1\oplus1\oplus0\oplus(\overline{1}\cdot0+1\cdot\overline{0})$

$=1\oplus1\oplus0\oplus1=1\oplus1\oplus(\overline{0}\cdot1+0\cdot\overline{1})$

$=1\oplus1\oplus1=1\oplus(\overline{1}\cdot1+1\cdot\overline{1})$

$=1\oplus0=\overline{1}\cdot0+1\cdot\overline{0}=1$

(2) $Y=1\oplus1\oplus1\oplus1=1\oplus1\oplus(\overline{1}\cdot1+1\cdot\overline{1})$

$=1\oplus1\oplus0=1\oplus(\overline{1}\cdot0+1\cdot\overline{0})$

$=1\oplus1=\overline{1}\cdot1+1\cdot\overline{1}=0$

(3) $Y=1\oplus1\oplus1\oplus1\oplus1=1\oplus(1\oplus1\oplus1\oplus1)=1\oplus0=1$

20.6.3 某机床电动机由电源开关 S_1、过载保护开关 S_2 和安全开关 S_3 控制。三个开关同时闭合时,电动机转动;任一开关断开时,电动机停转。试用逻辑门实现,画出控制电路。

解:设 Y 表示电动机状态。$Y=1$ 时,电动机转动;$Y=0$ 时,电动机停转。$S=1$ 时,开关闭合;$S=0$ 时,开关断开。

则依题意可列出状态真值表如题解表 20.08 所示,由状态表可得

$$Y=S_1\cdot S_2\cdot S_3$$

题解表 20.07

A	B	C	Y
0	0	0	0
0	0	1	0
0	1	0	0
0	1	1	1
1	0	0	0
1	0	1	1
1	1	0	1
1	1	1	0

题解表 20.08

S_1	S_2	S_3	Y
0	0	0	0
0	0	1	0
0	1	0	0
0	1	1	0
1	0	0	0
1	0	1	0
1	1	0	0
1	1	1	1

故用逻辑门实现的控制电路如题解图 20.04 所示。

20.6.4 试证明:$\overline{A\overline{B}+\overline{A}B}=AB+\overline{A}\,\overline{B}$。

证明:$\overline{A\overline{B}+\overline{A}B}=\overline{A\overline{B}}\cdot\overline{\overline{A}B}=(\overline{A}+B)\cdot(A+\overline{B})=\overline{A}A+AB+\overline{A}\,\overline{B}+B\overline{B}=AB+\overline{A}\,\overline{B}$

20.7.1 二进制加法运算和逻辑加法运算的含义有何不同?

解:二进制加法运算是一种算术运算,采用“逢二进一”的进位方式。如 **0 + 0 = 0**,**1 + 0 = 1**,**1 + 1 = 10**。

逻辑加法运算是一种逻辑或的运算,采取“有**1**出**1**,全**0**出**0**”的法则,不存在进位的问题。如:**0 + 0 = 0**,**1 + 0 = 1**,**1 + 1 = 1**。

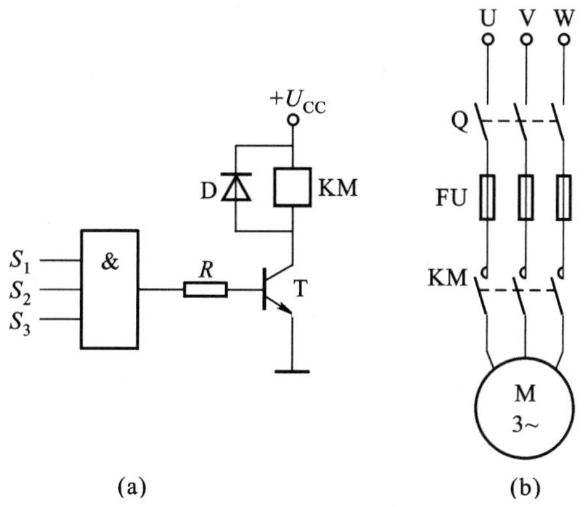

题解图 20.04

20.7.2 将十进制数 13、43、121 转换为二进制数;将二进制数 **10101**、**11111**、**000011** 转换为十进制数。

解:将十进制数转换为二进制数,可采用整数除 2 取余数法;将二进制数转换为十进制数采用将各位数字代表的值写成以 2 为底的指数形式,然后求和。具体转换过程此处省略。

$(13)_{10}=(\mathbf{1101})_2$,$(43)_{10}=(\mathbf{101011})_2$,$(121)_{10}=(\mathbf{1111001})_2$;

$(\mathbf{10101})_2=(21)_{10}$,$(\mathbf{11111})_2=(31)_{10}$,$(\mathbf{000011})_2=(3)_{10}$。

20.7.3 什么是半加器?什么是全加器?

解:半加器是仅考虑 1 位二进制加数和被加数相加,而不考虑低位进位数的加法运算器。一般用于二进制数加法中最低位的求和运算。

全加器是不仅考虑 1 位二进制加数和被加数,而且还要考虑低位进位数相加的加法运算器。可用于二进制数加法中任意位的求和运算。

20.7.4 试说明 1+1=2,**1+1=10**,**1+1=1** 各式的含义。

解:1+1=2 表示十进制加法运算;**1+1=10** 表示二进制加法运算;**1+1=1** 表示逻辑加法(**或**)运算。

20.7.5 试用两片 T692 型全加器实现 8 位二进制加法运算。

解:根据 T692 型全加器逻辑功能及引线排列可画出题意要求的实现 8 位二进制加法运算的逻辑电路,如题解图 20.05 所示。其中 T692-1 实现低 4 位相加,T692-2 实现高 4 位相加,低 4 位片的进位输出端 CO 接高 4 位片的进位输入端 CI,低 4 位的进位输入端 CI 接 **0**。

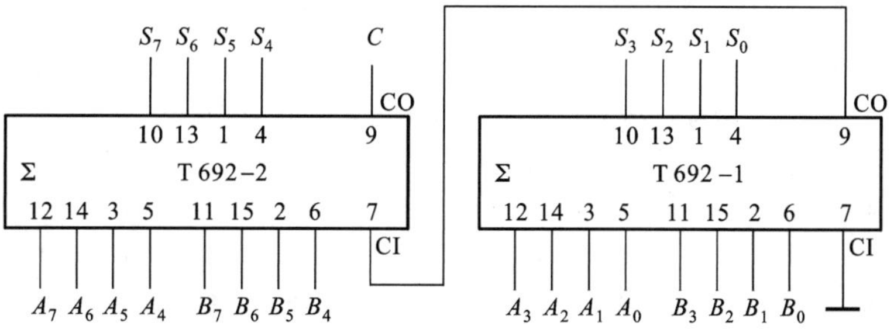

题解图 20.05

20.9.1 什么是编码？什么是译码？

解：编码指的是按照一定的约定或规则用数字或文字符号组成的代码来表示某一对象、信息或信号的过程。例如，给某一电话赋予一个电话号码；用 4 位二进制代码来表示十进制数中的 10 个有效数字等等。

译码指的是将已用数字或文字符号编好的代码按编码时的原意“翻译”成所代表的对象、信息或信号的过程。它是编码的逆过程。例如，拨某一电话号码，就可接通对应的电话；给定一个 BCD 码，就可找出对应的十进制数字等。

20.9.2 二进制译码（编码）和二－十进制译码（编码）有何不同？

解：两者的不同之处在于：二进制译码（编码）的代码为“逢 2 进 1”的二进制自然进位编码体制；二－十进制译码（编码）的代码只在十以内按“逢 2 进 1”的二进制自然进位编码。

二进制译码（编码）器的输入（输出）二进制代码位数种类较多，有 2 位、3 位、4 位等，可分别构成 2 线－4 线、3 线－8 线、4 线－16 线译码器或 4 线－2 线、8 线－3 线、16 线－4 线编码器。具体采用的代码位数与所需代表的编码对象、信息或信号的数量有关。

二－十进制译码（编码）器都以 4 位二进制为输入（输出）代码。如 4 线－7 线显示译码器，10 线－4线 BCD 码编码器。

20.9.3 在图 20.9.8 中，74LS248 型译码器输出高电平有效，当输入 $A_3A_2A_1A_0=\mathbf{0101}$ 时，则输出 *abcdefg* 为多少？显示何十进制数码？

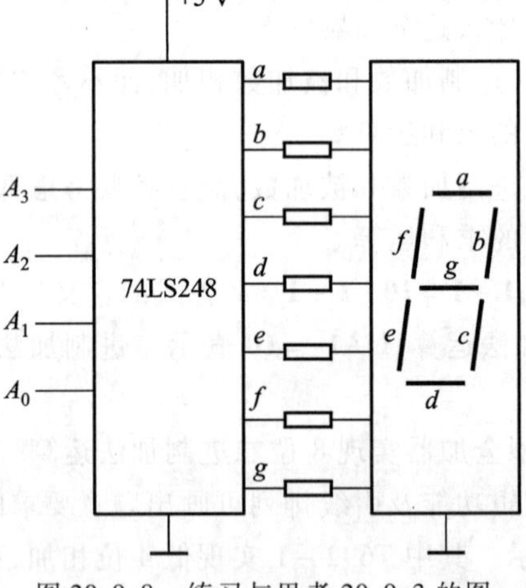

图 20.9.8　练习与思考 20.9.3 的图

解：依题意可列出 74LS248 七段显示译码器的输入/输出真值表（题解表 20.09），即输出为高电平时，相应字段点亮。

题解表 20.09　74LS248 译码器输入/输出真值表

十进制数	输入				输出							显示
	A_3	A_2	A_1	A_0	a	b	c	d	e	f	g	
0	**0**	**0**	**0**	**0**	**1**	**1**	**1**	**1**	**1**	**1**	**0**	0
1	**0**	**0**	**0**	**1**	**0**	**1**	**1**	**0**	**0**	**0**	**0**	1
2	**0**	**0**	**1**	**0**	**1**	**1**	**0**	**1**	**1**	**0**	**1**	2

续表

十进制数	输入				输出							显示
	A_3	A_2	A_1	A_0	a	b	c	d	e	f	g	
3	**0**	**0**	**1**	**1**	**1**	**1**	**1**	**1**	**0**	**0**	**1**	3
4	**0**	**1**	**0**	**0**	**0**	**1**	**1**	**0**	**0**	**1**	**1**	4
5	**0**	**1**	**0**	**1**	**1**	**0**	**1**	**1**	**0**	**1**	**1**	5
6	**0**	**1**	**1**	**0**	**1**	**0**	**1**	**1**	**1**	**1**	**1**	6
7	**0**	**1**	**1**	**1**	**1**	**1**	**1**	**0**	**0**	**0**	**0**	7
8	**1**	**0**	**0**	**0**	**1**	**1**	**1**	**1**	**1**	**1**	**1**	8
9	**1**	**0**	**0**	**1**	**1**	**1**	**1**	**1**	**0**	**1**	**1**	9

当输入 $A_3A_2A_1A_0$ = **0101** 时，则输出 $abcdefg$ = **1011011**，显示十进制数 5。

20.9.4 图 20.9.9 所示是 2 线 -4 线译码器的逻辑电路，它将输入 2 位二进制数的四个代码分别译成四个输出端上的高电平信号，试写出输出 Y_0、Y_1、Y_2、Y_3 的逻辑式，并列出逻辑状态表（功能表）。

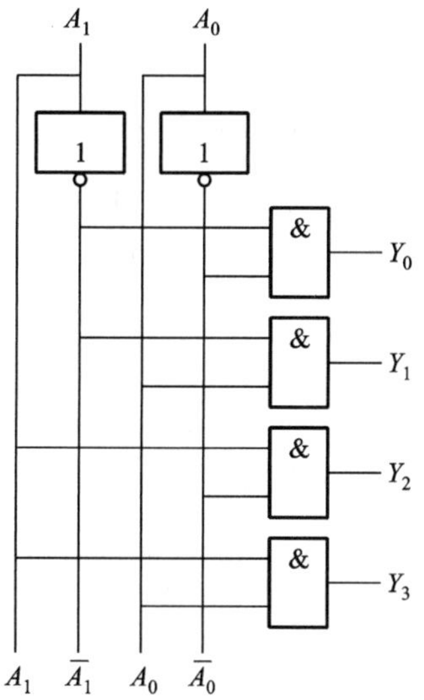

图 20.9.9　练习与思考 20.9.4 的图

解：由图 20.9.9 可列出 Y_0、Y_1、Y_2、Y_3 的逻辑式

$Y_0 = \overline{A}_1\overline{A}_0$　　$Y_1 = \overline{A}_1 A_0$　　$Y_2 = A_1\overline{A}_0$　　$Y_3 = A_1 A_0$

该电路的逻辑状态表（功能表）如题解表 20.10 所示。

题解表 20.10

A_1	A_0	Y_0	Y_1	Y_2	Y_3
0	**0**	**1**	**0**	**0**	**0**
0	**1**	**0**	**1**	**0**	**0**
1	**0**	**0**	**0**	**1**	**0**
1	**1**	**0**	**0**	**0**	**1**

当输入 A_1A_0 分别 **00**、**01**、**10**、**11** 时，对应译出 Y_0、Y_1、Y_2、Y_3 分别为 **1**。

20.6 【习题】题解

A 选 择 题

20.1.1 二进制数$(101010)_2$可转换为十进制数(　　)。

(1) $(42)_{10}$　　(2) $(84)_{10}$　　(3) $(52)_{10}$

解：$(101010)_2 = 1\times2^5 + 1\times2^3 + 1\times2^1 = 32 + 8 + 2 = (42)_{10}$

故选(1)。

20.1.2 十进制数$(123)_{10}$可转换为十六进制数(　　)。

(1) $(\mathrm{F6})_{16}$　　(2) $(\mathrm{7B})_{16}$　　(3) $(\mathrm{6F})_{16}$

解：方法一：首先用整除 2 取余数法将十进制数转换为二进制数，再将二进制数按每 4 位化为一组转换为十六进制数。

$(123)_{10} = (1111011)_2 = (0111\ 1011)_2 = (\mathrm{7B})_{16}$

故选(2)。

方法二：直接用整除 16 取余数法将十进制数转换为十六进制数。

$$\begin{array}{r|l} 16 & 123 \quad \cdots\cdots \text{ 余数 } 11(\text{即 B}) \quad (d_0) \\ 16 & 7 \quad \cdots\cdots \text{ 余数 } 7 \quad (d_1) \\ & 0 \end{array}$$

即　$(123)_{10} = (d_1\ d_0)_{16} = (\mathrm{7B})_{16}$

选(2)。

20.2.1 图 20.01 所示门电路中，Y 恒为 **0** 的是图(　　)。

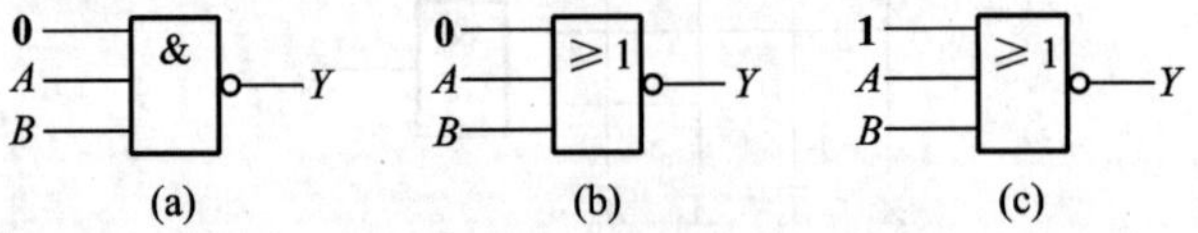

图 20.01　习题 20.2.1 的图

解：(a) 中：$Y = \overline{\mathbf{0}\cdot A\cdot B} = \mathbf{1}$（不论 A、B 为任何取值，Y 恒为 **1**）

(b) 中：$Y = \overline{\mathbf{0} + A + B}$（当 A、B 皆为 **0** 时，$Y=\mathbf{1}$；当 A、B 中有至少一个为 **1** 时，$Y=\mathbf{0}$）

(c) 中：$Y = \overline{\mathbf{1} + A + B} = \mathbf{0}$（不论 A、B 为任何取值，Y 恒为 **0**）

故应选(c)。

20.2.2 图 20.02 所示门电路的输出为(　　)。

(1) $Y = \overline{A}$　　(2) $Y = \mathbf{1}$　　(3) $Y = \mathbf{0}$

解：由图 20.02 可得，$Y = \overline{A\cdot\mathbf{0}} = \mathbf{1}$，故选(2)。

20.2.3 图 20.03 所示门电路的逻辑式为(　　)。

(1) $Y = \overline{AB + C}$　　(2) $Y = \overline{AB\cdot C\cdot\mathbf{0}}$　　(3) $Y = \overline{AB}$

解:由图 20.03 可得,$Y=\overline{AB+C\cdot \mathbf{0}}=\overline{AB}$,故选(3)。

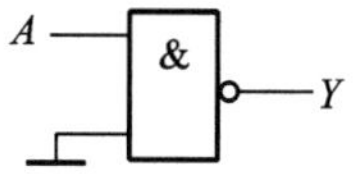

图 20.02　习题 20.2.2 的图

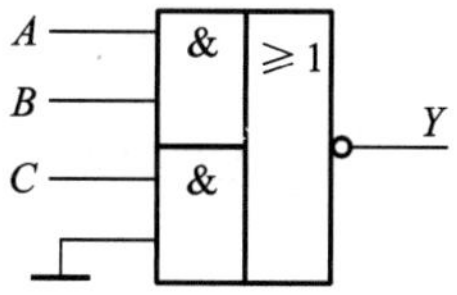

图 20.03　习题 20.2.3 的图

20.5.1　与$\overline{A+B+C}$相等的为(　　)。

(1) $\overline{A}\cdot\overline{B}\cdot\overline{C}$　　(2) $\overline{\overline{A}\cdot\overline{B}\cdot\overline{C}}$　　(3) $\overline{A}+\overline{B}+\overline{C}$

解:由摩根定律可知,$\overline{A+B+C}=\overline{A}\cdot\overline{B}\cdot\overline{C}$,故选(1)。

20.5.2　与$\overline{A\cdot B\cdot C\cdot D}$相等的为(　　)。

(1) $\overline{A\cdot B}\cdot\overline{C\cdot D}$　　(2) $(\overline{A}+\overline{B})\cdot(\overline{C}+\overline{D})$　　(3) $\overline{A}+\overline{B}+\overline{C}+\overline{D}$

解:由摩根定律可知,$\overline{A\cdot B\cdot C\cdot D}=\overline{A}+\overline{B}+\overline{C}+\overline{D}$,故选(3)。

20.5.3　与 $\overline{A}+ABC$ 相等的为(　　)。

(1) $A+BC$　　(2) $\overline{A}+BC$　　(3) $A+\overline{BC}$

解:由分配律可知

$$\begin{aligned}\overline{A}+ABC&=(\overline{A}+A)(\overline{A}+B)(\overline{A}+C)=(\overline{A}+B)(\overline{A}+C)\\&=\overline{A}+\overline{A}B+\overline{A}C+BC=\overline{A}(\mathbf{1}+B+C)+BC=\overline{A}+BC\end{aligned}$$

故选(2)。

20.5.4　若 $Y=A\overline{B}+AC=\mathbf{1}$,则(　　)。

(1) $ABC=\mathbf{001}$　　(2) $ABC=\mathbf{110}$　　(3) $ABC=\mathbf{100}$

解:将 A、B、C 不同取值代入 $Y=A\overline{B}+AC$,可知:

当 $ABC=\mathbf{001}$ 时,$Y=A\overline{B}+AC=\mathbf{0}+\mathbf{0}=\mathbf{0}$

当 $ABC=\mathbf{110}$ 时,$Y=A\overline{B}+AC=\mathbf{0}+\mathbf{0}=\mathbf{0}$

当 $ABC=\mathbf{100}$ 时,$Y=A\overline{B}+AC=\mathbf{1}+\mathbf{0}=\mathbf{1}$

故选(3)。

20.5.5　若输入变量 A、B 和输出变量 Y 的波形如图 20.04 所示,则逻辑式为(　　)。

(1) $Y=\overline{A}B+A\overline{B}$　　(2) $Y=AB+\overline{A}\,\overline{B}$　　(3) $Y=A+\overline{B}$

解:由图 20.04 可列出与波形对应的真值表如下:

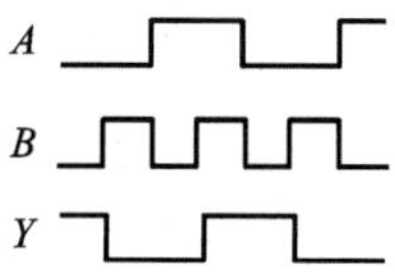

图 20.04　习题 20.5.5 的图

A	B	Y
0	**0**	**1**
0	**1**	**0**
1	**0**	**0**
1	**1**	**1**

由真值表可得 $Y=AB+\overline{A}\,\overline{B}$,故选(2)。

20.5.6 将 $Y=AB+\bar{A}C+\bar{B}C$ 化简后得(　　)。

(1) $Y=\overline{AB}+C$　　(2) $Y=AB+\bar{C}$　　(3) $Y=AB+C$

解：$Y=AB+\bar{A}C+\bar{B}C=AB+(\bar{A}+\bar{B})C \xlongequal{\text{摩根定律}} AB+\overline{AB}\cdot C \xlongequal{\text{吸收律}} AB+C$

故选(3)。

20.5.7 将 $Y=\overline{AB}+\bar{A}C+\bar{B}D$ 化简后所得下列三式中，(　　)是错误的。

(1) $Y=\overline{AB}$　　(2) $Y=AB$　　(3) $Y=\bar{A}+\bar{B}$

解：$Y=\overline{AB}+\bar{A}C+\bar{B}D=\bar{A}+\bar{B}+\bar{A}C+\bar{B}D=\bar{A}(\mathbf{1}+C)+\bar{B}(\mathbf{1}+D)=\bar{A}+\bar{B}=\overline{AB}$

故选(2)。

20.6.1 图 20.05 所示门电路中，$Y=\mathbf{1}$ 的是图(　　)。

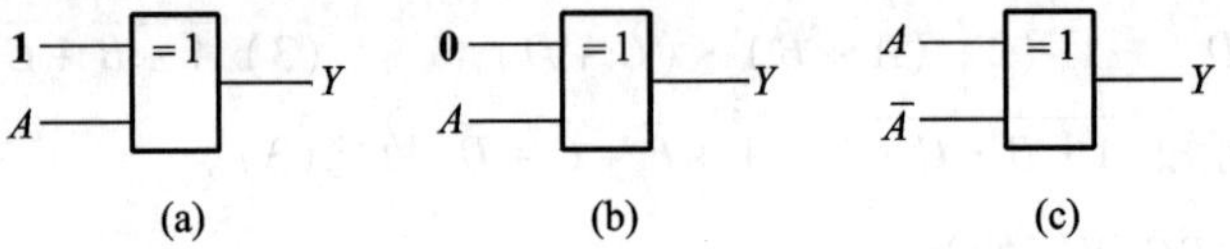

图 20.05　习题 20.6.1 的图

解：图 20.05 中(a)、(b)、(c)三个电路皆为**异或门**，其中

(a) $Y=\mathbf{1}\cdot\bar{A}+\bar{\mathbf{1}}\cdot A=\bar{A}$

(b) $Y=\mathbf{0}\cdot\bar{A}+\bar{\mathbf{0}}\cdot A=A$

(c) $Y=A\cdot\bar{\bar{A}}+\bar{A}\cdot\bar{A}=A\cdot A+\bar{A}\cdot\bar{A}=A+\bar{A}=\mathbf{1}$

故选(c)。

20.6.2 图 20.06 所示组合电路的逻辑式为(　　)。

(1) $Y=\bar{A}$　　(2) $Y=A$　　(3) $Y=\mathbf{1}$

解：$Y=\overline{\bar{A}\cdot\overline{A+\bar{A}}}=A+(A+\bar{A})=A+\bar{A}=\mathbf{1}$

故选(3)。

20.6.3 图 20.07 所示组合电路的逻辑式为(　　)。

(1) $Y=\overline{AB}$　　(2) $\bar{A}B$　　(3) $A\bar{B}$

解：$Y=\overline{\bar{A}+B}=\bar{\bar{A}}\bar{B}=A\bar{B}$

选(3)。

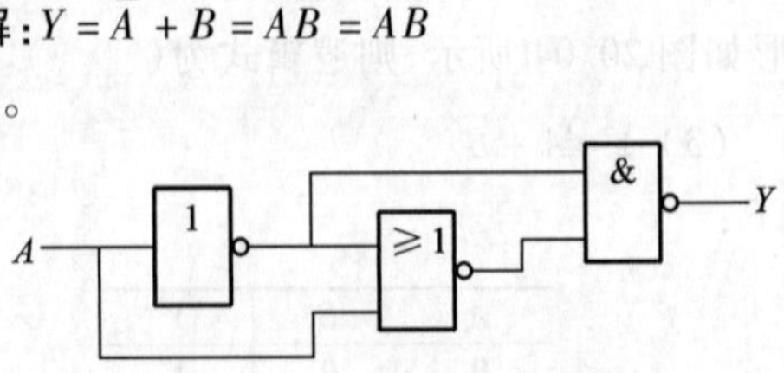

图 20.06　习题 20.6.2 的图

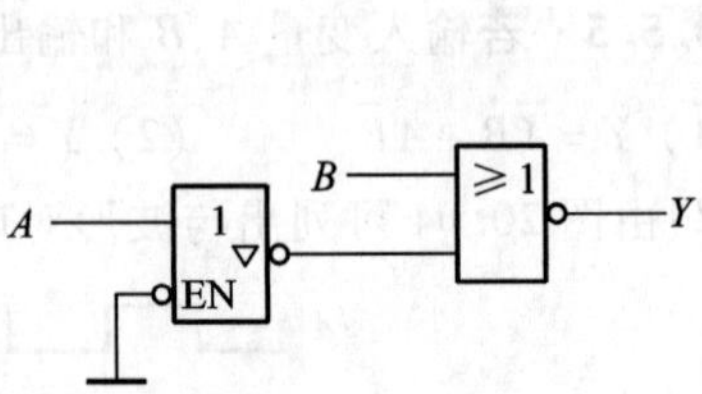

图 20.07　习题 20.6.3 的图

20.6.4 图 20.08 所示组合电路的逻辑式为(　　)。

(1) $Y=AB\cdot\bar{B}C$　　(2) $Y=\overline{AB\cdot\bar{B}C}$　　(3) $Y=AB+\bar{B}C$

解：$Y=\overline{\overline{AB}\cdot\overline{\bar{B}C}}=AB+\bar{B}C$

故选(3)。

20.6.5 图 20.09 所示组合电路的逻辑式为(　　)。

(1) $Y=\overline{AB+BC+CA}$　　(2) $Y=AB+BC+CA$　　(3) $Y=\overline{AB}+\overline{BC}+\overline{CA}$

解: $Y=\overline{\overline{AB}\cdot\overline{BC}\cdot\overline{CA}}=AB+BC+CA$

故选(2)。

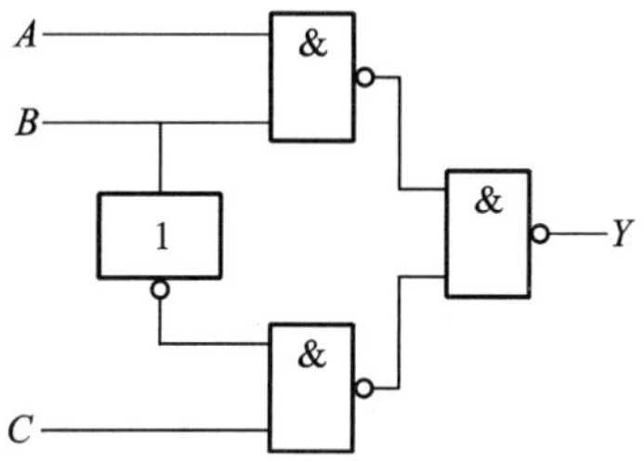

图 20.08　习题 20.6.4 的图

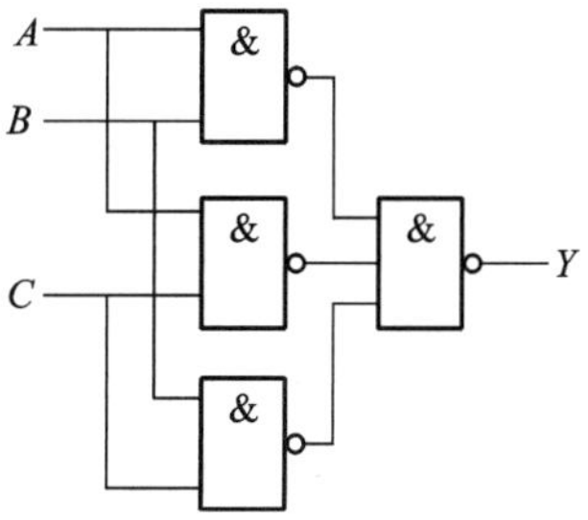

图 20.09　习题 20.6.5 的图

20.6.6 在图 20.10 所示三个逻辑电路中,能实现 $Y=(A+B)\cdot(C+D)$ 的是图(　　)。

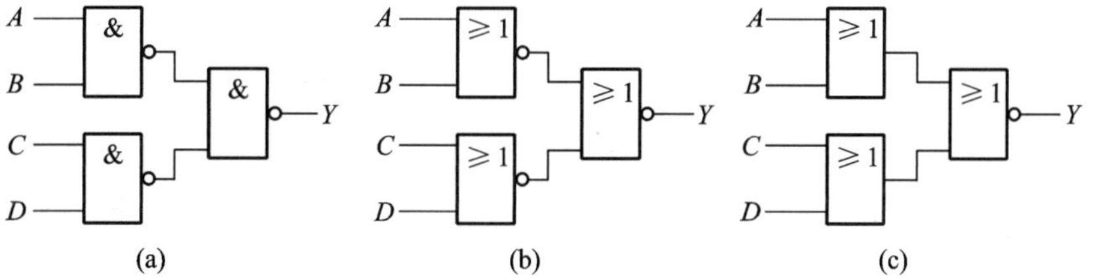

图 20.10　习题 20.6.6 的图

解:(a) $Y=\overline{\overline{AB}\cdot\overline{CD}}=\overline{\overline{AB}}+\overline{\overline{CD}}=AB+CD$

(b) $Y=\overline{\overline{A+B}+\overline{C+D}}=\overline{\overline{A+B}}\cdot\overline{\overline{C+D}}=(A+B)\cdot(C+D)$

(c) $Y=\overline{(A+B)+(C+D)}=\overline{A+B}\cdot\overline{C+D}$

故选(b)。

20.6.7 已知逻辑状态表如下,则输出 Y 的逻辑式为(　　)。

(1) $Y=\overline{A}+BC$　　(2) $Y=A+BC$　　(3) $Y=A+\overline{B}C$

解:由逻辑状态表可列出对应的逻辑表达式为

$$
\begin{aligned}
Y&=\overline{A}BC+A\overline{B}\,\overline{C}+A\overline{B}C+AB\overline{C}+ABC\\
&=(\overline{A}+A)BC+(\overline{B}+B)A\overline{C}+A\overline{B}C\\
&=BC+A\overline{C}+A\overline{B}C\\
&=(B+\overline{B}A)C+A\overline{C}\\
&=(A+B)C+A\overline{C}\\
&=AC+BC+A\overline{C}\\
&=A+BC
\end{aligned}
$$

A	B	C	Y
0	0	0	0
0	0	1	0
0	1	0	0
0	1	1	1
1	0	0	1
1	0	1	1
1	1	0	1
1	1	1	1

故选(2)。此题若用卡诺图法化简则更为便捷，见题解图 20.06。

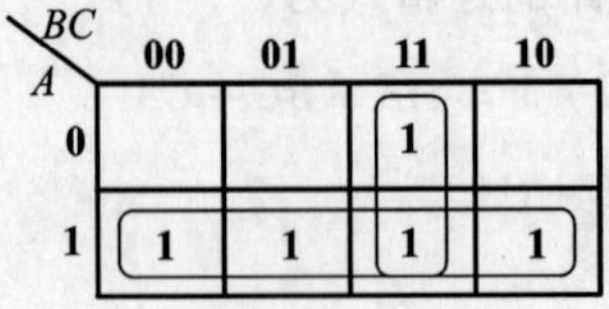

题解图 20.06

B 基 本 题

20.2.4 如果**与**门的两个输入端中，A 为信号输入端，B 为控制端。设输入 A 的信号波形如图 20.11 所示，在控制端 $B=\mathbf{1}$ 和 $B=\mathbf{0}$ 两种状态下，试画出输出波形。如果是**与非**门、**或**门、**或非**门，则又如何？分别画出输出波形。最后总结上述四种门电路的控制作用。

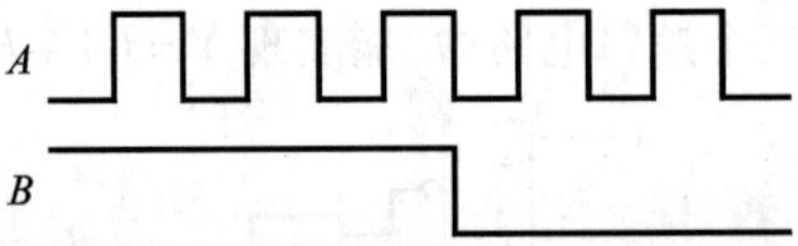

图 20.11　习题 20.2.4 的图

解：当门电路分别为**与**门、**与非**门、**或**门、**或非**门时，对应于 A、B 信号，各门的输出波形如题解图 20.07 所示。

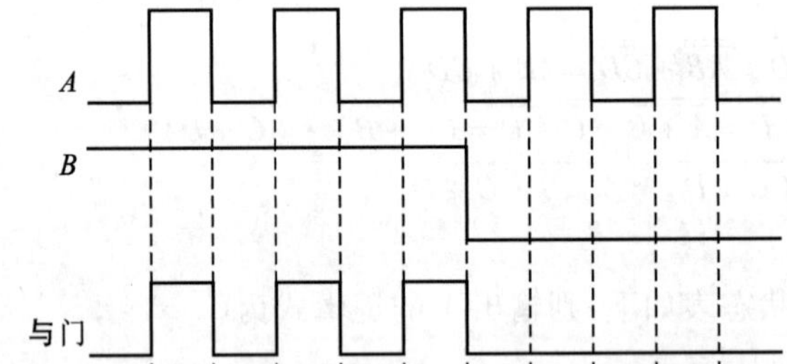

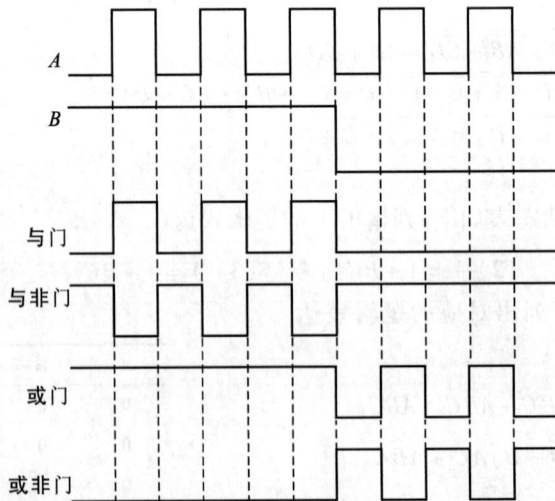

题解图 20.07

与门的逻辑功能为：有 **0** 出 **0**，全 **1** 出 **1**。

与非门的逻辑功能为：有 **0** 出 **1**，全 **1** 出 **0**。

或门的逻辑功能为：有 **1** 出 **1**，全 **0** 出 **0**。

或非门的逻辑功能为：有 **1** 出 **0**，全 **0** 出 **1**。

对于**与**门和**与非**门，当控制信号 $B=\mathbf{1}$ 时，门打开，信号 A 可以通过该门输出（二者输出信号相位相反）。

对于**或**门和**或非**门，当控制信号 $B=\mathbf{0}$ 时，门打开，信号 A 可以通过该门输出（二者输出信号相位相反）。

20.2.5 在图 20.12(a)所示门电路中，在控制端 $C=\mathbf{1}$ 和 $C=\mathbf{0}$ 两种情况下，试求输出 Y 的逻辑式和波形，并说明该电路的功能。输入 A 和 B 的波形如图 20.12(b)中所示。

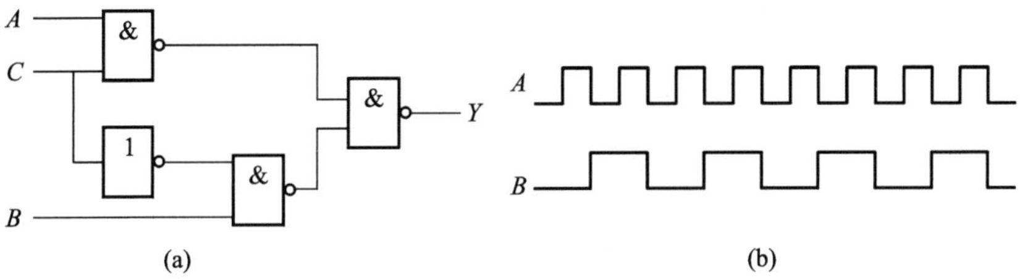

图 20.12 习题 20.2.5 的图

解：由图 20.12 的逻辑图，可得

$$Y=\overline{\overline{AC}\cdot\overline{B\,\overline{C}}}=\overline{\overline{AC}}+\overline{\overline{B\,\overline{C}}}=AC+B\overline{C}$$

当 $C=\mathbf{1}$ 时，$Y=A$；当 $C=\mathbf{0}$ 时，$Y=B$。两种情况下输出端的波形如题解图 20.08 所示。

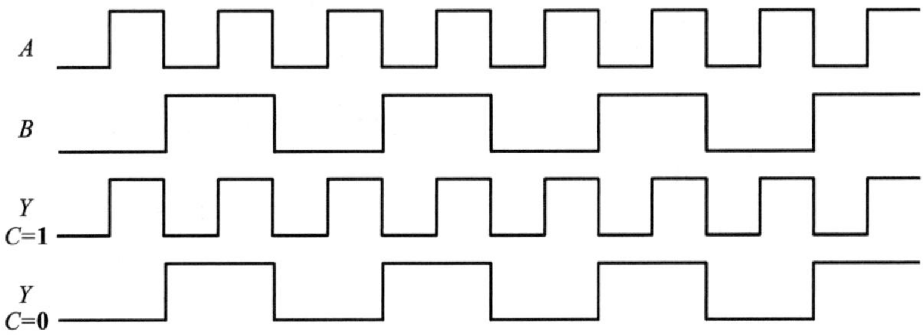

题解图 20.08

该电路的功能是：通过控制端 C 的两种不同状态来选择输入信号 A 或 B 进行输出，即具有数据选择功能。

20.3.1 试用一片 74LS00 **与非**门实现 $Y=\overline{\overline{AB}\cdot\overline{\overline{C}D}}$，画出接线图。

解：用一片 74LS00 **与非**门实现题设逻辑功能的电路接线图如题解图 20.09 所示。

20.3.2 在图 20.13(a)和(b)所示两个电路中，控制端 $\overline{E}=\mathbf{1}$ 和 $\overline{E}=\mathbf{0}$ 两种情况下，试求输出 Y 的波形。输入 A 和 B 的波形如图中所示。

解：由三态门的特点可知，当使能控制信号满足时，三态门处于工作状态；当使能控制信号不满足时，三态门处于高阻状态。

对于图 20.13(a)，当 $\overline{E}=\mathbf{0}$ 时，上面的三态门工作，下面的三态门高阻；当 $\overline{E}=\mathbf{1}$ 时，上面的三态门高阻，下面的三态门工作。即输出 Y 的表达式为

$$Y=\begin{cases}A & (\overline{E}=\mathbf{0})\\ B & (\overline{E}=\mathbf{1})\end{cases}$$

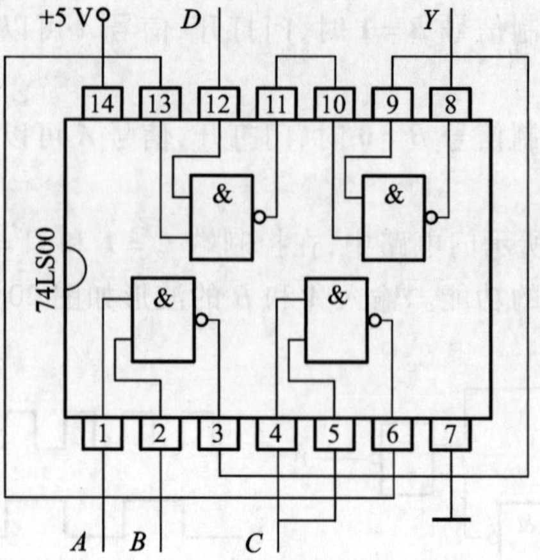

题解图 20.09

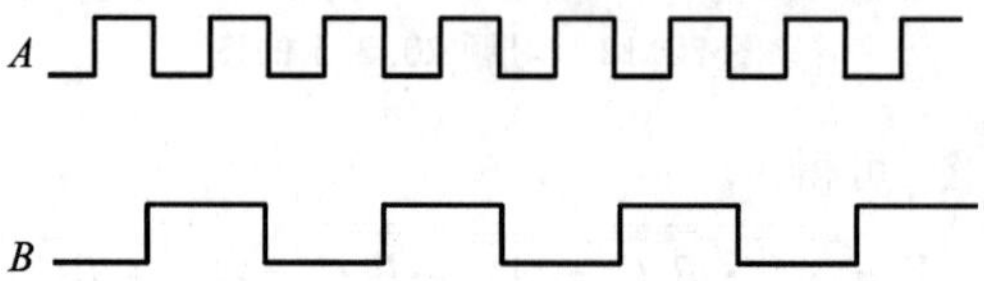

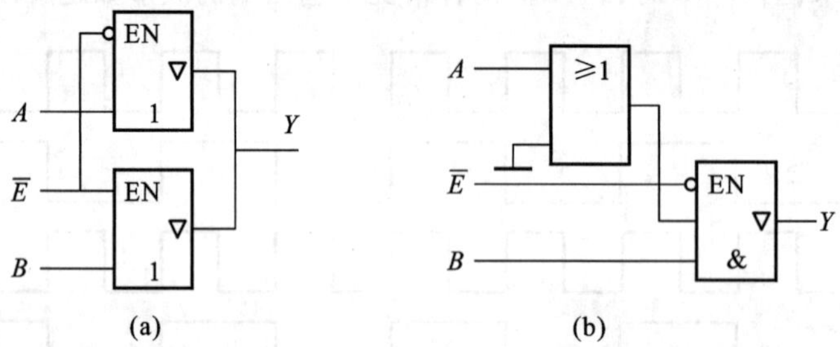

图 20.13　习题 20.3.2 的图

Y 的波形如题解图 20.10(a)所示。

对于图 20.13(b)，当 $\overline{E}=\mathbf{0}$ 时，三态门工作；当 $\overline{E}=\mathbf{1}$ 时，三态门高阻。即输出 Y 的表达式为

$$Y=\begin{cases}AB & (\overline{E}=\mathbf{0})\\ \text{高阻} & (\overline{E}=\mathbf{1})\end{cases}$$

Y 的波形如题解图 20.10(b)所示。

20.3.3　用内阻为 50 kΩ/V 的万用表的直流电压挡(0～10 V)去测量 TTL 与非门的一个悬空输入端与“地”之间的电压值，在下列情况下，估计该表的读数。

(1) 其余输入端全悬空时。

(2) 其余输入端全接电源(+5 V)时。

(3) 其余输入端全接“地”时。

(4) 其余输入端中有一个接“地”时。

(5) 其余输入端全接 0.3 V 时。

解：依题意测量电路如题解图 20.11(a)所示。

(1) 当其余输入端全悬空时，电源 U_{CC} 经 R_1、T_1 集电结向 T_2 提供足够的基极电流，使 T_2 饱

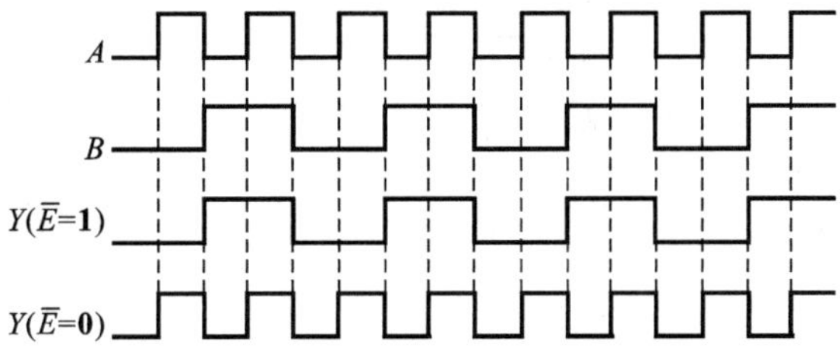

(a)

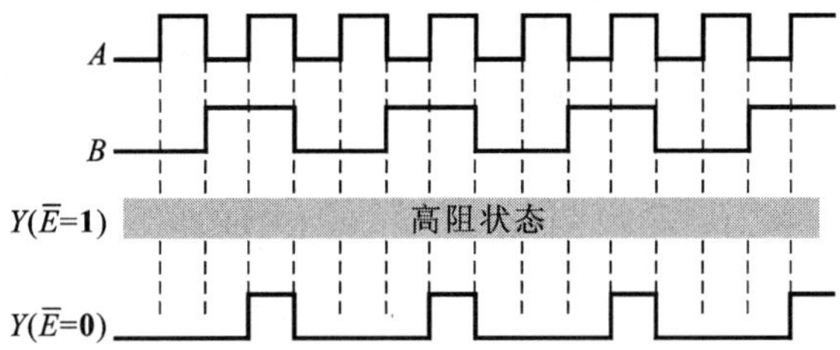

(b)

题解图 20.10

和导通，T_2 的发射极电流在 R_4 上产生压降又为 T_5 提供足够的基极电流，使 T_5 也饱和导通，则 T_1 基极电位 V_{B1} 被钳位在 2.1 V，减去 T_1 集电结正向导通压降 0.7 V，故电压表读数应为 1.4 V。

（2）其余输入端全接电源（+5 V）时，T_1 相应发射结皆反偏截止，结果同（1）。

（3）其余输入端全接“地”时，T_1 相应发射结正偏导通，V_{B1} 电位被钳在 0.7 V，故电压表读数为 0。

（4）其余输入端中有一个接“地”时，结果同（3）。

（5）其余输入端全接 0.3 V 时，T_1 相应发射结正偏导通，V_{B1} 被钳位在 1 V，故电压表读数为 0.3 V。

各测量电路如题解图 20.11（b）所示。

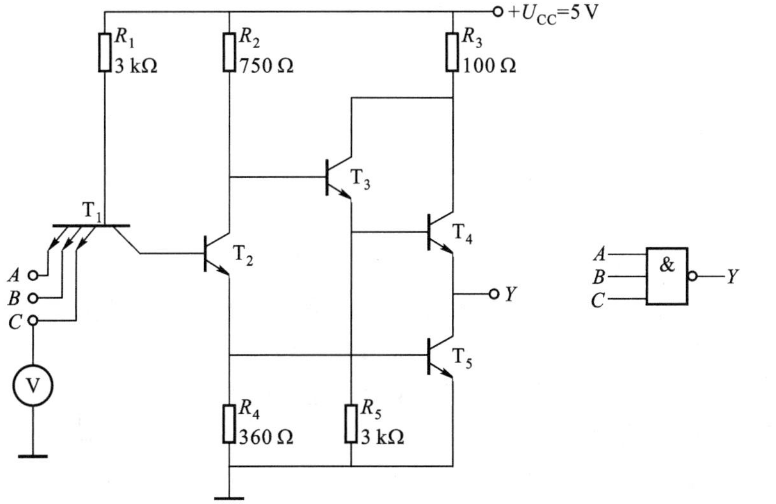

(a)

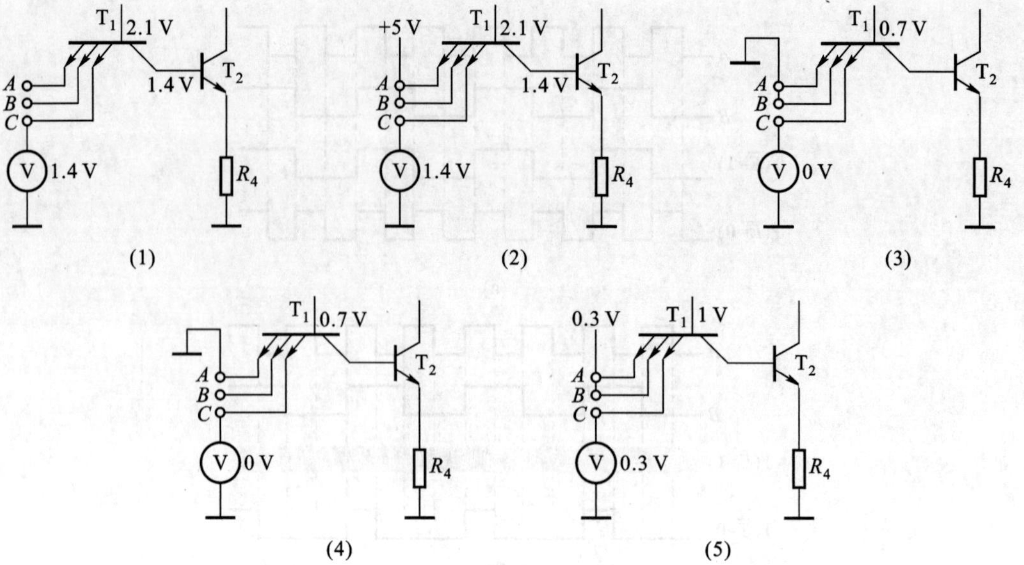

(b)

题解图 20.11　TTL 与非门电路

△**20.4.1**　图 20.14 所示是两个 CMOS 三态门电路,其中 T_1 和 T_2 组成的即为图 20.4.1 所示的非门电路。试分析其工作情况,并画出各个逻辑符号。

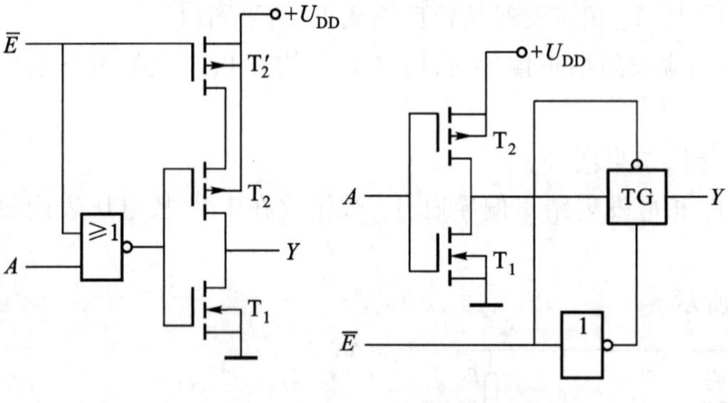

图 20.14　习题 20.4.1 的图

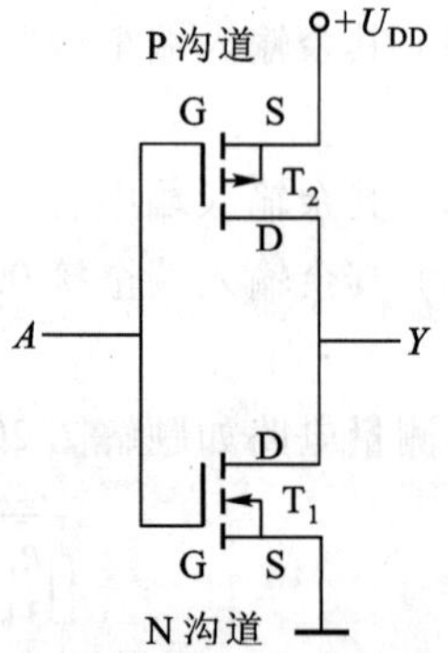

图 20.4.1　CMOS 非门电路

解:(1) 图 20.14(a)所示电路是在图 20.4.1 的 CMOS 非门的基础上增加了一个控制管 T_2' 和一个或非门。

当 $\overline{E}=\mathbf{0}$ 时,T_2' 导通,或非门和 CMOS 非门电路正常工作,$Y=\overline{\overline{A}}=A$。

当 $\overline{E}=\mathbf{1}$ 时,T_2' 截止,或非门输出为 **0**,T_1 也处于截止状态,故输出呈高阻态。

图 20.14(a)电路的逻辑符号如题解图 20.12(a)所示。

(2) 图 20.14(b)所示电路是在 CMOS 非门的输出端串联一个 CMOS 模拟开关 TG 作为输出 Y 的状态控制开关。

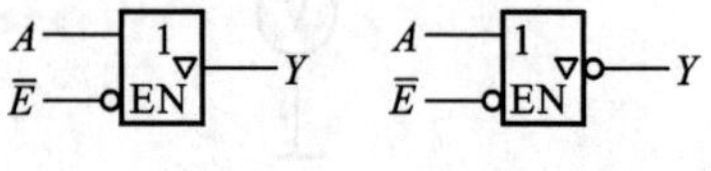

题解图 20.12

当 $\overline{E}=\mathbf{0}$ 时,传输门 TG 导通,$Y=\overline{A}$。

当 $\overline{E}=\mathbf{1}$ 时,传输门 TG 截止,输出为高阻态。

图 20. 14(b)电路的逻辑符号如题解图 20. 12(b)所示。

20. 5. 8 根据下列各逻辑式,画出逻辑图。

(1) $Y=(A+B)C$　　(2) $Y=AB+BC$

(3) $Y=(A+B)(A+C)$　　(4) $Y=A+BC$

(5) $Y=A(B+C)+BC$

解:对应题中各逻辑式的逻辑图如题解图 20. 13(1) ~(5)所示。

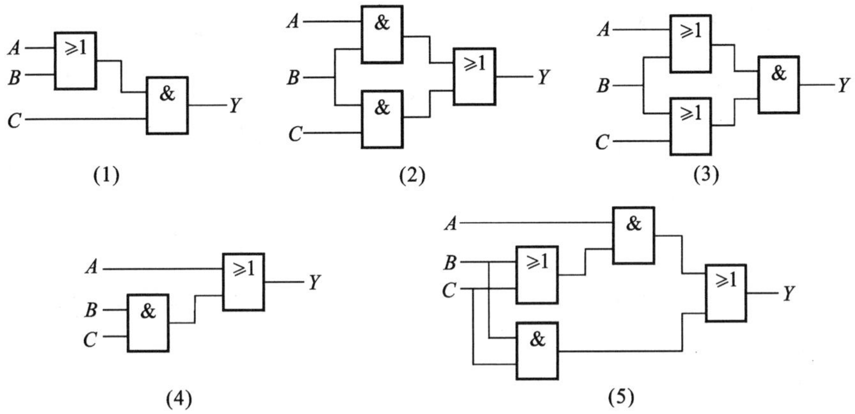

题解图 20. 13

20. 5. 9 用**与非**门和**非**门实现以下逻辑关系,画出逻辑图。

(1) $Y=AB+\bar{A}C$

(2) $Y=A+B+\bar{C}$

(3) $Y=\bar{A}\,\bar{B}+(\bar{A}+B)\bar{C}$

(4) $Y=A\bar{B}+A\bar{C}+\bar{A}BC$

解:首先将题中各式化为**与非**关系的逻辑式,然后用**与非**门和**非**门实现。

(1) $Y=AB+\bar{A}C=\overline{\overline{AB+\bar{A}C}}=\overline{\overline{AB}\cdot\overline{\bar{A}C}}$

(2) $Y=A+B+\bar{C}=\overline{\overline{A+B+\bar{C}}}=\overline{\bar{A}\cdot\bar{B}\cdot\bar{\bar{C}}}=\overline{\bar{A}\cdot\bar{B}\cdot C}$

(3) $Y=\bar{A}\,\bar{B}+(\bar{A}+B)\bar{C}=\bar{A}\,\bar{B}+\bar{A}\,\bar{C}+B\,\bar{C}=\bar{A}\,\bar{B}+\bar{A}\,\bar{C}(B+\bar{B})+B\,\bar{C}$

$=(\bar{A}\,\bar{B}+\bar{A}\,\bar{B}\,\bar{C})+(\bar{A}\,B\,\bar{C}+B\,\bar{C})=\bar{A}\,\bar{B}+B\,\bar{C}=\overline{\overline{\bar{A}\,\bar{B}}\cdot\overline{B\,\bar{C}}}$

(4) $Y=A\bar{B}+A\bar{C}+\bar{A}BC=A(\bar{B}+\bar{C})+\bar{A}BC=A\cdot\overline{BC}+\bar{A}\cdot BC$

$=\overline{\overline{A\,\overline{BC}}\cdot\overline{\bar{A}BC}}=\overline{\overline{A\cdot\overline{ABC}}\cdot\overline{\overline{ABC}\cdot BC}}$

各逻辑关系式对应的逻辑图如题解图 20. 14(1) ~(4)所示。

20. 5. 10 用**与非**门和**非**门组成下列逻辑门。

(1) **与**门　　$Y=ABC$

(2) **或**门　　$Y=A+B+C$

(3) **非**门　　$Y=\bar{A}$

(4) **与或**门　　$Y=ABC+DEF$

(5) **或非**门　　$Y=\overline{A+B+C}$

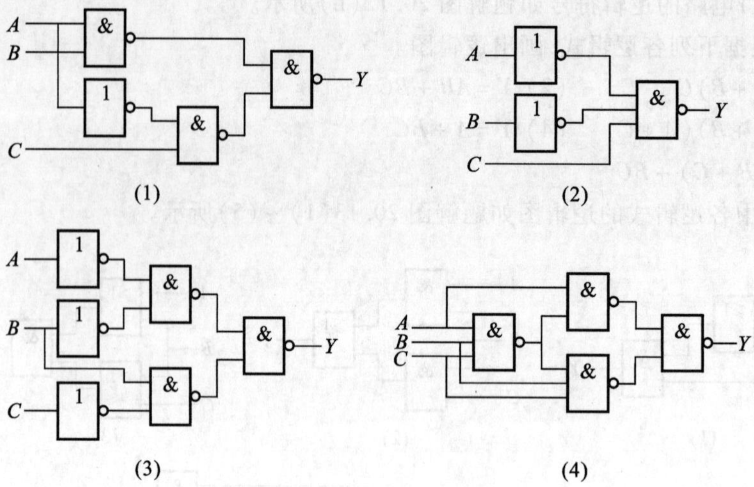

题解图 20.14

解:用**与非**门和**非**门实现题中各逻辑门,首先将各逻辑式化为**与非**的逻辑关系,然后再画出逻辑电路,如题解图 20.15 所示。

(1) $Y = ABC = \overline{\overline{ABC}}$

(2) $Y = A + B + C = \overline{\bar{A}\,\bar{B}\,\bar{C}}$

(3) $Y = \bar{A}$

(4) $Y = ABC + DEF = \overline{\overline{ABC} \cdot \overline{DEF}}$

(5) $Y = \overline{A + B + C} = \bar{A}\,\bar{B}\,\bar{C} = \overline{\overline{\bar{A}\,\bar{B}\,\bar{C}}}$

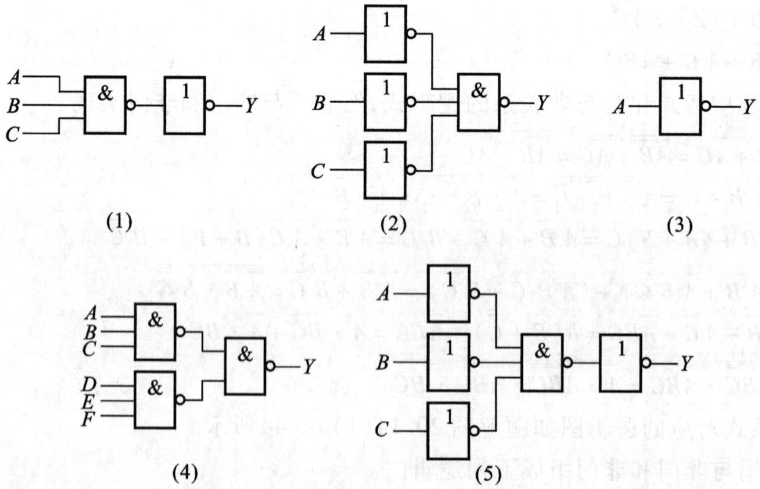

题解图 20.15

20.5.11 写出图 20.15 所示两图的逻辑式。

解:(1) $Y = \overline{\overline{\overline{AB} \cdot \overline{\bar{A}\,\bar{B}}}} = \overline{AB} \cdot \overline{\bar{A}\,\bar{B}} = (\bar{A} + \bar{B}) \cdot (A + B) = A\bar{B} + \bar{A}B$

(2) $Y = \overline{\overline{AC} \cdot \overline{BC}} = AC + BC$

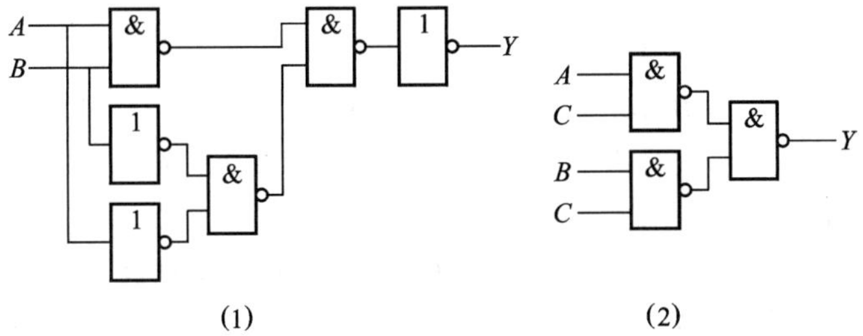

图 20.15　习题 20.5.11 的图

20.5.12　应用逻辑代数运算法则化简下列各式：

（1）$Y=AB+\overline{A}\,\overline{B}+A\overline{B}$

（2）$Y=ABC+\overline{A}B+AB\overline{C}$

（3）$Y=\overline{\overline{(A+B)}+AB}$

（4）$Y=(AB+A\overline{B}+\overline{A}B)(A+B+D+\overline{A}\,\overline{B}\,\overline{D})$

（5）$Y=ABC+\overline{A}+\overline{B}+\overline{C}+D$

解：（1）$Y=AB+\overline{A}\,\overline{B}+A\overline{B}=A(B+\overline{B})+\overline{A}\,\overline{B}=A+\overline{A}\,\overline{B}=A+\overline{B}$

（2）$Y=ABC+\overline{A}B+AB\overline{C}=AB(C+\overline{C})+\overline{A}B=AB+\overline{A}B=B(A+\overline{A})=B$

（3）$Y=\overline{\overline{(A+B)}+AB}=(A+B)\cdot\overline{AB}=(A+B)(\overline{A}+\overline{B})=A\overline{A}+\overline{A}B+A\overline{B}+B\overline{B}$

$=A\overline{B}+\overline{A}B=A\oplus B$

（4）$Y=(AB+A\overline{B}+\overline{A}B)(A+B+D+\overline{A}\,\overline{B}\,\overline{D})=[A(B+\overline{B})+\overline{A}B](A+B+D+\overline{A+B+D})$

$=(A+\overline{A}B)(A+B+D+\overline{A+B+D})=(A+B)\cdot\mathbf{1}=A+B$

（5）$Y=ABC+\overline{A}+\overline{B}+\overline{C}+D=ABC+\overline{ABC}+D=\mathbf{1}+D=\mathbf{1}$

20.5.13　应用逻辑代数运算法则推证下列各式：

（1）$ABC+\overline{A}+\overline{B}+\overline{C}=\mathbf{1}$

（2）$\overline{A}\,\overline{B}+A\overline{B}+\overline{A}B=\overline{A}+\overline{B}$

（3）$AB+\overline{A}\,\overline{B}=\overline{\overline{A}B+A\overline{B}}$

（4）$A(\overline{A}+B)+B(B+C)+B=B$

（5）$\overline{\overline{(\overline{A}+B)}+\overline{(A+\overline{B})}}+\overline{\overline{(\overline{A}B)}\,\overline{(A\overline{B})}}=\mathbf{1}$

解：（1）左边$=ABC+\overline{A}+\overline{B}+\overline{C}=ABC+\overline{ABC}=\mathbf{1}=$右边

（2）左边$=\overline{A}\,\overline{B}+A\overline{B}+\overline{A}B=(\overline{A}+A)\overline{B}+\overline{A}B=\overline{B}+\overline{A}B=\overline{A}+\overline{B}=$右边

（3）左边$=AB+\overline{A}\,\overline{B}=\overline{\overline{AB+\overline{A}\,\overline{B}}}=\overline{\overline{AB}\cdot\overline{\overline{A}\,\overline{B}}}=\overline{(\overline{A}+\overline{B})(A+B)}=\overline{A\overline{B}+\overline{A}B}=$右边

（4）左边$=A(\overline{A}+B)+B(B+C)+B=A\overline{A}+AB+B+BC+B$

$=AB+B+BC=B(A+\mathbf{1})+BC=B+BC=B=$右边

（5）左边$=\overline{\overline{(\overline{A}+B)}+\overline{(A+\overline{B})}}+\overline{\overline{(\overline{A}B)}\,\overline{(A\overline{B})}}=(\overline{A}+B)\cdot(A+\overline{B})+\overline{\overline{(\overline{A}B)}\,\overline{(A\overline{B})}}$

$=\overline{(A\overline{B})}\cdot\overline{(\overline{A}B)}+\overline{\overline{(\overline{A}B)}\,\overline{(A\overline{B})}}=\mathbf{1}=$右边

△**20.5.14**　应用卡诺图化简下列各式：

（1）$Y=AB+\overline{A}BC+\overline{A}B\overline{C}$

（2）$Y=A\overline{B}\,\overline{C}\,\overline{D}+\overline{A}B\overline{C}D+\overline{A}BCD+A\overline{B}C\overline{D}$

(3) $Y = A\bar{C} + \bar{A}C + B\bar{C} + \bar{B}C$

(4) $Y = A\bar{B} + B\bar{C}\bar{D} + ABD + \bar{A}B\bar{C}D$

(5) $Y = A + \bar{A}B + \bar{A}\bar{B}C + \bar{A}\bar{B}\bar{C}D$

解:题中(1)~(5)各逻辑式对应的卡诺图分别如题解图 20.16(1)~(5)所示。

由卡诺图(1)可得:$Y = AB + \bar{A}BC + \bar{A}B\bar{C} = B$

由卡诺图(2)可得:$Y = A\bar{B}\bar{C}\bar{D} + \bar{A}B\bar{C}D + \bar{A}BCD + A\bar{B}C\bar{D} = \bar{A}BD + A\bar{B}\bar{D}$

由卡诺图(3)可得:$Y = A\bar{C} + \bar{A}C + B\bar{C} + \bar{B}C = A\bar{B} + \bar{A}C + B\bar{C}$

由卡诺图(4)可得:$Y = A\bar{B} + B\bar{C}\bar{D} + ABD + \bar{A}B\bar{C}D = B\bar{C} + AD + A\bar{B}$

由卡诺图(5)可得:$\bar{Y} = \bar{A}\bar{B}\bar{C}\bar{D}$,故 $Y = \overline{\bar{A}\bar{B}\bar{C}\bar{D}} = A + B + C + D$

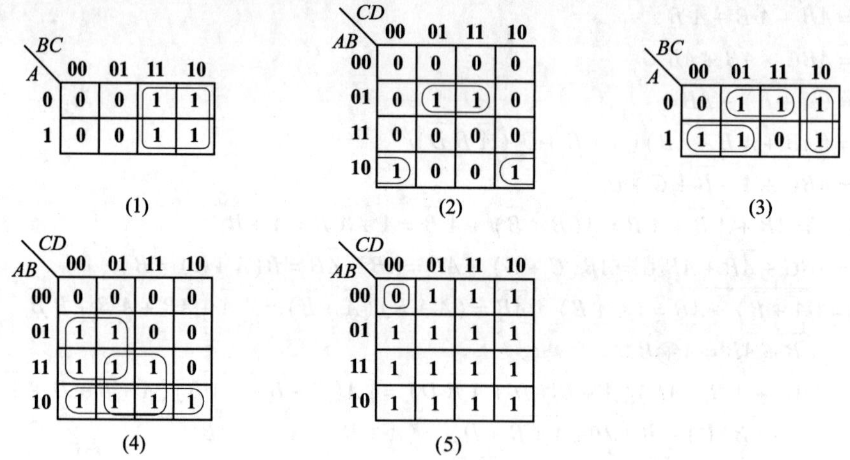

题解图 20.16

20.6.8 (1) 根据逻辑式 $Y = AB + \bar{A}\bar{B}$ 列出逻辑状态表,说明其逻辑功能,并画出其用**非**门和**与非**门组成的逻辑图。

(2) 将上式求反后得出的逻辑式具有何种逻辑功能?

解:(1) 逻辑式 $Y = AB + \bar{A}\bar{B}$ 对应的逻辑状态表如题解表 20.11 所示。当两输入信号 A、B 相同时,输出 Y 为高电平 **1**;当 A、B 相异时,输出 Y 为低电平 **0**,即具有**同或**的逻辑功能。

由于逻辑式 $Y = AB + \bar{A}\bar{B} = \overline{\overline{AB + \bar{A}\bar{B}}} = \overline{\overline{AB} \cdot \overline{\bar{A}\bar{B}}}$,故用**非**门和**与非**门组成的逻辑如题解图 20.17 所示。

题解表 20.11

A	B	Y
0	0	1
0	1	0
1	0	0
1	1	1

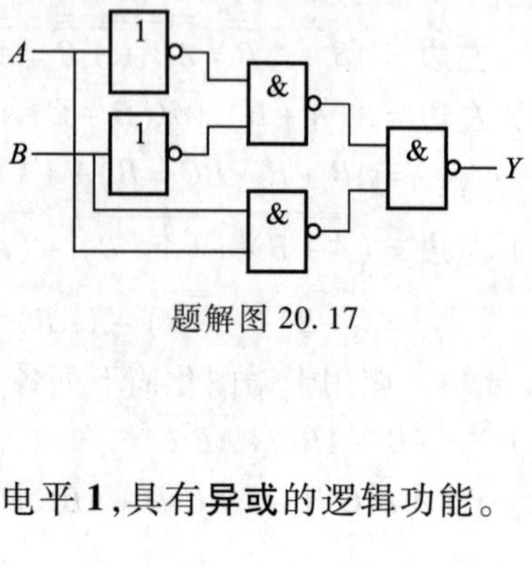

题解图 20.17

(2) 对上式求反,即

$Y' = \bar{Y} = \overline{AB + \bar{A}\bar{B}} = A\bar{B} + \bar{A}B$

当 A、B 相同时,Y'为低电平 **0**;当 A、B 相异时,Y'为高电平 **1**,具有**异或**的逻辑功能。

20.6.9 证明图 20.16(a)和(b)所示两电路具有相同的逻辑功能。

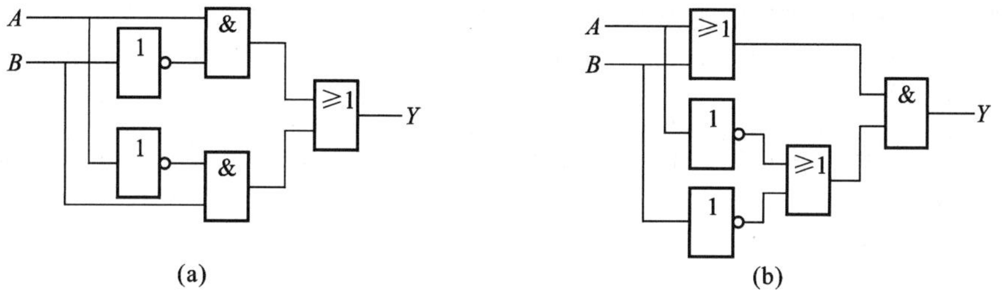

图 20.16　习题 20.6.9 的图

解:(1) 图 20.16(a)电路的逻辑表达式为

$Y=A\bar{B}+\bar{A}B$

(2) 图 20.16(b)电路的逻辑表达式为

$Y=(A+B)(\bar{A}+\bar{B})=A\bar{A}+\bar{A}B+A\bar{B}+B\bar{B}=A\bar{B}+\bar{A}B$

两电路具有相同的逻辑表达式,因此具有相同的逻辑功能。

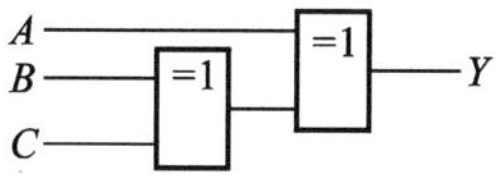

图 20.17　习题 20.6.10 的图

20.6.10 列出逻辑状态表分析图 20.17 所示电路的逻辑功能。

解:图 20.17 所示电路的逻辑表达式为

$$\begin{aligned}Y&=A\oplus(B\oplus C)=A\oplus(B\bar{C}+\bar{B}C)\\&=A\overline{(B\bar{C}+\bar{B}C)}+\bar{A}(B\bar{C}+\bar{B}C)\end{aligned}$$

对应的逻辑状态表如题解表 20.12 所示。

题解表 20.12

A	B	C	Y
0	**0**	**0**	**0**
0	**0**	**1**	**1**
0	**1**	**0**	**1**
0	**1**	**1**	**0**
1	**0**	**0**	**1**
1	**0**	**1**	**0**
1	**1**	**0**	**0**
1	**1**	**1**	**1**

由状态表可以看出,当 A、B、C 三个输入变量中有奇数个 **1** 时,输出 Y 为 **1**,否则输出 Y 为 **0**。该电路具有"判奇"的逻辑功能。

20.6.11 化简 $Y=AD+\bar{C}\bar{D}+\bar{A}\bar{C}+\bar{B}\bar{C}+D\bar{C}$,并用 74LS20 双 4 输入**与非**门组成电路。

解:$Y=AD+\bar{C}\bar{D}+\bar{A}\bar{C}+\bar{B}\bar{C}+D\bar{C}=AD+\bar{A}\bar{C}+\bar{B}\bar{C}+(\bar{C}\bar{D}+D\bar{C})=AD+\bar{A}\bar{C}+\bar{B}\bar{C}+\bar{C}=AD+\bar{C}(\bar{A}+\bar{B}+\mathbf{1})=AD+\bar{C}=\overline{\overline{AD}\cdot C}$

通过题解图 20.18 所示的卡诺图化简也可得到同样的结果。

用双 4 输入**与非**门 74LS20 组成的电路如题解图 20.19 所示。

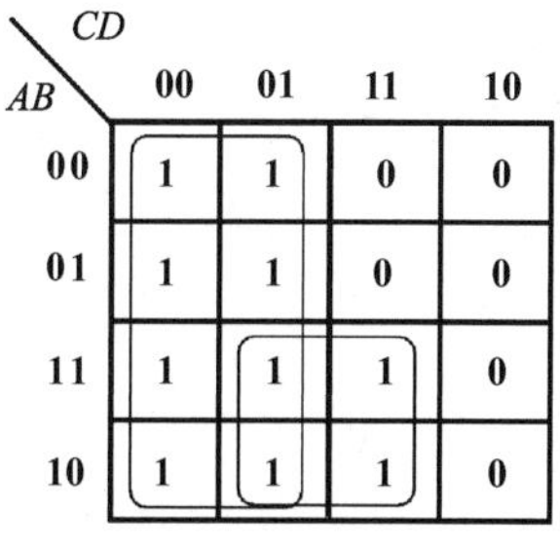

题解图 20.18

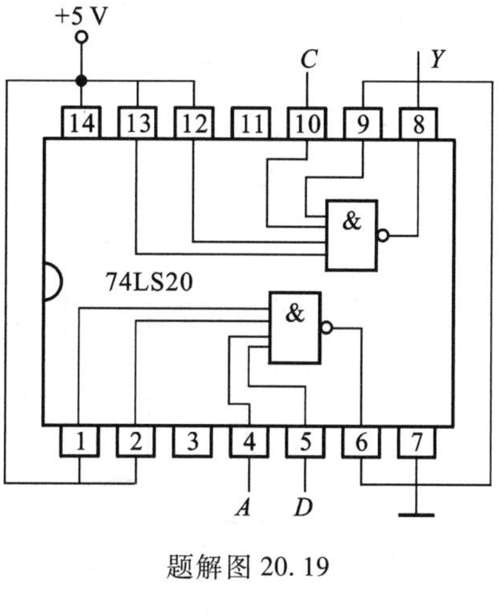

题解图 20.19

20.6.12 某一组合逻辑电路如图 20.18 所示,试分析其逻辑功能。

解:电路由编码器、译码器、显示电路三部分组成。

8421 编码器:将 0 ~ 9 十个输入信号编码为 $DCBA$ = **0000 ~ 1001** 对应的十组 8421 二 - 十进制码(即 BCD 码)。

译码器:由三个**非门**和三个**与非门**构成,对应 $DCBA$ 输入的 8421 码,输出 Y 有确定的状态。由图 20.09 所示电路,可得

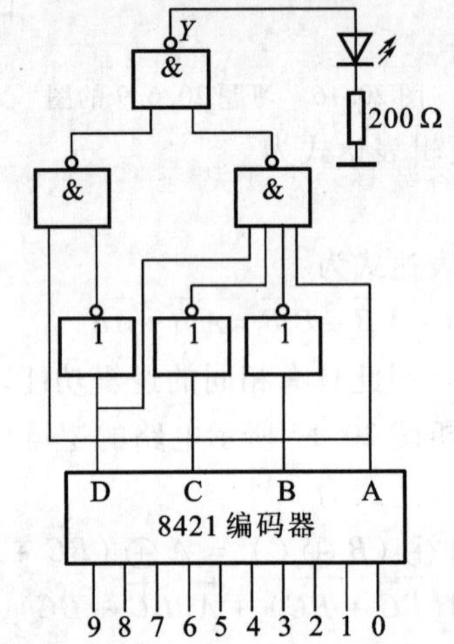

图 20.18 习题 20.6.12 的图

$$Y = \overline{\overline{D\,\overline{C}\,\overline{B}\,A} \cdot \overline{\overline{D}A}} = D\,\overline{C}\,\overline{B}A + \overline{D}A$$

$$= \overline{D}\,\overline{C}\,\overline{B}A + \overline{D}\,\overline{C}BA + \overline{D}C\,\overline{B}A + \overline{D}CBA + D\,\overline{C}\,\overline{B}A$$

$$= \sum m(1,3,5,7,9)$$

即当译码器的输入端 $DCBA$ 为 **0001**、**0011**、**0101**、**0111**、**1001** 五个 BCD 码时(分别与 8421 编码器的 1、3、5、7、9 五个输入端相对应),译码器输出高电平,即 Y = **1**。

显示电路:当 Y = **1** 时,发光二极管正常导通发亮。

因此电路的逻辑功能是:当奇数输入端输入为 **1** 时,发光二极管亮;当偶数(包含 0)输入端输入为 **1** 时,发光二极管不亮。即具有一位十进制数的判奇功能。

20.6.13 试分析图 20.19 所示的电路,输入端开关 A、B、C、D 在哪些位置时,指示灯 HL 能亮。

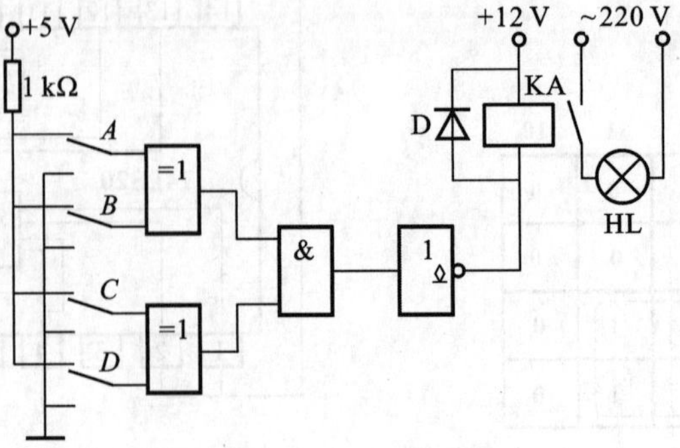

图 20.19 习题 20.6.13 的图

解：如图当**与**门输出为 **1** 时，OC 门输出为**0**，继电器 KA 线圈中流过电流，其触点闭合，指示灯 HL 点亮。

要使**与**门输出为 **1**，必须使两个**异或**门同时输出**1**，即 $A=\mathbf{0}$、$B=\mathbf{1}$或 $A=\mathbf{1}$、$B=\mathbf{0}$，$C=\mathbf{0}$、$D=\mathbf{1}$ 或 $C=\mathbf{1}$、$D=\mathbf{0}$（根据图示电路，A、B、C、D 四个开关扳向上方时为 **1**，扳向下方时为 **0**）。

20.6.14 试分析图 20.20 所示电路的输出状态。

解：设传输门 TG 的输出端（即**异或**门的一个输入端）为 M，**异或**门另一输入端为 N。由传输门原理可知，当 $\overline{C}=\mathbf{0}$ 时，$M=A$；当 $\overline{C}=\mathbf{1}$ 时，$M=\mathbf{0}$。因 $N=\mathbf{1}$，所以

$$Y=M\oplus N=M\oplus\mathbf{1}=\overline{M}\cdot\mathbf{1}+M\cdot\overline{\mathbf{1}}=\overline{M}$$

则当 $\overline{C}=\mathbf{0}$ 时，$Y=\overline{M}=\overline{A}$；当 $\overline{C}=\mathbf{1}$ 时，$Y=\overline{M}=\mathbf{1}$。

20.6.15 保险柜的两层门上各装有一个开关，当任何一层门打开时，报警灯亮，试用一逻辑门来实现。

解：设两层门上所装开关分别为 A 和 B。门开时，开关断开，状态为 **1**；门关时，开关闭合，状态为 **0**。报警灯为 Y，$Y=\mathbf{1}$ 时报警灯亮，$Y=\mathbf{0}$ 时报警灯灭。

由题意可得
$$Y=A+B$$
可由一个**或**门实现，电路如题解图 20.20 所示。

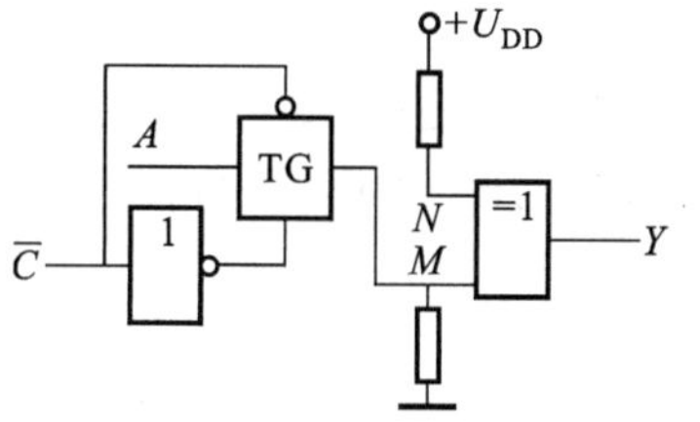

图 20.20　习题 20.6.14 的图

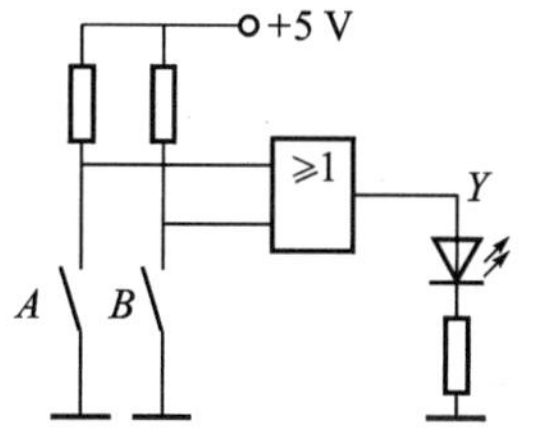

题解图 20.20

20.6.16 图 20.21 所示是两处控制照明灯的电路，单刀双投开关 A 装在一处、B 装在另一处，两处都可以开关电灯。设 $Y=\mathbf{1}$ 表示灯亮，$Y=\mathbf{0}$ 表示灯灭；$A=\mathbf{1}$ 表示开关向上扳，$A=\mathbf{0}$ 表示开关向下扳，B 亦如此。试写出灯亮的逻辑式。

解：由题意可列出逻辑真值表如题解表 20.13 所示。

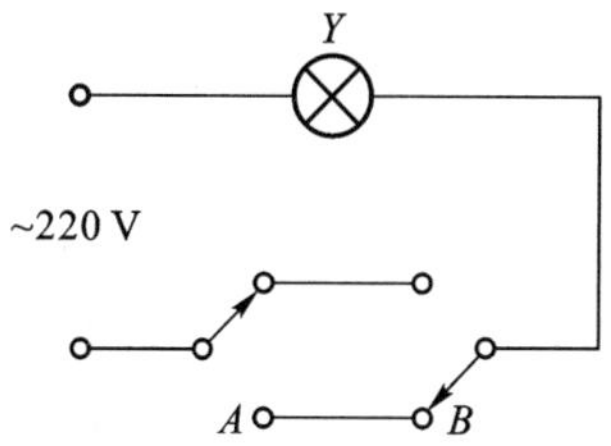

图 20.21　习题 20.6.16 的图

题解表 20.13

A	B	Y
0	**0**	**1**
0	**1**	**0**
1	**0**	**0**
1	**1**	**1**

由真值表可得

$$Y=\overline{A}\,\overline{B}+AB$$

输出 Y 和输入 A、B 为**同或**关系。

20.6.17 旅客列车分特快、普快和普慢，并依此为优先通行次序。某站在同一时间只能有

一趟列车从车站开出，即只能给出一个开车信号，试画出满足上述要求的逻辑电路。设 A、B、C 分别代表特快、普快、普慢，开车信号分别为 Y_A、Y_B、Y_C。

解：由题意设列车 A、B、C 开车为 **1**，不开车为 **0**；允许开车信号为 **1**，禁止开车信号为 **0**。对应的逻辑真值表如题解表 20.14 所示。由真值表各最小项可得出 Y_A、Y_B、Y_C 的卡诺图及其化简结果如题解图 20.21 所示，题解图 20.22 所示是实现逻辑要求的逻辑电路。

题解表 20.14

A	B	C	Y_A	Y_B	Y_C
0	0	0	0	0	0
0	0	1	0	0	1
0	1	0	0	1	0
0	1	1	0	1	0
1	0	0	1	0	0
1	0	1	1	0	0
1	1	0	1	0	0
1	1	1	1	0	0

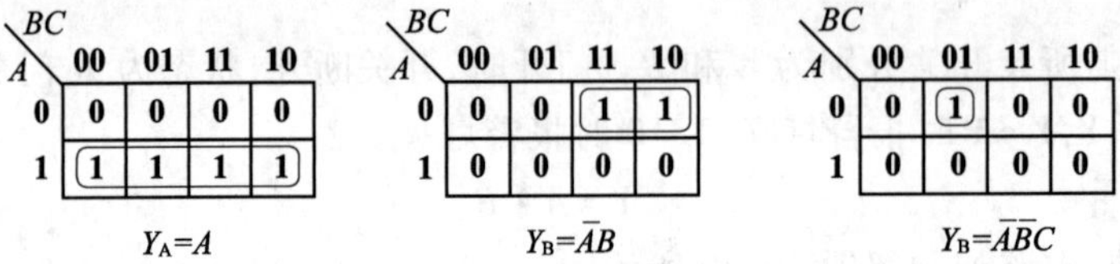

题解图 20.21

20.6.18 图 20.22 所示是一密码锁控制电路。开锁条件是：拨对密码；钥匙插入锁眼将开关 S 闭合。当两个条件同时满足时，开锁信号为 **1**，将锁打开。否则，报警信号为 **1**，接通警铃。试分析密码 $ABCD$ 是多少。

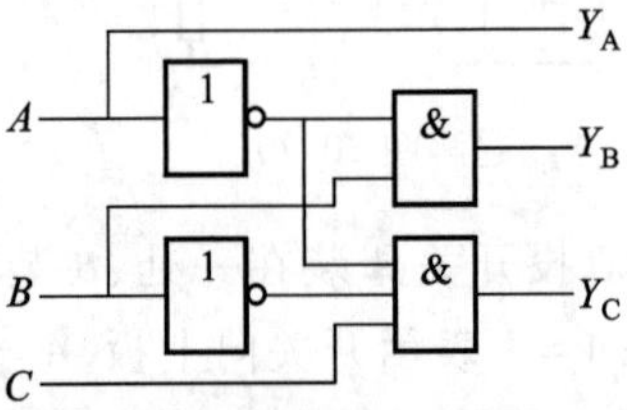

题解图 20.22

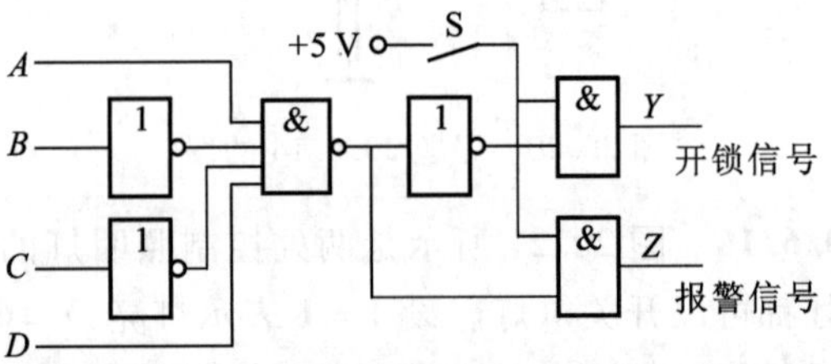

图 20.22 习题 20.6.18 的图

解：设开关 S 闭合时，$S=1$；开锁信号为 Y，$Y=1$ 开锁；报警信号为 Z，$Z=1$ 报警。

由图 20.22 可知

$$Y=\overline{\overline{A\,\overline{B}\,\overline{C}D}}\cdot S,\quad Z=\overline{A\,\overline{B}\,\overline{C}D}\cdot S$$

当 $ABCD=$ **1001** 且 $S=$ **1** 时，$Y=$ **1** 开锁；否则 $Z=$ **1** 报警。故开锁密码 $ABCD$ 为 **1001**。

20.6.19 甲、乙两校举行联欢会，入场券分红、黄两种，甲校学生持红票入场，乙校学生持黄票入场。会场入口处如设一自动检票机：符合条件者可放行，否则不准入场。试画出此检票机的放行逻辑电路。

解：设 $A=$ **1** 为甲校学生，则 $A=$ **0** 为乙校学生；$B=$ **1** 为持有红票，$C=$ **1** 为持有黄票；$Y=$ **1** 放行，$Y=$ **0** 禁入。由题意可列出题解表 20.15 所示的逻辑真值表。

题解表 20.15

A	B	C	Y
0	0	0	0
0	0	1	1
0	1	0	0
0	1	1	1
1	0	0	0
1	0	1	0
1	1	0	1
1	1	1	1

根据真值表可以得到题解图 20.23 所示的卡诺图。则

$$Y=\bar{A}C+AB=\overline{\overline{\bar{A}C}\cdot\overline{AB}}$$

实现此逻辑表达式的逻辑电路如题解图 20.24 所示。

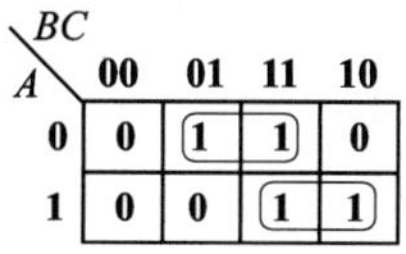

题解图 20.23

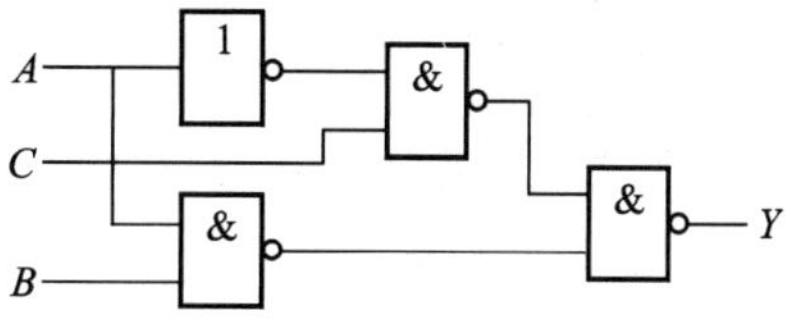

题解图 20.24

20.6.20 某同学参加四门课程考试,规定如下:

(1) 课程 A 及格得 1 分,不及格得 0 分。

(2) 课程 B 及格得 2 分,不及格得 0 分。

(3) 课程 C 及格得 4 分,不及格得 0 分。

(4) 课程 D 及格得 5 分,不及格得 0 分。

若总得分大于 8 分(含 8 分),就可结业。试用**与非**门画出实现上述要求的逻辑电路。

解:设课程 A、B、C、D 及格为 **1**,不及格为 **0**;结业状态变量为 Y,$Y=$**1** 表示结业,$Y=$**0** 表示未能结业。

由题意可列出真值表如题解表 20.16 所示。

由真值表的各最小项可画出相应的卡诺图,如题解图 20.25 所示。由卡诺图可得

题解表 20.16

A 1	B 2	C 4	D 5	Y	分数
0	**0**	**0**	**0**	**0**	0
0	**0**	**0**	**1**	**0**	5
0	**0**	**1**	**0**	**0**	4
0	**0**	**1**	**1**	**1**	9
0	**1**	**0**	**0**	**0**	2
0	**1**	**0**	**1**	**0**	7
0	**1**	**1**	**0**	**0**	6
0	**1**	**1**	**1**	**1**	11
1	**0**	**0**	**0**	**0**	1
1	**0**	**0**	**1**	**0**	6
1	**0**	**1**	**0**	**0**	5
1	**0**	**1**	**1**	**1**	10
1	**1**	**0**	**0**	**0**	3
1	**1**	**0**	**1**	**1**	8
1	**1**	**1**	**0**	**0**	7
1	**1**	**1**	**1**	**1**	12

$$Y=ABD+CD=\overline{\overline{ABD}\cdot\overline{CD}}$$

实现此逻辑功能的由**与非**门构成的逻辑电路如题解图 20.26 所示。

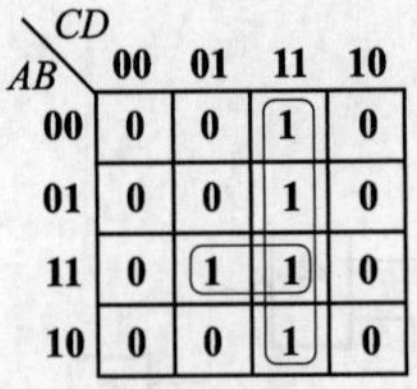

题解图 20.25

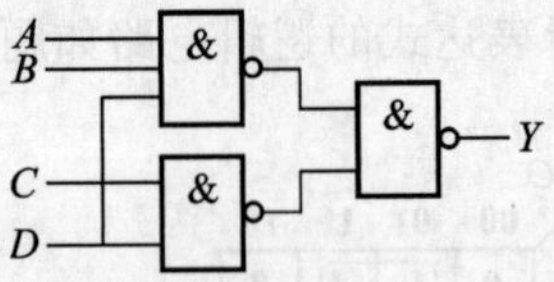

题解图 20.26

20.6.21 设 A、B、C、D 是一个 8421 码的 4 位,若此码表示的数字 x 符合 $x<3$ 或 $x>6$ 时,则输出为 **1**,否则为 **0**。试用**与非门**组成逻辑图。

解:依题意可列出如题解表 20.17 所示的真值表,其中 Y 表示输出,"×"表示任意态(代码 **1010**~**1111** 在 8421 码中不出现)。由真值表各最小项画出的卡诺图如题解图 20.27 所示。根据此卡诺图可得最简逻辑表达式

$$Y=A+\bar{B}\,\bar{C}+\bar{B}\,\bar{D}+BCD=\overline{\bar{A}\cdot\overline{\bar{B}\,\bar{C}}\cdot\overline{\bar{B}\,\bar{D}}\cdot\overline{BCD}}$$

用**与非门**实现此逻辑关系的逻辑电路如题解图 20.28 所示。

题解表 20.17

A	B	C	D	Y
0	0	0	0	1
0	0	0	1	1
0	0	1	0	1
0	0	1	1	0
0	1	0	0	0
0	1	0	1	0
0	1	1	0	0
0	1	1	1	1
1	0	0	0	1
1	0	0	1	1
1	0	1	0	×
1	0	1	1	×
1	1	0	0	×
1	1	0	1	×
1	1	1	0	×
1	1	1	1	×

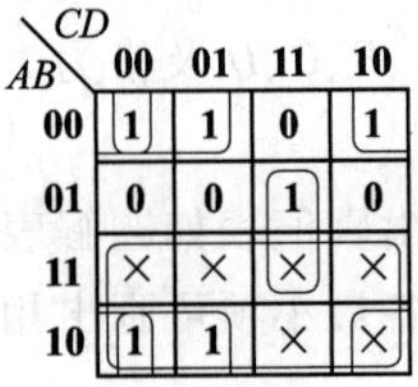

题解图 20.27

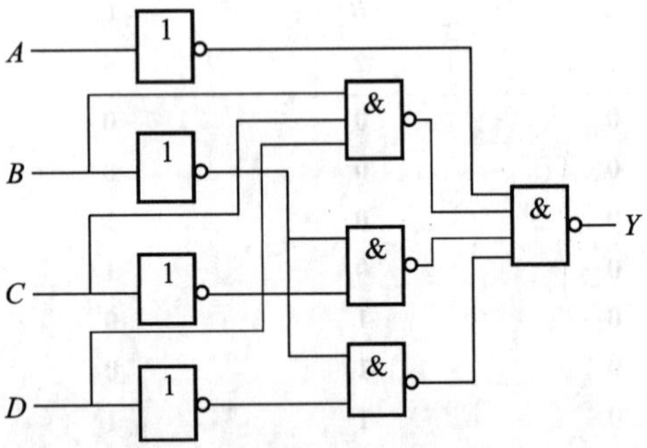

题解图 20.28

20.6.22 图 20.23 所示是一智力竞赛抢答电路,供四组使用。每一路由 TTL 四输入**与非**门、指示灯(发光二极管)、抢答开关 S 组成。**与非**门 G_5 以及由其输出端接出的晶体管电路和蜂鸣器电路是共用的,当 G_5 输出高电平时,蜂鸣器响。

(1) 当抢答开关如图示位置,指示灯能否发亮?蜂鸣器能否响?

(2) 分析 A 组扳动抢答开关 S_1(由接"地"点扳到 +6 V)时的情况,此后其他组再扳动各自的抢答开关是否起作用?

(3) 试画出接在 G_5 输出端的晶体管电路和蜂鸣器电路。

解:(1) 当各抢答开关处于图 20.23 所示位置时,**与非**门 G_1、G_2、G_3、G_4 的输出皆为 **1**,G_5 的输出为 **0**,依题意此时蜂鸣器不响。

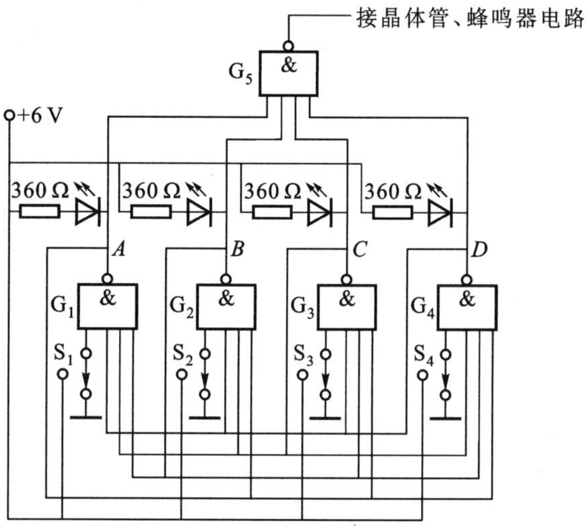

图 20.23　习题 20.6.22 的图

(2) 当 A 组扳动抢答开关 S_1 接至 +6 V 时，**与非**门 G_1 的四个输入端皆为 **1**，使其输出变为 **0**，G_5 的输出由原来的 **0** 变为 **1**，蜂鸣器鸣响。由于 G_1 输出端的 **0** 返送到 G_2、G_3、G_4 的输入端，相应的**与非**门的输出不变，仍为 **1**，无论 S_2、S_3、S_4 是否再扳动，都不起作用。

(3) 接在 G_5 输出端的晶体管电路和蜂鸣器电路如题解图 20.29 所示。

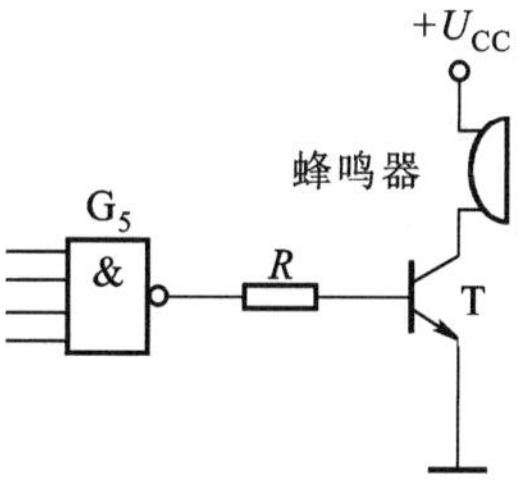

题解图 20.29

20.7.1　仿照全加器画出 1 位二进制数的全减器：输入被减数为 A，减数为 B，低位来的借位数为 C，全减差为 D，向高位的借位数为 C_1。

解：(1) 列状态表

依照二进制数减法运算法则可列出 1 位二进制数减法运算的状态真值表如题解表 20.18 所示。

(2) 写逻辑式

由真值表可得全减差 D 和向高位借位数 C_1 的逻辑表达式

$$\begin{aligned} D &= \overline{A}\,\overline{B}C + \overline{A}B\overline{C} + A\overline{B}\,\overline{C} + ABC \\ &= \overline{A}(\overline{B}C + B\overline{C}) + A(\overline{B}\,\overline{C} + BC) \\ &= \overline{A}(B \oplus C) + A(\overline{B \oplus C}) = A \oplus (B \oplus C) \end{aligned}$$

$$\begin{aligned} C_1 &= \overline{A}\,\overline{B}C + \overline{A}B\overline{C} + \overline{A}BC + ABC \\ &= \overline{A}(\overline{B}C + B\overline{C}) + BC(\overline{A} + A) = \overline{A}(B \oplus C) + BC \\ &= \overline{\overline{\overline{A}(B \oplus C)} \cdot \overline{BC}} \end{aligned}$$

题解表 20.18

A	B	C	D	C_1
0	**0**	**0**	**0**	**0**
0	**0**	**1**	**1**	**1**
0	**1**	**0**	**1**	**1**
0	**1**	**1**	**0**	**1**
1	**0**	**0**	**1**	**0**
1	**0**	**1**	**0**	**0**
1	**1**	**0**	**0**	**0**
1	**1**	**1**	**1**	**1**

(3) 画逻辑图

实现上述逻辑关系的逻辑电路如题解图 20.30 所示。

20.8.1　试设计一个 4 线 -2 线二进制编码器，输入信号为 $\overline{I}_3$、$\overline{I}_2$、$\overline{I}_1$、$\overline{I}_0$，低电平有效。输出的二进制代码用 Y_1、Y_0 表示。

解:依题意可列出此 4 线 -2 线二进制编码器的逻辑状态真值表如题解表 20.19 所示。由真值表可得 Y_1 和 Y_0 的逻辑式

$$Y_1 = \bar{\bar{I}}_2 + \bar{\bar{I}}_3 = \overline{\bar{I}_2 \cdot \bar{I}_3}$$

$$Y_0 = \bar{\bar{I}}_1 + \bar{\bar{I}}_3 = \overline{\bar{I}_1 \cdot \bar{I}_3}$$

式中 $\bar{I}_0$ 的编码是隐含的,当 $\bar{I}_1$、$\bar{I}_2$、$\bar{I}_3$ 信号无效时(即为高电平 **1** 时),电路输出的即为 $\bar{I}_0$ 的编码。

实现此逻辑关系的逻辑电路如题解图 20.31 所示。

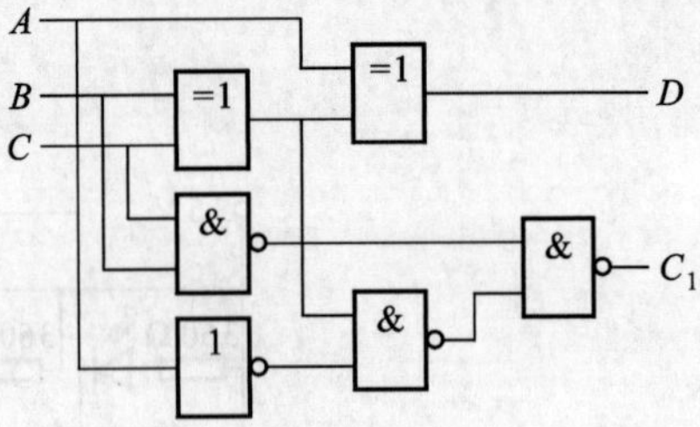

题解图 20.30

题解表 20.19

$\bar{I}_3$	$\bar{I}_2$	$\bar{I}_1$	$\bar{I}_0$	Y_1	Y_0
1	**1**	**1**	**0**	**0**	**0**
1	**1**	**0**	**1**	**0**	**1**
1	**0**	**1**	**1**	**1**	**0**
0	**1**	**1**	**1**	**1**	**1**

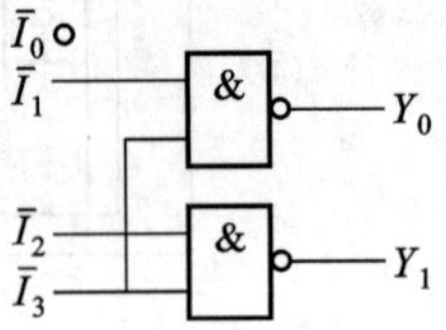

题解图 20.31

20.9.1 在图 20.24 所示电路中,若 u 为正弦电压,其频率 f 为 1 Hz,试问七段 LED 数码管显示什么字母?

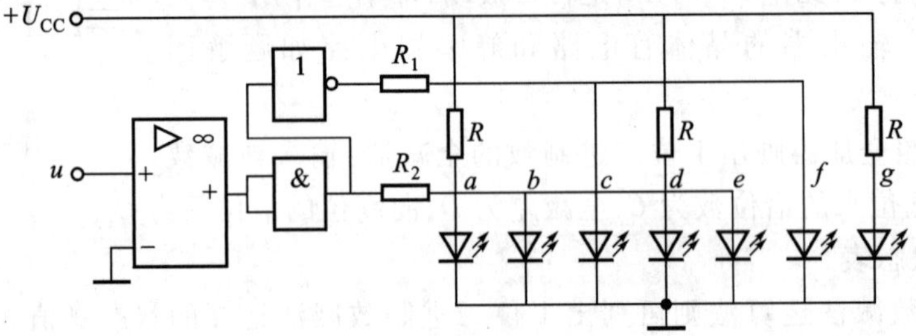

图 20.24 习题 20.9.1 的图

解:图 20.24 所示电路中七段 LED 数码管为共阴极接法,当各字段的控制电平为高电平时,相应字段发光二极管正向导通而点亮。

由于 u 为 $f=1$ Hz 的正弦电压,所以当 $u>0$ 时,比较器输出为 **1**,a、b、d、e、g 字段点亮,显示数字 2,持续时间 0.5 s;当 $u<0$ 时,比较器输出为 **0**,a、c、d、f、g 字段点亮,显示数字 5,持续时间 0.5 s。对应关系如题解表 20.20 所示。

题解表 20.20　输入信号与输出字形对照

输入条件	比较器输出	a	b	c	d	e	f	g	字	字形
$u>0$	**1**	**1**	**1**	**0**	**1**	**1**	**0**	**1**	2	

续表

输入条件	比较器输出	a	b	c	d	e	f	g	字	字形
$u<0$	**0**	**1**	**0**	**1**	**1**	**0**	**1**	**1**	5	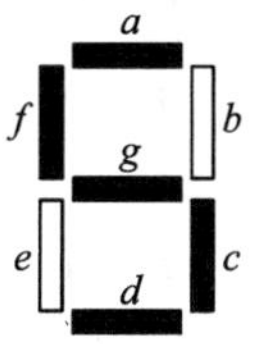

20.9.2 图 20.25 所示是用 74LS139 型双 2 线 -4 线译码器（表 20.9.2 是它的功能表）和若干**与非**门及**非**门组成的脉冲分配器。脉冲由 D 端输入，受 A_1、A_0、$\overline{S}$ 的控制，从 0 ~7 八个输出端的某一路输出。试分析其工作情况。

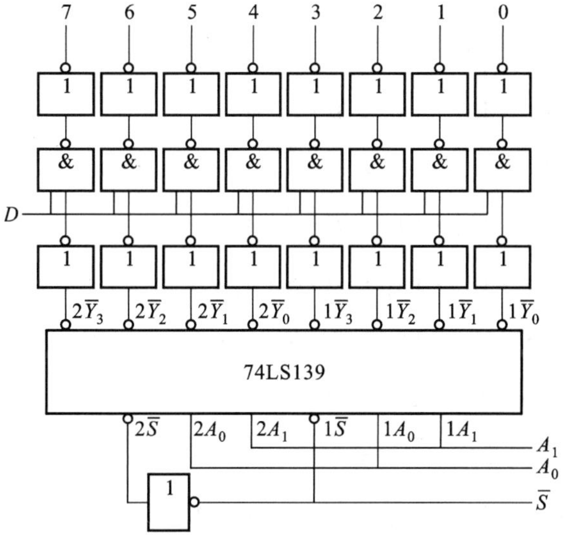

图 20.25　习题 20.9.2 的图

表 20.9.2　74LS139 功能表

输入		输出
$\overline{S}$	A_1 A_0	$\overline{Y_3}$ $\overline{Y_2}$ $\overline{Y_1}$ $\overline{Y_0}$
1	× ×	**1 1 1 1**
0	**0 0**	**1 1 1 0**
0	**0 1**	**1 1 0 1**
0	**1 0**	**1 0 1 1**
0	**1 1**	**0 1 1 1**

解：由 74LS139 型双 2 线 -4 线译码器的功能表（教材中表 20.9.2）和图20.25 所示电路图可知，图中 $\overline{S}$ 为片选信号。当 $\overline{S}=\mathbf{0}$ 时，$1\overline{S}=\mathbf{0}$、$2\overline{S}=\mathbf{1}$，74LS139 -1 正常译码，74LS139 -2 禁止译码，由 74LS139 -1 输入端的地址码 $1A_1\cdot 1A_0(=A_1\cdot A_0)$ 决定输出端$1\overline{Y_0}$ ~$1\overline{Y_3}$中只有一个有译码输出信号（低电平有效）；当 $\overline{S}=\mathbf{1}$ 时，$1\overline{S}=\mathbf{1}$、$2\overline{S}=\mathbf{0}$，74LS139 -1 禁止译码，74LS139 -2 正常译码，由 74LS139 -2 输入端的地址码 $2A_1\cdot 2A_0(=A_1\cdot A_0)$ 决定输出端 $2\overline{Y_0}$ ~ $2\overline{Y_3}$中只有一个有译码输出信号（低电平有效）。因此，通过 $\overline{S}$、A_1、A_0 的 8 组不同取值可使 74LS139 产生八组译码输出，每组在 $1\overline{Y_0}$ ~$1\overline{Y_3}$、$2\overline{Y_0}$ ~$2\overline{Y_3}$的 8 个输出端中分别只有一个为有效低电平，再经过一级**非**门取反后，8 个**非**门输出端中分别只有一个为高电平，其余为低电平，故由 D 端输入的脉冲可送至该高电平对应的输出端进行输出，从而实现了脉冲的分配作用。74LS139 的输出和整个电路的输出与输入信号的对应关系如题解表 20.21 所示。

题解表 20.21　输入与输出关系对照

输入			74LS139 输出								分配器输出							
$\overline{S}$	A_1	A_0	$2\overline{Y_3}$	$2\overline{Y_2}$	$2\overline{Y_1}$	$2\overline{Y_0}$	$1\overline{Y_3}$	$1\overline{Y_2}$	$1\overline{Y_1}$	$1\overline{Y_0}$	F_7	F_6	F_5	F_4	F_3	F_2	F_1	F_0
0	**0**	**0**	**1**	**1**	**1**	**1**	**1**	**1**	**1**	**0**	**0**	**0**	**0**	**0**	**0**	**0**	**0**	D
0	**0**	**1**	**1**	**1**	**1**	**1**	**1**	**1**	**0**	**1**	**0**	**0**	**0**	**0**	**0**	**0**	D	**0**
0	**1**	**0**	**1**	**1**	**1**	**1**	**1**	**0**	**1**	**1**	**0**	**0**	**0**	**0**	**0**	D	**0**	**0**
0	**1**	**1**	**1**	**1**	**1**	**1**	**0**	**1**	**1**	**1**	**0**	**0**	**0**	**0**	D	**0**	**0**	**0**
1	**0**	**0**	**1**	**1**	**1**	**0**	**1**	**1**	**1**	**1**	**0**	**0**	**0**	D	**0**	**0**	**0**	**0**
1	**0**	**1**	**1**	**1**	**0**	**1**	**1**	**1**	**1**	**1**	**0**	**0**	D	**0**	**0**	**0**	**0**	**0**
1	**1**	**0**	**1**	**0**	**1**	**1**	**1**	**1**	**1**	**1**	**0**	D	**0**	**0**	**0**	**0**	**0**	**0**
1	**1**	**1**	**0**	**1**	**1**	**1**	**1**	**1**	**1**	**1**	D	**0**	**0**	**0**	**0**	**0**	**0**	**0**

根据已知电路和 74LS139 功能表也可写出整个电路 0 ~ 7 八个输出端的逻辑表达式

$$F_0=\overline{\overline{D\cdot\overline{1\overline{Y_0}}}}=D\cdot\overline{1\overline{Y_0}}=D\cdot\overline{1\overline{S}}\cdot\overline{1A_1}\cdot\overline{1A_0}=D\cdot\overline{\overline{S}}\cdot\overline{A_1}\cdot\overline{A_0}$$

$$F_1=\overline{\overline{D\cdot\overline{1\overline{Y_1}}}}=D\cdot\overline{1\overline{Y_1}}=D\cdot\overline{1\overline{S}}\cdot\overline{1A_1}\cdot 1A_0=D\cdot\overline{\overline{S}}\cdot\overline{A_1}\cdot A_0$$

$$F_2=\overline{\overline{D\cdot\overline{1\overline{Y_2}}}}=D\cdot\overline{1\overline{Y_2}}=D\cdot\overline{1\overline{S}}\cdot 1A_1\cdot\overline{1A_0}=D\cdot\overline{\overline{S}}\cdot A_1\cdot\overline{A_0}$$

$$F_3=\overline{\overline{D\cdot\overline{1\overline{Y_3}}}}=D\cdot\overline{1\overline{Y_3}}=D\cdot\overline{1\overline{S}}\cdot 1A_1\cdot 1A_0=D\cdot\overline{\overline{S}}\cdot A_1\cdot A_0$$

$$F_4=\overline{\overline{D\cdot\overline{2\overline{Y_0}}}}=D\cdot\overline{2\overline{Y_0}}=D\cdot\overline{2\overline{S}}\cdot\overline{2A_1}\cdot\overline{2A_0}=D\cdot\overline{S}\cdot\overline{A_1}\cdot\overline{A_0}$$

$$F_5=\overline{\overline{D\cdot\overline{2\overline{Y_1}}}}=D\cdot\overline{2\overline{Y_1}}=D\cdot\overline{2\overline{S}}\cdot\overline{2A_1}\cdot 2A_0=D\cdot\overline{S}\cdot\overline{A_1}\cdot A_0$$

$$F_6=\overline{\overline{D\cdot\overline{2\overline{Y_2}}}}=D\cdot\overline{2\overline{Y_2}}=D\cdot\overline{2\overline{S}}\cdot 2A_1\cdot\overline{2A_0}=D\cdot\overline{S}\cdot A_1\cdot\overline{A_0}$$

$$F_7=\overline{\overline{D\cdot\overline{2\overline{Y_3}}}}=D\cdot\overline{2\overline{Y_3}}=D\cdot\overline{2\overline{S}}\cdot 2A_1\cdot 2A_0=D\cdot\overline{S}\cdot A_1\cdot A_0$$

例如，当 $\overline{S}=\mathbf{0}$、$A_1A_0=\mathbf{00}$ 时，$F_0=D\cdot\overline{\overline{S}}\cdot\overline{A_1}\cdot\overline{A_0}=D\cdot\overline{\mathbf{0}}\cdot\overline{\mathbf{0}}\cdot\overline{\mathbf{0}}=D$，而 $F_1=F_2=F_3=F_4=F_5=F_6=F_7=\mathbf{0}$，脉冲由 F_0 输出；当 $\overline{S}=\mathbf{1}$、$A_1A_0=\mathbf{00}$ 时，$F_4=D\cdot\overline{S}\cdot\overline{A_1}\cdot\overline{A_0}=D\cdot\mathbf{1}\cdot\overline{\mathbf{0}}\cdot\overline{\mathbf{0}}=D$，而 $F_0=F_1=F_2=F_3=F_5=F_6=F_7=\mathbf{0}$，脉冲由 F_4 输出。

20.9.3　试用 74LS138 型译码器实现 $Y=\overline{A}\,\overline{B}\,\overline{C}+ABC+AB$ 的逻辑函数。

解：由教材中表 20.9.1 所示的 74LS138 功能表可知，74LS138 处于工作状态时，译码输出信号 $\overline{Y_0}\sim\overline{Y_7}$ 由三个输入端 A_2、A_1、A_0 的状态决定。

表 20.9.1　74LS138 型译码器功能表（×表示任意状态）

使　能	控　制		输　入			输　出							
S_1	$\overline{S_2}$	$\overline{S_3}$	A_2 A	A_1 B	A_0 C	$\overline{Y_0}$	$\overline{Y_1}$	$\overline{Y_2}$	$\overline{Y_3}$	$\overline{Y_4}$	$\overline{Y_5}$	$\overline{Y_6}$	$\overline{Y_7}$
0	×	×											
×	**1**	×	×	×	×	**1**	**1**	**1**	**1**	**1**	**1**	**1**	**1**
×	×	**1**											

续表

使能	控制		输入			输出							
1	**0**	**0**	**0**	**0**	**0**	**0**	**1**	**1**	**1**	**1**	**1**	**1**	**1**
1	**0**	**0**	**0**	**0**	**1**	**1**	**0**	**1**	**1**	**1**	**1**	**1**	**1**
1	**0**	**0**	**0**	**1**	**0**	**1**	**1**	**0**	**1**	**1**	**1**	**1**	**1**
1	**0**	**0**	**0**	**1**	**1**	**1**	**1**	**1**	**0**	**1**	**1**	**1**	**1**
1	**0**	**0**	**1**	**0**	**0**	**1**	**1**	**1**	**1**	**0**	**1**	**1**	**1**
1	**0**	**0**	**1**	**0**	**1**	**1**	**1**	**1**	**1**	**1**	**0**	**1**	**1**
1	**0**	**0**	**1**	**1**	**0**	**1**	**1**	**1**	**1**	**1**	**1**	**0**	**1**
1	**0**	**0**	**1**	**1**	**1**	**1**	**1**	**1**	**1**	**1**	**1**	**1**	**0**

将题给逻辑式用最小项表示

$$Y=\bar{A}\,\bar{B}\,\bar{C}+\bar{A}BC+AB=\bar{A}\,\bar{B}\,\bar{C}+\bar{A}BC+AB\bar{C}+ABC$$

将输入变量 A、B、C 分别对应接到译码器的三个输入端 A_2、A_1、A_0。由表 20.9.1 及 Y 的最小项表达式可得

$$\bar{\bar{Y}}_0=\bar{A}\,\bar{B}\,\bar{C}\quad \bar{\bar{Y}}_3=\bar{A}BC\quad \bar{\bar{Y}}_6=AB\bar{C}\quad \bar{\bar{Y}}_7=ABC$$

则

$$Y=\bar{\bar{Y}}_0+\bar{\bar{Y}}_3+\bar{\bar{Y}}_6+\bar{\bar{Y}}_7=\overline{\bar{Y}_0\cdot\bar{Y}_3\cdot\bar{Y}_6\cdot\bar{Y}_7}$$

因此用 74LS138 型译码器实现题设逻辑关系的逻辑电路如题解图 20.32 所示。

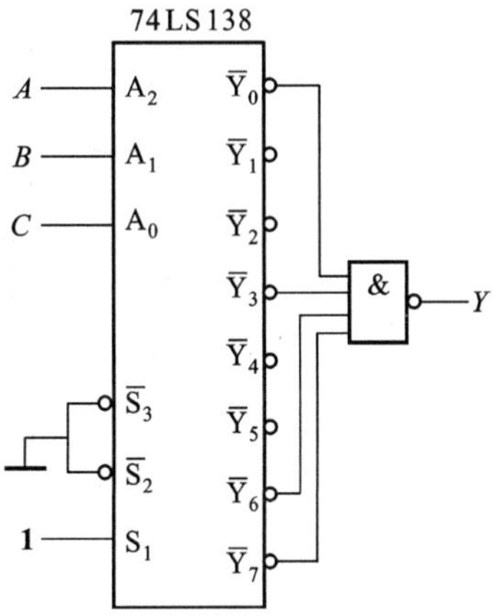

题解图 20.32

20.9.4 试设计一个用 74LS138 型译码器监测信号灯工作状态的电路。信号灯有红(A)、黄(B)、绿(C)三种,正常工作时,只能是红、或绿、或红黄、或绿黄灯亮,其他情况视为故障,电路报警,报警输出为 **1**。

解:(1) 依题意可列出如题解表 20.22 所示的逻辑状态真值表。

(2) 由状态真值表可写出报警输出 Y 的逻辑式

$$Y=\bar{A}\,\bar{B}\,\bar{C}+\bar{A}B\bar{C}+A\bar{B}C+ABC$$

由 74LS138 型译码器的功能表 20.9.1(见题 20.9.3)可知,如果将 A、B、C 分别接于 A_2、A_1、A_0,则

$$\bar{\bar{Y}}_0=\bar{A}\,\bar{B}\,\bar{C}\quad \bar{\bar{Y}}_2=\bar{A}B\bar{C}\quad \bar{\bar{Y}}_5=A\bar{B}C\quad \bar{\bar{Y}}_7=ABC$$

因此

$$Y=\bar{\bar{Y}}_0+\bar{\bar{Y}}_2+\bar{\bar{Y}}_5+\bar{\bar{Y}}_7=\overline{\bar{Y}_0\cdot\bar{Y}_2\cdot\bar{Y}_5\cdot\bar{Y}_7}$$

(3) 用 74LS138 型译码器实现监测信号灯工作状态的逻辑电路如题解图 20.33 所示。

△**20.10.1** 试分别用 74LS139 型双 2 线 - 4 线译码器(图 20.9.2)和 74LS153 型双 4 选 1 数据选择器(图 20.10.2)实现 $Y=A+\bar{B}$。

解:题给逻辑式 $Y=A+\bar{B}$ 的最小项表达式为

$$Y=A+\bar{B}=A(B+\bar{B})+\bar{B}(A+\bar{A})=\bar{A}\,\bar{B}+A\bar{B}+AB$$

(1) 用 74LS139 芯片实现

根据 74LS139 芯片功能表(见习题 20.9.2 中表 20.9.2),将输入变量 A、B 分别接于 A_1 和 A_0,则上式 Y 的各最小项可表示为

$$\bar{Y}_0=\overline{\bar{A}\,\bar{B}}\qquad \bar{Y}_2=\overline{A\bar{B}}\qquad \bar{Y}_3=\overline{AB}$$

题解表 20.22

A	B	C	Y
0	0	0	1
0	0	1	0
0	1	0	1
0	1	1	0
1	0	0	0
1	0	1	1
1	1	0	0
1	1	1	1

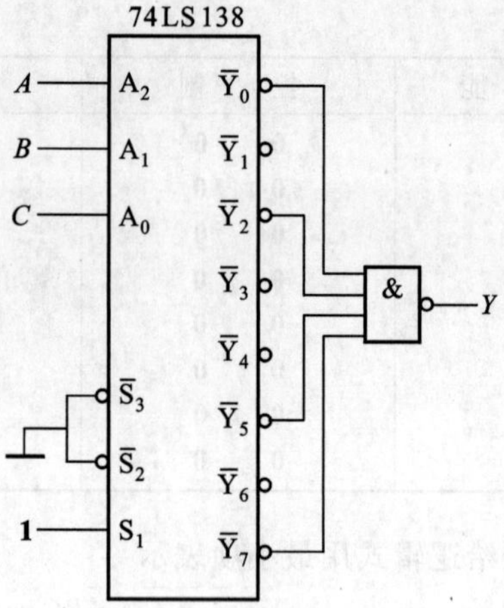

题解图 20.33

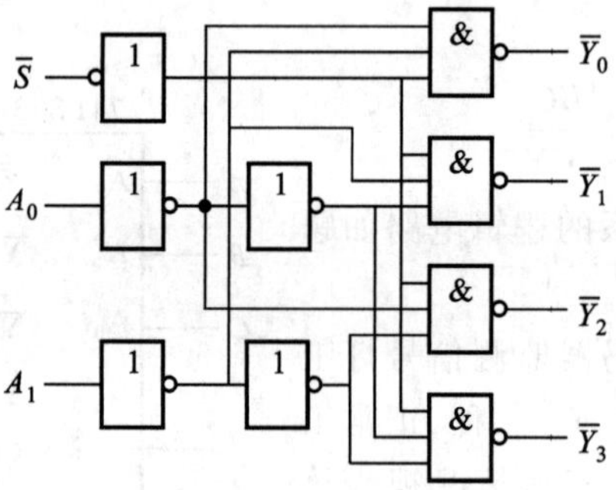

(a) 74LS139 逻辑图

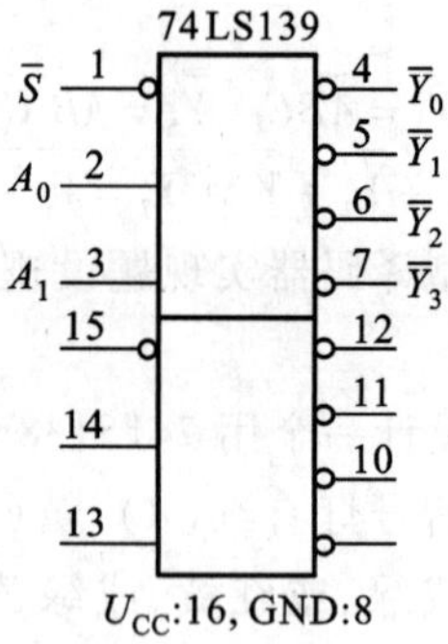

(b) 74LS139 逻辑符号

图 20.9.2　74LS139 型双 2 线 – 4 线译码器

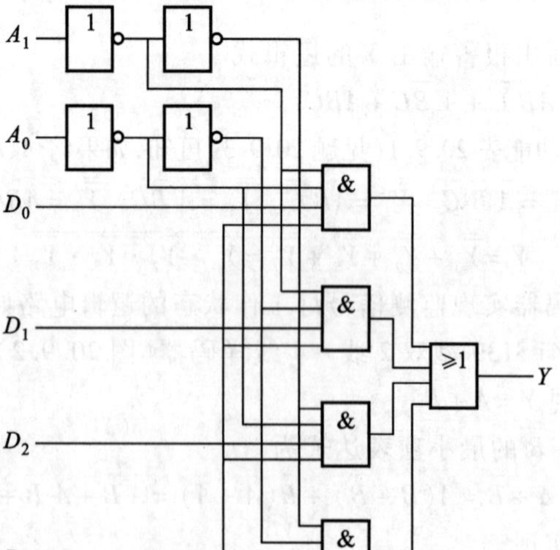

图 20.10.2　74LS153 型 4 选 1 数据选择器

即 $Y=\overline{\overline{Y}}_0+\overline{\overline{Y}}_2+\overline{\overline{Y}}_3=\overline{\overline{Y}_0\cdot\overline{Y}_2\cdot\overline{Y}_3}$

用 74LS139 芯片实现此逻辑关系的逻辑图如题解图 20.34 所示。

(2) 用 74LS153 芯片实现

根据 74LS153 型双 4 选 1 数据选择器的功能表(表 20.10.1),将输入变量 A、B 分别接于地址输入端 A_1、A_0,则输出变量

$$Y=D_0\overline{A}_1\overline{A}_0\overline{\overline{S}}+D_1\overline{A}_1A_0\overline{\overline{S}}+D_2A_1\overline{A}_0\overline{\overline{S}}+D_3A_1A_0\overline{\overline{S}}$$
$$=D_0\overline{A}\,\overline{B}\,\overline{\overline{S}}+D_1\overline{A}B\overline{\overline{S}}+D_2A\,\overline{B}\,\overline{\overline{S}}+D_3AB\,\overline{\overline{S}}$$

当 $\overline{S}=\mathbf{0}$,$D_1=\mathbf{0}$,$D_0=D_2=D_3=\mathbf{1}$ 时,有

$$Y=\overline{A}\,\overline{B}+A\,\overline{B}+AB$$

用 74LS153 芯片实现此逻辑关系的逻辑图如题解图 20.35 所示。

表 20.10.1　74LS153 型双 4 选 1 数据选择器的功能表

输入			输出
$\overline{S}$	A_1	A_0	Y
1	×	×	**0**
0	**0**	**0**	D_0
0	**0**	**1**	D_1
0	**1**	**0**	D_2
0	**1**	**1**	D_3

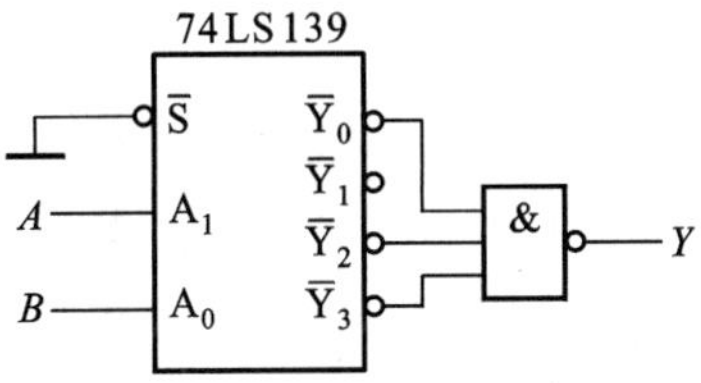

题解图 20.34

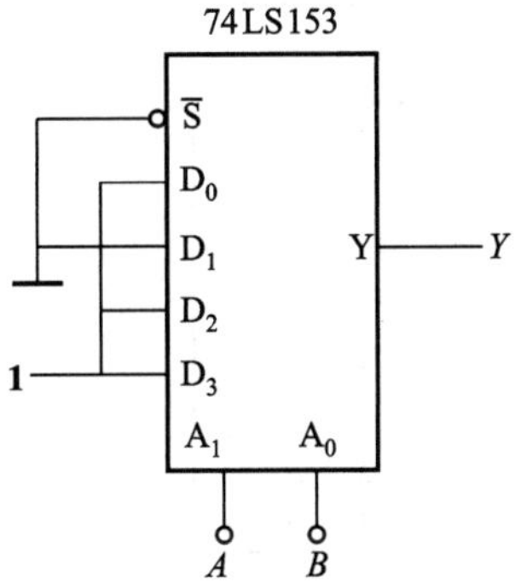

题解图 20.35

$^{\triangle}$**20.10.2**　用 74LS151 型 8 选 1 数据选择器(见表 20.10.2 的功能表)实现 $Y=A\overline{B}+AC$。

表 20.10.2　74LS151 型 8 选 1 数据选择器的功能表

输入				输出
地址			使能	
A_2	A_1	A_0	$\overline{S}$	Y
×	×	×	**1**	**0**
0	**0**	**0**	**0**	D_0
0	**0**	**1**	**0**	D_1
0	**1**	**0**	**0**	D_2
0	**1**	**1**	**0**	D_3
1	**0**	**0**	**0**	D_4
1	**0**	**1**	**0**	D_5
1	**1**	**0**	**0**	D_6
1	**1**	**1**	**0**	D_7

解:将题设逻辑式 $Y=A\overline{B}+AC$ 化为最小项表达式,即

$$Y=A\overline{B}(C+\overline{C})+A(B+\overline{B})C=A\overline{B}\,\overline{C}+A\overline{B}C+ABC$$

将输入变量 A、B、C 分别接于 8 选 1 数据选择器 74LS151 的地址输入端 A_2、A_1、A_0,由其功能表可得输出变量 Y 的表达式

$$\begin{aligned}Y=&D_0\overline{A}_2\overline{A}_1\overline{A}_0\overline{\overline{S}}+D_1\overline{A}_2\overline{A}_1A_0\overline{\overline{S}}+D_2\overline{A}_2A_1\overline{A}_0\overline{\overline{S}}+D_3\overline{A}_2A_1A_0\overline{\overline{S}}\\&+D_4A_2\overline{A}_1\overline{A}_0\overline{\overline{S}}+D_5A_2\overline{A}_1A_0\overline{\overline{S}}+D_6A_2A_1\overline{A}_0\overline{\overline{S}}+D_7A_2A_1A_0\overline{\overline{S}}\\=&D_0\overline{A}\,\overline{B}\,\overline{C}\,\overline{\overline{S}}+D_1\overline{A}\,\overline{B}C\overline{\overline{S}}+D_2\overline{A}B\overline{C}\,\overline{\overline{S}}+D_3\overline{A}BC\overline{\overline{S}}\\&+D_4A\overline{B}\,\overline{C}\,\overline{\overline{S}}+D_5A\overline{B}C\overline{\overline{S}}+D_6AB\overline{C}\,\overline{\overline{S}}+D_7ABC\overline{\overline{S}}\end{aligned}$$

当 $\overline{S}=\mathbf{0}$、$D_0=D_1=D_2=D_3=D_6=\mathbf{0}$、$D_4=D_5=D_7=\mathbf{1}$ 时,有

$$Y=A\overline{B}\,\overline{C}+A\overline{B}C+ABC$$

用 74LS151 型 8 选 1 数据选择器实现此逻辑关系的逻辑图如题解图 20.36 所示。

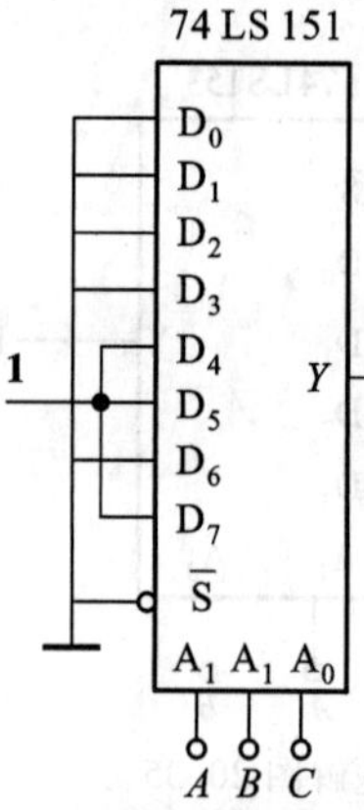

题解图 20.36

表 20.7.2　全加器逻辑状态表

A_i	B_i	C_{i-1}	S_i	C_i
0	**0**	**0**	**0**	**0**
0	**0**	**1**	**1**	**0**
0	**1**	**0**	**1**	**0**
0	**1**	**1**	**0**	**1**
1	**0**	**0**	**1**	**0**
1	**0**	**1**	**0**	**1**
1	**1**	**0**	**0**	**1**
1	**1**	**1**	**1**	**1**

△**20.10.3**　试用 74LS153 型双 4 选 1 数据选择器来实现全加器。

解:设 A_i、B_i 分别为加数和被加数,C_{i-1} 为低位进位、S_i 为全加和、C_i 为全加进位,则由全加器的逻辑功能要求可重新列写其逻辑状态表如教材表 20.7.2 所示。

根据状态表可得全加器的逻辑式为

$$S_i=\overline{A}_i\overline{B}_iC_{i-1}+\overline{A}_iB_i\overline{C}_{i-1}+A_i\overline{B}_i\overline{C}_{i-1}+A_iB_iC_{i-1}$$

$$C_i=\overline{A}_iB_iC_{i-1}+A_i\overline{B}_iC_{i-1}+A_iB_i\overline{C}_{i-1}+A_iB_iC_{i-1}$$

S_i、C_i 分别有四个最小项,可各由 74LS153 芯片的一个 4 选 1 数据选择器实现。

由于 74LS153 型双 4 选 1 数据选择器的逻辑函数表达式为

$$Y=\overline{A}_1\overline{A}_0D_0+\overline{A}_1A_0D_1+A_1\overline{A}_0D_2+A_1A_0D_3$$

将 A_i、B_i 分别接于 74LS153 芯片中两个 4 选 1 数据选择器的地址输入端 A_1、A_0。

为实现 S_i 可取

$$1D_0=1D_3=C_{i-1},\ 1D_1=1D_2=\overline{C}_{i-1}$$

则

$$1Y=\overline{A}_i\overline{B}_iC_{i-1}+\overline{A}_iB_i\overline{C}_{i-1}+A_i\overline{B}_i\overline{C}_{i-1}+A_iB_iC_{i-1}=S_i$$

为实现 C_i 可取

$$2D_0 = \mathbf{0},\ 2D_1 = 2D_2 = C_{i-1},\ 2D_3 = \mathbf{1}$$

则

$$2Y = \overline{A}_i B_i C_{i-1} + A_i \overline{B}_i C_{i-1} + A_i B_i \overline{C}_{i-1} + A_i B_i C_{i-1} = C_i$$

用 74LS153 型双 4 选 1 数据选择器实现 1 位全加器的逻辑图如题解图 20.37 所示。

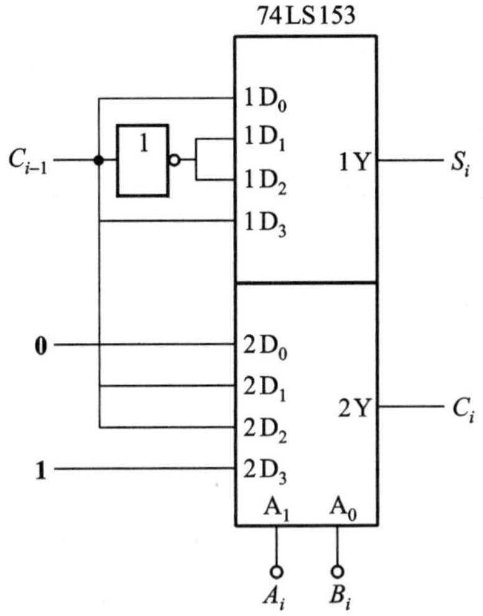

题解图 20.37

C 拓 宽 题

20.6.23 有两个 1 位数字的比较器,其逻辑状态列于表 20.01 中,试写出各输出逻辑式,并画出逻辑图。

表 20.01 1 位数字比较器的逻辑状态表

输入		输出		
A	B	$Y_1(A>B)$	$Y_2(A<B)$	$Y_3(A=B)$
0	**0**	**0**	**0**	**1**
0	**1**	**0**	**1**	**0**
1	**0**	**1**	**0**	**0**
1	**1**	**0**	**0**	**1**

解:(1) 由表 20.01 1 位数字比较器的逻辑状态表可写出当 $A>B$、$A<B$、$A=B$ 三种情况下各输出的逻辑式

$$Y_1 = A\overline{B},\ Y_2 = \overline{A}B,\ Y_3 = \overline{A}\,\overline{B} + AB$$

(2) 由上面各逻辑式可画出 1 位数字比较器的逻辑图如题解图 20.38 所示。

由于

$$Y_3 = \overline{A}\,\overline{B} + AB = \overline{\overline{\overline{A}\,\overline{B} + AB}} = \overline{\overline{\overline{A}\,\overline{B}} \cdot \overline{AB}} = \overline{(A+B)(\overline{A}+\overline{B})}$$

$$= \overline{\overline{A}B + A\overline{B}}$$

故也可通过题解图 20.39 所示逻辑电路实现题意要求。

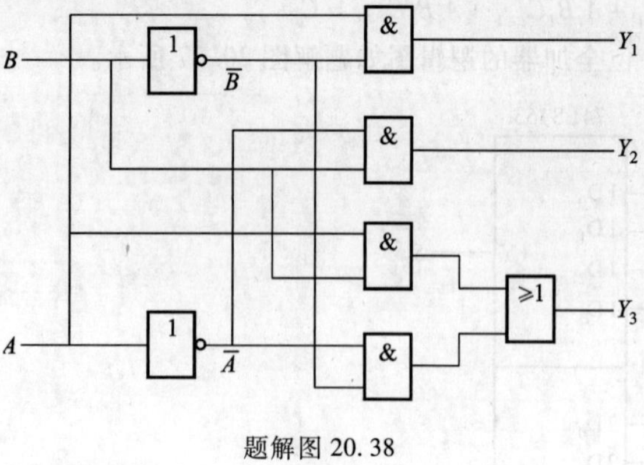

题解图 20.38

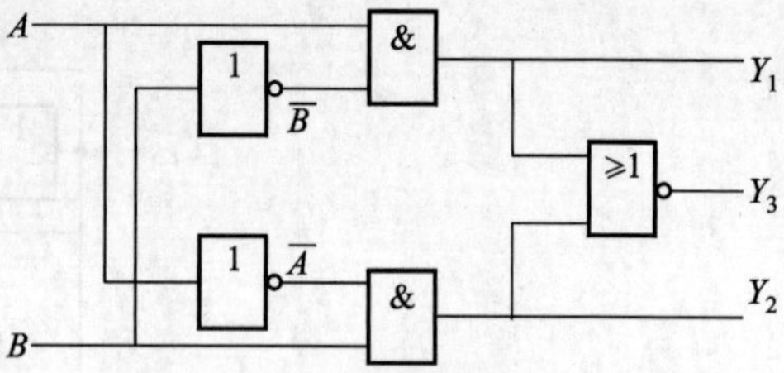

题解图 20.39

20.6.24 有一 T 形走廊，在相会处有一路灯，在进入走廊的 A、B、C 三地各有灯开关，都能独立进行开闭。任意闭合一个开关，灯亮；任意闭合两个开关，灯灭；三个开关同时闭合，灯亮。设 A、B、C 代表三个开关（输入变量），开关闭合其状态为 **1**，断开为 **0**；灯亮 Y（输出变量）为 **1**，灯灭为 **0**。试分别画出由（1）**与**门、**或**门、**非**门和（2）**异或**门组成的逻辑电路。

解：依题意可列出灯 Y 亮、灭与三个开关 A、B、C 闭合与断开关系的逻辑真值表（题解表 20.23）。

由真值表可列出灯 Y 状态的逻辑表达式

$$Y=\overline{A}\,\overline{B}C+\overline{A}B\overline{C}+A\overline{B}\,\overline{C}+ABC=(\overline{A}\,\overline{B}+AB)C+(\overline{A}B+A\overline{B})\overline{C}$$

$$=\overline{(A\oplus B)}\cdot C+(A\oplus B)\cdot\overline{C}=\overline{[(A\oplus B)\oplus C]}$$

（1）由**与**门、**或**门、**非**门组成的逻辑电路如题解图 20.40 所示。

题解表 20.23　逻辑真值表

A	B	C	Y
0	**0**	**0**	**0**
0	**0**	**1**	**1**
0	**1**	**0**	**1**
0	**1**	**1**	**0**
1	**0**	**0**	**1**
1	**0**	**1**	**0**
1	**1**	**0**	**0**
1	**1**	**1**	**1**

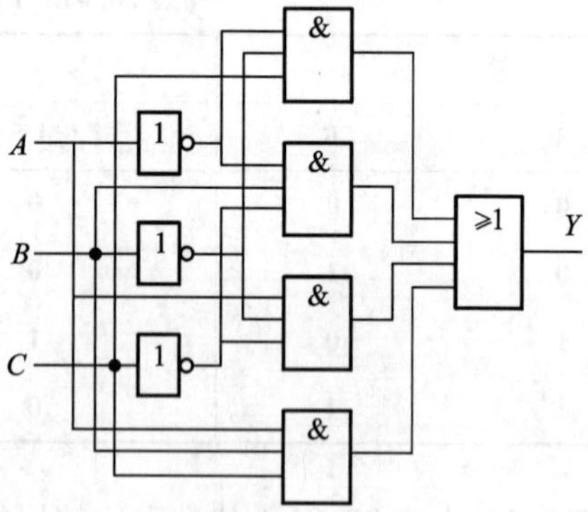

题解图 20.40

（2）由**异或**门组成的逻辑电路如题解图 20.41 所示。

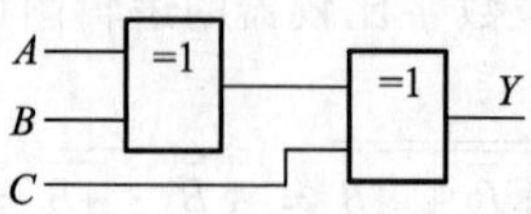

题解图 20.41

20.7.2 试画出用两个半加器和一个**或**门组成的全加器。

解:所谓"半加"就是只求本位两个 1 位二进制数的相加,而不考虑来自低位的进位。实现半加运算的电路称为半加器,其逻辑状态表如题解表 20.24 所示。

题解表 20.24 半加器逻辑状态表

A	B	S	C
0	0	0	0
0	1	1	0
1	0	1	0
1	1	0	1

题解表 20.24 中,A 和 B 是相加的两个数,S 是半加和数,C 是进位数。

由逻辑状态表可写出逻辑式

$$S = A\overline{B} + B\overline{A} = A \oplus B$$

$$C = AB$$

由逻辑式可画出由一个**异或**门和一个**与**门组成的半加器逻辑电路,如图 20.7.1 所示。

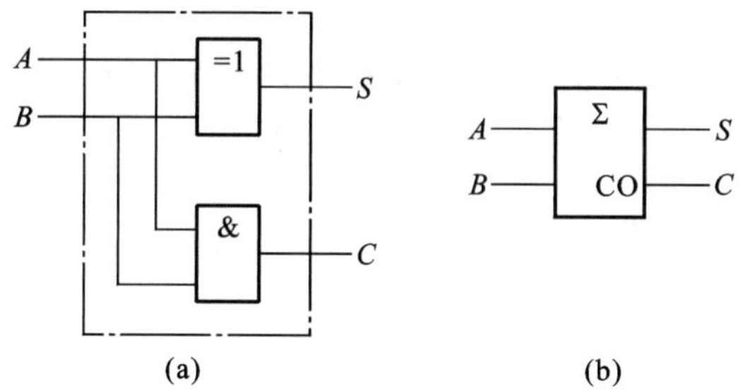

图 20.7.1 半加器逻辑图及半加器的逻辑符号

所谓"全加"就是当多位数相加时,半加器可用于最低位求和,并给出进位数。其他各高位的相加除了有两个待加数 A_i 和 B_i 外,还有一个来自低位的进位数 C_{i-1}。这三个数相加,得出本位和数(全加和数)S_i 和进位数 C_i。题解表 20.25 是全加器的逻辑状态表。

题解表 20.25 全加器逻辑状态表

A_i	B_i	C_{i-1}	S_i	C_i
0	0	0	0	0
0	0	1	1	0
0	1	0	1	0
0	1	1	0	1
1	0	0	1	0
1	0	1	0	1
1	1	0	0	1
1	1	1	1	1

由题解表 20.25 可写出全加和数 S_i 和进位数 C_i 的逻辑式

$$S_i = \overline{A}_i\overline{B}_iC_{i-1} + \overline{A}_iB_i\overline{C}_{i-1} + A_i\overline{B}_i\overline{C}_{i-1} + A_iB_iC_{i-1} = \overline{A}_i(B_i \oplus C_{i-1}) + A_i(\overline{B_i \oplus C_{i-1}}) = A_i \oplus B_i \oplus C_{i-1}$$

$$C_i = \bar{A}_iB_iC_{i-1} + A_i\bar{B}_iC_{i-1} + A_iB_i\bar{C}_{i-1} + A_iB_iC_{i-1} = (A_i \oplus B_i)C_{i-1} + A_iB_i$$

由逻辑式可画出由两个半加器和一个**或**门构成的全加器逻辑电路，如题解图 20.42 所示。

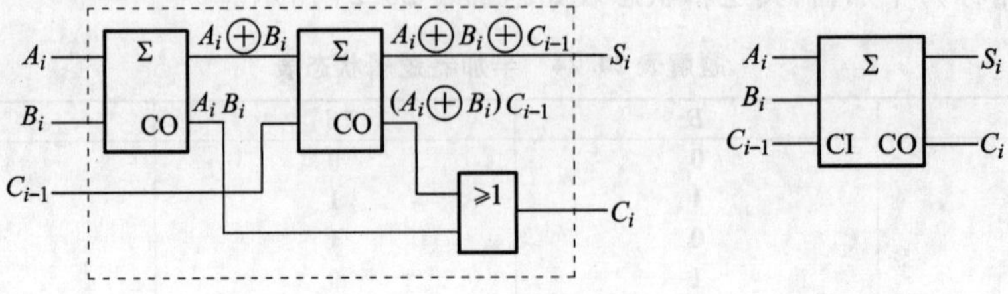

(a) (b)

题解图 20.42　由两个半加器和一个**或**门组成的全加器逻辑图及全加器的逻辑符号

20.9.5　试设计一个能驱动七段 LED 数码管的译码电路，输入变量 A、B、C 来自计数器，按顺序 **000～111** 计数。当 ABC = **000** 时，全灭；以后要求依次显示 H、O、P、E、F、U、L 七个字母。采用共阴极数码管。

解：(1) 由题意可列写出满足设计要求的七段 LED 译码器输入、输出状态的真值表以及对应的 LED 显示，如题解表 20.26 所示。

题解表 20.26　输入信号与输出字形对照

A	B	C	a	b	c	d	e	f	g	字	字形
0	**0**	**0**	**0**	**0**	**0**	**0**	**0**	**0**	**0**		
0	**0**	**1**	**0**	**1**	**1**	**0**	**1**	**1**	**1**	H	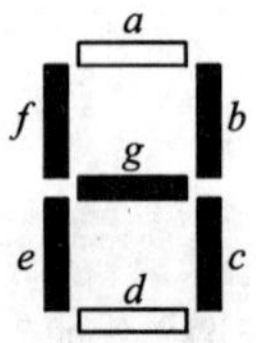
0	**1**	**0**	**1**	**1**	**1**	**1**	**1**	**1**	**0**	O	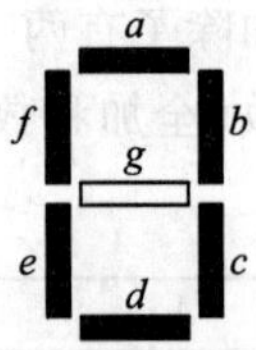
0	**1**	**1**	**1**	**1**	**0**	**0**	**1**	**1**	**1**	P	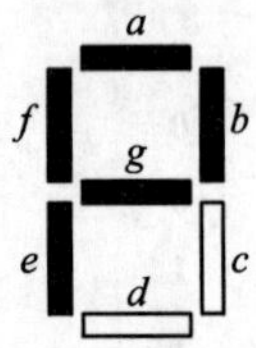
1	**0**	**0**	**1**	**0**	**0**	**1**	**1**	**1**	**1**	E	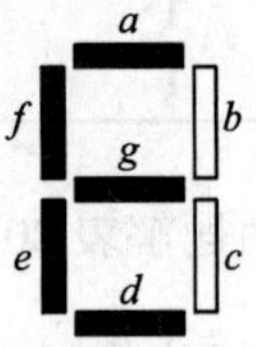

A	B	C	a	b	c	d	e	f	g	字	字形
1	**0**	**1**	**1**	**0**	**0**	**0**	**1**	**1**	**1**	F	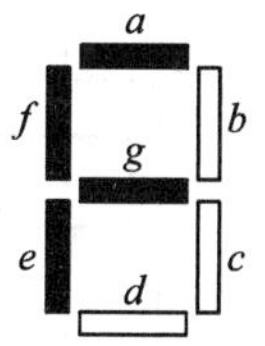
1	**1**	**0**	**0**	**1**	**1**	**1**	**1**	**1**	**0**	U	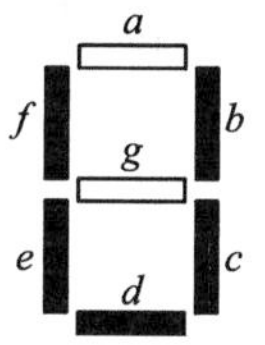
1	**1**	**1**	**0**	**0**	**0**	**1**	**1**	**1**	**0**	L	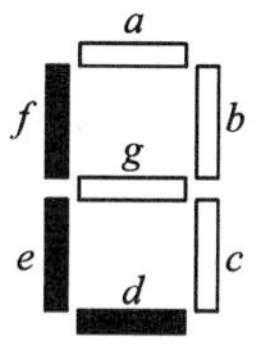

（2）由以上真值表可写出各输出变量 $a \sim g$ 的逻辑表达式

$$a = \bar{A} B \bar{C} + \bar{A}BC + A\bar{B}\bar{C} + A\bar{B}C = \bar{A}B + A\bar{B} = \overline{\overline{\bar{A}B} \cdot \overline{A\bar{B}}}$$

$$b = \bar{A}\bar{B}C + \bar{A}B\bar{C} + \bar{A}BC + AB\bar{C} = \bar{A}C + B\bar{C} = \overline{\overline{\bar{A}C} \cdot \overline{B\bar{C}}}$$

$$c = \bar{A}\bar{B}C + \bar{A}B\bar{C} + AB\bar{C} = \bar{A}\bar{B}C + B\bar{C} = \overline{\overline{\bar{A}\bar{B}C} \cdot \overline{B\bar{C}}}$$

$$d = \bar{A}B\bar{C} + A\bar{B}\bar{C} + AB\bar{C} + ABC = A\bar{C} + B\bar{C} + AB = \overline{\overline{A\bar{C}} \cdot \overline{B\bar{C}} \cdot \overline{AB}}$$

$$e = f = \overline{\bar{A}\bar{B}\bar{C}}$$

$$g = \bar{A}\bar{B}C + \bar{A}BC + A\bar{B}\bar{C} + A\bar{B}C = \bar{A}C + A\bar{B} = \overline{\overline{\bar{A}C} \cdot \overline{A\bar{B}}}$$

（3）由上面各逻辑式可画出如题解图 20.43 所示的逻辑电路。

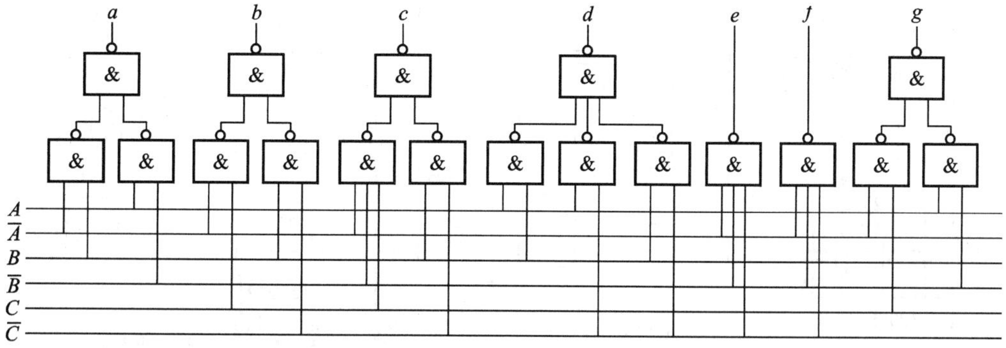

题解图 20.43

20.9.6 某富户有三箱贵重物品，分放三处，每只箱内隐藏水银开关，平时开关断开，当箱被挪动时，水银开关因倾斜而闭合，立即发出声光报警，并示出何处被盗。试采用图 20.9.9 所示

2 线 -4 线译码器画出三路防盗报警原理电路(框图如图 20.26 所示)。

解: 图 20.9.9 所示 2 线 -4 线译码器的逻辑状态表如题解表 20.27 所示。

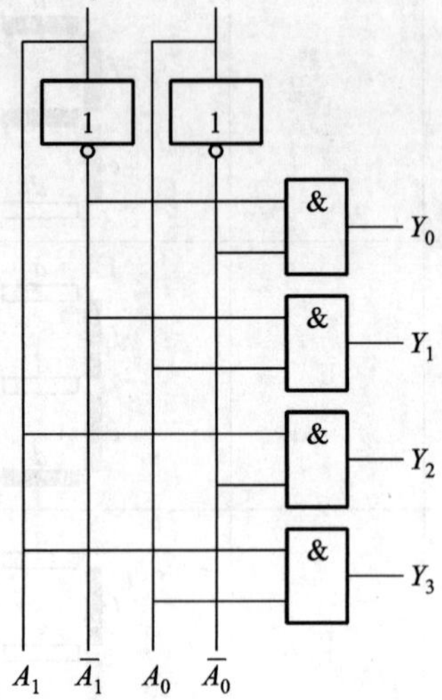

图 20.9.9

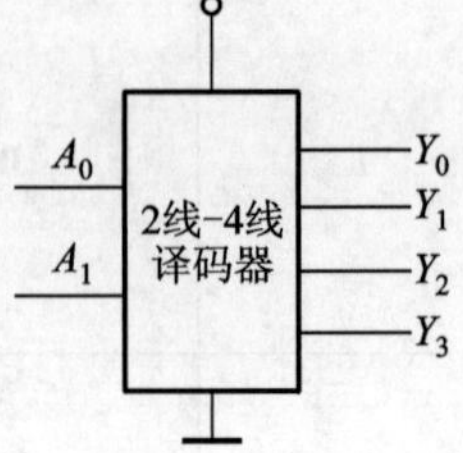

图 20.26　习题 20.9.6 的图

题解表 20.27

A_1	A_0	Y_0	Y_1	Y_2	Y_3
0	**0**	**1**	**0**	**0**	**0**
0	**1**	**0**	**1**	**0**	**0**
1	**0**	**0**	**0**	**1**	**0**
1	**1**	**0**	**0**	**0**	**1**

当输入端 A_1A_0 分别为 **01**、**10**、**11** 时,对应的输出端 Y_1、Y_2、Y_3 有输出 **1**。

采用图 20.26 所示 2 线 -4 线译码器构成的三路防盗报警原理电路如题解图 20.44 所示。

S_A、S_B、S_C 分别为分放在不同的三处的 A、B、C 三箱贵重物品箱内隐藏的水银开关,当 A 箱被挪动时,S_A 闭合(此时 S_B、S_C 断开),2 线 -4 线译码器输入端编码 A_1A_0 = **01**,译出 Y_1 = **1**,则发光二极管 L_A 点亮,**或**门输出为 **1**,T 导通,蜂鸣器鸣响报警。同理,当 B 或 C 被挪动时,S_B 或 S_C 闭合,则 A_1A_0 = **10** 或 **11**,译出 Y_2 = **1** 或 Y_3 = **1**,L_B 或 L_C 点亮,蜂鸣器鸣响。单刀双掷开关 S 打到 1 或 2 时,可将输出端报警状态复位,使报警系统重新处于待命状态。

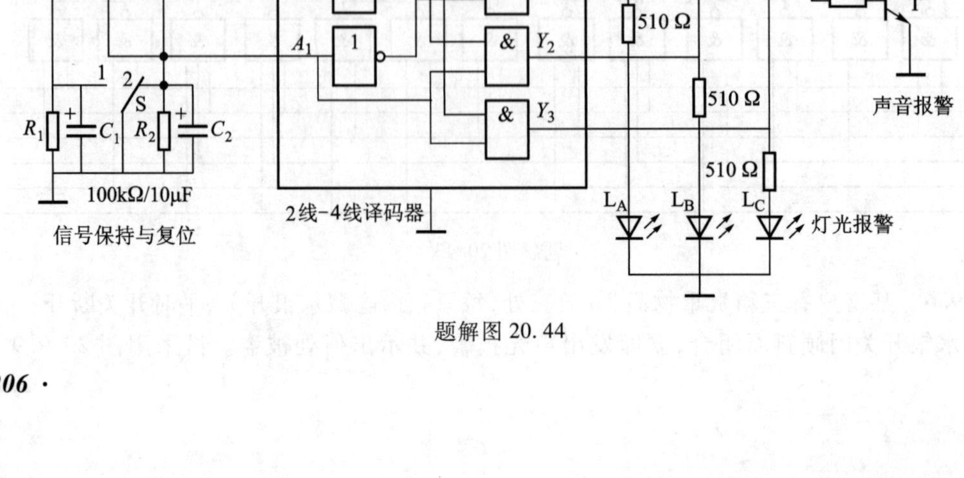

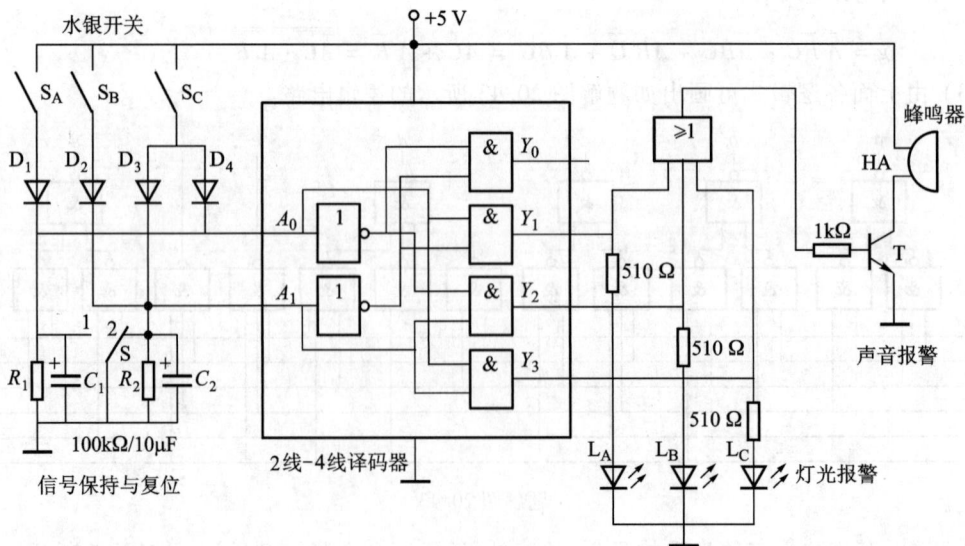

题解图 20.44

第21章

触发器和时序逻辑电路

时序逻辑电路是数字电路的重要组成部分,也是本课程的重点内容。本章在介绍了各种类型触发器的逻辑功能和时序逻辑电路特点的基础上,着重讲解了寄存器、计数器等常用的时序逻辑电路的工作原理以及时序逻辑电路的分析方法。从应用角度介绍了555集成定时器的内部结构、工作原理以及由555构成的单稳态触发器、多谐振荡器。

21.1 内容要点与阅读指导

1. 触发器

(1) 触发器:是一种由门电路构成的重要的数字逻辑部件,是组成各种时序逻辑电路的基本单元,也是分析与设计时序逻辑电路的基础。

(2) 触发器的分类:

按工作状态分为三种:

① 双稳态触发器:有**0**或**1**两个稳定的输出状态。

② 单稳态触发器:只有**0**或**1**一个稳定的输出状态,另一个状态为暂稳状态。

③ 无稳态触发器(多谐振荡器):没有稳定的输出状态,输出始终在**0**或**1**之间周期性变化。

一般情况下所说的触发器指的是双稳态触发器,它具备以下三个特点:

a. 有两个可能的输出状态,用**0**和**1**表示。

b. 对输出状态可以进行预置,即具有置位(置**1**)、复位(置**0**)控制端,通常用$\overline{S}_D$(或S)、$\overline{R}_D$(或R)表示。

c. 能在外部信号作用下进行输出状态转换。外部信号分为预置信号、控制信号和触发信号三种。$\overline{S}_D$、$\overline{R}_D$端是预置信号端,R、S端、J、K端、D端是控制信号端,控制信号对触发器的作用一般在触发信号(多数为时钟脉冲信号)的控制下进行。

按逻辑功能分为常用的四种:

① RS触发器:分基本RS触发器和可控RS触发器,具有预置状态和保持状态(记忆)功能。

② JK触发器:具有跟随输入信号状态、保持和计数功能。

③ D触发器:具有跟随输入信号状态功能。

④ T触发器:具有保持和计数功能。

前三种有实际产品,后一种可通过其他产品的转换获得。

按触发方式一般分为：① 上升沿（前沿）触发；② 下降沿（后沿）触发；③ 边沿触发（抗干扰能力强）。

（3）触发器的逻辑功能和特性：题解表 21.01 给出了常用触发器的名称、逻辑符号、逻辑状态功能表、特性方程以及状态转换图。这是本章的要点之一，是正确选择和使用触发器的前提，应深入理解和准确掌握。

题解表 21.01　常用触发器的符号、逻辑状态功能表、特性方程、状态转换图

<table>
<tr><th>名称</th><th>逻辑图形符号</th><th colspan="4">逻辑状态功能表</th><th>特性方程</th><th>状态转换图</th></tr>
<tr><td rowspan="5">基本 RS 触发器</td><td rowspan="5">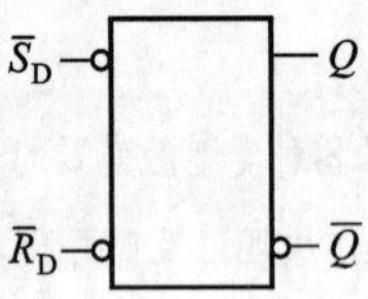</td><td>$\overline{R}_D$</td><td>$\overline{S}_D$</td><td>Q_{n+1}</td><td>功能</td><td rowspan="5">$\begin{cases} Q_{n+1}=\overline{\overline{S}_D}+\overline{R}_D\cdot Q_n \\ \overline{R}_D+\overline{S}_D=1\text{（约束条件）}\end{cases}$</td><td rowspan="5">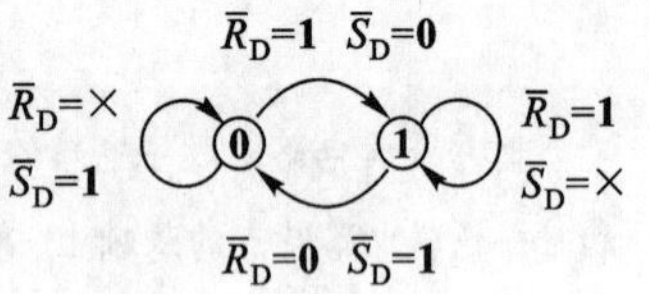</td></tr>
<tr><td>0</td><td>1</td><td>0</td><td>置 0</td></tr>
<tr><td>1</td><td>0</td><td>1</td><td>置 1</td></tr>
<tr><td>1</td><td>1</td><td>Q_n</td><td>保持</td></tr>
<tr><td>0</td><td>0</td><td>不定</td><td>禁用</td></tr>
<tr><td rowspan="5">可控 RS 触发器</td><td rowspan="5">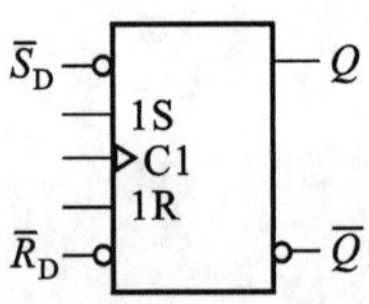</td><td>R_n</td><td>S_n</td><td>Q_{n+1}</td><td>功能</td><td rowspan="5">$\begin{cases} Q_{n+1}=S_n+\overline{R}_n\cdot Q_n \\ R_n\cdot S_n=0\text{（约束条件）}\end{cases}$</td><td rowspan="5">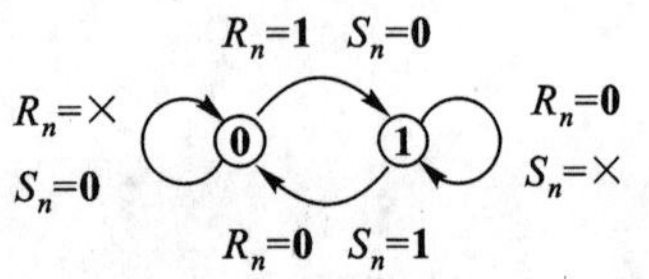</td></tr>
<tr><td>0</td><td>0</td><td>Q_n</td><td>保持</td></tr>
<tr><td>1</td><td>0</td><td>0</td><td>置 0</td></tr>
<tr><td>0</td><td>1</td><td>1</td><td>置 1</td></tr>
<tr><td>1</td><td>1</td><td>不定</td><td>禁用</td></tr>
<tr><td rowspan="5">JK 触发器</td><td rowspan="5">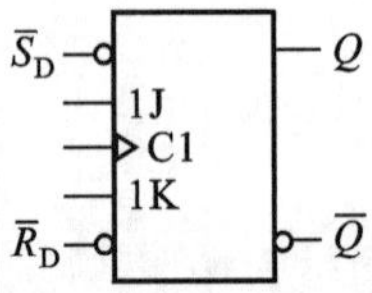</td><td>J_n</td><td>K_n</td><td>Q_{n+1}</td><td>功能</td><td rowspan="5">$Q_{n+1}=J_n\cdot\overline{Q}_n+\overline{K}_n\cdot Q_n$</td><td rowspan="5">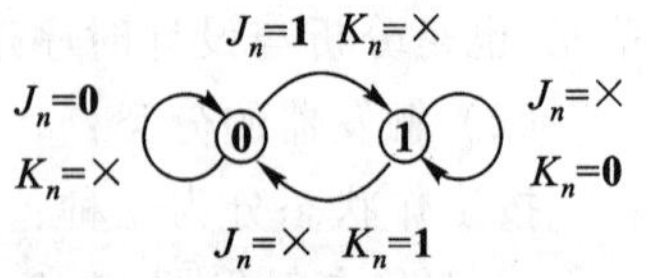</td></tr>
<tr><td>0</td><td>0</td><td>Q_n</td><td>保持</td></tr>
<tr><td>0</td><td>1</td><td>0</td><td>置 0</td></tr>
<tr><td>1</td><td>0</td><td>1</td><td>置 1</td></tr>
<tr><td>1</td><td>1</td><td>$\overline{Q}_n$</td><td>计数</td></tr>
<tr><td rowspan="3">D 触发器</td><td rowspan="3">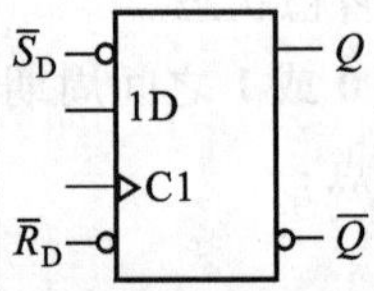</td><td colspan="2">D_n</td><td>Q_{n+1}</td><td>功能</td><td rowspan="3">$Q_{n+1}=D_n$</td><td rowspan="3">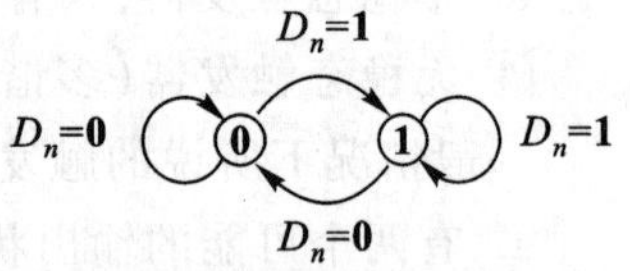</td></tr>
<tr><td colspan="2">0</td><td>0</td><td>置 0</td></tr>
<tr><td colspan="2">1</td><td>1</td><td>置 1</td></tr>
<tr><td rowspan="3">T 触发器</td><td rowspan="3">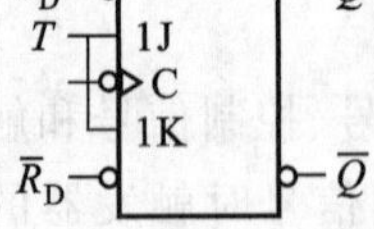</td><td colspan="2">T_n</td><td>Q_{n+1}</td><td>功能</td><td rowspan="3">$Q_{n+1}=T_n\cdot\overline{Q}_n+\overline{T}_n\cdot Q_n$</td><td rowspan="3">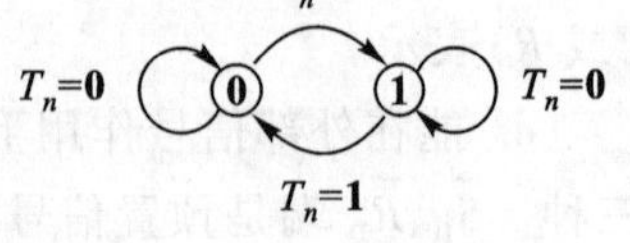</td></tr>
<tr><td colspan="2">0</td><td>Q_n</td><td>保持</td></tr>
<tr><td colspan="2">1</td><td>$\overline{Q}_n$</td><td>计数</td></tr>
</table>

2. 时序逻辑电路及其分析与设计

（1）时序逻辑电路：由基本触发器电路组合而成、具有一定逻辑功能、当前的输出状态不仅取决于当前输入信号而且与原来的输出状态有关的复杂逻辑电路。

（2）时序逻辑电路按触发方式不同分为：同步时序电路和异步时序电路。

① 同步时序电路：各触发器采用同一个时钟信号触发，各触发器状态的转换在同一时刻进行。

② 异步时序电路：各触发器采用的触发信号不尽相同，各触发器状态的转换不在同一时刻进行。

(3) 时序逻辑电路的分析:根据给定的逻辑电路图,研究各输出端状态在触发信号控制下随输入信号变化的关系,从而确定它的逻辑功能。

分析的步骤:① 分析研究逻辑电路的组成;② 分析是同步触发还是异步触发——同步触发需写出各触发器的驱动方程,异步触发需写出各触发器的驱动方程和触发脉冲方程;③ 写出状态方程;④ 列写逻辑状态真值表;⑤ 画出状态循环图;⑥ 分析确定逻辑功能。

(4) 时序逻辑电路的设计:根据给定的逻辑功能要求,用触发器等逻辑单元构成相应的逻辑电路。

设计的步骤:① 分析逻辑功能要求;② 列写逻辑状态真值表;③ 写出各触发器的驱动方程(异步的还需写触发脉冲方程);④ 画出逻辑电路。

3. 常用时序逻辑电路

(1) 寄存器:由触发器组成的能将一组二进制代码进行暂存的时序逻辑电路。n 个触发器能寄存 n 位二进制数。根据寄存方式不同分为:

① 数码寄存器:在一个寄存脉冲作用下将各输入端的待存数码通过并行输入方式一次存入。速度快,数据线多,数据并行输出。

② 移位寄存器:在多个寄存脉冲作用下将待存数码的各位通过串行输入方式逐位依次存入。速度慢,数据线少,数据可并行和串行输出。通过电路设计可实现左移、右移和双向移位。

常用的集成寄存器:74LS194(并行寄存和双向移位寄存)。

(2) 计数器:由触发器构成的可以累积输入脉冲个数的时序逻辑电路。计数器所具有的稳定状态数称为计数器的模(模是几就是几进制计数)。

按触发方式分为:同步计数器和异步计数器。同步计数器的计数脉冲同时加到各位触发器的时钟脉冲端,它们的状态变换和计数脉冲同步。异步计数器的计数脉冲不是同时加到各位触发器时钟脉冲端,它们状态的变换有先有后。

按计数增减状态分为:加法计数器、减法计数器和可逆计数器。

按计数器的模分为:二进制计数器、二 - 十进制计数器、任意进制计数器等。

常用的集成计数器:74LS90/74LS290(二 - 十进制异步计数器)、74LS160/161(同步十/十六进制计数器)。

对计数器有分析和综合两方面的问题。

计数器的分析,就是要看它是几位的、几进制的、加法还是减法计数、自然态序还是非自然态序的、同步还是异步的。

分析的步骤:

① 分析计数器电路的组成。

② 写出各位触发器的逻辑关系式(包括时钟方程、驱动方程、状态方程)。

③ 列逻辑状态转换表。

④ 画出逻辑状态循环图。

⑤ 分析计数逻辑功能。

计数器的综合就是要根据计数要求选用合适的逻辑电路去实现。

综合的步骤:

① 分析计数要求(几进制、同步还是异步的)。

② 列出逻辑状态转换表。

③ 写出逻辑关系式(时钟方程、驱动方程)。

几个需注意的地方:

① n 个触发器构成的二进制计数器,能累计的状态数为 2^n 个,即经过 2^n 个脉冲,状态循环一次,即为 2^n 进制计数器。对于模数为 M 的计数器应保证 $M \leqslant 2^n$(n 为触发器个数)。

② 用集成计数器构成任意模数的计数器时,可利用反馈复位(即反馈清零)和反馈置数的功能,因此必须要看懂和熟悉其功能表和外部引线排列图。

异步十进制计数 74LS90、74LS290 具有反馈置 0 和反馈置 9 功能,可构成十以内任意进制计数器,但状态转换过程中存在暂态。

同步计数器 74LS160、74LS161、74LS192 具有反馈清零和反馈置数功能。其中反馈清零时存在暂态,而反馈置数时无暂态存在,不会对后续电路带来影响。

③ 计数器分析通常采用列表分析法,从初始状态开始,到分析完一个计数循环结束。对于由触发器构成的计数器,要特别注意分析过程中各触发器是否具备触发条件和触发脉冲。

④ 按二进制顺序进行状态变化的计数过程称为自然态序,否则为非自然态序。只要计数器在 M 个脉冲作用下状态循环一次,就统称为 M 进制计数。

(3) 环形计数器(移位寄存器型计数器):通过移位方式产生循环顺序脉冲。

(4) 环形分配器:通过移位和触发器的保持功能产生环形脉冲。

4. 555 集成定时器

555 集成定时器是一种将模拟功能和逻辑功能集成在同一芯片上用途极广的时基电路。只需外接几个阻容元件,就可构成单稳态触发器、多谐振荡器、施密特触发器(主教材未单列)等电路。用于定时或产生脉冲信号、对脉冲信号进行整形和变换。

21.2 基本要求

1. 掌握 RS 触发器、JK 触发器、D 触发器和 T 触发器的逻辑功能。

2. 理解时序逻辑电路的概念和工作特点。

3. 理解数据寄存器、移位寄存器的工作原理和分析方法。

4. 理解同步、异步二进制计数器和十进制计数器的工作原理及分析方法,会用常见的集成计数器构成任意进制计数器,能画出相应的时序波形图。

5. 了解 555 集成定时器及用 555 集成定时器构成的单稳态触发器和多谐振荡器的工作原理并能构成常用的应用电路。

21.3 重点与难点

1. 重点

(1) 几种基本触发器(RS、JK、D、T 触发器)的逻辑功能。

(2) 数据寄存器和移位寄存器的寄存方式和特点。

(3) 同步、异步计数器的工作原理和分析方法。

(4) 用集成计数器构成任意进制计数器。

(5) 555 集成定时器的工作原理和典型应用。

2. 难点

(1) 异步计数器工作过程的分析。

(2) 555 集成定时器的工作原理。

21.4 知识关联图

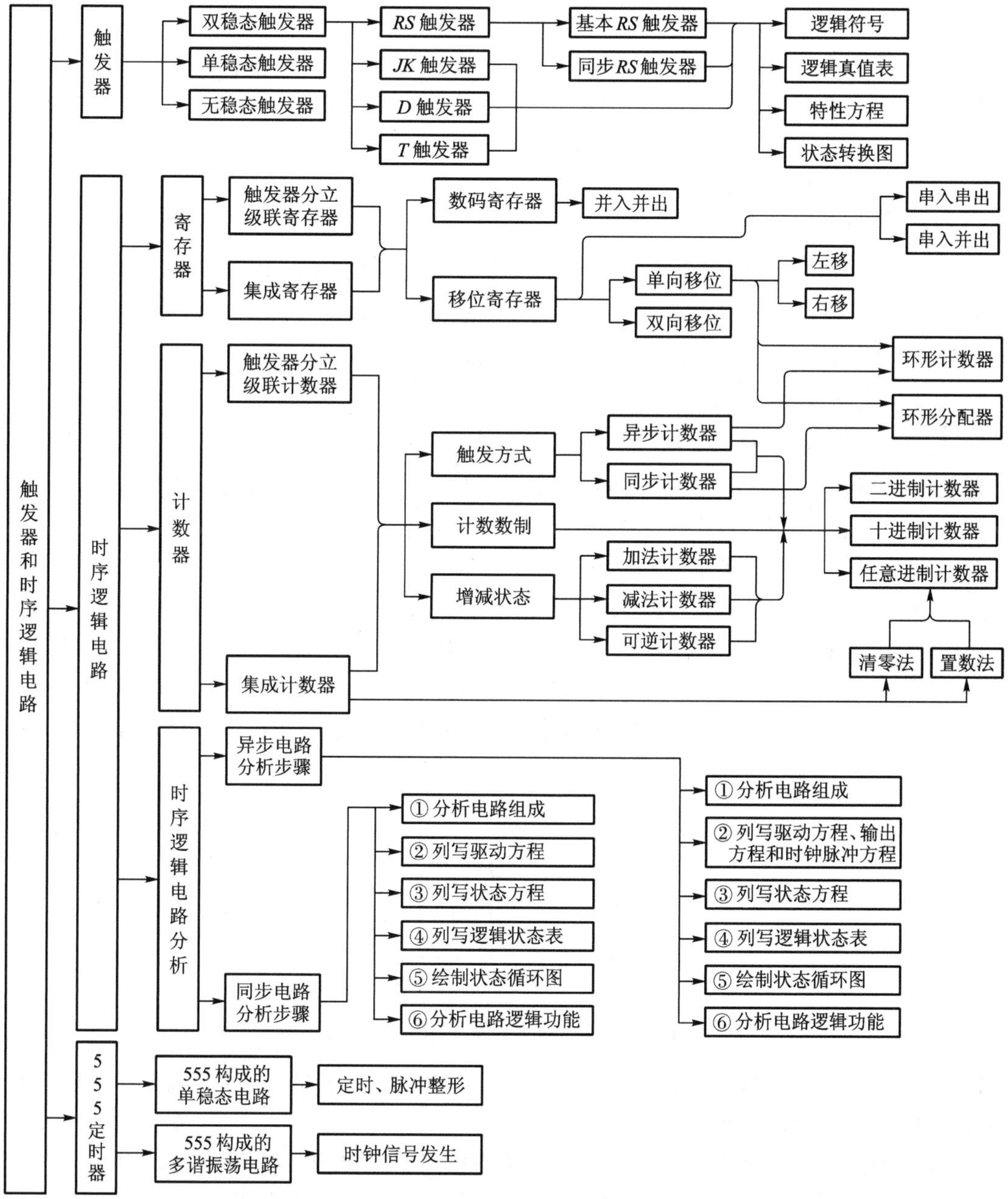

21.5 【练习与思考】题解

21.1.1 说明基本 RS 触发器在置 **1** 或置 **0** 脉冲消失后，为什么触发器的状态保持不变。

解：基本 RS 触发器的逻辑电路如题解图 21.01 所示。

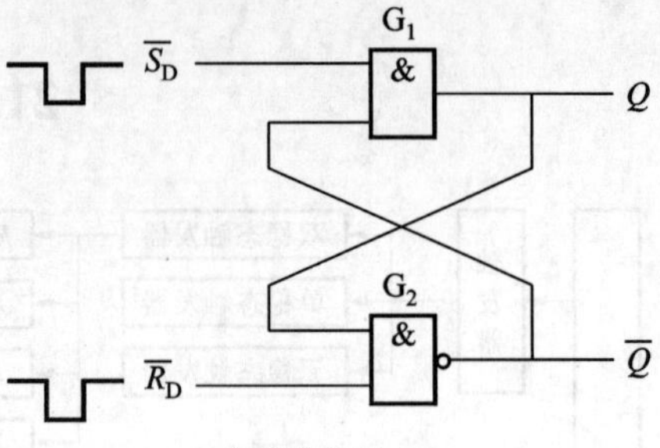

题解图 21.01

(1) 当 $\overline{S}_D=\mathbf{0}$，$\overline{R}_D=\mathbf{1}$ 时

与非门 G_1 的 $\overline{S}_D$ 端加负脉冲后，$\overline{S}_D=\mathbf{0}$，按**与非**逻辑关系"有 **0** 出 **1**"，故 $Q=\mathbf{1}$（置 **1**）；反馈到**与非**门 G_2，因 $\overline{R}_D=\mathbf{1}$，按"全 **1** 出 **0**"，故 $\overline{Q}=\mathbf{1}$；再反馈到 G_1 门，即使负脉冲消失，$\overline{S}_D=\mathbf{1}$ 时，按"有 **0** 出 **1**"，仍然有 $Q=\mathbf{1}$，即基本 RS 触发器置 **1** 状态保持不变。

(2) 当 $\overline{S}_D=\mathbf{1}$，$\overline{R}_D=\mathbf{0}$ 时

与非门 G_2 的 $\overline{R}_D$ 端加负脉冲后，$\overline{R}_D=\mathbf{0}$，按**与非**逻辑关系"有 **0** 出 **1**"，故 $\overline{Q}=\mathbf{1}$；反馈到**与非**门 G_1，因 $\overline{S}_D=\mathbf{1}$，按"全 **1** 出 **0**"，故 $Q=\mathbf{0}$（置 **0**）；再反馈到 G_2 门，即使负脉冲消失，$\overline{R}_D=\mathbf{1}$ 时，按"有 **0** 出 **1**"，仍然有 $\overline{Q}=\mathbf{1}$，即基本 RS 触发器置 **0** 状态保持不变。

21.1.2 $\overline{S}_D$ 和 $\overline{R}_D$ 两个输入端起什么作用？

解：$\overline{S}_D$ 表示用低电平对触发器置位（置 **1**），称为直接置位（置 **1**）输入端；$\overline{R}_D$ 表示用低电平对触发器复位（置 **0**），称为直接复位（置 **0**）输入端。但要注意，$\overline{S}_D$、$\overline{R}_D$ 不能同时为低电平。

21.1.3 试述 RS、JK、D、T 等各种触发器的逻辑功能，并默写出其状态表。

解：RS，JK，D，T 等触发器的逻辑功能及其状态表如题解表 21.01 所示。此处略。

21.1.4 将 JK 触发器的 J 和 K 端悬空（也称 T' 触发器），试分析其逻辑功能。

解：JK 触发器也是由 TTL **与非**门电路构成的，因此当 J 和 K 端悬空时，相当于 $J=K=\mathbf{1}$，根据 JK 触发器的逻辑功能可知每到来一个触发脉冲其输出状态翻转一次，即具有计数功能。

21.1.5 在图 21.1.11 中，触发器的原状态 $Q_1Q_0=\mathbf{01}$，则在下一个 CP 作用后，Q_1Q_0 为何种状态？

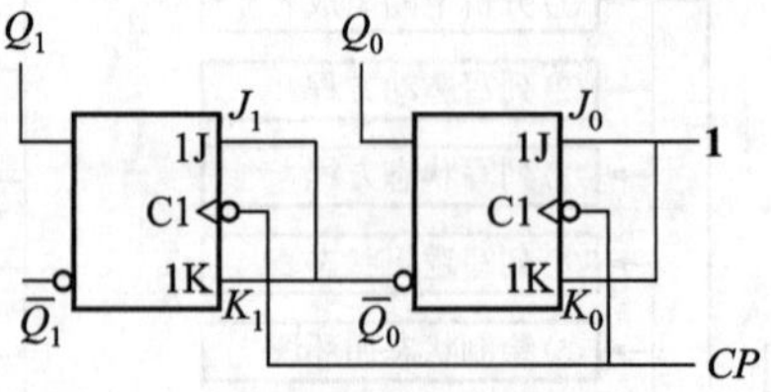

图 21.1.11 练习与思考 21.1.5 的图

解：在下一个 CP 作用之前，因 $J_0=K_0=\mathbf{1}$，$J_1=K_1=\mathbf{0}$，故下一 CP 作用后 Q_0 由 **1** 翻转为 **0**，Q_1 继续保持 **0** 不变，即 $Q_1Q_0=\mathbf{00}$。

21.1.6 图 21.1.12 所示是两人智力竞赛抢答电路。图中 SB_1 和 SB_2 分别为两个参赛人的动断抢答按钮；SB 为主持人的动合复位按钮。试分析该电路的工作原理。

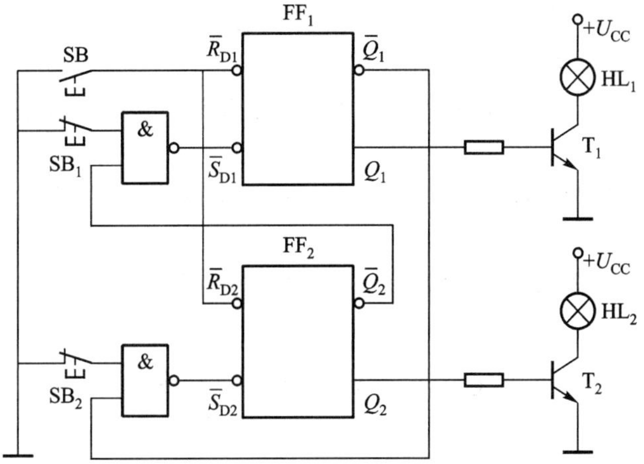

图 21.1.12　练习与思考 21.1.6 的图

解:图 21.1.12 中 FF_1、FF_2 为基本 RS 触发器。抢答开始前,选手未按抢答按钮 SB_1、SB_2 时,若触发器输出为 **1**,指示灯点亮。主持人按下动合复位按钮 SB,此时 $\overline{R}_{D1}=\overline{R}_{D2}=\mathbf{0}$,$\overline{S}_{D1}=\overline{S}_{D2}=\mathbf{1}$,触发器输出复位为 **0**,指示灯熄灭,为抢答做好准备。抢答开始后若选手 1 先按下动断按钮 SB_1,则 $\overline{R}_{D1}=\mathbf{1}$,$\overline{S}_{D1}=\mathbf{0}$,故 $Q_1=\mathbf{1}$,T_1 导通,HL_1 点亮,此时因 $\overline{Q}_1=\mathbf{0}$,则 $\overline{R}_{D2}=\overline{S}_{D2}=\mathbf{1}$($SB_2$ 再按下不受影响),故 $Q_2=\mathbf{0}$ 的状态不变,T_2 截止,HL_2 不亮,选手 1 抢答成功。

21.2.1　数码寄存器和移位寄存器有什么区别?

解:数码寄存器只能寄存二进制数据或代码,在寄存脉冲作用下一次并行输入需寄存的数码,在读出脉冲作用下一次并行输出其中寄存的数码。输入端数据线数量与寄存数码的位数相同,寄存速度高。如题解图 21.02(a)所示。

移位寄存器是在移位脉冲作用下靠串行移位方式逐位输入和寄存数据或代码,数据输出有串行输出和并行输出两种方式。输入端的数据线只有一根,串行输出时输出端的数据线也只有一根。寄存 n 位数据需要有 n 个移位脉冲作用才能完成,寄存速度低。有些移位寄存器可在外部信号控制下进行寄存数据的左移或右移。如题解图 21.02(b)所示。

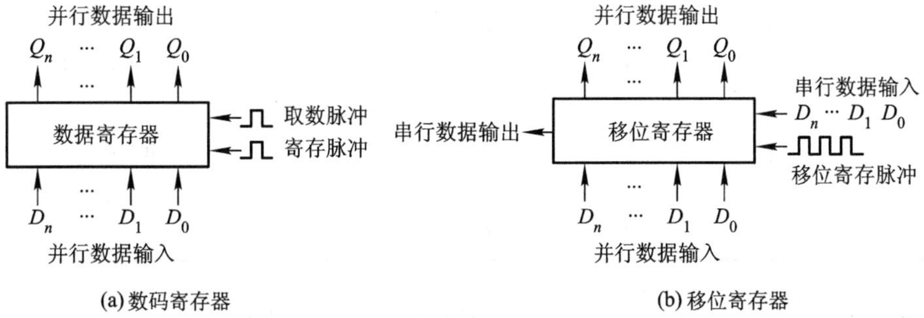

题解图 21.02

21.2.2　什么是并行输入、串行输入、并行输出和串行输出?

解:并行输入是指将待寄存数据同时加在寄存器的数据输入端,在寄存指令脉冲作用下同时输入至各位寄存单元中，是数据寄存器的输入方式。

串行输入是指将待寄存数据逐位加在最低位（或最高位）寄存单元的输入端，在移位寄存脉冲作用下依次输入，是移位寄存器的输入方式。

并行输出是指由寄存器各位寄存单元输出端同时输出二进制数据，是数据寄存器和移位寄存器都具有的输出方式。

串行输出是指在移位脉冲作用下，将数据从寄存器最高位（或最低位）寄存单元输出端依次逐位输出，是移位寄存器具有的输出方式。

21.2.3 继续列出表 21.2.1 的状态表，说明再经过四个移位脉冲（5～8），则所存的 **1011** 逐位从 Q_3 端串行输出。

表 21.2.1 移位寄存器的状态表

移位脉冲 CP 数	寄存器中的数码				移位过程
	Q_3	Q_2	Q_1	Q_0	
0	**0**	**0**	**0**	**0**	清　零
1	**0**	**0**	**0**	**1**	左移一位
2	**0**	**0**	**1**	**0**	左移二位
3	**0**	**1**	**0**	**1**	左移三位
4	**1**	**0**	**1**	**1**	左移四位

解：表 21.2.1 所示移位寄存器状态表中所存的数据 **1011** 再经过 4 个移位脉冲（5～8）可逐位由 Q_3 端输出，移位过程如题解表 21.02 所示。

题解表 21.02

移位脉冲 CP 数	寄存器中的数码				移位过程
	Q_3	Q_2	Q_1	Q_0	
0	**0**	**0**	**0**	**0**	清　零
1	**0**	**0**	**0**	**1**	左移一位（存入 1 位）
2	**0**	**0**	**1**	**0**	左移二位（存入 2 位）
3	**0**	**1**	**0**	**1**	左移三位（存入 3 位）
4	**1**	**0**	**1**	**1**	左移四位（4 位全部存入）
5	**0**	**1**	**1**	**0**	左移五位（第 1 位由 Q_3 输出）
6	**1**	**1**	**0**	**0**	左移六位（第 2 位由 Q_3 输出）
7	**1**	**0**	**0**	**0**	左移七位（第 3 位由 Q_3 输出）
8	**0**	**0**	**0**	**0**	左移八位（第 4 位由 Q_3 输出）

21.3.1 什么是异步计数器？什么是同步计数器？两者区别何在？

解：异步计数器指的是构成计数器的各触发器的 CP 脉冲不是同一个脉冲，因而各触发器状态的触发翻转不在同一时刻。异步计数器构成简单，但计数速度较慢，输出端有过渡状态，容易产生误码。

同步计数器指的是构成计数器的各触发器的 CP 脉冲为同一控制脉冲,各触发器状态的触发翻转在同一时刻。同步计数器由于有状态反馈,因而构成相对于异步计数器要复杂些,但计数速度较快,输出端没有过渡状态。

21.3.2 试用两片 74LS290 型异步十进制计数器构成百进制计数器。

解:由两片 74LS290 型异步十进制计数构成的百进制计数器如题解图 21.03 所示。

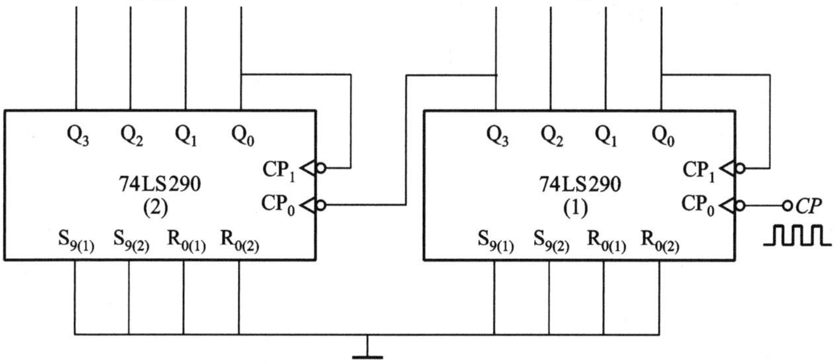

题解图 21.03

由于 74LS290 芯片的输出状态在每来 10 个脉冲后循环一次,因此当个位十进制计数器输入端来第 10 个脉冲后,其输出状态由 **1001** 变为 **0000**,即 Q_3 由 **1** 变为 **0**,为 10 位十进制计数器输入端提供一个输入脉冲,使其输出状态变为 **0001**;个位计数器输入端来第 20 个脉冲后,十位计数器输出状态变为 **0010**;以此类推,当来第 100 个脉冲后,个位计数器输出为 **0000**,十位计数器输出也由 **1001** 变为 **0000**,整个计数器复位成 **0000　0000** 的初始状态,从而实现百进制计数。

21.3.3 74LS192 型同步十进制可逆计数器的功能表和逻辑符号分别如表 21.3.10 和图 21.3.21 所示。所谓可逆,就是能进行加法计数和减法计数。

表 21.3.10　74LS192 型同步十进制可逆计数器的功能表

输入								输出			
R_D	$\overline{LD}$	CP_+	CP_-	A_3	A_2	A_1	A_0	Q_3	Q_2	Q_1	Q_0
0	**0**	×	×	d_3	d_2	d_1	d_0	d_3	d_2	d_1	d_0
0	**1**	↑	**1**	×	×	×	×	加法计数			
0	**1**	**1**	↑	×	×	×	×	减法计数			
0	**1**	**1**	**1**	×	×	×	×	保　持			
1	×	×	×	×	×	×	×	**0**	**0**	**0**	**0**

(1) 说明表中各项的意义。

(2) 试用两片 74LS192 型计数器构成百进制计数器。先将各片接成十进制加法计数工作状态,而后连接两片。图中 $\overline{CO}$ 和 $\overline{BO}$ 分别为进位和借位输出端。

解:(1) R_D:主复位端,高电平有效。当 R_D = **1** 时,不论其他各输入端的状态如何,输出均复

位为 **0000**。

$\overline{LD}$:并行输入数据(并行置数)控制端,低电平有效。当 $\overline{LD}=\mathbf{0}$ 时,可将由数据输入端 $A_3A_2A_1A_0$ 输入的数据直接送到输出端 $Q_3Q_2Q_1Q_0$;当 $\overline{LD}=\mathbf{1}$ 时,处于计数状态或保持状态。

CP_+:既为加法计数脉冲(上升沿有效)输入端,同时也为减法计数控制端,高电平有效。当 $CP_+=\mathbf{1}$,CP_- 接计数脉冲时,计数器为减法计数状态。

CP_-:既为减法计数脉冲(上升沿有效)输入端,同时也为加法计数控制端,高电平有效。当 $CP_-=\mathbf{1}$,CP_+ 接计数脉冲时,计数器为加法计数状态。

$A_3A_2A_1A_0$:并行数据输入端(预置数输入端)。

$Q_3Q_2Q_1Q_0$:数据输出端。

(2) 根据 74LS192 型同步十进制可逆计数器的功能表及管脚排列图可画出题意要求的百进制计数器,如题解图 21.04 所示。

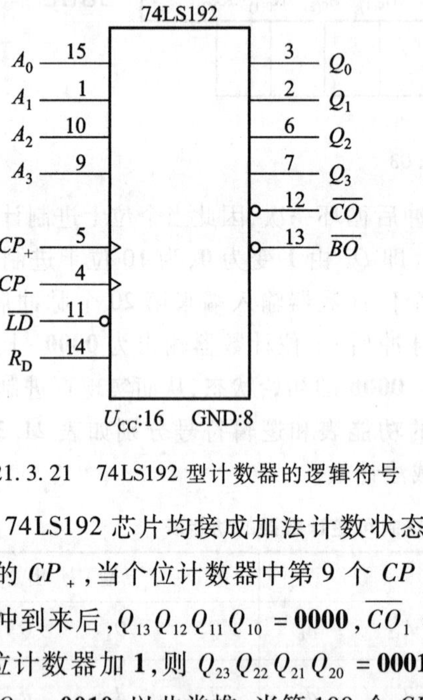

图 21.3.21 74LS192 型计数器的逻辑符号

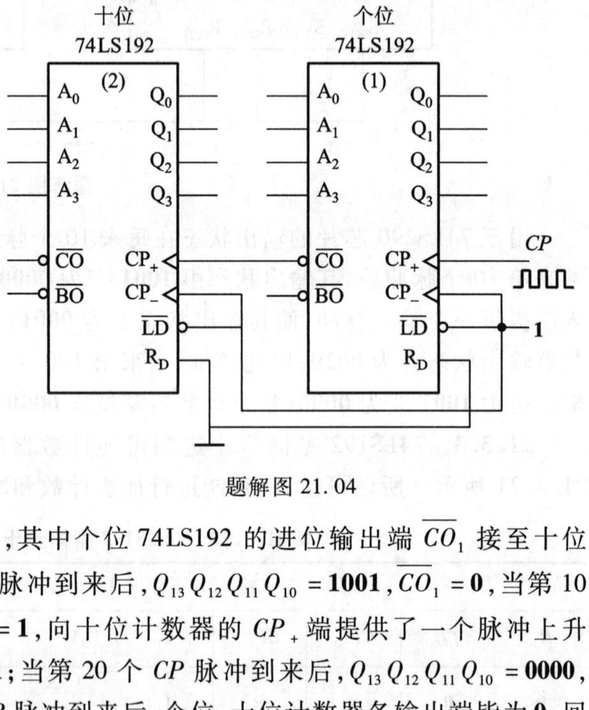

题解图 21.04

两片 74LS192 芯片均接成加法计数状态,其中个位 74LS192 的进位输出端 $\overline{CO}_1$ 接至十位 74LS192 的 CP_+,当个位计数器中第 9 个 CP 脉冲到来后,$Q_{13}Q_{12}Q_{11}Q_{10}=\mathbf{1001}$,$\overline{CO}_1=\mathbf{0}$,当第 10 个 CP 脉冲到来后,$Q_{13}Q_{12}Q_{11}Q_{10}=\mathbf{0000}$,$\overline{CO}_1=\mathbf{1}$,向十位计数器的 CP_+ 端提供了一个脉冲上升沿,使十位计数器加 **1**,则 $Q_{23}Q_{22}Q_{21}Q_{20}=\mathbf{0001}$;当第 20 个 CP 脉冲到来后,$Q_{13}Q_{12}Q_{11}Q_{10}=\mathbf{0000}$,$Q_{23}Q_{22}Q_{21}Q_{20}=\mathbf{0010}$;以此类推,当第 100 个 CP 脉冲到来后,个位、十位计数器各输出端皆为 **0**,回到初始状态,实现百进制计数。

21.3.4 图 21.3.22 所示电路是几进制计数器?并分析之。

解:74LS160 是同步可预置 BCD(二进制表示的十进制数)码计数器,具有异步(不需来 CP 脉冲)清零功能。图 21.3.22 中(1)片(个位)与(2)片(十位)由同一脉冲 CP 进行同步计数控制,为并行进位方式。两片的 $\overline{LD}$ 接 **1**,$\overline{R}_D$ 接有反馈信号,故为反馈清零法。(1)片(个位)的 EP 和 ET 端接 **1**,因而始终工作在计数状态。(1)片的进位输出端 RCO 与(2)片(十位)的 EP、ET 相连,每当来 9 个 CP,(1)片计数为 **1001** 时,其 RCO 输出由 **0** 变为 **1**,使(2)片处于计数状态。等下一个(第 10 个)CP 到达后,(2)片计入一个数,同时(1)片计数回到 **0000**,其 RCO 输出由 **1** 变回到 **0**,(2)片处于数据保持状态。当来 20 个 CP 后,(2)片输出端 Q_1 为 **1**,再继续来 4 个 CP 后,

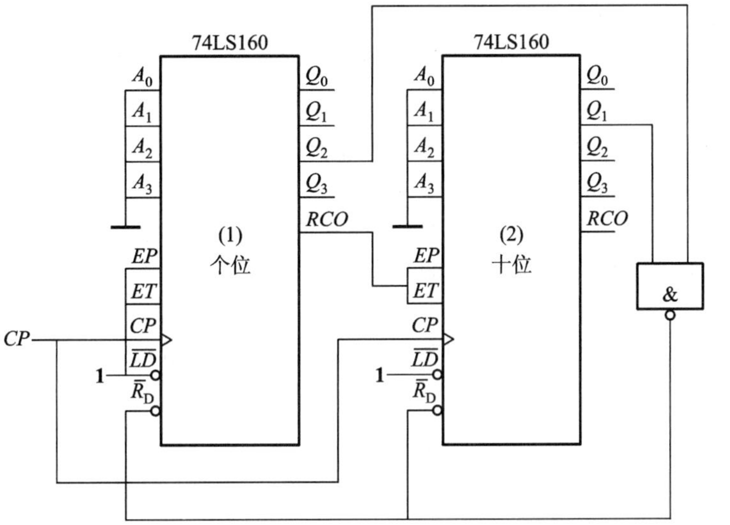

图 21.3.22 练习与思考 21.3.4 的图

(1)片的 Q_2 端亦为 **1**,此时**与非**门输出为 **0**,(1)、(2)片清零端 $\overline{R}_D$ 获得低电平,故(1)、(2)两片输出皆复位为 **0000**,回到初始状态,计数重新开始。综合以上分析,此电路为按并行进位方式连接的通过反馈清零法实现的二十四进制计数器。

21.3.5 根据表 21.3.7 画出五进制计数器 CP、Q_1、Q_2、Q_3 的波形图。

表 21.3.7 五进制计数器的状态分析

CP	Q_3	Q_2	Q_1	$J_3=Q_1Q_2$	$K_3=1$	$J_2=1$	$K_2=1$	$J_1=\overline{Q}_3$	$K_1=1$
0	**0**	**0**	**0**	**0**	**1**	**1**	**1**	**1**	**1**
1	**0**	**0**	**1**	**0**	**1**	**1**	**1**	**1**	**1**
2	**0**	**1**	**0**	**0**	**1**	**1**	**1**	**1**	**1**
3	**0**	**1**	**1**	**1**	**1**	**1**	**1**	**1**	**1**
4	**1**	**0**	**0**	**0**	**1**	**1**	**1**	**0**	**1**
5	**0**	**0**	**0**	**0**	**1**	**1**	**1**	**1**	**1**

解:根据表 21.3.7 所示画出的五进制计数器输出波形图如题解图 21.05 所示。

21.5.1 单稳态触发器为什么能用于定时控制和脉冲整形?

解:单稳态触发器只有一个稳定状态,在没有外部触发脉冲作用时,电路保持这个稳定状态不变。在外加触发脉冲作用下,电路由稳定状态翻转到另一暂时稳定的状态(暂稳态),经过一段固定的时间之后,电路又自动返回到原来的稳定状态,由此在输出端形成一个宽度和幅度都固定的矩形方波脉冲。暂稳态持续时间(即脉冲宽度 t_p)的长短取决于电路元件 R 和 C 的参数,与触发信号无关。因此,改变参数就可改变脉冲持续时间(即脉冲宽

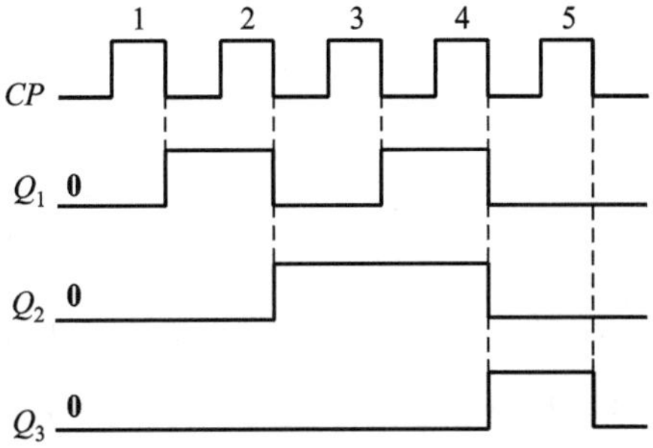

题解图 21.05

度 t_p)，即可以起到定时作用。

由于单稳态触发器在暂稳态期间输出的是一个在 **0** 和 **1** 之间跃变的矩形方波，与输入信号的波形无关，因此无论输入的波形怎样不规则、宽度和幅度怎样不相同，只要能使单稳态电路触发翻转，在输出端就可得到脉冲宽度相同(由电路参数决定)、幅度相同，边沿陡峭的矩形方波脉冲，即具有对脉冲信号整形的作用。

21.5.2 试证明式(21.5.1)，略去放电晶体管的饱和压降 $U_{CE(sat)}$。

解：式(21.5.1)为555定时器构成的单稳态触发器的输出脉冲宽度 t_p 的表达式，即 $t_p = RC\ln 3 = 1.1\ RC$。

教材中的555单稳态触发器电路图及波形图如图21.5.2所示。

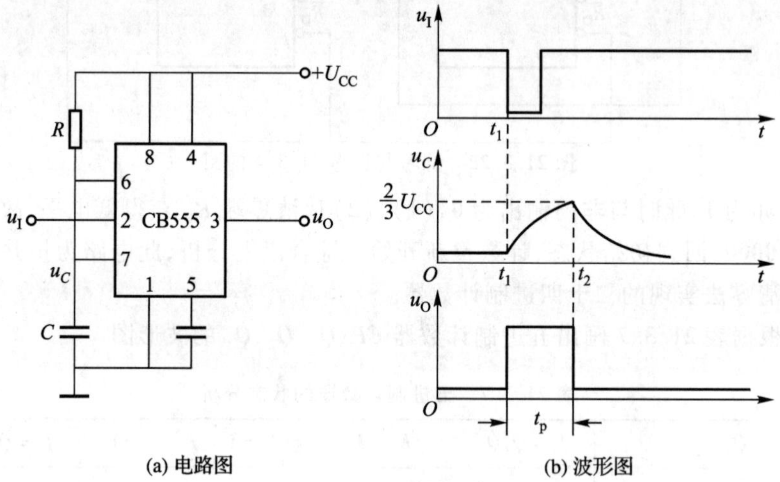

图 21.5.2 单稳态触发器

由电路可知555组成的单稳态触发器在稳态时放电晶体管 T 导通，如果忽略其饱和压降 $U_{CE(sat)}$，则电容 C 上的电压为0。当 t_1 时刻输入负脉冲时，电路输出进入暂稳态，电容 C 由0开始充电直到 t_3 时刻 $u_C = \frac{2}{3}U_{CC}$，暂稳态结束，则输出脉冲宽度 $t_p = t_3 - t_1$。

因电容充电过程的初始电压为0，稳态电压为 U_{CC}，时间常数 $\tau = RC$，则

$$u_C = u_C(\infty) + [u_C(t_{1+}) - u_C(\infty)]e^{-\frac{t-t_1}{RC}} = U_{CC}(1 - e^{-\frac{t-t_1}{RC}})$$

当

$$t = t_3 \text{ 时}, u_C = \frac{2}{3}U_{CC}$$

即

$$\frac{2}{3}U_{CC} = U_{CC}(1 - e^{-\frac{t_3-t_1}{RC}})$$

$$-\frac{t_3 - t_1}{RC} = -\ln 3$$

则

$$t_p = t_3 - t_1 = RC\ln 3 = 1.1RC。$$

在第一个暂稳态期间(即 t_{p1} 段)，电容器经由回路 $U_{CC} \to R_1 \to R_2 \to C \to$ 地充电，充电过程中电压 u_C 的初始值 $u_C(0_+) = \frac{1}{3}U_{CC}$，稳态值 $u_C(\infty) = U_{CC}$，时间常数 $\tau_1 = (R_1 + R_2)C$，则由三要素法可得

$$u_C = u_C(\infty) + [u_C(0_+) - u_C(\infty)]e^{-\frac{t}{\tau_1}}$$

$$= U_{CC} + \left(\frac{1}{3}U_{CC} - U_{CC}\right)e^{-\frac{t}{\tau_1}} = U_{CC} - \frac{2}{3}U_{CC}e^{-\frac{t}{\tau_1}}$$

21.5.3 试证明式(21.5.4)。

解:式(21.5.4)为555定时器构成的多谐振荡器的振荡周期 T 的表达式:$T = t_{p1} + t_{p2} \approx 0.7(R_1 + 2R_2)C$

555多谐振荡器电路图及波形图如图21.5.5所示。

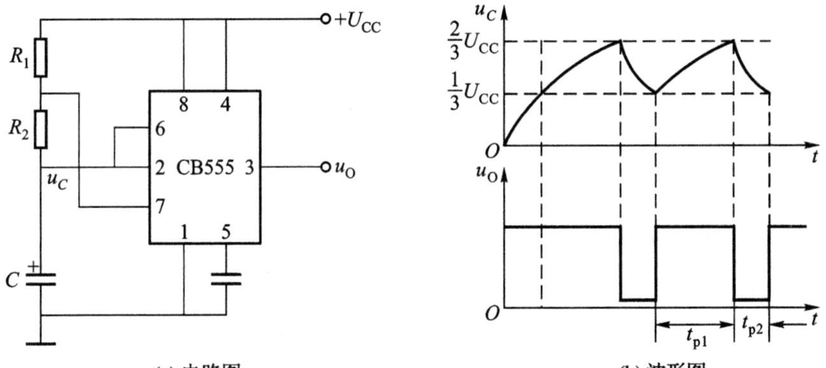

(a) 电路图 (b) 波形图

图21.5.5 多谐振荡器

当 $t = t_{p1}$ 时,$u_C = \frac{2}{3}U_{CC}$,即

$$\frac{2}{3}U_{CC} = U_{CC} - \frac{2}{3}U_{CC}e^{-\frac{t_{p1}}{\tau_1}}$$

则

$$e^{-\frac{t_{p1}}{\tau_1}} = \frac{1}{2}$$

$$t_{p_1} = \tau_1 \ln 2 \approx 0.7(R_1 + R_2)C$$

在第二个暂稳态期间(即 t_{p2} 段),电容器经由回路 $C \to R_2 \to \mathrm{T} \to$ 地放电,放电过程中电压 u_C 的初始值 $u_C(0_+) = \frac{2}{3}U_{CC}$,稳态值 $u_C(\infty) = 0$,时间常数 $\tau_2 = R_2C$,则由三要素法可得

$$u_C = u_C(\infty) + [u_C(0_+) - u_C(\infty)]e^{-\frac{t}{\tau_2}}$$

$$= 0 + \left(\frac{2}{3}U_{CC} - 0\right)e^{-\frac{t}{\tau_2}} = \frac{2}{3}U_{CC}e^{-\frac{t}{\tau_2}}$$

当 $t = t_{p2}$ 时,$u_C = \frac{1}{3}U_{CC}$,即

$$\frac{1}{3}U_{CC} = \frac{2}{3}U_{CC}e^{-\frac{t}{\tau_2}}$$

则

$$e^{-\frac{t}{\tau_2}} = \frac{1}{2}$$

$$t_{p2} = \tau_2 \ln 2 \approx 0.7R_2C$$

因此,振荡周期 $T = t_{p1} + t_{p2} \approx 0.7(R_1 + R_2)C + 0.7R_2C \approx 0.7(R_1 + 2R_2)C$。

21.5.4 在图21.5.5(a)多谐振荡器中,若 $R_1 = 15\ \mathrm{k\Omega}$,$R_2 = 68\ \mathrm{k\Omega}$,$C = 10\ \mu\mathrm{F}$,则其输出信号的周期为多少?

解:由题 21.5.3 分析可知

$$t_{p1}=\tau_1\ln2\approx0.7(R_1+R_2)C=0.7(15+68)\times10^3\times10\times10^{-6}\ \text{s}=0.581\ \text{s}$$

$$t_{p2}=\tau_2\ln2\approx0.7R_2C=0.7\times68\times10^3\times10\times10^{-6}\ \text{s}=0.476\ \text{s}$$

因此输出信号的周期

$$T=t_{p1}+t_{p2}=0.581+0.476\ \text{s}=1.057\ \text{s}$$

21.6 【习题】题解

A 选 择 题

21.1.1 触发器如图 21.01 所示,设初始状态为 **0**,则输出 Q 的波形为图 21.02 中的( )。

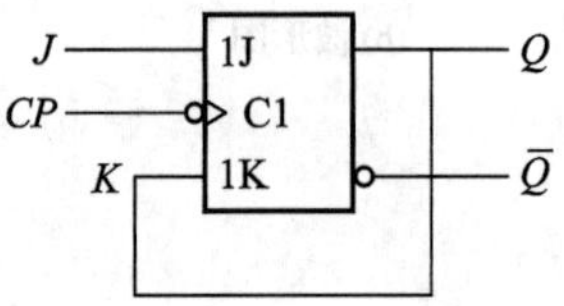

图 21.01 习题 21.1.1 的图

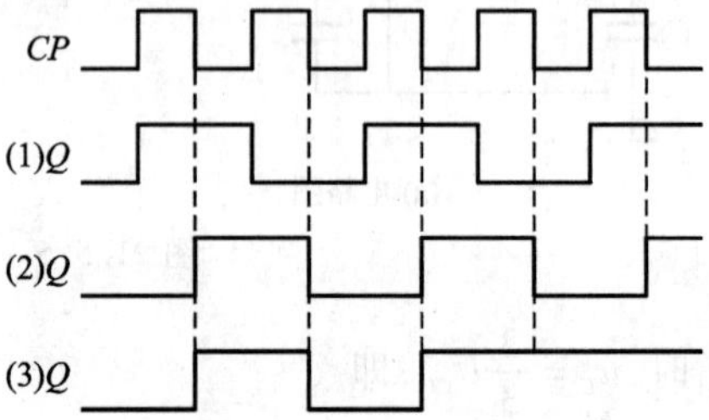

图 21.02 习题 21.1.1 的解

解:因 $J=\mathbf{1}$、$K=Q$,代入 JK 触发器的特征方程 $Q_{n+1}=J_n\overline{Q}_n+\overline{K}_nQ_n$,得状态方程为

$$Q_{n+1}=\mathbf{1}\cdot\overline{Q}_n+\overline{Q}_n\cdot Q_n=\overline{Q}_n$$

说明图 21.01 所示电路具有计数功能,即每来一个 CP 输出状态翻转一次。另外,由于该 JK 触发器为下降沿触发,故应选(2)。

21.1.2 触发器如图 21.03 所示,设初始状态为 **0**,则输出 Q 的波形为图 21.04 中的( )。

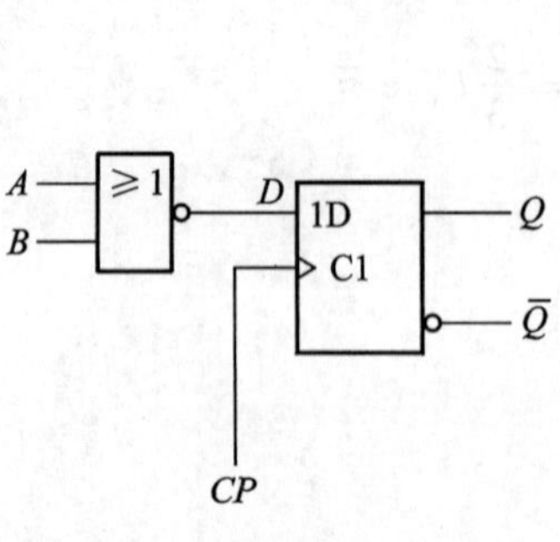

图 21.03 习题 21.1.2 的图

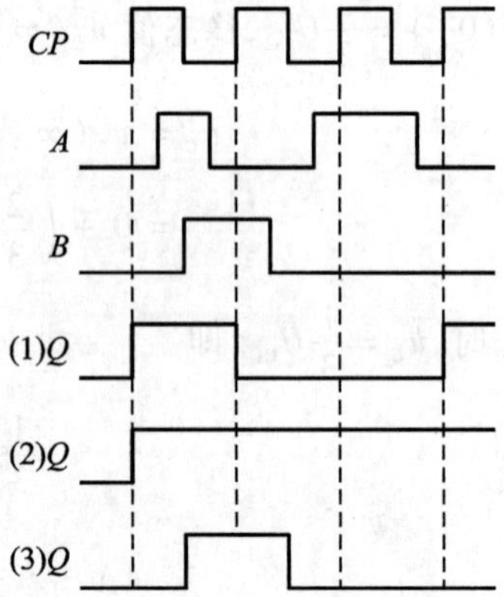

图 21.04 习题 21.1.2 的解

解:根据 D 触发器特征方程 $Q_{n+1}=D_n$

可得状态方程为 $Q_{n+1}=D_n=\overline{A+B}$

该 D 触发器为上升沿触发,故选(1)。

21.1.3 图 21.05 所示触发器具有(　　)功能。

(1) 保持　　　(2) 计数　　　(3) 置 **1**

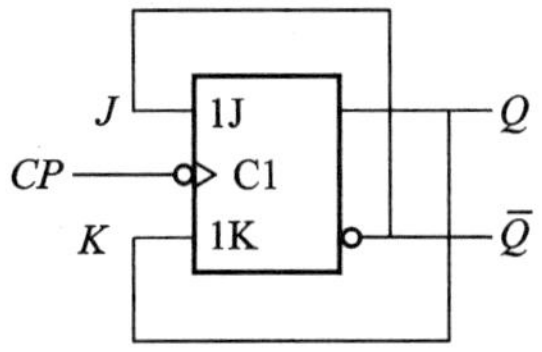

图 21.05　习题 21.1.3 的图

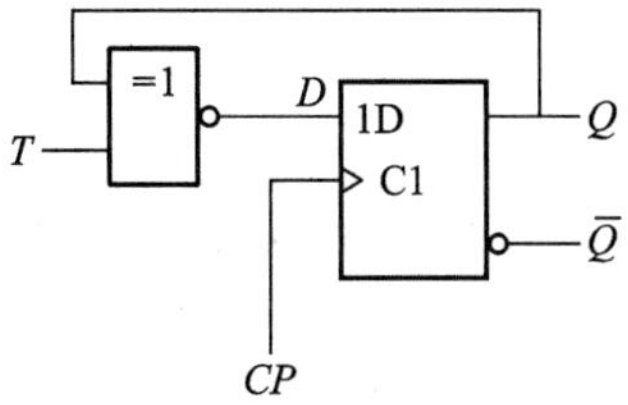

图 21.06　习题 21.1.4 和习题 21.1.5 的图

解:将 $J=\overline{Q}$,$K=Q$ 代入 JK 触发器的特征方程

$$Q_{n+1}=J_n\overline{Q}_n+\overline{K}_nQ_n$$

可得状态方程为

$$Q_{n+1}=\overline{Q}_n\cdot\overline{Q}_n+\overline{Q}_n\cdot Q_n=\overline{Q}_n$$

输出状态每来一个 CP 翻转一次,具有计数功能,故选(2)。

21.1.4 图 21.06 所示触发器($T=\mathbf{0}$)具有(　　)功能。

(1) 保持　　　(2) 计数　　　(3) 置 **0**

解:因 $T=\mathbf{0}$,将

$$D=\overline{T\overline{Q}+\overline{T}Q}=\overline{Q}$$

代入 D 触发器的特征方程

$$Q_{n+1}=D_n$$

可得状态方程为

$$Q_{n+1}=\overline{Q}_n$$

输出状态每来一个 CP 翻转一次,具有计数功能,故选(2)。

21.1.5 图 21.06 所示触发器($T=\mathbf{1}$)具有(　　)功能。

(1) 保持　　　(2) 计数　　　(3) 置 **1**

解:因 $T=\mathbf{1}$,将

$$D=\overline{T\overline{Q}+\overline{T}Q}=Q$$

代入 D 触发器的特征方程

$$Q_{n+1}=D_n$$

可得状态方程为

$$Q_{n+1}=Q_n$$

输出状态不因 CP 发生改变,具有保持功能,故选(1)。

21.1.6 在图 21.07 所示电路中,触发器的原状态 $Q_1Q_0=\mathbf{01}$,则在下一个 CP 作用后,Q_1Q_0 为(　　)。

(1) **00**　　　(2) **01**　　　(3) **10**

解:由图 21.07 所示的同步触发时序逻辑电路可列出 FF_0 和 FF_1 的驱动方程

$$J_0=\overline{Q}_1\qquad K_0=\mathbf{1}$$

$$J_1=Q_0\qquad K_1=\mathbf{0}$$

代入 JK 触发器特征方程

$$Q_{n+1}=J_n\overline{Q}_n+\overline{K}_nQ_n$$

可得电路的状态方程

$$Q_{0(n+1)}=\overline{Q}_{1(n)}\cdot\overline{Q}_{0(n)}$$

$$Q_{1(n+1)}=Q_{0(n)}\cdot\overline{Q}_{1(n)}+Q_{1(n)}$$

若触发器原状态 $Q_1Q_0=\mathbf{01}$，代入上述状态方程可得

$$Q_{0(n+1)}=\overline{\mathbf{0}}\cdot\overline{\mathbf{1}}=\mathbf{0}$$

$$Q_{1(n+1)}=\mathbf{1}\cdot\overline{\mathbf{0}}+\mathbf{0}=\mathbf{1}$$

即在下一个 CP 作用下，$Q_1Q_0=\mathbf{10}$，故选(3)。

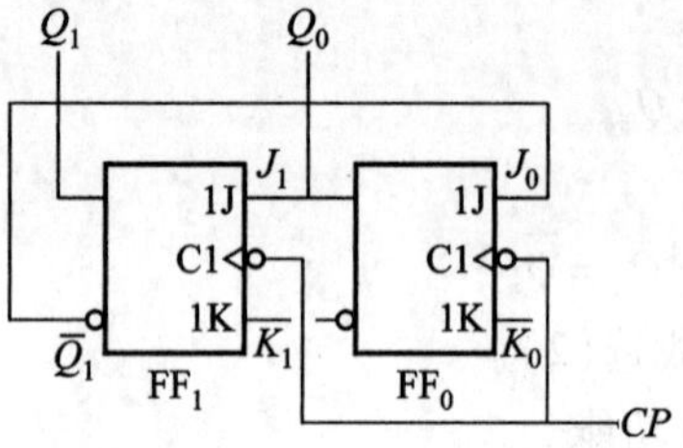

图 21.07　习题 21.1.6 的图

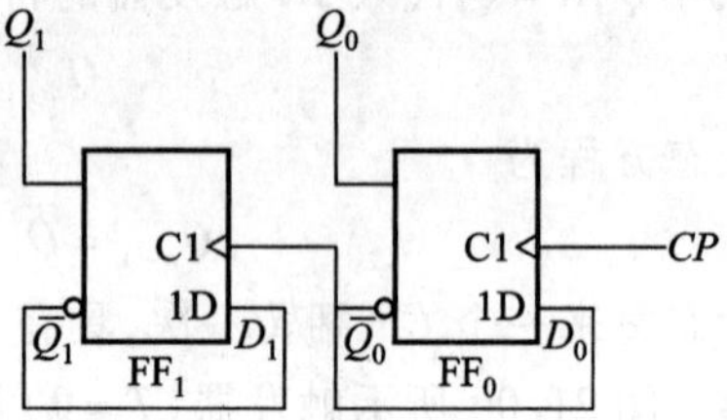

图 21.08　习题 21.1.7 的图

21.1.7　在图 21.08 所示电路中，触发器的原状态 $Q_1Q_0=\mathbf{00}$，则在下一个 CP 作用后，Q_1Q_0 为(　　)。

(1) **00**　　(2) **01**　　(3) **10**

解：由图 21.08 所示的异步触发时序逻辑电路分别列出 FF_0 和 FF_1 的驱动方程和时钟方程

$$D_0=\overline{Q}_0\qquad D_1=\overline{Q}_1$$

$$CP_0=CP\qquad CP_1=\overline{Q}_0$$

代入 D 触发器的特征方程

$$Q_{n+1}=D_n$$

可得电路的状态方程

$$Q_{0(n+1)}=\overline{Q}_{0(n)}\qquad CP \text{ 上升沿触发}$$

$$Q_{1(n+1)}=\overline{Q}_{1(n)}\qquad \overline{Q}_0 \text{ 上升沿触发}$$

若触发器原状态 $Q_1Q_0=\mathbf{00}$，代入上述状态方程可得

$$Q_{0(n+1)}=\overline{\mathbf{0}}\cdot\mathbf{1}=\mathbf{1}$$

$$Q_{1(n+1)}=\overline{\mathbf{0}}\cdot\mathbf{0}=\mathbf{0}$$

即在下一个 CP 作用下，$Q_1Q_0=\mathbf{01}$，故选(2)。

21.3.1　图 21.09 所示的是(　　)计数器。

(1) 七进制　　(2) 八进制　　(3) 九进制

解：图 21.09 中 EP、ET、$\overline{LD}$ 接 **1**，$\overline{R}_D$ 接输出反馈信号 $\overline{Q}_3$，该电路当来第八个 CP 时，输出为 **1000**，$\overline{R}_D=\mathbf{0}$，则输出端立即清零复位成 **0000**，故为反馈复位清零法的八进制计数器，选(2)。

21.3.2　图 21.10 所示的是(　　)计数器。

(1) 七进制　　(2) 八进制　　(3) 九进制

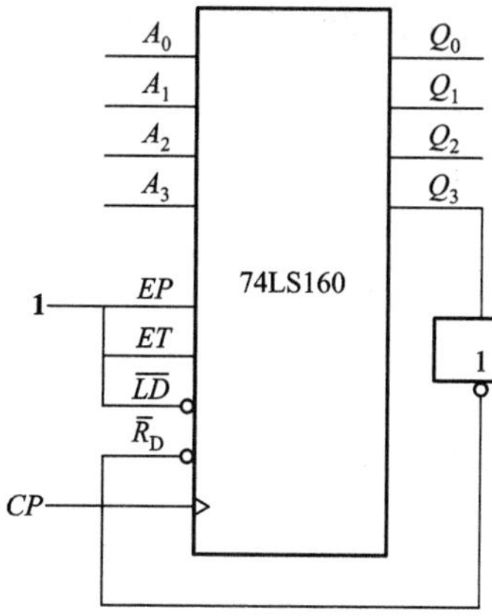

图 21.09　习题 21.3.1 的图

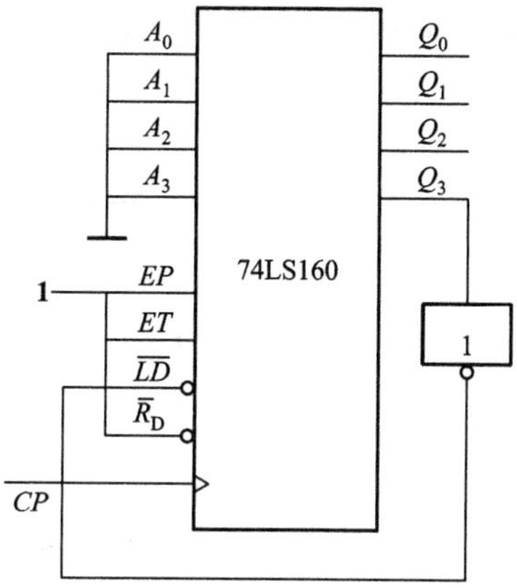

图 21.10　习题 21.3.2 的图

解：图 21.10 中 EP、ET、$\overline{R}_D$ 接 **1**，$\overline{LD}$ 接输出反馈信号 $\overline{Q}_3$，该电路来第八个 CP 时，输出为 **1000**，此时 $\overline{LD}=\mathbf{0}$（为置数做好准备），当来第九个 CP 时，将输入端 4 位二进制数 $A_3A_2A_1A_0=$ **0000** 送至输出使 $Q_3Q_2Q_1Q_0=$ **0000**，故为反馈置数清零法的九进制计数器，选(3)。

注意：图 21.09 中 $\overline{R}_D=\mathbf{0}$ 时立即将输出清零，不需与 CP 同步，故称异步清零；图 21.10 中 $\overline{LD}=\mathbf{0}$ 时，将在下一脉冲上升沿到来才能进行把输入送到输出的置数操作，故称同步置数。二者都能使输出变为 **0000**，但方式不同。前者输出信号 **1000** 为过渡状态，而后者输出信号 **1000** 为有效状态。

21.3.3　图 21.11 所示的是(　　)计数器。

(1) 七进制　　　　(2) 八进制　　　　(3) 九进制

解：图 21.11 中 EP、ET 接 **1** 说明电路为计数器工作方式；$\overline{R}_D$ 接 **1** 说明反馈复位不起作用；而 $\overline{LD}$ 接 $\overline{Q}_3$，为反馈置数控制信号，当输出为 **1000** 时，$\overline{LD}=\overline{Q}_3=\mathbf{0}$，在下一个 CP 作用下将输入信号 **0010** 送到输出，因而输出状态在 **0010** ~ **1000** 之间循环，共七个有效状态，为七进制计数器，故选(1)。

说明：将七进制最小数为 **0010**（并非 **0000**），各输出状态不是 BCD 码，因此称为非自然态序的计数器。

21.3.4　图 21.12 所示的是(　　)计数器。

(1) 七进制　　　　(2) 八进制　　　　(3) 九进制

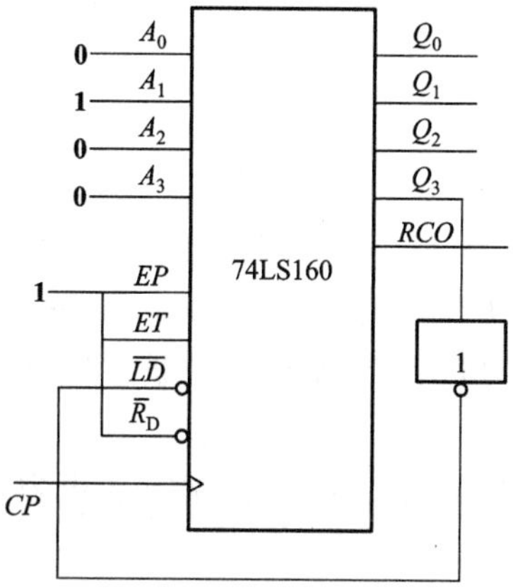

图 21.11　习题 21.3.3 的图

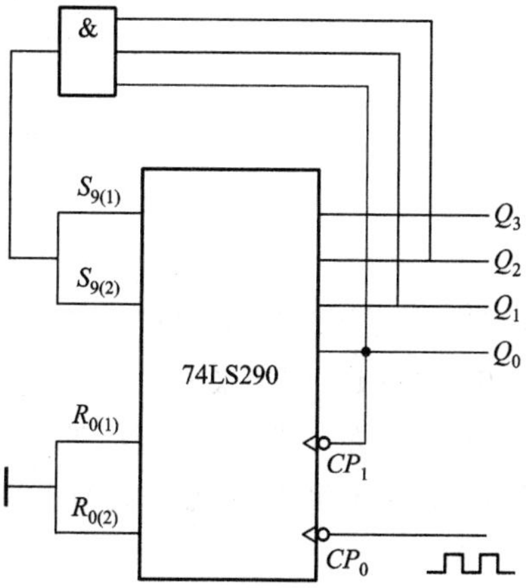

图 21.12　习题 21.3.4 的图

解:图 21.12 中 $R_{0(1)}=R_{0(2)}=\mathbf{0}$,$S_{9(1)}=S_{9(2)}=Q_2Q_1Q_0$,存在置 9 反馈。输出状态变化过程如题解表 21.03 所示。

题解表 21.03 状态转换表

CP	Q_3	Q_2	Q_1	Q_0
0	0	0	0	0
1	0	0	0	1
2	0	0	1	0
3	0	0	1	1
4	0	1	0	0
5	0	1	0	1
6	0	1	1	0
7	0	1	1	1
	1	0	0	0
	1	0	0	1
8	0	0	0	0

来八个 CP 输出状态循环一次,故为八进制计数器,选(2)。

21.3.5 图 21.13 所示的是( )计数器。

(1)七进制　　(2)八进制　　(3)九进制

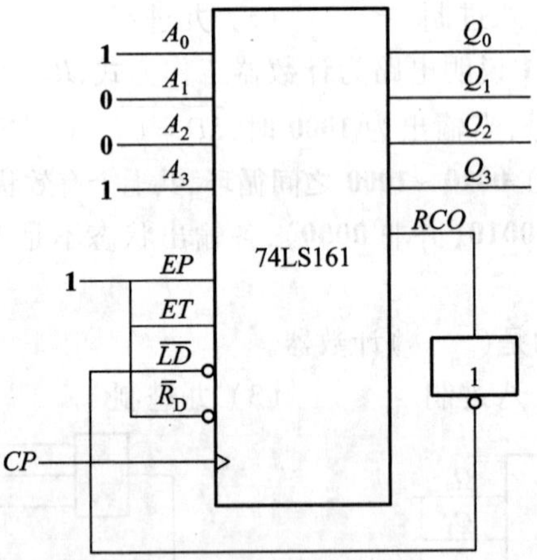

图 21.13 习题 21.3.5 的图

解:图 21.13 为反馈置数法计数器电路。当 74LS161 处于计数方式且输出 $Q_3Q_2Q_1Q_0=\mathbf{1111}$ 时,进位信号 RCO 为 **1**。此时 $\overline{LD}=\overline{RCO}=\mathbf{0}$,在下一个 CP 来到时,将 $A_3A_2A_1A_0=\mathbf{1001}$ 送到输出使 $Q_3Q_2Q_1Q_0=\mathbf{1001}$。继续来 CP 后,输出状态在 **1001** ~ **1111** 之间循环,有效状态共计七个,故该电路为非自然态序的七进制计数器,选(1)。

21.5.1 由 CB555 定时器组成的单稳态触发器如图 21.5.2(a)所示,若加大电容 C 的电容值,则( )。

(1)增大输出脉冲 u_O 的幅值。

（2）增大输出脉冲 u_O 的宽度。

（3）对输出脉冲 u_O 无影响。

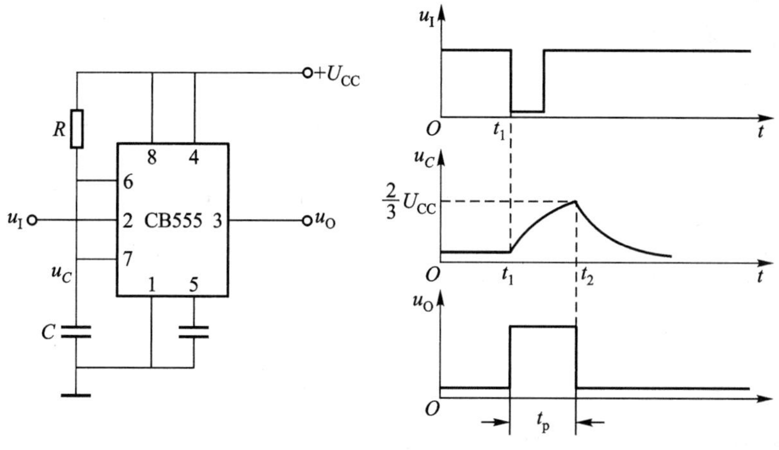

(a) 电路图　　(b) 波形图

图 21.5.2　单稳态触发器

解：图 21.5.2 中由 CB555 构成的单稳态触发器输出脉冲幅度与电容 C 无关，但其脉冲宽度 t_p 受 C 的影响。由 $t_p = RC\ln 3 \approx 1.1RC$ 可知，C 增大，t_p 增大，故选(2)。

21.5.2　由 CB555 定时器组成的多谐振荡器如图 21.5.5(a)所示，欲使振荡频率增高，则可(　　)。

（1）减小 C　　（2）增大 R_1、R_2　　（3）增大 U_{CC}

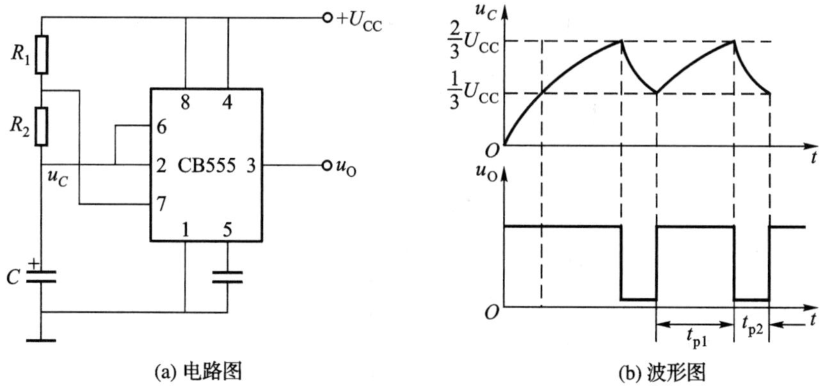

(a) 电路图　　(b) 波形图

图 21.5.5　多谐振荡器

解：图 21.5.5 中由 CB555 构成的多谐振荡器输出矩形波的振荡周期 $T = t_{p1} + t_{p2} \approx 0.7(R_1 + 2R_2)C$，对应的振荡频率为

$$f = \frac{1}{T} = \frac{1.43}{(R_1 + 2R_2)C}$$

由此看出减小 C 可使 f 增大，故选(1)。

B 基本题

21.1.8 当由**与非**门组成的基本 RS 触发器[图 21.1.1(a)]的 $\overline{R}_D$ 和 $\overline{S}_D$ 端加上图 21.14 所示的波形时,试画出 Q 端的输出波形。设初始状态为 **0** 和 **1** 两种情况。

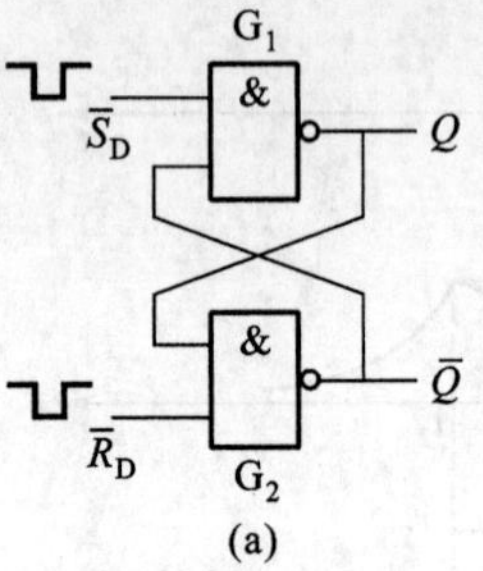

图 21.1.1

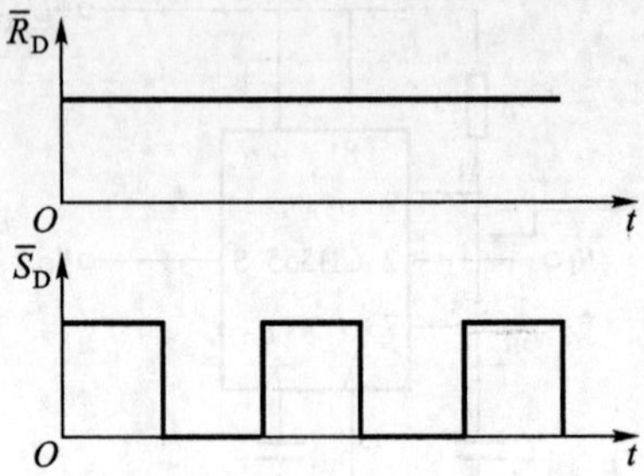

图 21.14 习题 21.1.8 的图

解:由图 21.1.1(a)所示的**与非**门组成的基本 RS 触发器电路及题解表 21.04 所示的该电路的逻辑功能表,可画出当 $\overline{R}_D$ 和 $\overline{S}_D$ 端加上图 21.14 所示波形时,在初始状态为 **0** 和 **1** 两种情况下 Q 端的输出波形如题解图 21.06(a)、(b)所示。

题解表 21.04

$\overline{R}_D$	$\overline{S}_D$	Q
1	**1**	保持
1	**0**	置 **1**
0	**1**	置 **0**
0	**0**	不定

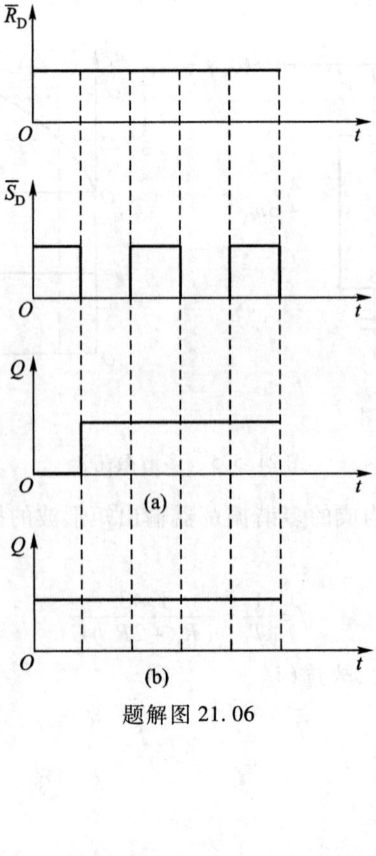

题解图 21.06

21.1.9 当由**或非**门组成的基本 RS 触发器[图 21.1.3(a)]的 S_D 和 R_D 端加上图 21.15 所示的波形时,试画出 Q 端的输出波形。设初始状态为 **0**。

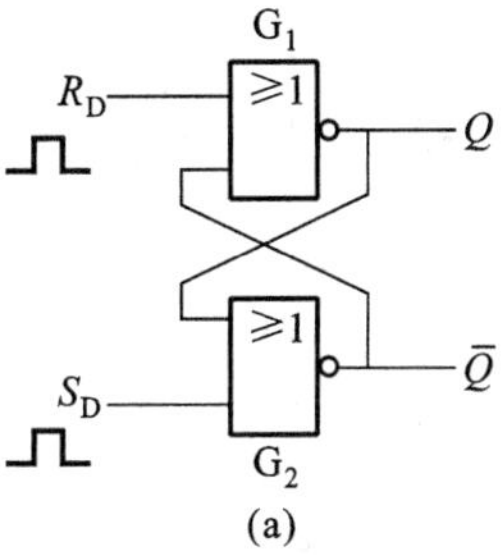

图 21.1.3

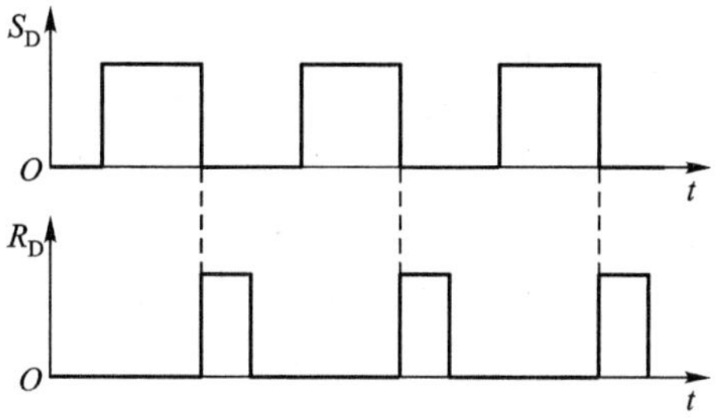

图 21.15　习题 21.1.9 的图

解:由图 21.1.3(a)所示的**或非**门组成的基本 RS 触发器电路及题解表 21.05 所示的该电路的逻辑功能表,可以画出在题设输入信号 R_D 和 S_D 作用下,Q 端初始状态为 **0** 和 **1** 两种情况时的输出波形如题解图 21.07(a)、(b)所示。

题解表 21.05

R_D	S_D	Q
0	**0**	保持
0	**1**	置 **1**
1	**0**	置 **0**
1	**1**	不定

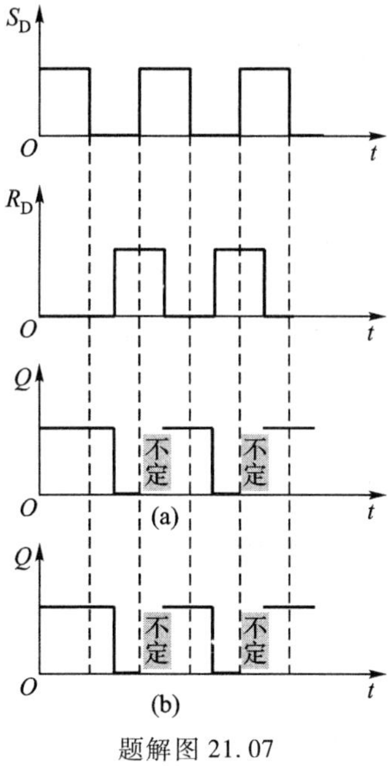

题解图 21.07

21.1.10 当在可控 RS 触发器[图 21.1.4(a)]的 CP、S 和 R 端加上图 21.16 所示的波形时,试画出 Q 端的输出波形。设初始状态为 **0**。

解:根据图 21.1.4(a)所示的可控 RS 触发器电路及题解表 21.06 所示的功能表,可以画出在 CP、S、R 端加如图 21.16 所示波形时,输出端 Q 在初始状态为 **0** 和 **1** 两种情况下的波形如题解图 21.08(a)、(b)所示。

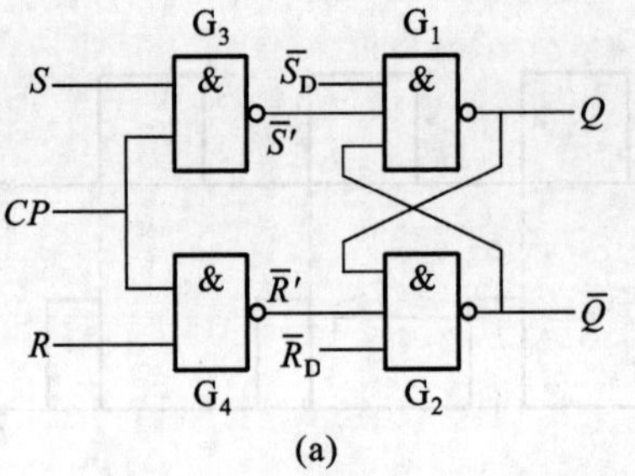

图 21.1.4

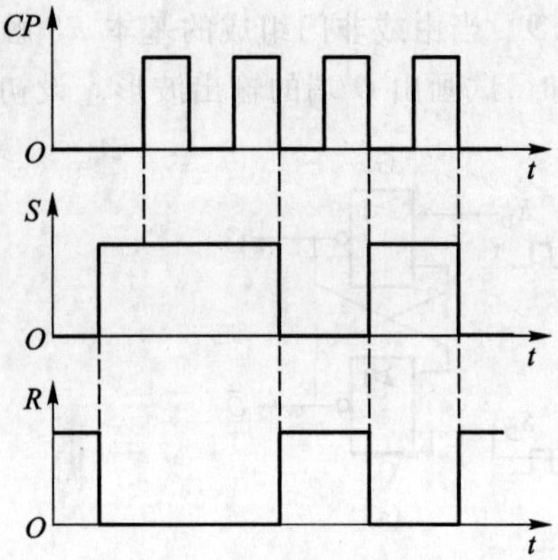

图 21.16　习题 21.1.10 的图

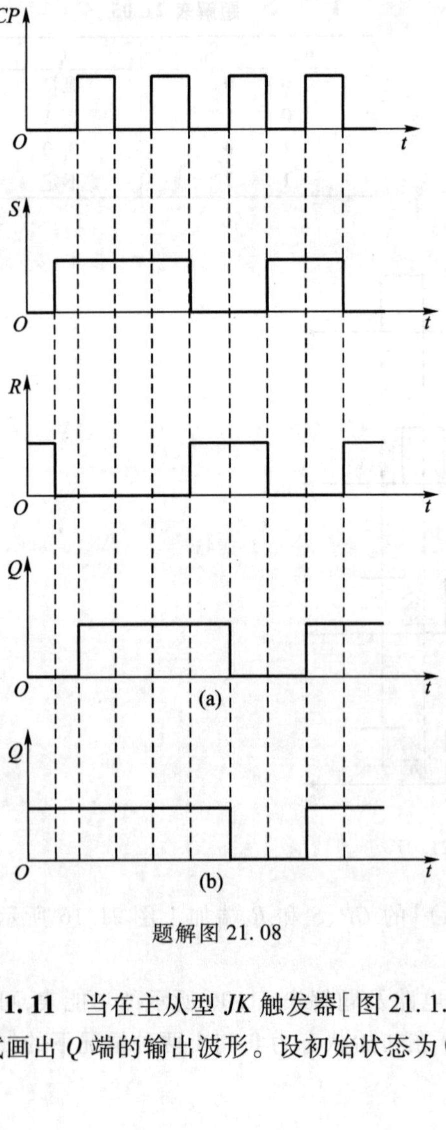

题解图 21.08

题解表 21.06

R	S	Q
0	**0**	保持
0	**1**	置 **1**
1	**0**	置 **0**
1	**1**	不定

21.1.11　当在主从型 JK 触发器[图 21.1.6(a)]的 CP、J、K 端分别加上图 21.17 所示的波形时，试画出 Q 端的输出波形。设初始状态为 **0**。

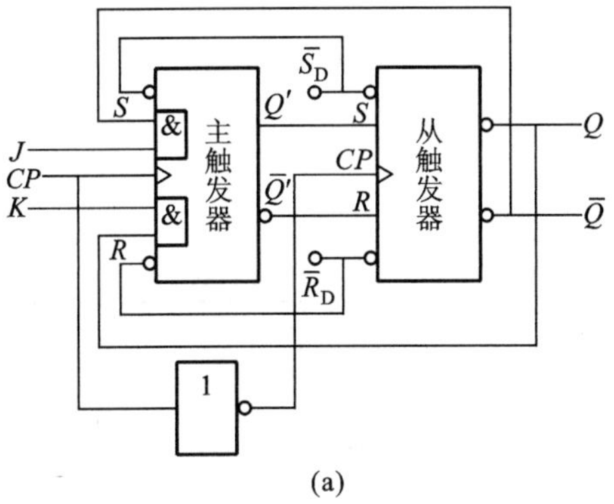

图 21.1.6　主从型 *JK* 触发器

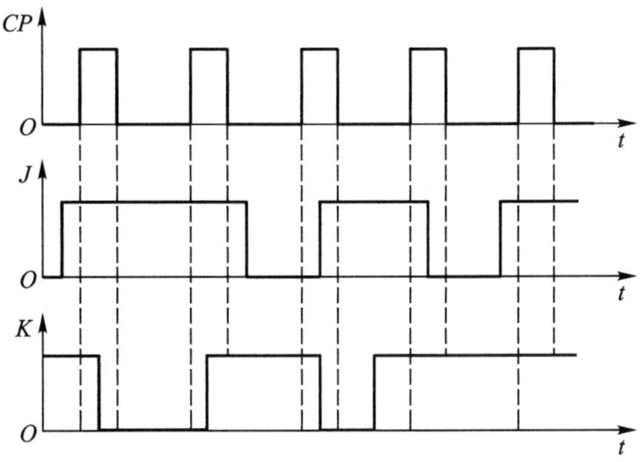

图 21.17　习题 21.1.11 的图

解：根据题解表 21.07 所示的主从型 *JK* 触发器的逻辑功能，可画出 *CP*、*J*、*K* 端加如图 21.17 所示波形时，输出端 *Q* 在初始状态为 **0** 下的波形图，如题解图 21.09 所示。注意：主从型 *JK* 触发器为后沿触发。

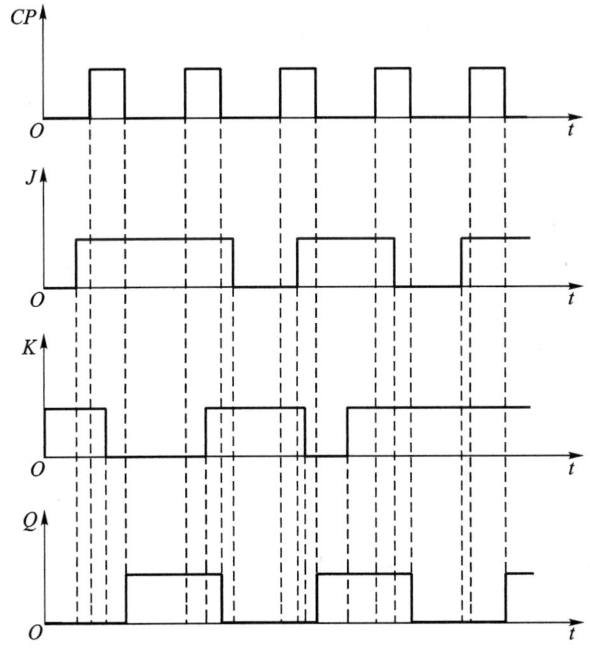

题解图 21.09

题解表 21.07

J	*K*	Q_{n+1}
0	**0**	Q_n
0	**1**	置 **0**
1	**0**	置 **1**
1	**1**	$\bar{Q}_n$

21.1.12　已知时钟脉冲 *CP* 的波形如图 21.1.4 所示，试分别画出图 21.18 中各触发器输出端 *Q* 的波形。设它们的初始状态均为 **0**。指出哪个具有计数功能。

图 21.1.4

解：根据题解表 21.07 所示 *JK* 触发器的逻辑功能和题解表 21.08 所示 *D* 触发器的逻辑功能可画出在图 21.1.4 所示时钟脉冲 *CP* 作用下，图 21.18 中各触发器输出端 *Q* 在初始状态为 **0** 时的波形，如题解图 21.10 所示。

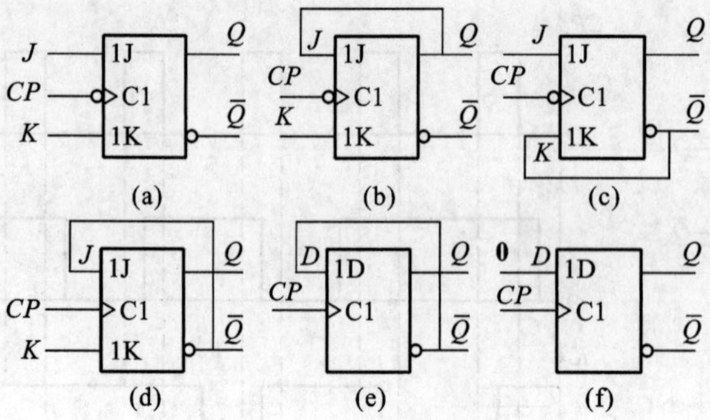

图 21.18　习题 21.1.12 的图

题解表 21.08

D	Q_{n+1}
0	0
1	1

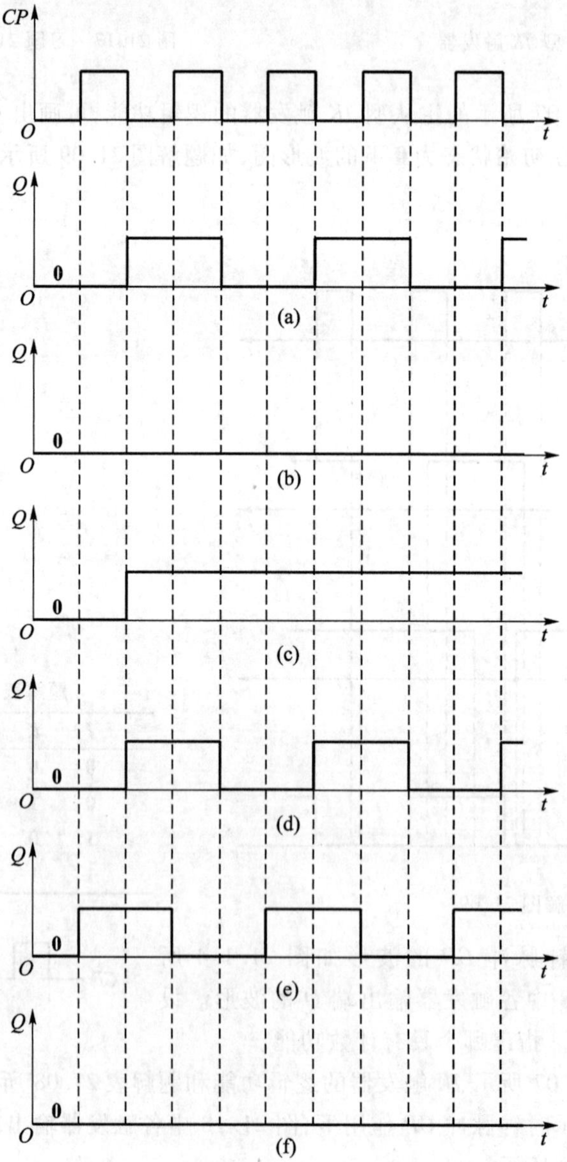

题解图 21.10

由题解图 21.10 波形可知，图 21.18 中(a)、(d)、(e)所示电路具有计数功能。

21.1.13 在图 21.19 所示的逻辑图中，试画出 Q_1 和 Q_2 端的波形，时钟脉冲 CP 的波形如图 21.1.4 所示。如果时钟脉冲的频率是 4 000 Hz，那么 Q_1 和 Q_2 波形的频率各为多少？设初始状态 $Q_1=Q_2=\mathbf{0}$。

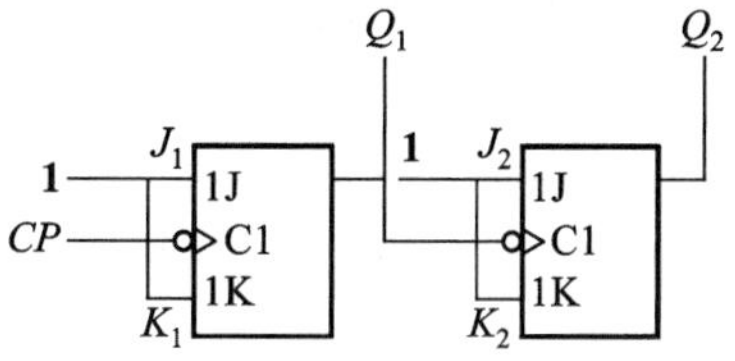

图 21.19　习题 21.1.13 的图

解：图 21.19 所示的逻辑图中，两个 JK 触发器都接成了计数状态，因此在图 21.1.4(c)所示时钟脉冲 CP 的作用下，输出端 Q_1、Q_2 的波形如题解图 21.11 所示。

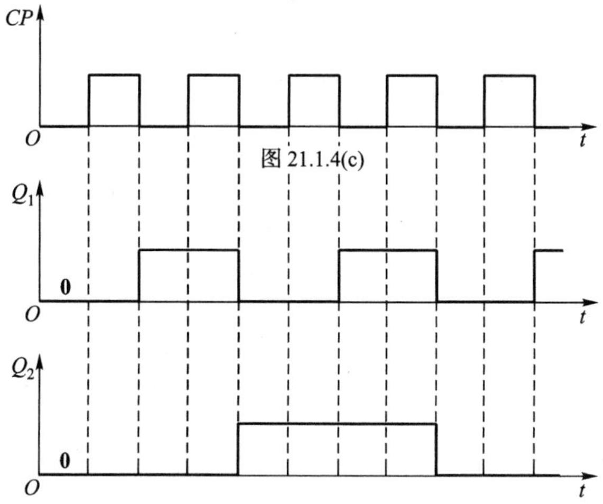

题解图 21.11

由波形可以看出 Q_1 的频率是 CP 频率的一半（对 CP 进行二分频），为 2 000 Hz；Q_2 的频率是 CP 频率的四分之一（对 CP 进行四分频），为 1 000 Hz。

21.1.14 根据图 21.20 所示的逻辑图及相应的 CP、$\overline{R}_D$ 和 D 的波形，试画出 Q_1 端和 Q_2 端的输出波形。设初始状态 $Q_1=Q_2=\mathbf{0}$。

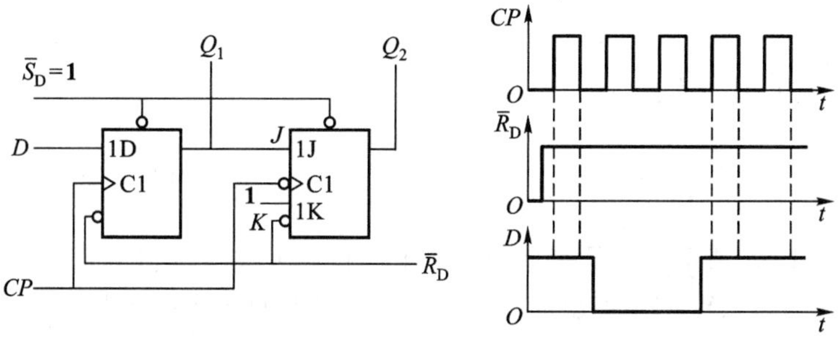

图 21.20　习题 21.1.14 的图

解:由 *JK* 触发器和 *D* 触发器的逻辑功能可画出在图 21.20 所示波形下,输出端 Q_1、Q_2 的波形如题解图 21.12 所示。

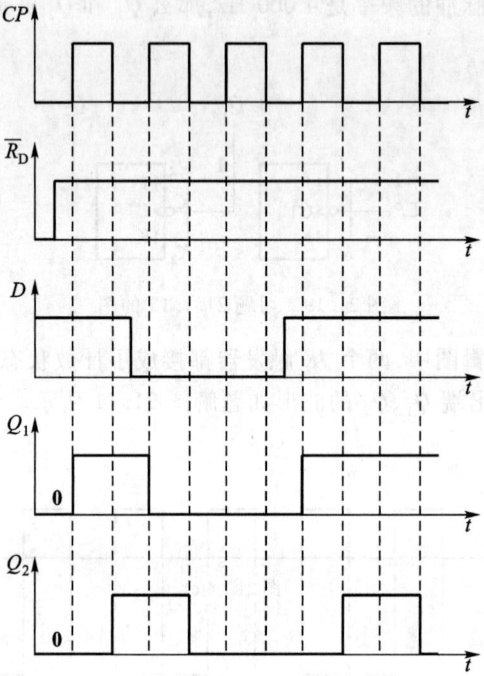

题解图 21.12

注意:*JK* 触发器为下降沿翻转,而 *D* 触发器为上升沿翻转。

21.1.15 电路如图 21.21 所示,试画出 Q_1 和 Q_2 的波形。设两个触发器的初始状态均为 **0**。

解:根据图 21.21 所示电路中 *JK* 触发器和 *D* 触发器的连接关系以及两种触发器的逻辑功能,可以画出在 *CP* 作用下各触发器输出端 Q_1 和 Q_2 的波形如题解图 21.13 所示。

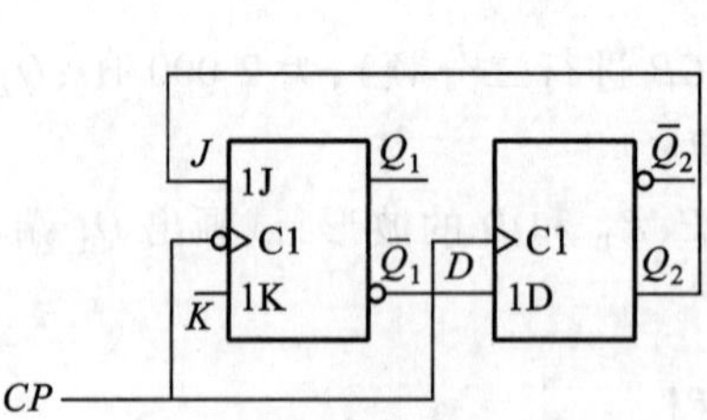

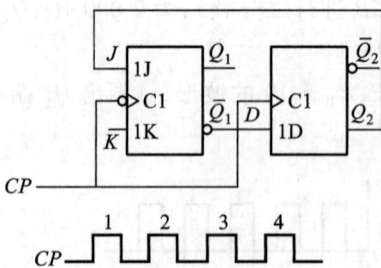

图 21.21 习题 21.1.15 的图

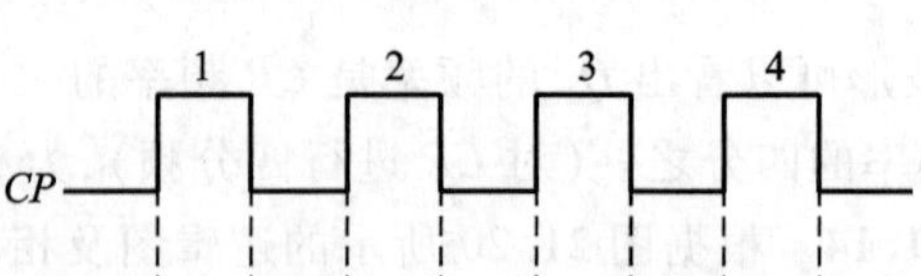

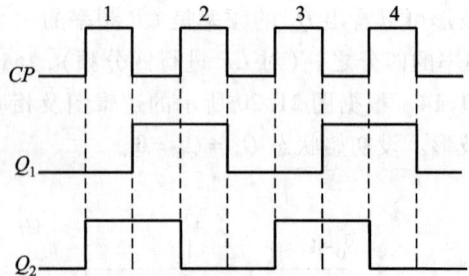

题解图 21.13

21.1.16 图 21.22 所示电路是一个可以产生几种脉冲波形的信号发生器。试从所给出的时钟脉冲 *CP* 画出 Y_1、Y_2、Y_3 三个输出端的波形。设触发器的初始状态为 **0**。

解:由图 21.22 所示电路可得该 *JK* 触发器 $J=\overline{Q}_n$、$K=Q_n$,故输出状态

$$Q_{n+1} = J\bar{Q}_n + \bar{K}Q_n = \bar{Q}_n \cdot \bar{Q}_n + \bar{Q}_n \cdot Q_n = \bar{Q}_n$$

即每来一个脉冲的下降沿，输出端 Q 的状态翻转一次。

$$Y_1 = Q_n, \quad Y_2 = \overline{\overline{CP \cdot \bar{Q}_n}} = CP \cdot \bar{Q}_n, \quad Y_3 = \overline{CP \cdot \bar{Q}_n}$$

当各触发器的初始状态为 **0** 时，在 CP 作用下 Y_1、Y_2、Y_3 三个输出端的波形如题解图 21.14 所示。

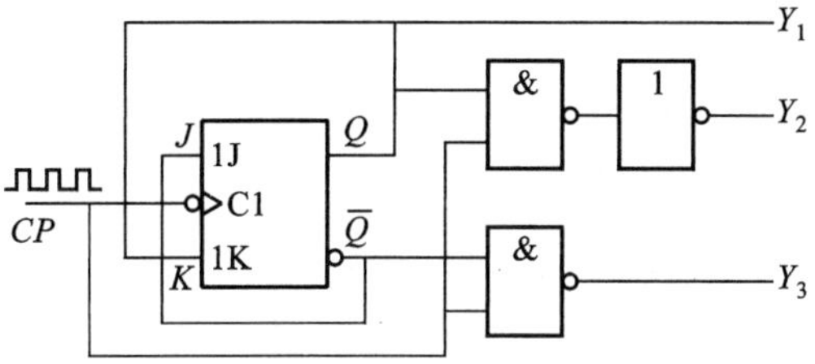

图 21.22　习题 21.1.16 的图

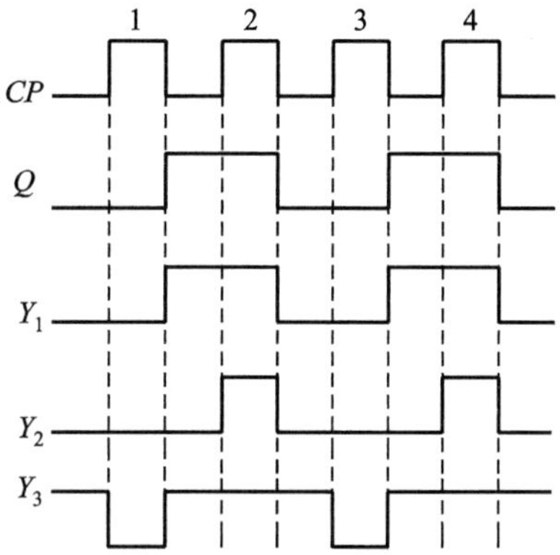

题解图 21.14

21.1.17　试分析图 21.23 所示的电路，画出 Y_1 和 Y_2 的波形，并与时钟脉冲 CP 比较，说明电路功能。设初始状态 $Q=\mathbf{0}$。

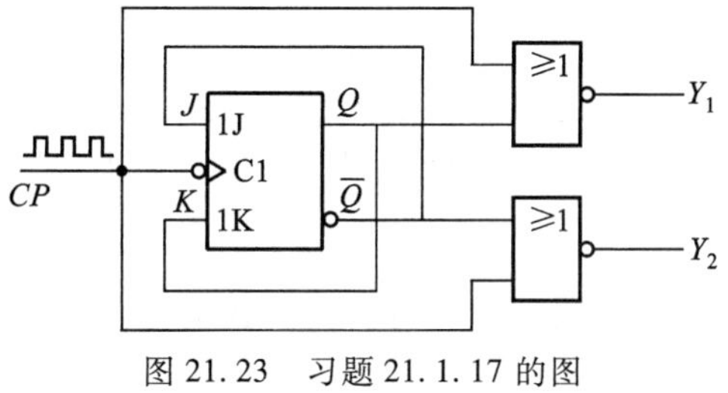

图 21.23　习题 21.1.17 的图

解：由图 21.23 所示电路可得 JK 触发器及两**或非**门的输出分别为

$$Q_{n+1} = J\bar{Q}_n + \bar{K}Q_n = \bar{Q}_n \cdot \bar{Q}_n + \bar{Q}_n \cdot Q_n = \bar{Q}_n$$

$$Y_1 = \overline{CP + Q_n}$$

$$Y_2 = \overline{CP + \bar{Q}_n}$$

当 Q 初始状态为 **0** 时，在时钟脉冲 CP 作用下 Y_1、Y_2 的波形如题解图 21.15 所示。

21.1.18　图 21.24(a)所示是一单脉冲输出电路，试用一片 74LS112 型双下降沿 JK 触发器［其引脚排列如图 21.24(b)所示］和一片 74LS00 型四 2 输入**与非**门［如图 20.3.3(b)所示］连接该电路，画出接线图，并画出 CP、Q_1、Q_2、Y 的波形图。

解：用一片 74LS112 型双下降沿 JK 触发器和一片 74LS00 型四 2 输入**与非**门来实现图 21.24(a)所示单脉冲输出电路的接线图如题解图 21.16 所示，相应的 CP、Q_1、Q_2、Y 的波形图如题解图 21.17 所示（设两个 JK 触发器初始状态为 **0**）。

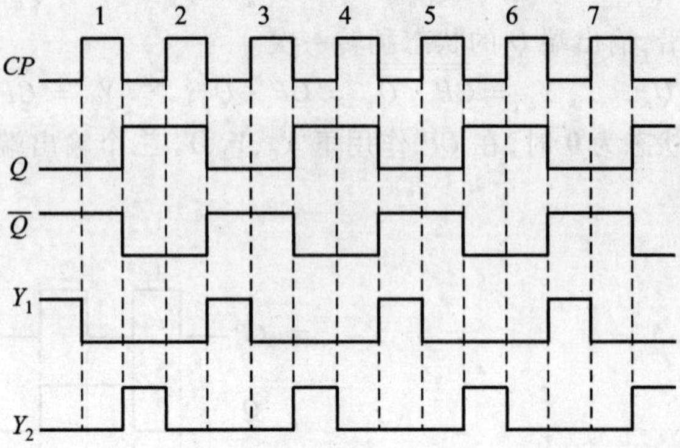

题解图 21.15

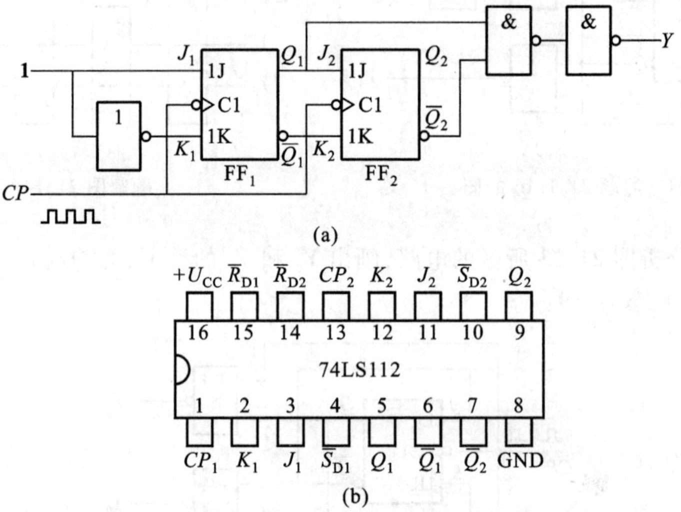

图 21.24　习题 21.1.18 的图

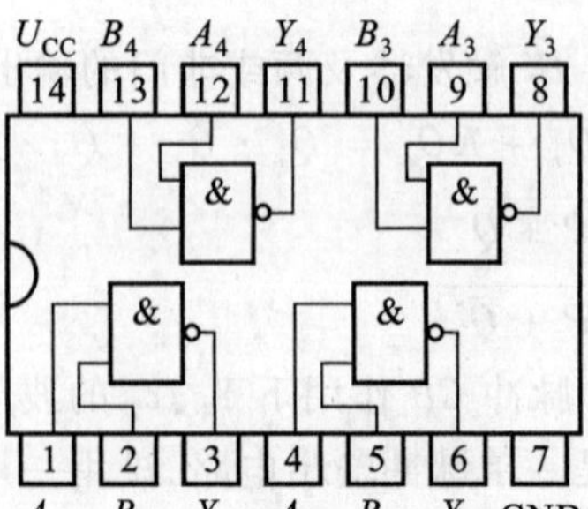

图 20.3.3(b)　74LS00(四 2 输入与非门)

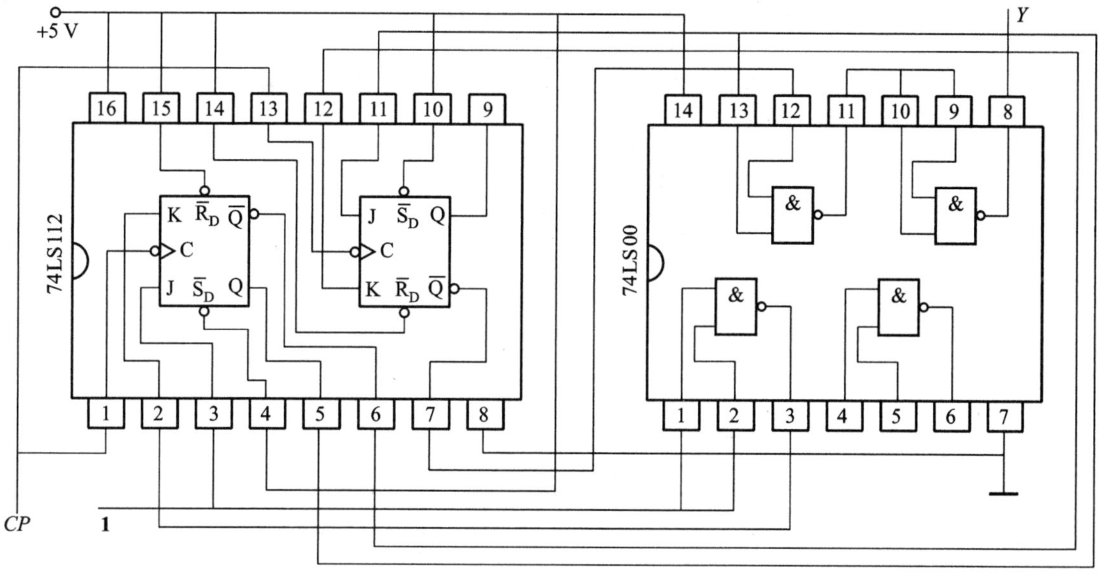

题解图 21.16

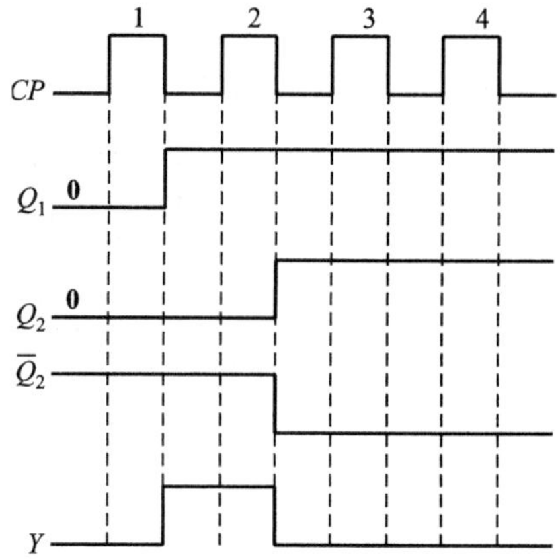

题解图 21.17

21.1.19 74LS175 型四上升沿 D 触发器和 74LS112 型双下降沿 JK 触发器的接线图如图 21.25(a)所示，它们的引脚排列分别如图 21.6.4(b)和图 21.24(b)所示。

(1) 试按图画出逻辑电路。

(2) 设 CP、$\overline{R}_D$、D_1 的波形如图 21.25(b)所示，试画出两触发器输出端 Q 的波形。两触发器的初始状态均为 **0**。

解：(1) 由图 21.6.4(b)和图 21.24(b)所示的 74LS175 芯片和 74LS112 芯片的引脚排列图可以画出与如图 21.25(a)所示电路对应的逻辑电路，如题解图 21.18 所示。

(2) 根据 D 触发器和 JK 触发器的逻辑功能可画出在图 21.25(b)波形(信号)下，两触发器输出端 Q 的波形，如题解图 21.19 所示。

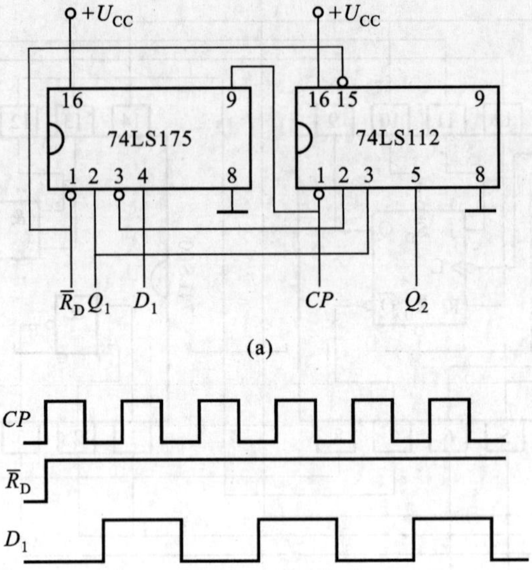

(a)

(b)

图 21.25 习题 21.1.19 的图

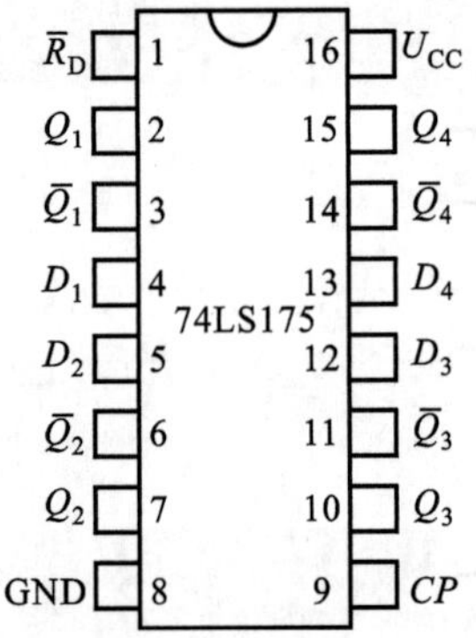

图 21.6.4(b)

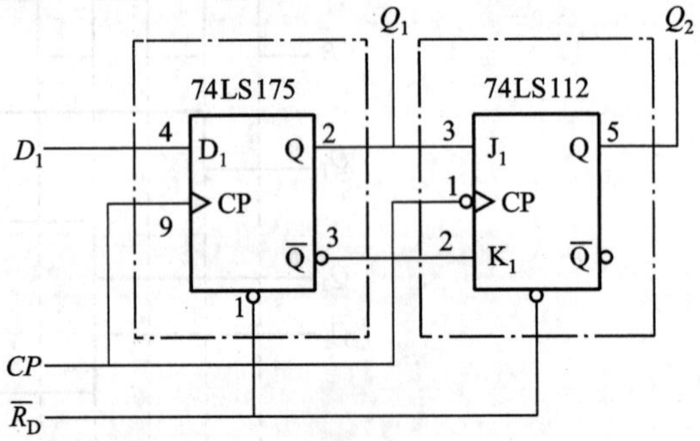

题解图 21.18

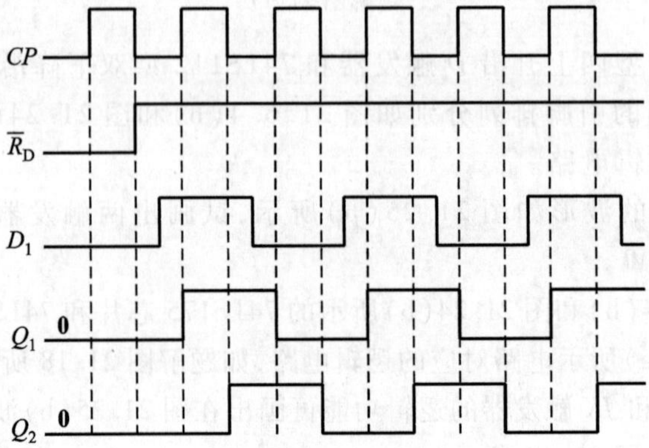

题解图 21.19

21.2.1 试用4个 D 触发器组成4位移位寄存器。

解:用4个 D 触发器组成的4位移位寄存器如题解图21.20所示。设待输入的数据为 $D=$ **1101**,则移位寄存过程如题解表21.09所示。

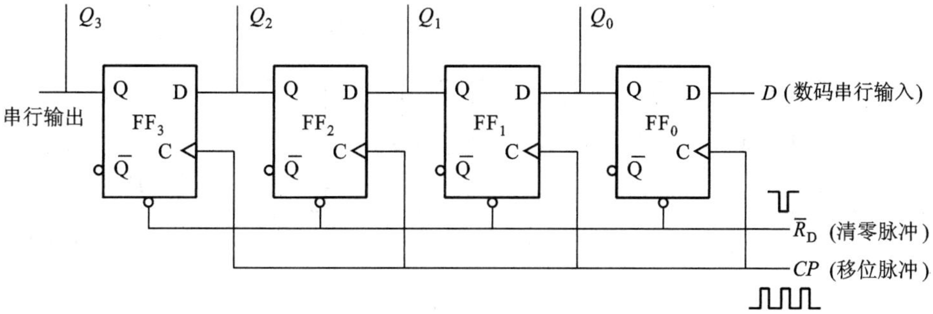

题解图21.20

题解表21.09 移位过程

移位脉冲 $CP(\uparrow)$	寄存器中的数码(并行输出)				移入数据
	Q_3 (串行输出)	Q_2	Q_1	Q_0	
0	**0**	**0**	**0**	**0**	
1	**0**	**0**	**0**	**1**	**1**
2	**0**	**0**	**1**	**1**	**1**
3	**0**	**1**	**1**	**0**	**0**
4	**1**	**1**	**0**	**1**	**1**
5	**1**	**0**	**1**	**0**	**0**
6	**0**	**1**	**0**	**0**	**0**
7	**1**	**0**	**0**	**0**	**0**
8	**0**	**0**	**0**	**0**	**0**

21.3.6 图21.3.1是由4个主从型 JK 触发器组成的4位二进制加法计数器。试改变级间的连接方法,画出同样由该触发器组成的4位二进制减法计数器,并列出其状态表。在工作之前先清零,使各个触发器的输出端 $Q_0 \sim Q_3$ 均为**0**(参照例21.3.1)。

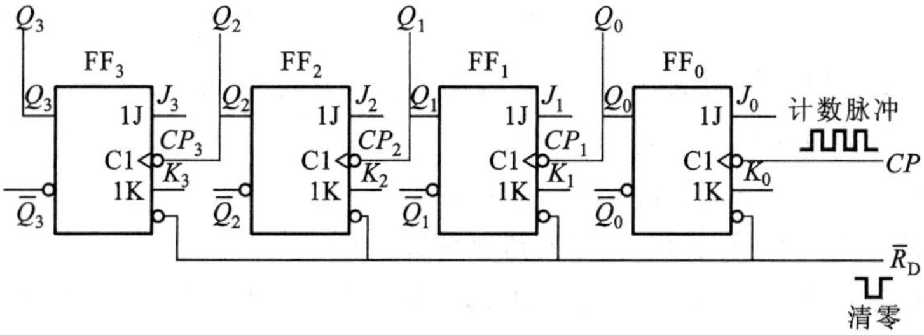

图21.3.1

解：图 21.3.1 中各个 JK 触发器的 $J=K=\mathbf{1}$，为二进制计数状态，即每到来两个脉冲状态循环一次，而低位 JK 触发器输出 Q 接到高一位 JK 触发器的脉冲输入端，从而实现 4 位二进制加法计数。

如果把低位 JK 触发器的输出 $\overline{Q}$ 接到高一位 JK 触发器的脉冲输入端，则可实现 4 位二进制减法计数器，逻辑图如题解图 21.21 所示，状态表如题解表 21.10 所示。

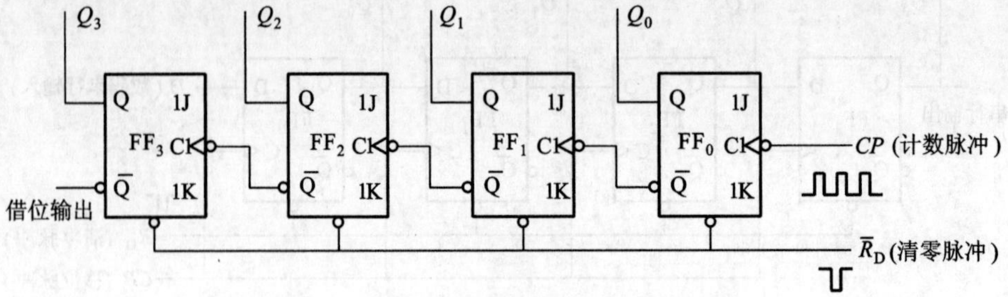

题解图 21.21

题解表 21.10　4 位二进制减法计数器状态表

计数脉冲 CP	二进制数				十进制数
	Q_3	Q_2	Q_1	Q_0	
0	**0**	**0**	**0**	**0**	0
1	**1**	**1**	**1**	**1**	15
2	**1**	**1**	**1**	**0**	14
3	**1**	**1**	**0**	**1**	13
4	**1**	**1**	**0**	**0**	12
5	**1**	**0**	**1**	**1**	11
6	**1**	**0**	**1**	**0**	10
7	**1**	**0**	**0**	**1**	9
8	**1**	**0**	**0**	**0**	8
9	**0**	**1**	**1**	**1**	7
10	**0**	**1**	**1**	**0**	6
11	**0**	**1**	**0**	**1**	5
12	**0**	**1**	**0**	**0**	4
13	**0**	**0**	**1**	**1**	3
14	**0**	**0**	**1**	**0**	2
15	**0**	**0**	**0**	**1**	1
16	**0**	**0**	**0**	**0**	0

21.3.7　74LS293 型计数器的逻辑图、引脚排列图及功能表如图 21.26(a)、(b)和(c)所示。它有两个时钟脉冲输入端 CP_0 和 CP_1。试问：

(1) 从 CP_0 输入，Q_0 输出时，是几进制计数器？

(2) 从 CP_1 输入，Q_3、Q_2、Q_1 输出时，是几进制计数器？

(3) 将 Q_0 端接到 CP_1 端，从 CP_0 输入，Q_3、Q_2、Q_1、Q_0 输出时，是几进制计数器？图中 $R_{0(1)}$ 和 $R_{0(2)}$ 是清零输入端，当该两端全为 **1** 时，将 4 个触发器清零。

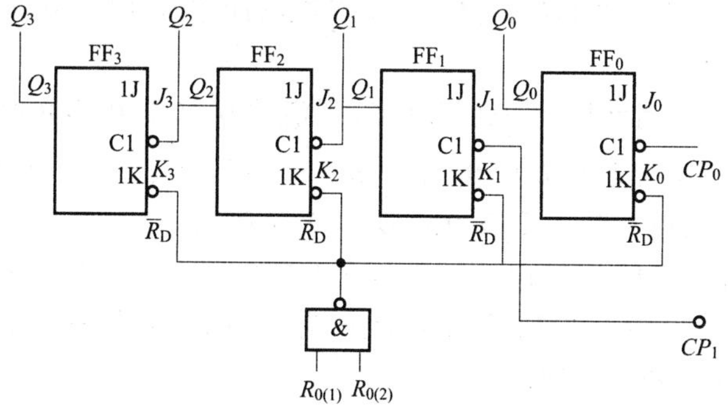

(a)

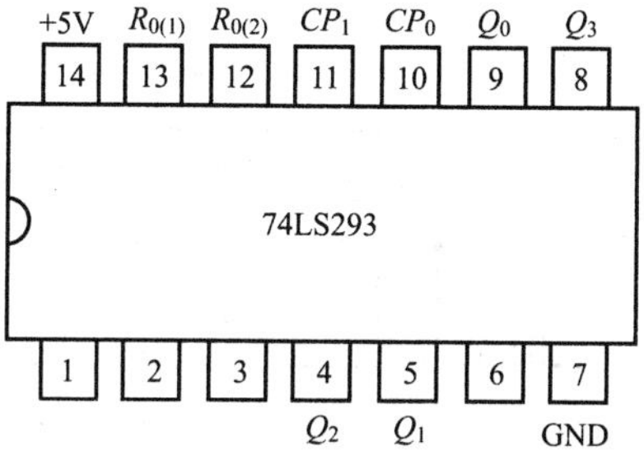

(b)

$R_{0(1)}$	$R_{0(2)}$	Q_3	Q_2	Q_1	Q_0
1	**1**	**0**	**0**	**0**	**0**
0	×	计			数
×	**0**	计			数

(c)

图 21.26　习题 21.3.7 的图

解:根据图 21.26 所示 74LS293 型计数器的逻辑图、引脚排列及功能表可知:

(1) 计数脉冲从 CP_0 输入,Q_0 输出时,为二进制计数器(如题解表 21.11 所示)。

(2) 计数脉冲从 CP_1 输入,Q_3、Q_2、Q_1 输出时,为八进制计数器(如题解表 21.12 所示)。

(3) 将 Q_0 端接到 CP_1 端,从 CP_0 输入计数脉冲,Q_3、Q_2、Q_1、Q_0 输出时,为十六进制计数器(如题解表 21.13 所示)。

题解表 21.11

CP	Q_0
0	**0**
1	**1**
2	**0**

题解表 21.12

CP	Q_3	Q_2	Q_1
0	**0**	**0**	**0**
1	**0**	**0**	**1**
2	**0**	**1**	**0**
3	**0**	**1**	**1**
4	**1**	**0**	**0**
5	**1**	**0**	**1**
6	**1**	**1**	**0**
7	**1**	**1**	**1**
8	**0**	**0**	**0**

题解表 21.13

CP	Q_3	Q_2	Q_1	Q_0
0	**0**	**0**	**0**	**0**
1	**0**	**0**	**0**	**1**
2	**0**	**0**	**1**	**0**
3	**0**	**0**	**1**	**1**
4	**0**	**1**	**0**	**0**
5	**0**	**1**	**0**	**1**
6	**0**	**1**	**1**	**0**
7	**0**	**1**	**1**	**1**
8	**1**	**0**	**0**	**0**
9	**1**	**0**	**0**	**1**
10	**1**	**0**	**1**	**0**
11	**1**	**0**	**1**	**1**
12	**1**	**1**	**0**	**0**
13	**1**	**1**	**0**	**1**
14	**1**	**1**	**1**	**0**
15	**1**	**1**	**1**	**1**
16	**0**	**0**	**0**	**0**

21.3.8 试用 74LS161 型同步二进制计数器接成十二进制计数器:(1) 用清零法;(2) 用置数法。

解:根据 74LS161 型同步二进制计数器的逻辑功能,当清零复位端 $\bar{R}_D=\mathbf{0}$ 时,计数器复位,$Q_3Q_2Q_1Q_0=\mathbf{0000}$;当同步并行置数控制端 $\overline{LD}=\mathbf{0}$(此时 $\bar{R}_D=\mathbf{1}$)时,在下一个 CP 的上升沿,将并行数据输入端 $D_3D_2D_1D_0$ 的数据同时置入,使 $Q_3Q_2Q_1Q_0=D_3D_2D_1D_0$。

题解图 21.22(a)和题解表 21.14 是利用清零法实现十二进制计数的逻辑电路和状态转换表。由图和表可知当第 12 个计数脉冲来到后,输出状态为 **1100**,此时与非门输出低电平送给 $\bar{R}_D$,使计数器立刻复位至 **0000**(**1100** 不能保持)。

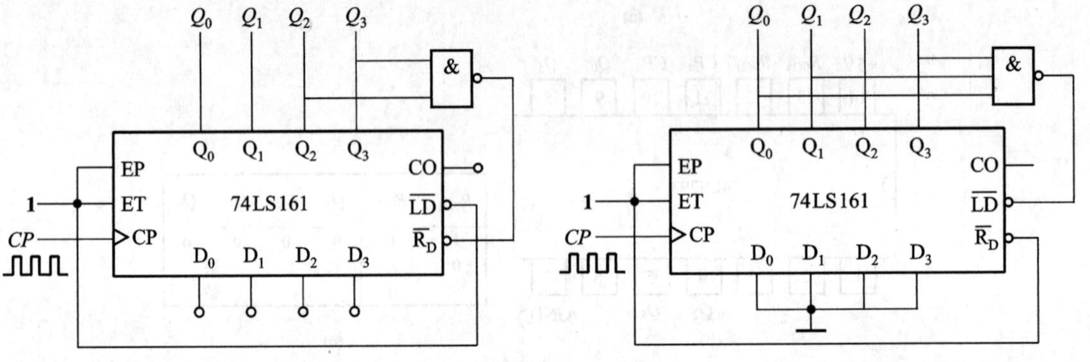

(a) 清零法　　　(b) 置数法

题解图 21.22

题解表 21.14 复位法的状态转换表

CP	Q_3	Q_2	Q_1	Q_0
0	**0**	**0**	**0**	**0**
1	**0**	**0**	**0**	**1**
2	**0**	**0**	**1**	**0**
⋮	⋮	⋮	⋮	⋮
10	**1**	**0**	**1**	**0**
11	**1**	**0**	**1**	**1**
12	**1** **0**	**1** **0**	**0** **0**	**0** **0**

题解图 21.22(b)和题解表 21.15 是利用置数法实现十二进制计数的逻辑电路和状态转换表。由图和表可知当第 11 个脉冲来到后,输出状态为 **1011**,此时与非门输出低电平送给 $\overline{LD}$,由于 $D_3D_2D_1D_0=\mathbf{0000}$,所以当第 12 个脉冲上升沿来到时,各输出端状态同时置为各输入端状态,

即计数器置为 **0000**。

由于题解图 21.22(b)置数法电路中 $D_3D_2D_1D_0 = \mathbf{0000}$,因此输出状态变化在 **0000~1011** 循环,为自然态序转换。如果电路中 $D_3D_2D_1D_0 = \mathbf{0011}$,且与非门三个输入端分别接至 Q_3、Q_2、Q_1(如题解图 21.23 所示),则输出状态变化在 **0011~1110** 循环,为非自然态序转换。两种转换如题解图 21.24(a)、(b)所示。

题解表 21.15 置数法的状态转换表

CP	Q_3	Q_2	Q_1	Q_0
0	0	0	0	0
1	0	0	0	1
2	0	0	1	0
⋮	⋮	⋮	⋮	⋮
10	1	0	1	0
11	1	0	1	1
12	0	0	0	0

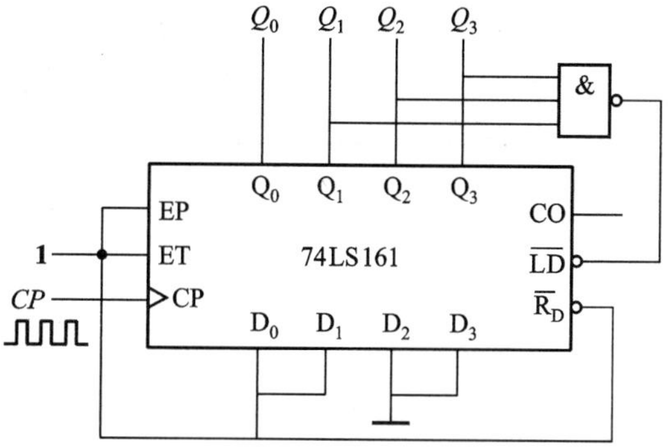

题解图 21.23

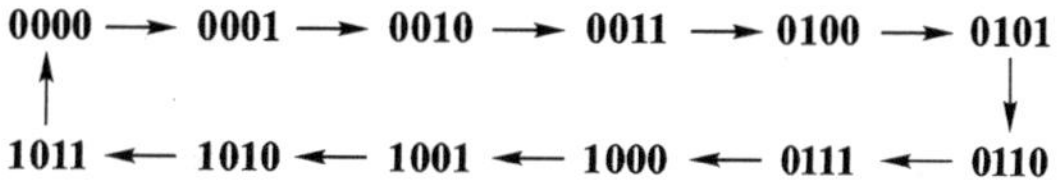

$$\mathbf{0000} \rightarrow \mathbf{0001} \rightarrow \mathbf{0010} \rightarrow \mathbf{0011} \rightarrow \mathbf{0100} \rightarrow \mathbf{0101}$$
$$\mathbf{1011} \leftarrow \mathbf{1010} \leftarrow \mathbf{1001} \leftarrow \mathbf{1000} \leftarrow \mathbf{0111} \leftarrow \mathbf{0110}$$

(a) 置数法——自然态序转换

$$\mathbf{0011} \rightarrow \mathbf{0100} \rightarrow \mathbf{0101} \rightarrow \mathbf{0110} \rightarrow \mathbf{0111} \rightarrow \mathbf{1000}$$
$$\mathbf{1110} \leftarrow \mathbf{1101} \leftarrow \mathbf{1100} \leftarrow \mathbf{1011} \leftarrow \mathbf{1010} \leftarrow \mathbf{1001}$$

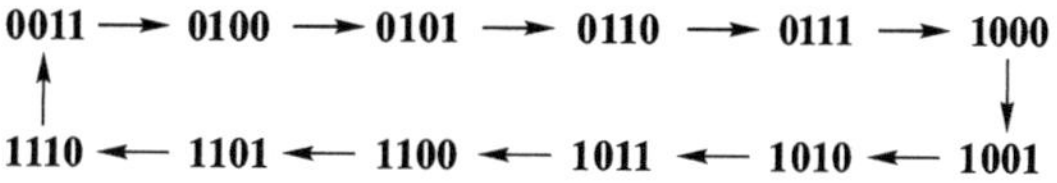

(b) 置数法——非自然态序转换

题解图 21.24

实际上被置入的数据可以为 **0000~1111** 十六个状态中的任意一个,只需改变产生置数信号 $\overline{LD}$ 的反馈信号来源即可。

21.3.9 试用两片 74LS290 型计数器接成二十四进制计数器。

解:74LS290 型计数器为异步二 – 五 – 十进制计数器,其内部逻辑电路和功能如教材图 21.3.10 和表 21.3.6 所示。

用两片 74LS290 型计数器接成二十四进制计数器的逻辑电路接线图如题解图 21.25 所示。

两片 74LS290 都接成 8421BCD 码方式进行十进制计数,其中(1)为个位片、(2)为十位片。计数脉冲由个位片(1)的 CP_0 端输入,十位片(2)的计数脉冲由片(1)的最高位输出 Q_3 提供。当个位片(1)输入第 10 个脉冲时,其输出 $Q_3Q_2Q_1Q_0$ 由 **1001** 返回到 **0000**,即 Q_3 由 **1** 变为 **0**,同时这一下降沿使十位片(2)的输出 $Q_3Q_2Q_1Q_0$ 由 **0000** 变为 **0001**。当个位片(1)输入第 20 个脉冲时,十位片(2)输出变为 **0010**。个位片(1)再输入 4 个脉冲,片(1)的状态为 **0100**。此时两片的输出为 **00100100**,为十进制数 24,由于片(2)的 Q_1 和片(1)的 Q_2 此刻均为 **1**,且分别反馈到两片的复位输入端 $R_{0(1)}$ 和 $R_{0(2)}$,因此两片的输出立即复位置 **0**,从而完成一个二十四进制计数循环。

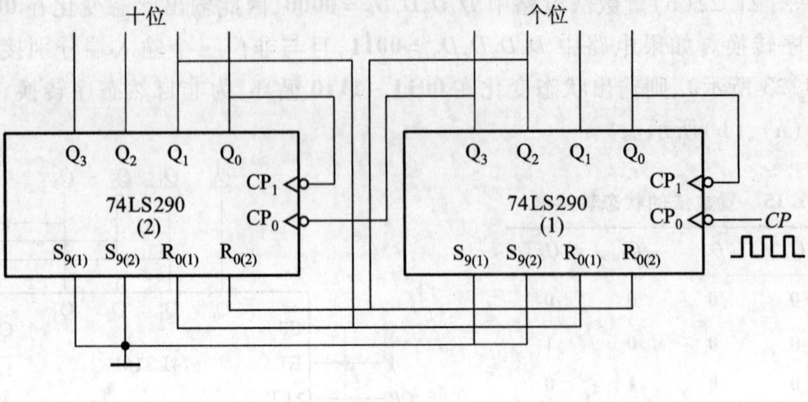

题解图 21.25

21.3.10 试用反馈置“9”法将 74LS290 型计数器改接成七进制计数器。

解:74LS290 为带有置“9”和置“0”功能的十进制计数器。利用反馈置“9”法构成七进制计数器,即来第 6 个脉冲时将计数器置“9”(输出直接经反馈由 **0110** 变为 **1001**),来第 7 个脉冲时输出恢复 **0000**。每来七个脉冲输出状态循环一次。因此应使 $R_{0(1)}=R_{0(2)}=\mathbf{0}$,$S_{9(1)}=S_{9(2)}=Q_2Q_1$,接线图如题解图 21.26 所示,状态转换表如题解表 21.16 所示。

题解表 21.16 状态转换表

CP	Q_3	Q_2	Q_1	Q_0
0	0	0	0	0
1	0	0	0	1
2	0	0	1	0
3	0	0	1	1
4	0	1	0	0
5	0	1	0	1
6	0	1	1	0
	0	1	1	1
	1	0	0	0
	1	0	0	1
7	0	0	0	0

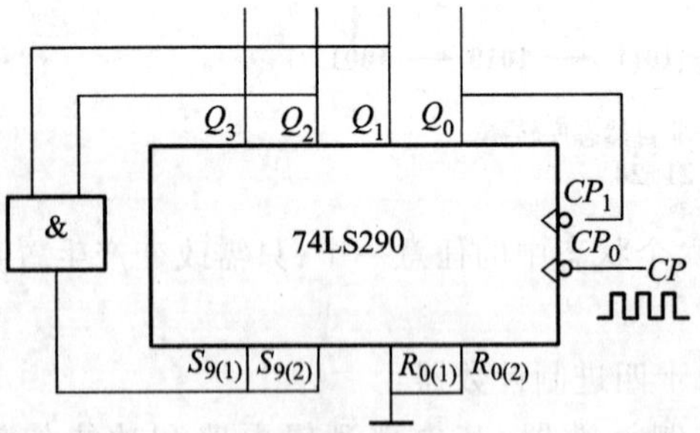

题解图 21.26

(习题 21.3.10)

21.3.11 试列出图 21.27 所示计数器的状态表,从而说明它是一个几进制计数器。设初始状态为 **000**。

解:图 21.27 所示计数器各 JK 触发器的驱动方程及状态转换表如题解表 21.17 所示。由表中状态可以看出,该电路为一异步七进制加法计数器。其中 FF_0、FF_1 由 CP 的下降沿触发,FF_2 由 Q_1 在 **1** 变为 **0** 时触发。

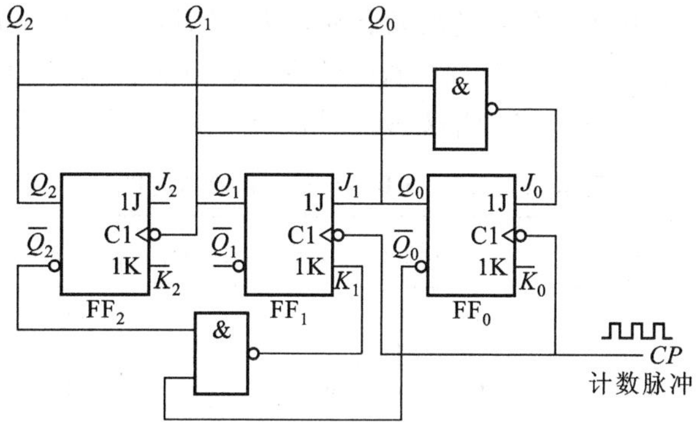

图 21.27　习题 21.3.11 的图

题解表 21.17　习题 21.3.11 的状态转换表

CP	Q_2	Q_1	Q_0	$J_2=1$	$K_2=1$	$J_1=Q_0$	$K_1=\overline{\overline{Q}_2\overline{Q}_0}$	$J_0=\overline{Q_2Q_1}$	$K_0=1$
0	**0**	**0**	**0**	**1**	**1**	**0**	**0**	**1**	**1**
1	**0**	**0**	**1**	**1**	**1**	**1**	**1**	**1**	**1**
2	**0**	**1**	**0**	**1**	**1**	**0**	**0**	**1**	**1**
3	**0**	**1**	**1**	**1**	**1**	**1**	**1**	**1**	**1**
4	**1**	**0**	**0**	**1**	**1**	**0**	**1**	**1**	**1**
5	**1**	**0**	**1**	**1**	**1**	**1**	**1**	**1**	**1**
6	**1**	**1**	**0**	**1**	**1**	**0**	**1**	**0**	**1**
7	**0**	**0**	**0**	**1**	**1**	**0**	**0**	**1**	**1**

21.3.12　分析图 21.28 所示逻辑电路的逻辑功能，并说明其用途。设初始状态为 **0000**。画出 CP、Q_0、Q_1、Q_2、Q_3 的波形图。

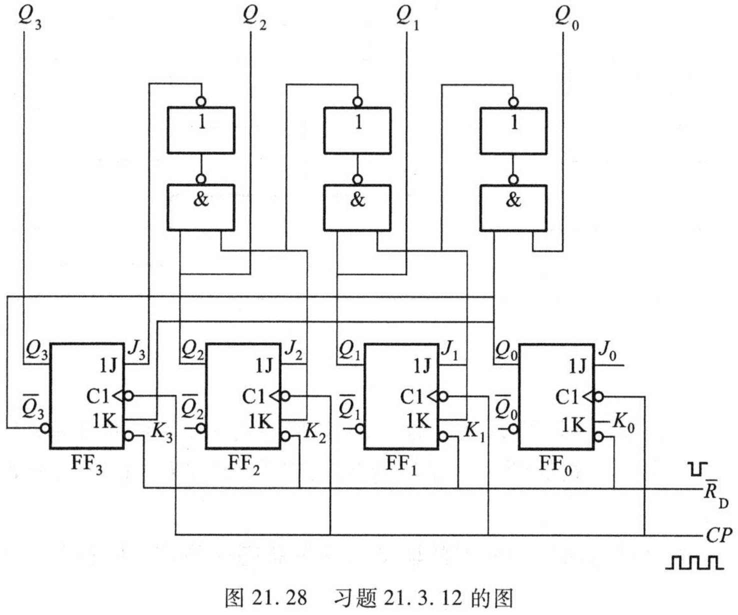

图 21.28　习题 21.3.12 的图

解:图 21.28 所示电路中各触发器的触发脉冲皆为 CP,因此各输出状态翻转同步。由电路连接及初始状态可列出各 FF 的驱动方程及状态转换表如题解表 21.18 所示。由表可知该电路为一同步十进制加法计数器。CP, Q_0, Q_1, Q_2, Q_3 的波形图如题解图 21.27 所示。

题解表 21.18　习题 21.3.12 的状态转换表

CP	Q_3	Q_2	Q_1	Q_0	$J_3=\bar{Q}_3Q_2Q_1Q_0$	$K_3=Q_0$	$J_2=K_2=\bar{Q}_3Q_1Q_0$		$J_1=K_1=\bar{Q}_3Q_0$		$J_0=K_0=\mathbf{1}$	
0	**0**	**0**	**0**	**0**	**0**	**0**	**0**	**0**	**0**	**0**	**1**	**1**
1	**0**	**0**	**0**	**1**	**0**	**1**	**0**	**0**	**1**	**1**	**1**	**1**
2	**0**	**0**	**1**	**0**	**0**	**0**	**0**	**0**	**0**	**0**	**1**	**1**
3	**0**	**0**	**1**	**1**	**0**	**1**	**1**	**1**	**1**	**1**	**1**	**1**
4	**0**	**1**	**0**	**0**	**0**	**0**	**0**	**0**	**0**	**0**	**1**	**1**
5	**0**	**1**	**0**	**1**	**0**	**1**	**0**	**0**	**1**	**1**	**1**	**1**
6	**0**	**1**	**1**	**0**	**0**	**0**	**0**	**0**	**0**	**0**	**1**	**1**
7	**0**	**1**	**1**	**1**	**1**	**1**	**1**	**1**	**1**	**1**	**1**	**1**
8	**1**	**0**	**0**	**0**	**0**	**0**	**0**	**0**	**0**	**0**	**1**	**1**
9	**1**	**0**	**0**	**1**	**0**	**1**	**0**	**0**	**1**	**1**	**1**	**1**
10	**0**	**0**	**0**	**0**	**0**	**0**	**0**	**0**	**0**	**0**	**1**	**1**

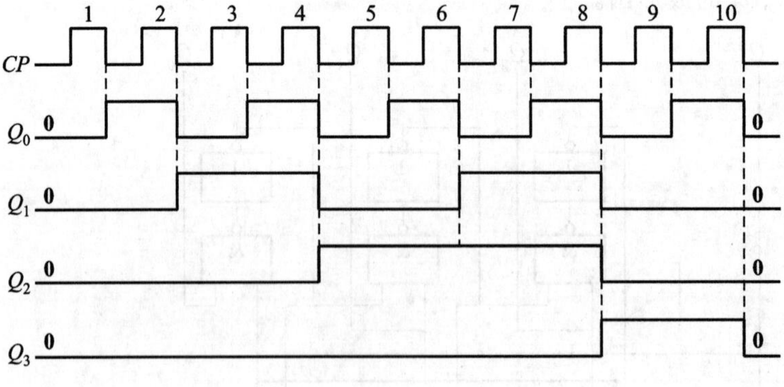

题解图 21.27

21.3.13　逻辑电路如图 21.29 所示。设 $Q_A=\mathbf{1}$,红灯亮;$Q_B=\mathbf{1}$,绿灯亮;$Q_C=\mathbf{1}$,黄灯亮。试分析该电路,说明三组彩灯点亮的顺序。在初始状态,三个触发器的 Q 端均为 **0**。此电路可用于晚会对彩灯采光。

解:由图 21.29 电路可列出各触发器的驱动方程及状态转换表,如题解表 21.19 所示。

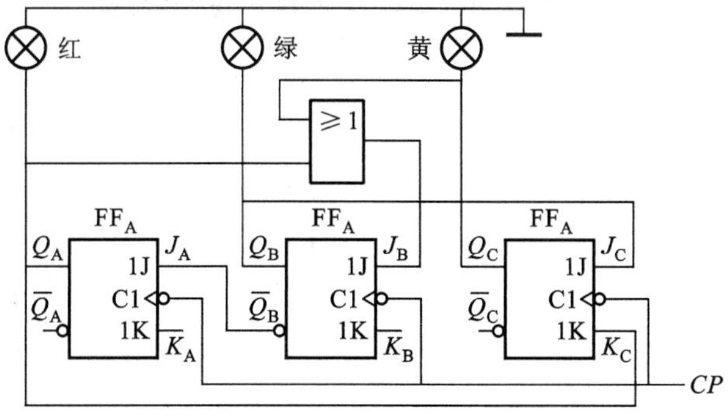

图 21.29　习题 21.3.13 的图

题解表 21.19　习题 21.3.13 的状态转换表

CP	Q_A	Q_B	Q_C	$J_A=\overline{Q}_B$	$K_A=1$	$J_B=Q_A+Q_C$	$K_B=1$	$J_C=Q_B$	$K_C=Q_A$
0	**0**	**0**	**0**	**1**	**1**	**0**	**1**	**0**	**0**
1	**1**	**0**	**0**	**1**	**1**	**1**	**1**	**0**	**1**
2	**0**	**1**	**0**	**0**	**1**	**0**	**1**	**1**	**0**
3	**0**	**0**	**1**	**1**	**1**	**1**	**1**	**0**	**0**
4	**1**	**1**	**1**	**0**	**1**	**1**	**1**	**1**	**1**
5	**0**	**0**	**0**	**1**	**1**	**0**	**1**	**0**	**0**

由表可知,三组彩灯点亮的顺序为:

红灯亮→绿灯亮→黄灯亮→全亮→全灭
↑______________________________|

21.3.14　分析图 21.30 所示的逻辑电路,说明发光二极管作亮 3 s、暗 2 s 的循环。

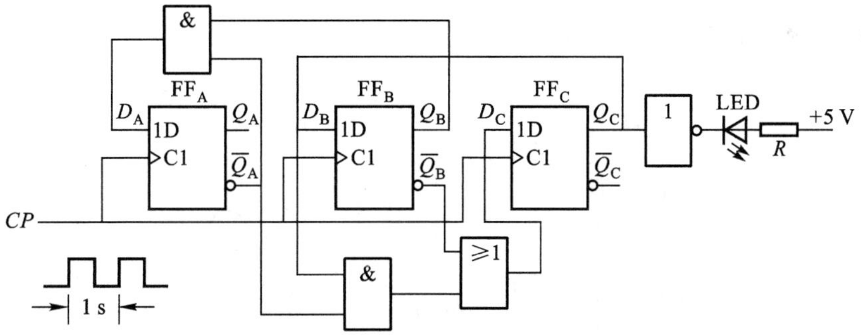

图 21.30　习题 21.3.14 的图

解:由图 21.30 所示同步触发时序逻辑电路可列出各触发器的驱动方程及电路输出状态转换表,如题解表 21.20 所示。

题解表 21.20　习题 21.3.14 的状态转换表

CP	Q_C	Q_B	Q_A	$D_C=\overline{Q}_AQ_C+\overline{Q}_B$	$D_B=Q_C$	$D_A=\overline{Q}_AQ_B$
0	**0**	**0**	**0**	**1**	**0**	**0**
1	**1**	**0**	**0**	**1**	**1**	**0**
2	**1**	**1**	**0**	**1**	**1**	**1**
3	**1**	**1**	**1**	**0**	**1**	**0**
4	**0**	**1**	**0**	**0**	**0**	**1**
5	**0**	**0**	**1**	**1**	**0**	**0**
6	**1**	**0**	**0**	**1**	**1**	**0**

各触发器输出端 Q_A、Q_B、Q_C 在时钟脉冲 CP 作用下的波形如题解图 21.28 所示。当 $Q_C=\mathbf{1}$ 时，发光二极管导通（亮 3 s）；当 $Q_C=\mathbf{0}$ 时，发光二极管截止（暗 2 s）。

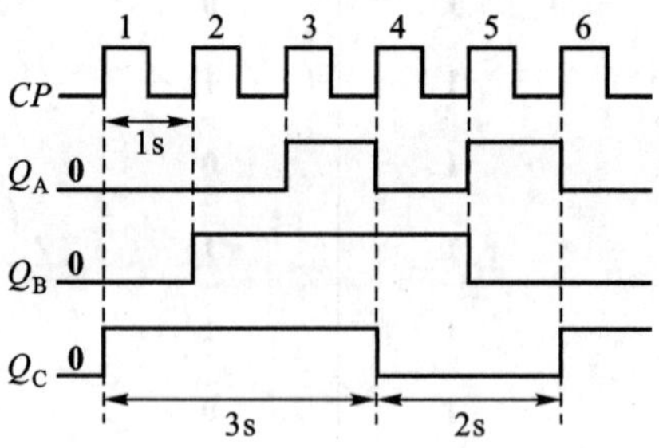

题解图 21.28

21.5.3　图 21.31 所示是一个防盗报警电路，a、b 两端被一细铜丝接通，此铜丝置于认为盗窃者必经之处。当盗窃者闯入室内将铜丝碰断后，扬声器即发出报警声（扬声器电压为 1.2 V，电流为 40 mA）。

（1）试问 555 定时器接成何种电路？

（2）说明本报警电路的工作原理。

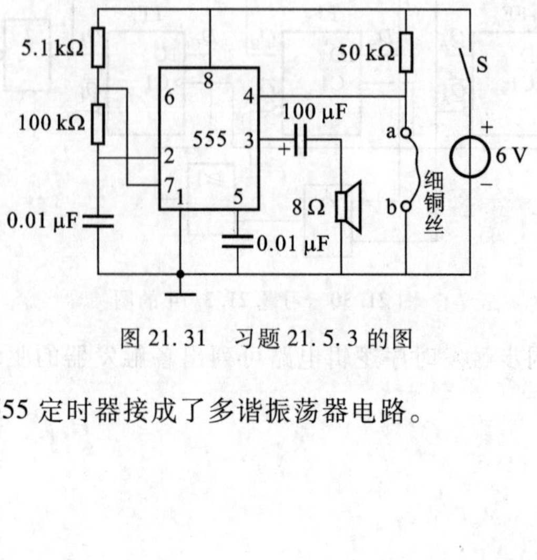

图 21.31　习题 21.5.3 的图

解：（1）图 21.31 中 555 定时器接成了多谐振荡器电路。

(2) 当 a、b 两端被细铜丝接通时，a、b 短路，555 定时器复位端 4 脚接地，555 内部的 *RS* 触发器被强迫复位，多谐振荡器电路停振，输出端 3 脚输出低电位 **0**，扬声器中无电流流过，不发声。

当细铜丝被盗窃者碰断后，a、b 断开，555 的 4 脚经 50 kΩ 电阻上拉为高电平 **1**，多谐振荡器开始工作，3 脚输出的振荡电压使扬声器中有电流流过，因而发出报警声。

根据电路中的元件参数，可以计算出振荡频率 f 约为 700 Hz。

21.5.4 图 21.32 所示是一简易触摸开关电路，当手摸金属片时，发光二极管亮，经过一定时间，发光二极管熄灭。试说明其工作原理，并问发光二极管能亮多长时间？（输出端电路稍加改变也可接门铃、短时用照明灯、厨房排烟风扇等）

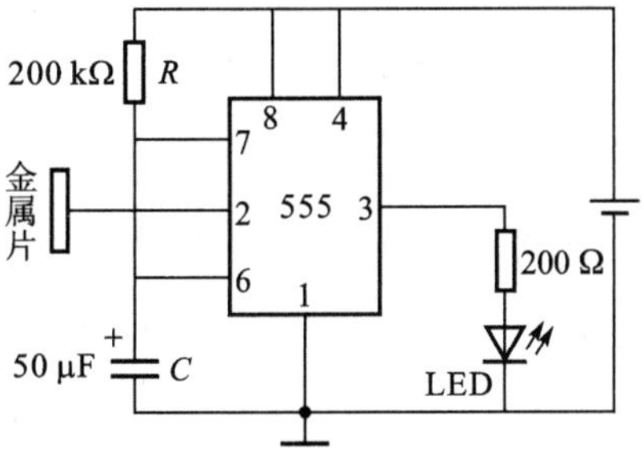

图 21.32 习题 21.5.4 的图

解：图 21.32 所示电路中的 555 接成了单稳态电路。

当电路接通电源并且稳定后，555 内部的 *RS* 触发器被置成 **0** 态，3 脚输出低电平，发光二极管熄灭，555 内部放电晶体管导通并经放电端 7 脚将 50 μF 电容器上电压放光，使 6 脚电位为 0。人手未触摸金属片时，555 的 2 脚悬空，相当于输入高电平 **1** 信号，555 输出低电平状态一直被保持。

当人手触摸金属片时，555 的 2 脚通过人体电阻接地，相当于输入低电平 **0** 信号，从而使 555 内部的 *RS* 触发器输出翻转为 **1** 态，555 输出高电平，发光二极管被点亮，同时内部放电晶体管截止，电源经 200 kΩ 电阻向 50 μF 电容充电，当 6 脚电位上升至 $\frac{2}{3}U_{CC}=4\ \text{V}$ 时，555 内部 *RS* 触发器输出被复位，555 输出恢复为低电平，发光二极管熄灭，内部放电晶体管导通，使 6 脚电位逐渐下降到 0。

发光二极管点亮的时间即为 555 单稳态持续的时间 t_p，2、3 两脚的电压波形如题解图 21.29 所示。

$$t_p = RC\ln 3 = 200\times10^3\times50\times10^{-6}\ln 3\ \text{s}\approx 11\ \text{s}$$

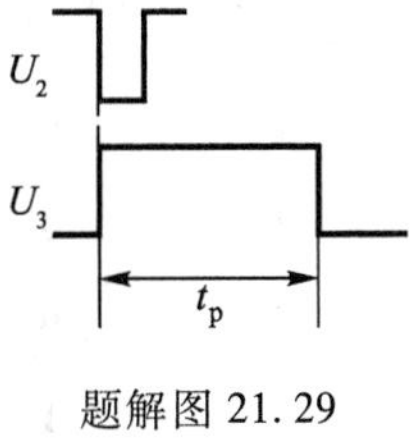

题解图 21.29

21.5.5 图 21.33 是一门铃电路，试说明其工作原理。

解：图 21.33 中 555 接成了多谐振荡器电路。当按下按钮 SB 时，555 电路供电电源接通，振荡器工作，555 输出端 3 脚向门铃输出矩形波振荡电压（波形如题解图 21.30 所示），门铃发声。当松开按钮 SB 时，555 供电电源切断，没有振荡电压输出，门铃停止发声。

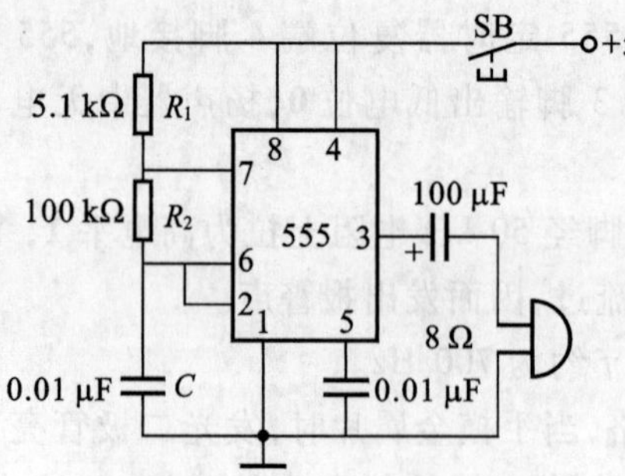

图 21.33 习题 21.5.5 的图

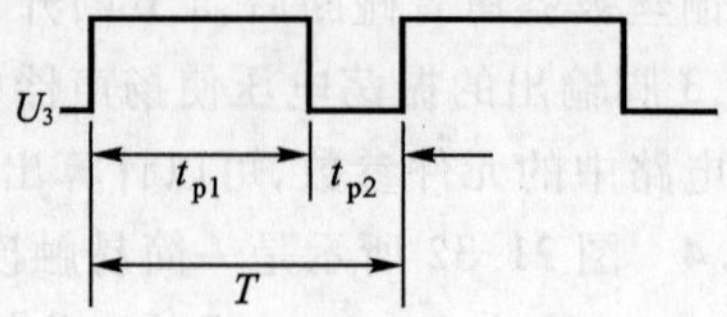

题解图 21.30

由电路参数可得

$$t_{p1}=0.7(R_1+R_2)C=0.735\ 7\ \text{ms}$$

$$t_{p2}=0.7R_2C=0.7\ \text{ms}$$

$$T=t_{p1}+t_{p2}=0.7(R_1+2R_2)C=1.435\ 7\ \text{ms}$$

$$f=\frac{1}{T}=696.5\ \text{Hz}\approx 700\ \text{Hz}$$

***21.6.1** 图 21.34 所示是步进电机六拍通电方式的环行分配器的逻辑电路，请分析之。

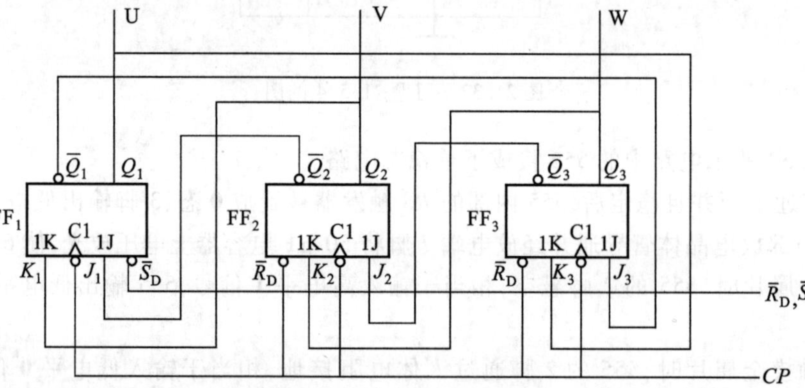

图 21.34 习题 21.6.1 的图

解：对于图 21.34 电路，通过在复位端 $\bar{R}_D$ 和置位端 $\bar{S}_D$ 施加负脉冲，使电路的初始状态 $Q_1Q_2Q_3=\mathbf{100}$，随后输入脉冲，根据电路的连接图可列出各 JK 触发器的驱动方程及状态转换表如题解表 21.21 所示。

题解表 21.21 六拍通电环行脉冲分配器状态转换表

CP	U_1 (Q_1)	V_1 (Q_2)	W_1 (Q_3)	$J_1=\bar{Q}_2$	$K_1=Q_2$	$J_2=\bar{Q}_3$	$K_2=Q_3$	$J_3=\bar{Q}_1$	$K_3=Q_1$
0	**1**	**0**	**0**	**1**	**0**	**1**	**0**	**0**	**1**
1	**1**	**1**	**0**	**0**	**1**	**1**	**0**	**0**	**1**
2	**0**	**1**	**0**	**0**	**1**	**1**	**0**	**1**	**0**
3	**0**	**1**	**1**	**0**	**1**	**0**	**1**	**1**	**0**

续表

CP	U_1 (Q_1)	V_1 (Q_2)	W_1 (Q_3)	$J_1=\overline{Q}_2$	$K_1=Q_2$	$J_2=\overline{Q}_3$	$K_2=Q_3$	$J_3=\overline{Q}_1$	$K_3=Q_1$
4	**0**	**0**	**1**	**1**	**0**	**0**	**1**	**1**	**0**
5	**1**	**0**	**1**	**1**	**0**	**0**	**1**	**0**	**1**
6	**1**	**0**	**0**	**1**	**0**	**1**	**0**	**0**	**1**

由状态表可以看出,该环形分配器电路提供了步进电机六拍通电方式的驱动脉冲(如题解图 21.31 所示),即按照 $U_1 \to U_1, V_1 \to V_1 \to V_1, W_1 \to W_1 \to W_1, U_1 \to U_1 \cdots$顺序通电。

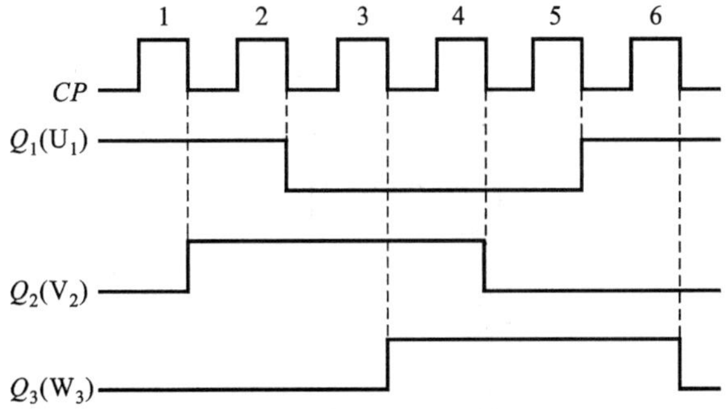

题解图 21.31

*$\mathbf{21.6.2}$ 试用由**与非**门组成的 RS 基本触发器并用起动按钮 SB_2 和停止按钮 SB_1 来控制电动机的起停。

解:由**与非**门组成的基本 RS 触发器用来控制电机起停的电路如题解图 21.32 所示。

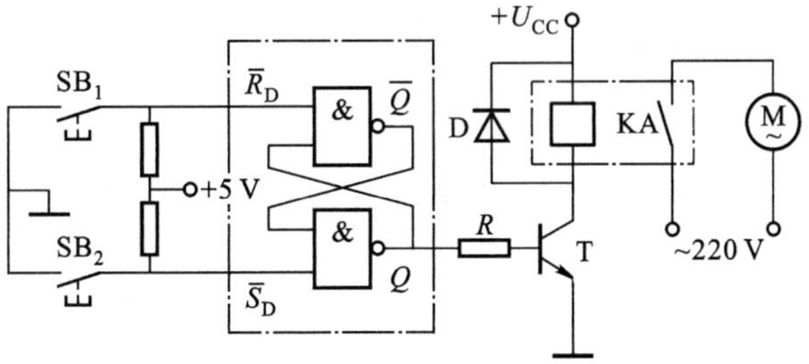

题解图 21.32

当按下起动按钮 SB_2 时,在基本 RS 触发器 $\overline{S}_D$ 端加低电平,则其输出端 Q 为高电平,晶体管 T 导通,继电器 KA 线圈通电,动合触点闭合,电动机通电转动。

当按下停止按钮 SB_1 时,在基本 RS 触发器 $\overline{R}_D$ 端加低电平,则其输出端 Q 为低电平,晶体管 T 截止,继电器 KA 线圈断电,动合触点断开,电动机失电停转。

C 拓 宽 题

*21.6.3 试设计一个三人抢答逻辑电路，要求：

（1）每位参赛者有一个按钮，按下就发出抢答信号。

（2）主持人另有一个按钮，按下电路复位。

（3）先按下按钮者将相应的一个发光二极管点亮，此后他人再按下各自的按钮，电路不起作用。

（建议：可用由两片 74LS00 组成的三个基本 *RS* 触发器和由两片 74LS20 组成的三个**与非**门来实现）

解：根据题意可画出三人抢答器的逻辑电路如题解图 21.33 所示。分析从略。

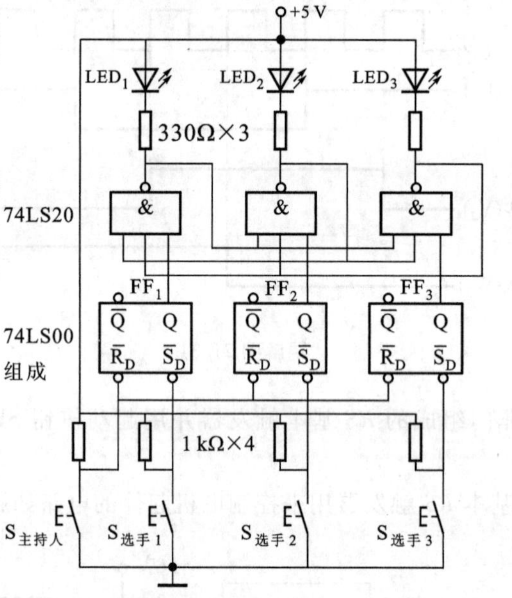

题解图 21.33

*21.6.4 试设计一个由两个 *T* 触发器组成的逻辑电路，能实现三个彩灯 *A*、*B*、*C* 按图 21.35 所示的顺序亮暗。

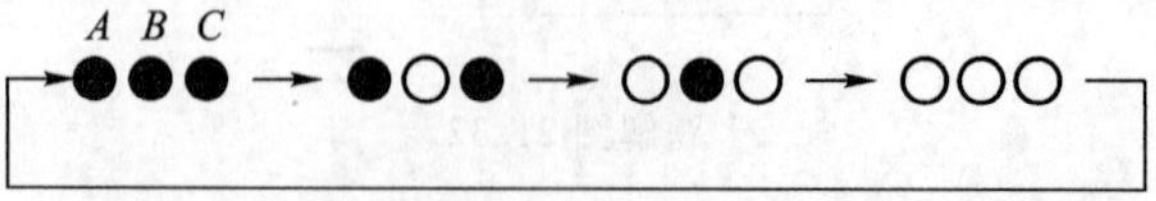

图 21.35 习题 21.6.4 的图

解：依题意要求可列出两个 *T* 触发器输出状态和彩灯状态转换表，如题解表 21.22 所示。设初始状态下，三彩灯全暗。

题解表 21.22　习题 21.6.4 的状态转换表

CP	Q_2	Q_1	A	B	C
0	**0**	**0**	●	●	●
1	**0**	**1**	●	○	●
2	**1**	**0**	○	●	○
3	**1**	**1**	○	○	○
4	**0**	**0**	●	●	●

题解图 21.34 为实现上述要求的逻辑电路，其中两个 JK 触发器 FF_1 和 FF_2 组成两个 T 触发器，两个 OC 门 G_1、G_2 用于驱动彩灯的点亮（因触发器的输出电流有限不能直接用于彩灯负载）。

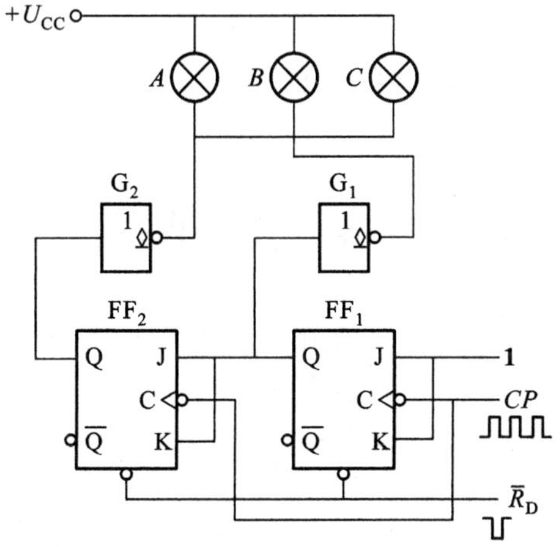

题解图 21.34

△第 22 章

存储器和可编程逻辑器件

半导体存储器有只读存储器(如 ROM,PROM,EPROM 等)和随机存储器(如静态 RAM,动态 RAM),用于大量存储二值数据或二值信息,它们是计算机、可编程控制器和各种数字电子设备不可缺少的重要部件。

可编程逻辑器件(如 PAL,GAL,CPLD 等)是新型的逻辑芯片,它们的结构具有多样性,编程具有灵活性,应用具有通用性,是构成大型数字系统的硬件基础。

22.1 内容要点与阅读指导

本章所述及的存储器和可编程逻辑器件在各自的组成中,都含有"**与-或**阵列"结构,但从原理和使用的角度看,前者注重存储功能,后者注重编程功能。

(1) 半导体存储器是一种能存储大量数据或信息的半导体器件,其中采用了按地址存放数据的方法,只有那些被输入地址代码指定的存储单元才能与输入/输出端接通,可以进行读/写操作。存储器一般由地址译码器、存储矩阵和输入/输出电路(或读/写控制电路)三部分组成。存储器分为只读存储器 ROM 和随机存储器 RAM 两大类。在电子计算机和可编程控制器中,存储器是重要的组成部分。

(2) 只读存储器只能读出信息,不能写入信息。按功能分有多种,如 ROM,PROM,EPROM 等。ROM 存储的信息是固定不变的,出厂后用户不能修改;PROM 在制造时,使所有存储单元的内容全为 **1** 或 **0**,用户使用时根据需要可以修改一次;EPROM 中的内容用户可以通过紫外线照射等方法擦去,而后重新写入新内容,可以修改多次。

(3) 随机存储器(RAM)的内容可以随时读出或写入,读/写方便。

(4) 存储器的主要技术指标是存储容量,它是存储器所能存储信息的总量,通常以存储的字数 N 和每字的位数 M 的乘积 $N \times M$ 来表示。例如,存储容量为 256 字 ×4 位,即说明存储器中含有 256 组存储单元(即 256 个字单元),每组为 4 位。存储容量越大,所能存储的信息量就越多。我们通常说存储器是 1K 4、2K 8 和 64K 1 位,其对应的存储容量是 1 024 ×4、2 048 ×8 和 65 536 ×1 位(因为 $2^{10}=1\,024$,$2^{11}=2\,048$,$2^{16}=65\,536$,1 024 字习惯上称为 1K 字),地址输入线分别为 10,11 和 16 条。

(5) 当一片存储器的存储容量不够用时，可用几片存储器采取字扩展、位扩展或两者同时扩展的连接方式。

(6) 本章所介绍的各种器件重在应用。因此，应理解各个应用举例的工作原理，以巩固所学知识。例如：

① 全加器是数字电路的重要器件之一，在本书中多处提到，除在前面 20.7 节和 21.2 节作过介绍外，在本章通过例 22.1.1 又将全加器用 ROM 来构成。用多种方法来实现全加器，以开阔思路，扩大知识面，对各种方法也可作一比较。

② 例题 22.1.2 用 ROM 构成七段译码电路，但与 20.9 节中所述的 74LS247 型七段译码电路相比，不同之处是，本题的半导体数码管是共阴极接法。

22.2 基本要求

1. 理解只读存储器 ROM 的结构原理与应用。
2. 了解可编程只读存储器 PROM、EPROM 的编程原理与应用。
3. 了解随机存储器 RAM 的结构框图与应用。
4. 了解可编程逻辑器件 PAL、GAL 的编程特点与应用。

22.3 重点与难点

1. 重点

(1) 只读存储器 ROM 的结构原理与应用。

(2) 只读存储器 PROM 的编程原理与应用。

(3) 可编程逻辑器件 PAL 的编程原理与应用。

2. 难点

(1) 随机存储器 RAM 的结构原理与应用。

(2) 可编程逻辑器件 GAL 的编程特点与应用。

22.4　知识关联图

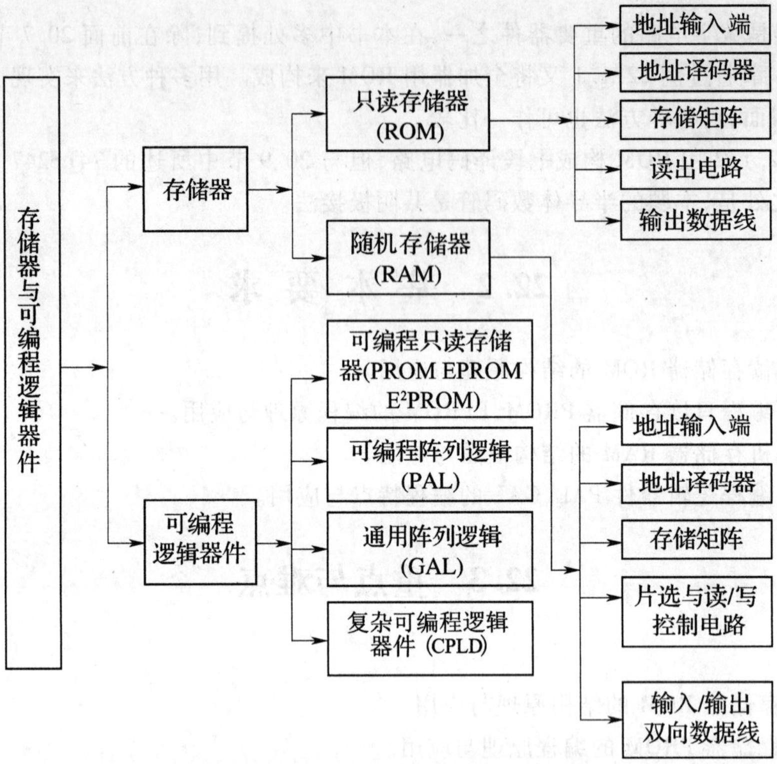

22.5　【练习与思考】题解

22.1.1　只读存储器(ROM)是由哪两个主要部分构成的？它们的主要作用是什么？

解:(1) ROM 的两个主要构成部分是:存储矩阵和地址译码器。

(2) 存储矩阵的主要作用是永久性地存放二进制数码(或二元信息代码)。

地址译码器的主要作用是根据输入的地址码,经过译码,在其输出端 $m_0 \sim m_{N-1}$ 个地址中译出一个具体的地址。这样,存储矩阵中该地址的数据或信息即送至输出端,以供读取。

22.1.2　ROM 的存储矩阵是如何构成的？怎样表示它的存储容量？

解:ROM 的存储矩阵有若干行(N)和若干列(M),形成阵列结构。阵列的交叉点就是存储单元,每个存储单元均存放一位数据 **1** 或 **0**。

存储矩阵以字为单位进行存储。行线数(N)表示字数,列线数(M)表示字的位数。字数与位数的乘积 $N \times M$ 就是存储矩阵的存储容量。

22.1.3　在 ROM 的存储矩阵中,什么是存储单元？什么是字单元？

解:(1) 在 ROM 存储矩阵中,能存放一位二进制数码(**1** 或 **0**)的最小单元称为存储矩阵的存储单元。

(2) 一个字(二进制数)通常有若干位(四位、八位、十六位等),在存储矩阵中要用若干个存储单元才能存储一个字,这若干个存储单元称为字单元。

22.1.4 ROM 的地址译码器为什么又称最小项译码器和 N 选 1 译码器?

解:这要从两个方面来看。

(1) 从地址译码器的输出端看

设地址译码器有两位地址代码 A_1A_0,那么在它的输出端能译出 4 个不同的地址 $\overline{A}_1\overline{A}_0$、$\overline{A}_1A_0$、$A_1\overline{A}_0$、$A_1A_0$,这恰好是输入地址代码 A_1A_0 的 4 个最小项 $m_0=\overline{A}_1\overline{A}_0$、$m_1=\overline{A}_1A_0$、$m_2=A_1\overline{A}_0$、$m_3=A_1A_0$。所以,ROM 的地址译码器又称为最小项译码器。

(2) 从存储矩阵的输入端看

地址译码器的 4 个最小项 m_0、m_1、m_2、m_3 与存储矩阵的 4 条字选择线 W_0、W_1、W_2、W_3 相对应。当地址译码器 4 个最小项中之一为高电平时,4 条字选择线($N=2^2=4$)中的一条即为高电平,因而被选中(即 N 条字选择线中,一条被选中)。所以,ROM 的地址译码器也称为 N 选一译码器。

22.1.5 ROM 为什么只能读出信息而不能写入信息?为什么断电时不会丢失信息?

解:(1) ROM 存储器中的信息是以其存储矩阵交叉点上是否接有元件(例如二极管或晶体管)来体现的。接有元件的,表示存储信息 **1**;没有接元件的,表示存储信息 **0**。在 ROM 出厂前,这些信息已经“固化”在存储器的芯片中,所存内容不能改变。因此,使用时只能随时读出信息而不能随时写入信息。

(2) 在 ROM 的存储矩阵中,某些交叉点上接有元件,另一些交叉点上没有接元件,交叉点的结构处于永久性的固定状态。所以,即使断电,也不能改变其结构,信息仍原样存在。再次通电,读出的还是原有的信息,不会丢失。

22.2.1 随机存储器(RAM)是由哪些主要部分构成的?它的读/写控制端和片选控制端各起什么作用?

解:(1) RAM 的主要组成部分有:地址译码器、存储矩阵、片选控制电路、读/写控制电路和输入/输出双向数据线。

(2) 读/写($R/\overline{W}$)控制端的作用:当 $R/\overline{W}=\mathbf{1}$ 时,RAM 执行读出操作,将存储矩阵中的内容送到输入/输出端(I/O);当 $R/\overline{W}=\mathbf{0}$ 时,RAM 执行写入操作,将输入/输出端(I/O)上的输入数据写入存储矩阵中。

(3) 片选($\overline{CS}$)控制端的作用:当 $\overline{CS}=\mathbf{0}$ 时,一片(或几片)RAM 芯片工作;当 $\overline{CS}=\mathbf{1}$ 时,上述芯片不工作。

22.2.2 现有 256×8RAM 一片,试回答以下问题:

(1) 该 RAM 有多少位地址码?

(2) 该 RAM 有多少个字?

(3) 该 RAM 字长多少位?

(4) 该 RAM 共有多少个存储单元?

(5) 访问该 RAM 时,每次会选中多少个存储单元?

解:对随机存储器 256×8RAM 而言:

(1) 设地址码的位数为 n,则 $2^n=256=2^8$。所以该 RAM 有 8 位地址码。

(2) 该 RAM 有 256 个字。

(3) 该 RAM 字长为 8 位。

(4) 该 RAM 共有 $256 \times 8 = 2\,048$ 个存储单元。

(5) 访问该 RAM 时,每次会选中 8 个存储单元。

22.2.3 什么是 RAM 的位数扩展和字数扩展？如何实现位数和字数的同时扩展？

解:一片 RAM 的位数和字数都是有限的,使用时如果单片 RAM 的位数或字数不够用时,就需将几片同型号 RAM 连接起来使用。连接时把位数或字数进行扩展。现以两片 1 024 字 ×4 位 RAM 用于位数扩展和字数扩展为例,说明如下。

(1) 位数的扩展

① 将两片 1 024 字 ×4 位 RAM 的地址端、读/写端和片选端都对应地并联在一起,两片共用。

② 余下的数据端就得到了扩展,由 4 位扩展至 8 位。

(2) 字数的扩展

1 024 字 ×4 位 RAM 有 10 个地址端($1\,024 = 2^{10}$,地址端为 $A_0 \sim A_9$)。用两片 1 024 字 ×4 位 RAM 进行字数的扩展,字数可扩展至 2 048 字($2\,048 = 2^{11}$,地址端为 $A_0 \sim A_{10}$),位数仍为 4 位。电路的连接步骤是:

① 将两片 1 024 字 ×4 位 RAM 的数据端、地址端和读/写端都对应地并联在一起,两片共用。

② 增加一个高位地址端 A_{10},并引入一个非门取反得到 $\overline{A}_{10}$,再将 A_{10} 和 $\overline{A}_{10}$ 分别接到两片 1 024字 ×4 位 RAM 的片选端即可。

(3) 位数和字数同时扩展

对于位数和字数需要同时扩展的 RAM,可分为两步进行:

① 先进行位数扩展,方法同上。由两片 1 024 字 ×4 位的 RAM 扩展成 1 024 字 ×8 位的 RAM。位数由 4 位扩展至 8 位。

② 接着进行字数扩展,方法同上。由两片 1 024 字 ×8 位的 RAM 扩展成 2 048 字 ×8 位的 RAM。字数由 1 024 字扩展至 2 048 字。

③ 扩展后的 RAM,位数和字数都得到了扩展。显然,共需要四片 1 024 字 ×4 位 RAM。

22.2.4 试比较 ROM 和 RAM 的基本结构和主要功能的异同,为什么 ROM 是非易失性存储器,而 RAM 是易失性存储器？

解:(1) 主要相同之处

① 都具有起译码作用的地址译码器。

② 都具有起存储信息作用的存储矩阵。

(2) 主要不同之处

① ROM 只能读出信息,不能写入信息。

② RAM 不仅能随时读出信息,也能随时写入信息。

③ ROM 断电时不会丢失信息,RAM 断电时会丢失信息。原因是:

ROM 的存储单元是靠有无二极管(或晶体管)来存储信息的。ROM 出厂时,这些信息已经完全“固化”在芯片中。因此,即使断电,所存信息也不会丢失。

RAM 的存储单元则是靠触发器或 MOS 管栅极电容的记忆作用来存储信息的。因此,断电时，存储单元的记忆作用消失，保存的信息也消失。

所以，ROM 是非易失性存储器，而 RAM 是易失性存储器。

22.3.1 在 PLD 的基本结构中，其核心部分是什么？

解：可编程逻辑器件 PLD 基本结构中的核心部分是：由**与**阵列和**或**阵列组成的**与 - 或**阵列。**与**阵列在前，通过输入电路接受输入逻辑变量；**或**阵列在后，通过输出电路送出输出逻辑变量。

22.3.2 怎样理解 PLD 中行线和列线交叉点的三种含义？

解：行线和列线交叉点的三种含义是：

(1) 交叉点处有圆点的，表示两条导线是连通的，该点是固定连接点，不可编程。

(2) 交叉点处有叉点的，表示两条导线是连通的，但该点不是固定连接点，可以编程。

(3) 交叉点处既无圆点又无叉点的，表示两条导线是断开的(或者是编程时叉点被擦除，两线不再连通)。

22.3.3 在 PLD 中，怎样表示**与**门和**或**门？它们与常规表示法有何不同？

解：在 PLD 电路中，**与**门和**或**门的表示方法与常规表示法基本相同。不同之处是：PLD 中的**与**门和**或**门，它们的输入端只有一条输入线，和输入线相交叉的是若干条变量线，变量线可以编程，形成**与**逻辑(**与**门)、**或**逻辑(**或**门)。此种表示法简捷直观，特别适用于多变量编程的 PLD 电路。

22.3.4 PROM 是用什么方法编程的？为什么只能一次编程？

解：PROM 是一次编程只读存储器，其存储矩阵的结构是：每个存储单元都有一只二极管(或晶体管)并串联了快速熔丝。

(1) 编程时，根据逻辑要求，如果一些存储单元需要存 **1**，则将熔丝保留；而另一些存储单元需要存 **0**，就用编程工具通过脉冲电流将其熔丝烧断。这样，就完成了存 **1** 和存 **0** 的编程。

(2) 熔丝烧断，不能恢复。所以，只能一次编程。

22.3.5 PAL 的基本结构如何？该器件的哪一部分可以编程？

解：(1) 可编程阵列逻辑 PAL 的基本结构有两部分：**与**阵列和**或**阵列。

(2) **与**阵列可以编程。

22.3.6 GAL 的突出优点是什么？

解：通用阵列逻辑 GAL 的突出优点是：在 GAL 的输出端设置了多个可编程的逻辑宏单元(OLMC)。用户通过编程，可将 OLMC 设置成多种工作模式，使 GAL 器件具有多种功能。

22.6 【习题】题解

A 选 择 题

22.1.1 若 ROM 的地址译码器有 10 位输入地址码，那么，它的最小项的数目为(　　)。

(1) 512　　　　(2) 1 024　　　　(3) 2 048

解：最小项的数目为 $N=2^{10}=1\,024$，所以答案应为(2)。

22.2.1 2114 型 RAM 有 10 条地址线($A_0 \sim A_9$)，4 条数据线($I/O_0 \sim I/O_3$)，则它的存储容量为(　　)。

(1) 1 024　　　　　　　　　(2) 2 048　　　　　　　　　(3) 4 096

解:该 RAM 的字数为 $2^{10}=1\,024$。位数为 4,所以其存储容量为 $1\,024\times4=4\,096$。答案应为(3)。

22.2.2　512K 字 ×8 位的 RAM,它的地址线的数目为(　　)。

(1) $n=18$　　　　　　　　　(2) $n=19$　　　　　　　　　(3) $n=20$

解:存储器的字数 $N=2^n$,1K 字 $=2^{10}$,$512=2^9$,所以 512K 字 $=2^9\times2^{10}=2^{19}$字,$n=19$。答案应为(2)。

22.3.1　在 PROM 中,可编程的是(　　)。

(1) 地址译码器　　　　　　　(2) 存储矩阵　　　　　　　(3) 两者均可编程

解:在 PROM 中,可编程的是存储矩阵。答案应为(2)。

22.3.2　在 PAL 的与 - 或阵列中,可编程的阵列是(　　)。

(1) 与阵列　　　　　　　　　(2) 或阵列　　　　　　　　　(3)两者均可编程

解:在 PAL 中,可编程的是与阵列。答案应为(1)。

B 基 本 题

22.1.2　已知 ROM 的阵列图如图 22.01 所示。

(1) 说明 ROM 存储的内容。

(2) 写出 D_0、D_1 和 D_2 的逻辑式。

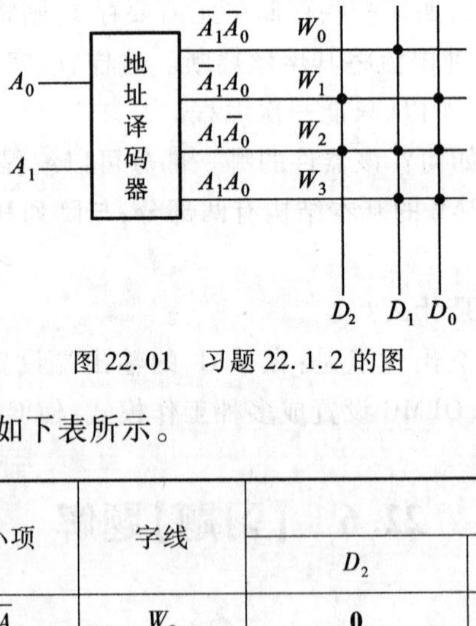

图 22.01　习题 22.1.2 的图

解:(1) ROM 存储的内容如下表所示。

地址码		最小项	字线	存储内容		
A_1	A_0			D_2	D_1	D_0
0	0	$\overline{A}_1\overline{A}_0$	W_0	0	1	0
0	1	$\overline{A}_1A_0$	W_1	1	0	1
1	0	$A_1\overline{A}_0$	W_2	1	1	1
1	1	A_1A_0	W_3	0	1	1

(2) D_0、D_1 和 D_2 的逻辑式

$$D_0=W_1+W_2+W_3=\overline{A}_1A_0+A_1\overline{A}_0+A_1A_0$$

$$D_1 = W_0 + W_2 + W_3 = \overline{A}_1\overline{A}_0 + A_1\overline{A}_0 + A_1A_0$$

$$D_2 = W_1 + W_2 = \overline{A}_1A_0 + A_1\overline{A}_0$$

22.1.3 ROM 的二极管存储矩阵如图 22.02 所示。

（1）画出其简化阵列图。

（2）说明其存储的内容。

（3）写出其 $D_0 \sim D_3$ 的逻辑式。

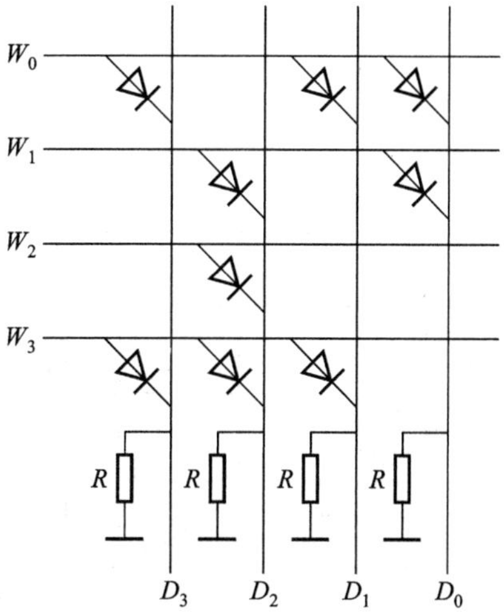

图 22.02　习题 22.1.3 的图

解：（1）简化阵列图如题解图 22.01 所示。

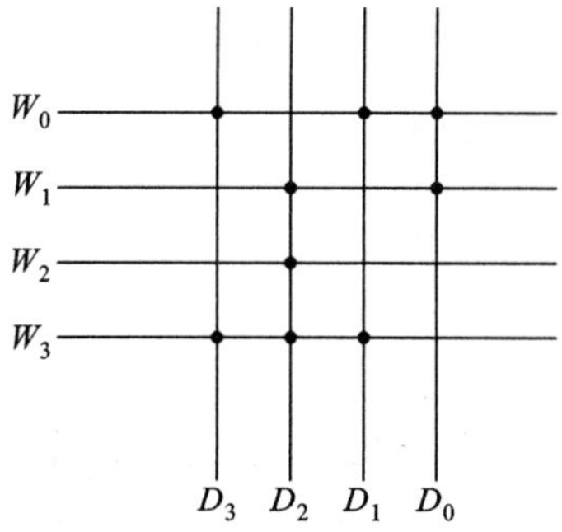

题解图 22.01　习题 22.1.3 的图

（2）ROM 的存储内容如下表所示。

字线	存储内容			
	D_3	D_2	D_1	D_0
W_0	**1**	**0**	**1**	**1**
W_1	**0**	**1**	**0**	**1**
W_2	**0**	**1**	**0**	**0**
W_3	**1**	**1**	**1**	**0**

(3) D_0、D_1、D_2 和 D_3 的逻辑式

$$D_0 = W_0 + W_1$$
$$D_1 = W_0 + W_3$$
$$D_2 = W_1 + W_2 + W_3$$
$$D_3 = W_0 + W_3$$

22.1.4 在图 22.03 中，ROM 的存储矩阵是由双极型晶体管构成的。

(1) 画出简化阵列图。

(2) 说明存储的内容。

(3) 写出 $D_0 \sim D_3$ 的逻辑式。

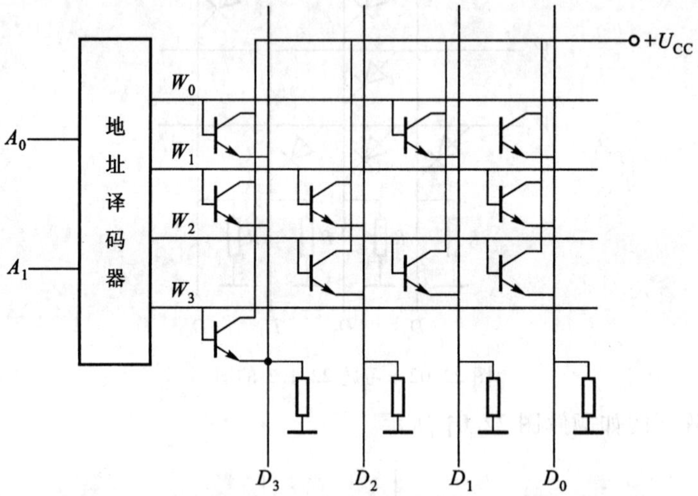

图 22.03　习题 22.1.4 的图

解:(1) 简化阵列图如题解图 22.02 所示。

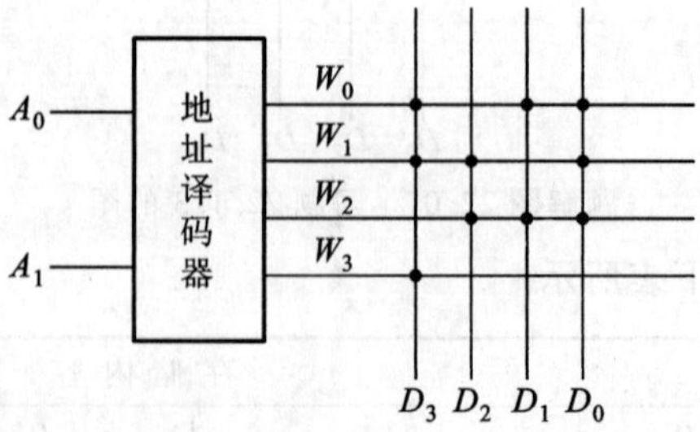

题解图 22.02

(2) 存储内容如下表所示。

地址码		最小项	字线	存储内容			
A_1	A_0			D_3	D_2	D_1	D_0
0	**0**	$\overline{A}_1\overline{A}_0$	W_0	**1**	**0**	**1**	**1**
0	**1**	$\overline{A}_1A_0$	W_1	**1**	**1**	**0**	**1**
1	**0**	$A_1\overline{A}_0$	W_2	**0**	**1**	**1**	**1**
1	**1**	A_1A_0	W_3	**1**	**0**	**0**	**0**

（3）$D_0 \sim D_3$ 的逻辑式

$$D_0 = W_0 + W_1 + W_2 = \overline{A}_1\overline{A}_0 + \overline{A}_1A_0 + A_1\overline{A}_0$$

$$D_1 = W_0 + W_2 = \overline{A}_1\overline{A}_0 + A_1\overline{A}_0$$

$$D_2 = W_1 + W_2 = \overline{A}_1A_0 + A_1\overline{A}_0$$

$$D_3 = W_0 + W_1 + W_3 = \overline{A}_1\overline{A}_0 + \overline{A}_1A_0 + A_1A_0$$

22.1.5 图 22.04 所示是由 NMOS 管构成的 ROM 存储矩阵。

（1）画出简化阵列图。

（2）说明其存储的内容。

（3）写出 $D_0 \sim D_3$ 的逻辑式。

解：在图 22.04 所示 NMOS 管存储矩阵中，当某字线为高电平时，接在该字线上的 NMOS 管导通，其漏极为低电平（相当于有管的存储单元存 **0**），相应的位线也为低电平，经过 4 个反相器之后，相应的输出端则为高电平。

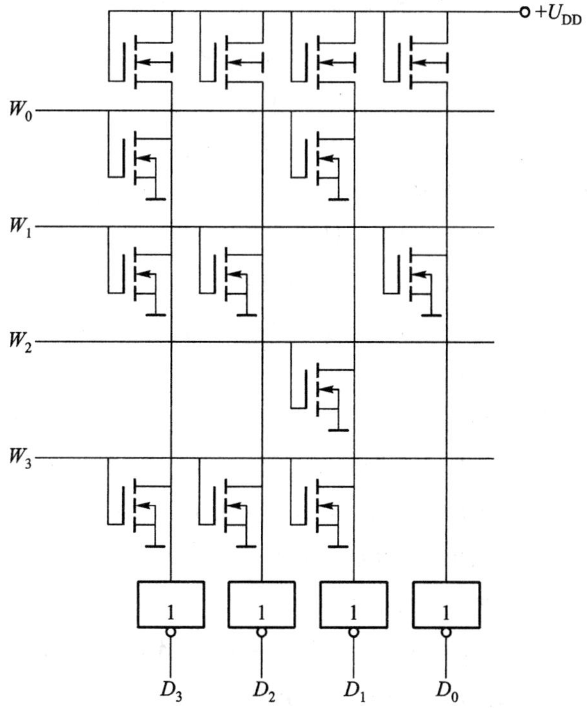

图 22.04　习题 22.1.5 的图

（1）简化阵列图如题解图 22.03 所示。

（2）存储内容如下表所示。

字线	存储内容			
	D_3	D_2	D_1	D_0
W_0	1	0	1	0
W_1	1	1	0	1
W_2	0	0	1	0
W_3	1	1	1	0

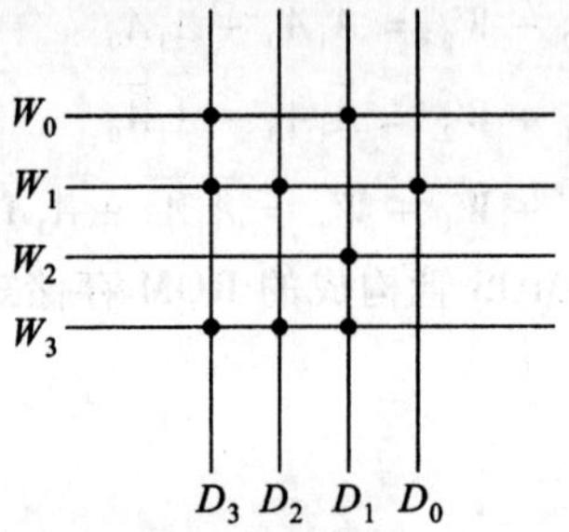

题解图 22.03

（3）$D_0 \sim D_3$ 的逻辑式

$$D_0 = W_1$$

$$D_1 = W_0 + W_2 + W_3$$

$$D_2 = W_1 + W_3$$

$$D_3 = W_0 + W_1 + W_3$$

22.1.6 试用 ROM 产生一组**与或**逻辑函数，画出 ROM 阵列图。逻辑函数是

$$Y_0 = AB + BC$$

$$Y_1 = A\overline{B} + \overline{A}B$$

$$Y_2 = AB + BC + CA$$

解：（1）将各函数式化为最小项形式

$$\begin{aligned} Y_0 &= AB + BC \\ &= AB(\overline{C} + C) + BC(\overline{A} + A) \\ &= AB\overline{C} + ABC + \overline{A}BC + ABC \\ &= \overline{A}BC + AB\overline{C} + ABC \\ &= m_3 + m_6 + m_7 \end{aligned}$$

$$\begin{aligned} Y_1 &= A\overline{B} + \overline{A}B = A\overline{B}(\overline{C} + C) + \overline{A}B(\overline{C} + C) \\ &= \overline{A}B\overline{C} + \overline{A}BC + A\overline{B}\,\overline{C} + A\overline{B}C \\ &= m_2 + m_3 + m_4 + m_5 \end{aligned}$$

$$
\begin{aligned}
Y_2 &= AB + BC + CA \\
&= AB(\overline{C} + C) + BC(\overline{A} + A) + CA(\overline{B} + B) \\
&= AB\overline{C} + ABC + \overline{A}BC + ABC + A\overline{B}C + ABC \\
&= \overline{A}BC + A\overline{B}C + AB\overline{C} + ABC \\
&= m_3 + m_5 + m_6 + m_7
\end{aligned}
$$

（2）阵列图如题解图 22.04 所示。

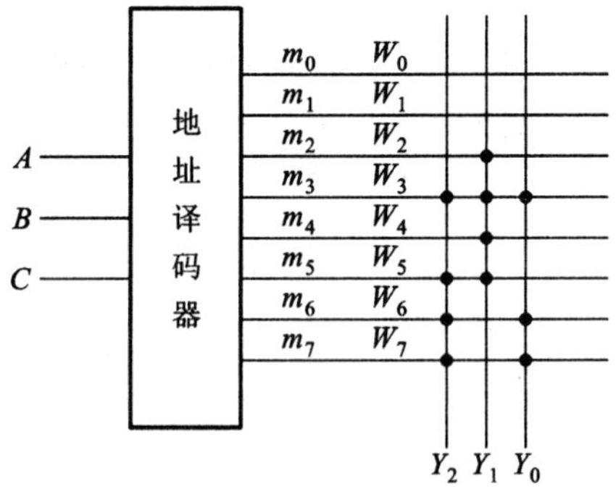

题解图 22.04

22.2.3 试用两片 256 字 ×4 位 RAM 扩展成 256 字 ×8 位 RAM，画出位扩展接线图。

解：将两片 256 字 ×4 位 RAM 的地址输入端 $A_0 \sim A_7$、读/写控制端 $R/\overline{W}$ 和片选控制端 $\overline{CS}$ 分别并联起来使用，如题解图 22.05 所示，得到 256 字 ×8 位 RAM，其字数未变，但位数由 4 位扩展至 8 位。

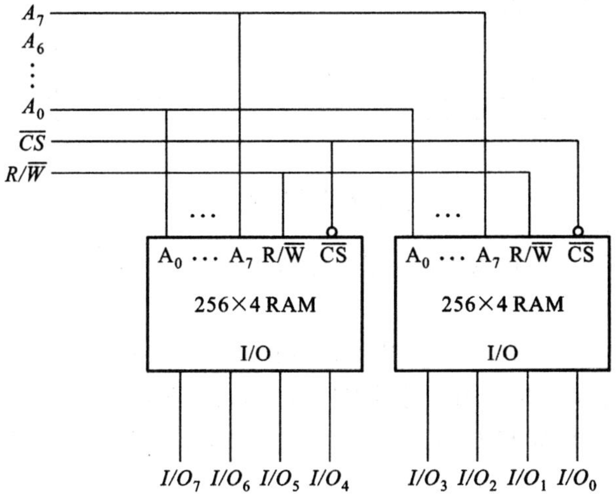

题解图 22.05

22.2.4 试用4片256字×8位RAM扩展成1 024字×8位RAM,画出字扩展接线图。

解:(1) 这是个位数不扩展只扩展字数的问题,因此首先将4片256字×8位RAM的数据端$I/O_0 \sim I/O_7$对应地并联起来,扩展后的RAM位数仍然为8位,如题解图22.06所示。

(2) 字数的扩展,要考虑以下问题:

① 256字×8位RAM,256字$=2^8$字,有8位地址端$A_0 \sim A_7$。

② 要想扩展为1 024字×8位RAM,1 024字$=256$字$\times 4=2^8 \times 2^2=2^{10}$字,有10位地址端$A_0 \sim A_9$,所以,应增加两位地址端$A_8$和$A_9$。

③ 将两位高位地址端A_8和A_9通过2线-4线译码器(输出低电平有效)分别控制4片256字×8位RAM的片选控制端$\overline{CS}$,如题解图22.06所示。

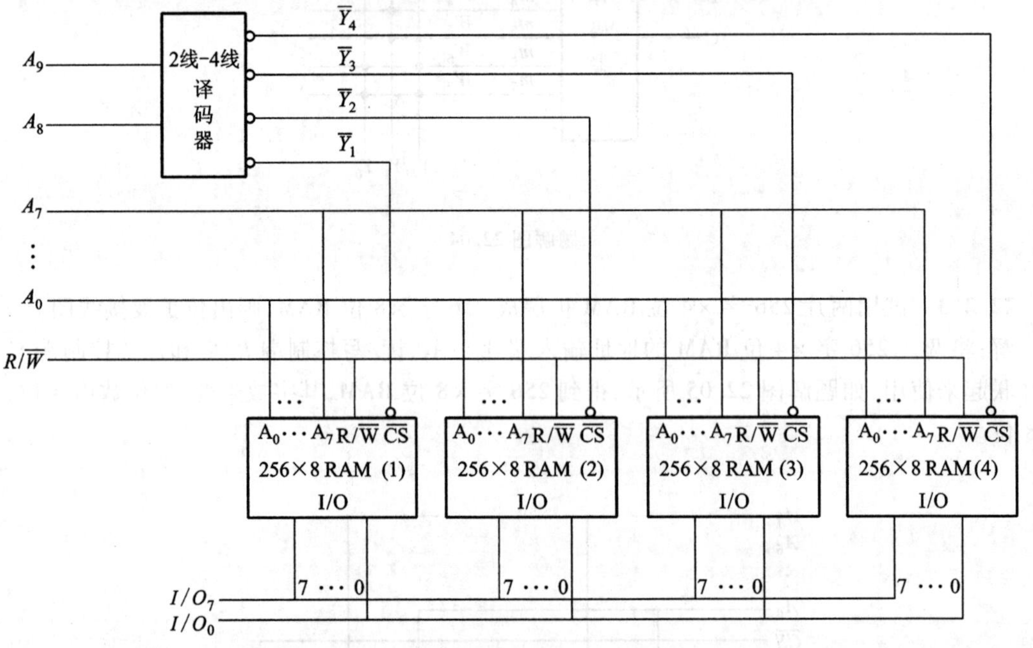

题解图22.06

④ 最后将4片256字×8位RAM的原地址端$A_0 \sim A_7$和读/写控制端$R/\overline{W}$分别并联起来即可。

22.2.5 试分析图22.05中各片RAM有多少位地址码?有多少字?每字多少位?扩展后的RAM有多少字?每字多少位?画出等效RAM的单元电路。

解:(1) 扩展前各片RAM有13位地址码$A_0 \sim A_{12}$,有$2^{13}=2^{10} \times 2^3=1\ 024 \times 8=8$ K字,每字8位。

(2) 扩展后的RAM仍然是8 K字,每字16位。

(3) RAM的等效单元电路如题解图22.07所示。

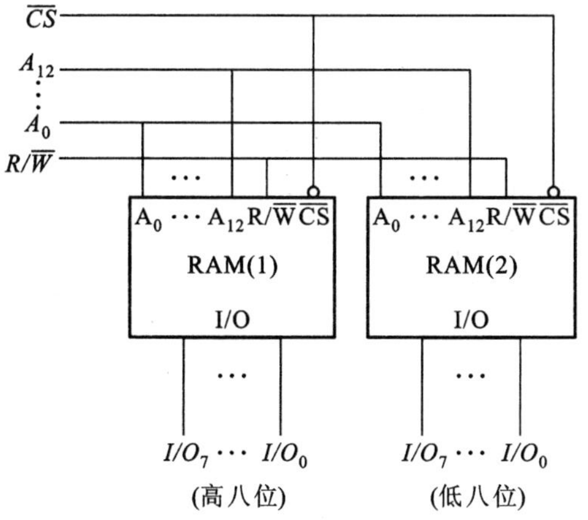

图 22.05　习题 22.2.5 的图

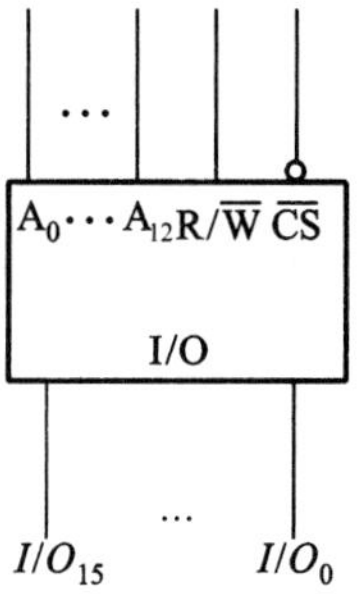

题解图 22.07

22.2.6　试分析图 22.06 中各片 RAM 有多少位地址码？多少字？每字多少位？扩展后的 RAM 有多少位地址码？多少字？每字多少位？

解：(1) 图 22.06 中各片 RAM 有 13 位地址码 $A_0 \sim A_{12}$，有 $2^{13} = 2^{10} \times 2^3 = 1\,024 \times 8 = 8$ K 字，每字 8 位。

(2) 扩展后的 RAM 有 15 位地址码 $A_0 \sim A_{14}$，有 $2^{15} = 2^{10} \times 2^5 = 1\,024 \times 32 = 32$ K 字，每字8 位。

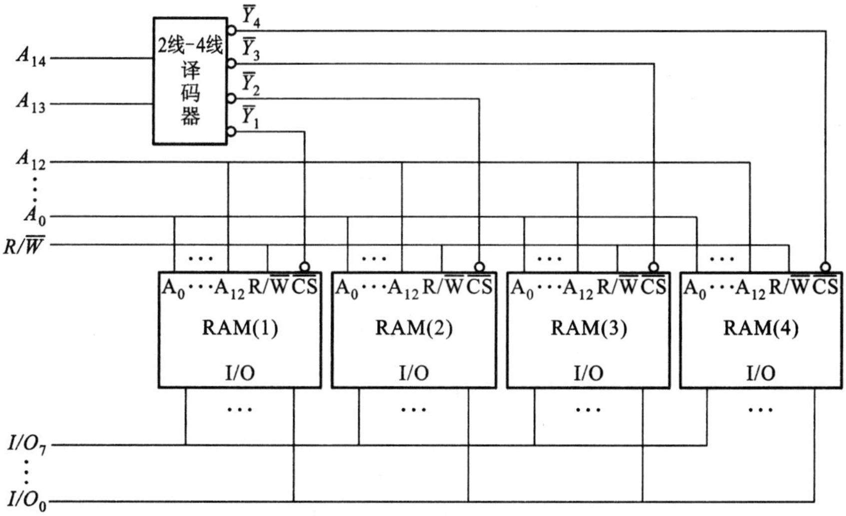

图 22.06　习题 22.2.6 的图

22.3.3　在图 22.07 所示双极型 PROM 存储矩阵中，编程时某些熔丝已被烧断(图中晶体管发射极无熔丝者)。

(1) 画出其编程阵列图。

(2) 写出 D_0、D_1 和 D_2 的逻辑式。

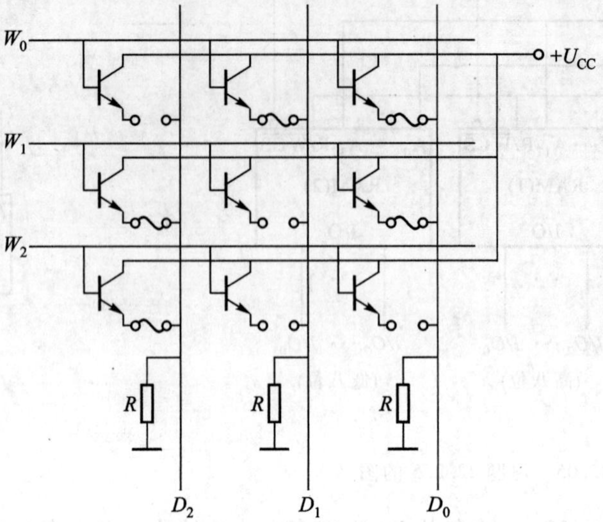

图 22.07 习题 22.3.3 的图

解：(1) 编程阵列图如题解图 22.08 所示。

(2) D_0、D_1 和 D_2 的逻辑式

$$D_0 = W_0 + W_1$$

$$D_1 = W_0$$

$$D_2 = W_1 + W_2$$

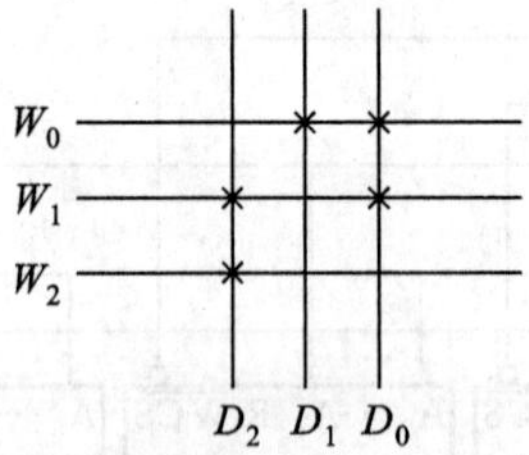

题解图 22.08

22.3.4 试在图 22.08 所示 PROM 上编程。

(1)使之产生一组逻辑函数

$$Y_0 = A + BC$$

$$Y_1 = ABC + \overline{A}\,\overline{B}C + \overline{A}B\overline{C}$$

$$Y_2 = ABC + \overline{A}\,\overline{BC}$$

(2) 画出存储矩阵编程阵列图。

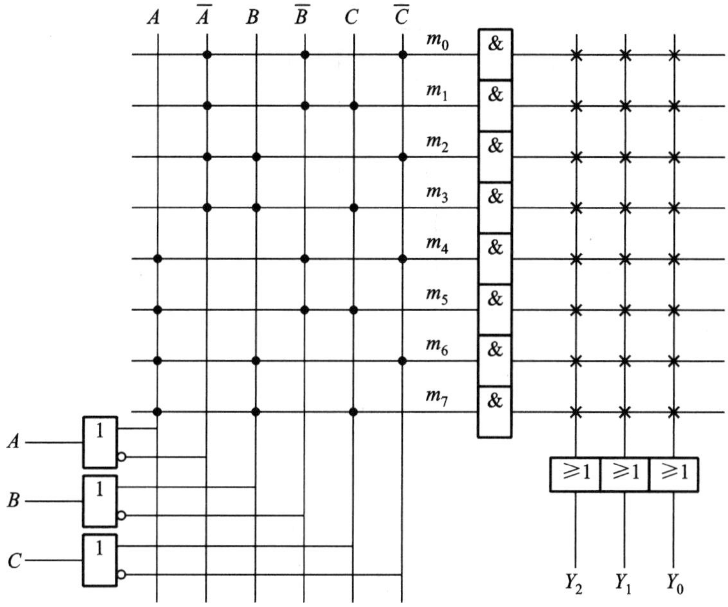

图 22.08 习题 22.3.4 的图

解:(1) 将各逻辑函数化为最小项形式

$$
\begin{aligned}
Y_0 &= A + BC \\
&= A(\overline{B} + B) + BC(\overline{A} + A) \\
&= A\overline{B} + AB + \overline{A}BC + ABC \\
&= A\overline{B}(\overline{C} + C) + AB(\overline{C} + C) + \overline{A}BC + ABC \\
&= A\,\overline{B}\,\overline{C} + A\overline{B}C + AB\overline{C} + ABC + \overline{A}BC + ABC \\
&= A\,\overline{B}\,\overline{C} + A\overline{B}C + AB\overline{C} + \overline{A}BC + ABC \\
&= m_3 + m_4 + m_5 + m_6 + m_7
\end{aligned}
$$

$$
\begin{aligned}
Y_1 &= ABC + \overline{A}\,\overline{B}C + \overline{A}B\overline{C} \\
&= m_1 + m_2 + m_7
\end{aligned}
$$

$$
\begin{aligned}
Y_2 &= ABC + \overline{A}\,\overline{BC} \\
&= ABC + \overline{A}(\overline{B} + \overline{C}) \\
&= ABC + \overline{A}\,\overline{B} + \overline{A}\,\overline{C} \\
&= ABC + \overline{A}\,\overline{B}(\overline{C} + C) + \overline{A}\,\overline{C}(\overline{B} + B) \\
&= ABC + \overline{A}\,\overline{B}\,\overline{C} + \overline{A}\,\overline{B}C + \overline{A}\,\overline{B}\,\overline{C} + \overline{A}B\overline{C} \\
&= \overline{A}\,\overline{B}\,\overline{C} + \overline{A}B\overline{C} + \overline{A}\,\overline{B}C + ABC \\
&= m_0 + m_1 + m_2 + m_7
\end{aligned}
$$

(2) 存储矩阵的编程阵列图如题解图 22.09 所示。

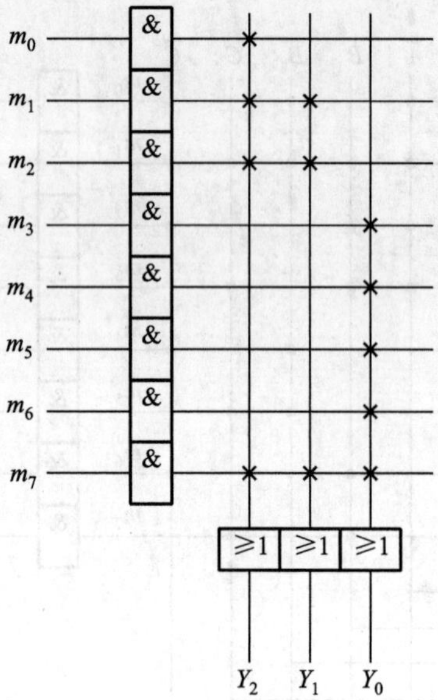

题解图 22.09

22.3.5 图 22.09 所示是已编程的 PAL(部分电路),试写出 Y_0 和 Y_1 的逻辑式。

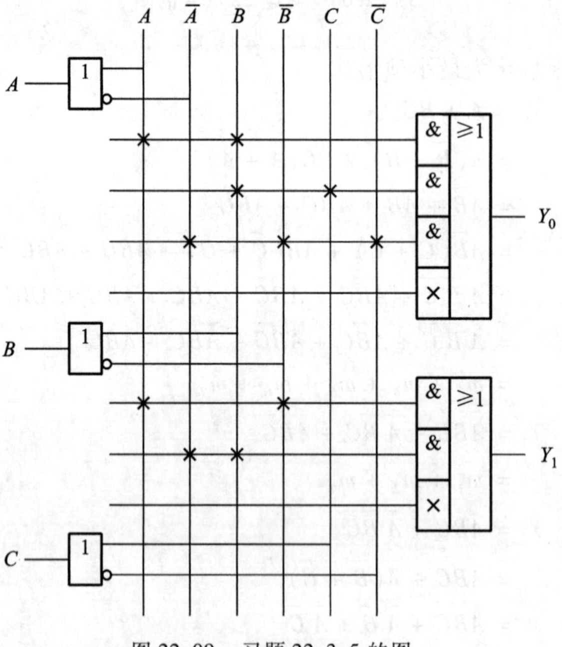

图 22.09 习题 22.3.5 的图

解:由图上的编程点,可以直接写出

$$Y_0 = AB + BC + \overline{A}\,\overline{B}\,\overline{C}$$

$$Y_1 = A\overline{B} + \overline{A}B$$

22.3.6 试用 PAL12H6(见图 22.3.15)实现下面一组逻辑函数,画出编程阵列图。

$$Y_0 = AB\overline{C}$$

$$Y_1 = AB + \overline{A}\,\overline{B}$$

$$Y_2 = A\overline{B} + \overline{A}B$$

$$Y_3 = AB + BC + CA + \overline{A}\,\overline{B}\,\overline{C}$$

解:(1) 该组逻辑函数只有 3 个输入逻辑变量 A、B、C,因而在 PAL12H6 的输入端任取 3 个即可,选取 6、7 和 8,输入变量分别为 A、B、C。接着,在 PAL12H6 上标出 A、B、C 的原变量和反变量 A、$\overline{A}$,B、$\overline{B}$,C、$\overline{C}$。

(2) 在 PAL12H6 的输出端,根据逻辑函数 $Y_0 \sim Y_3$ 的需要,选取 16、15、14 和 13 为输出端,分别输出逻辑函数 $Y_0 \sim Y_3$。

(3) 根据逻辑函数 $Y_0 \sim Y_3$ 和 PAL12H6 阵列图进行编程,编程后的阵列图如题解图 22.10 所示。

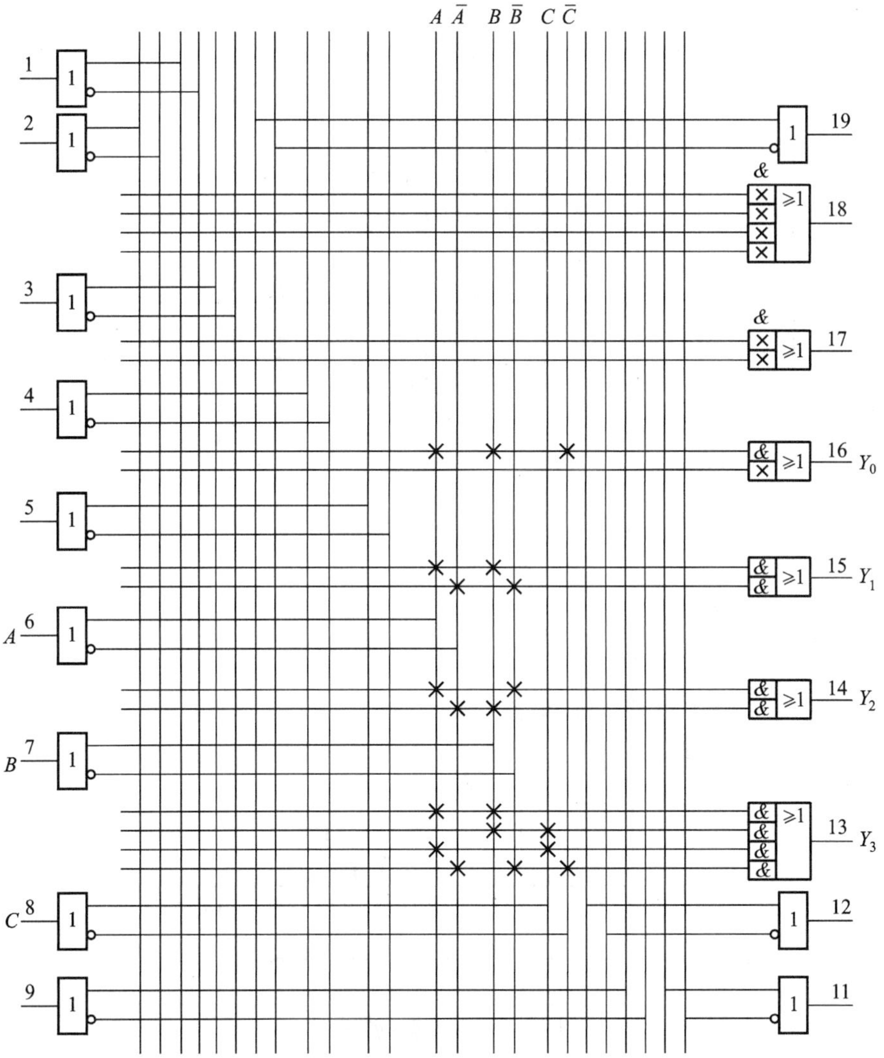

题解图 22.10

(4) 说明:在 PAL12H6 选用的输出端,各或门前的与门未全部使用。

① **或**门 16,有一个**与**项,$Y_0 = AB\overline{C}$。只用一个**与**门(另一个**与**门未用,用"×"号表示)。

② **或**门 15,有两个**与**项,$Y_1 = AB + \overline{A}\,\overline{B}$。两个**与**门全用。

③ **或**门 14,有两个**与**项,$Y_2 = A\overline{B} + \overline{A}B$。两个**与**门全用。

④ **或**门 13,有四个**与**项,$Y_3 = AB + BC + CA + \overline{A}\,\overline{B}\,\overline{C}$。四个**与**门全用。

C 拓 宽 题

22.3.7 图 22.10 是用 PROM 构成的阶梯波发生器。输出电压 u_O 的波形由 PROM 存储的内容决定。图中 4 个电子开关的动作由 PROM 的位线 $D_0 \sim D_3$ 的电平控制:当各 $D = \mathbf{1}$ 时,开关接通基准电压($-U_R$);当各 $D = \mathbf{0}$ 时,开关接"地"。今需产生如图 22.11 所示阶梯波电压信号,试对 PROM 进行编程,并画出 PROM 的编程阵列图。

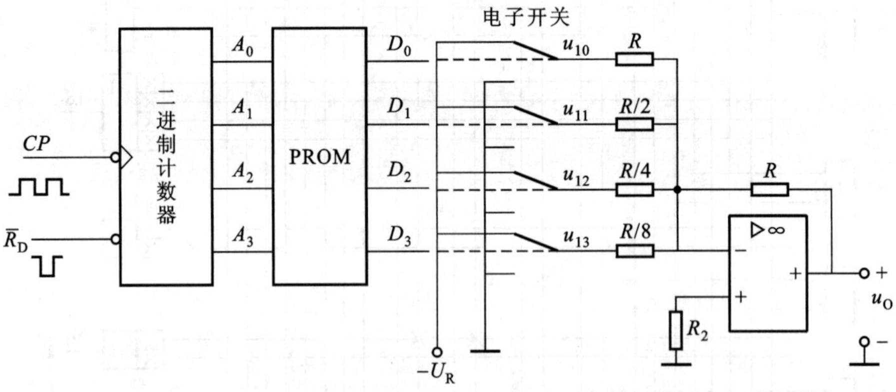

图 22.10 用 PROM 构成阶梯波发生器

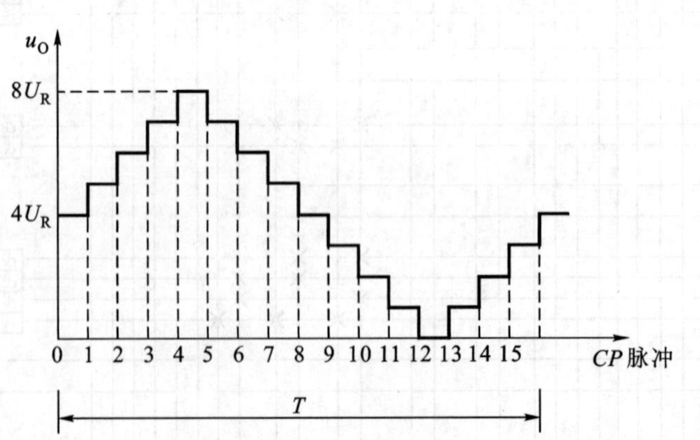

图 22.11 阶梯波信号电压

解:(1) 图 22.10 中的电压 u_O 与各输入信号 u_{10}、u_{11}、u_{12}、u_{13}之间的关系,由集成运算放大器运算电路公式(16.2.7)可知

$$u_O = -\left(\frac{R}{R/8}u_{13} + \frac{R}{R/4}u_{12} + \frac{R}{R/2}u_{11} + \frac{R}{R}u_{10}\right)$$
$$= -(8u_{13} + 4u_{12} + 2u_{11} + u_{10})$$

（2）电压 u_O 与各数字量 D_3、D_2、D_1、D_0 之间的关系

因为　　$u_{13} = -U_R D_3$　　$u_{12} = -U_R D_2$　　$u_{11} = -U_R D_1$　　$u_{10} = -U_R D_0$

代入上式可得

$$u_O = 8U_R D_3 + 4U_R D_2 + 2U_R D_1 + U_R D_0$$
$$= (8D_3 + 4D_2 + 2D_1 + D_0)U_R$$

（3）根据阶梯波的波形列 PROM 的编程表

图 22.11 中的阶梯波电压 u_O 在一个周期内有 16 个波幅与二进制计数器 16 个状态相对应。例如：当计数脉冲 $CP = 0$ 时，$A_3A_2A_1A_0 = \mathbf{0000}$，阶梯波电压 $u_O = 4U_R$，代入上面公式

$$4U_R = (8D_3 + 4D_2 + 2D_1 + D_0)U_R$$
$$4 = 8D_3 + 4D_2 + 2D_1 + D_0$$

数字量 D_3、D_2、D_1、D_0 只能有 **1** 和 **0** 两种取值，所以唯有 $D_2 = \mathbf{1}$，其余均为 **0**，即 $D_3D_2D_1D_0 = $ **0100**，以此类推，得出 16 个状态所对应的有关数据。PROM 的编程表如下表所示。

PROM 的编程表

CP	A_3	A_2	A_1	A_0	u_O	D_3	D_2	D_1	D_0
0	**0**	**0**	**0**	**0**	$4U_R$	**0**	**1**	**0**	**0**
1	**0**	**0**	**0**	**1**	$5U_R$	**0**	**1**	**0**	**1**
2	**0**	**0**	**1**	**0**	$6U_R$	**0**	**1**	**1**	**0**
3	**0**	**0**	**1**	**1**	$7U_R$	**0**	**1**	**1**	**1**
4	**0**	**1**	**0**	**0**	$8U_R$	**1**	**0**	**0**	**0**
5	**0**	**1**	**0**	**1**	$7U_R$	**0**	**1**	**1**	**1**
6	**0**	**1**	**1**	**0**	$6U_R$	**0**	**1**	**1**	**0**
7	**0**	**1**	**1**	**1**	$5U_R$	**0**	**1**	**0**	**1**
8	**1**	**0**	**0**	**0**	$4U_R$	**0**	**1**	**0**	**0**
9	**1**	**0**	**0**	**1**	$3U_R$	**0**	**0**	**1**	**1**
10	**1**	**0**	**1**	**0**	$2U_R$	**0**	**0**	**1**	**0**
11	**1**	**0**	**1**	**1**	U_R	**0**	**0**	**0**	**1**
12	**1**	**1**	**0**	**0**	0	**0**	**0**	**0**	**0**
13	**1**	**1**	**0**	**1**	U_R	**0**	**0**	**0**	**1**
14	**1**	**1**	**1**	**0**	$2U_R$	**0**	**0**	**1**	**0**
15	**1**	**1**	**1**	**1**	$3U_R$	**0**	**0**	**1**	**1**

（4）根据 PROM 的编程表，画出它的编程阵列图，如题解图 22.11 所示。

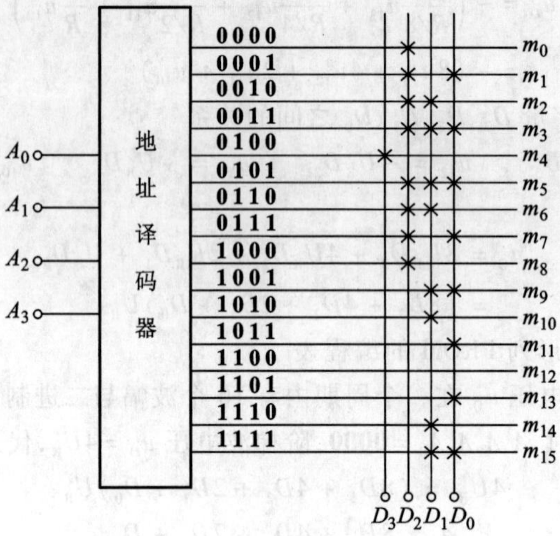

题解图 22.11　PROM 的编程阵列图

第23章

模拟量和数字量的转换

模拟量和数字量的相互转换在电子技术中很重要，数模转换器（DAC）和模数转换器（ADC）是联系数字系统和模拟系统的“桥梁”，是实现数字控制的基础。本章主要介绍数－模和模－数转换的基本概念、基本原理和主要技术指标，对几种典型集成转换器的组成、特点和工作过程进行了简要分析。

23.1 内容要点与阅读指导

为了能使用数字电路处理模拟信号，需要将模拟信号转换为相对应的数字信号，以便送入数字系统（数字计算机）进行处理。处理后得到的数字信号往往还需再转换成相应的模拟信号作为输出，这一过程必须通过模数、数模转换来实现，如题解图 23.01 所示。

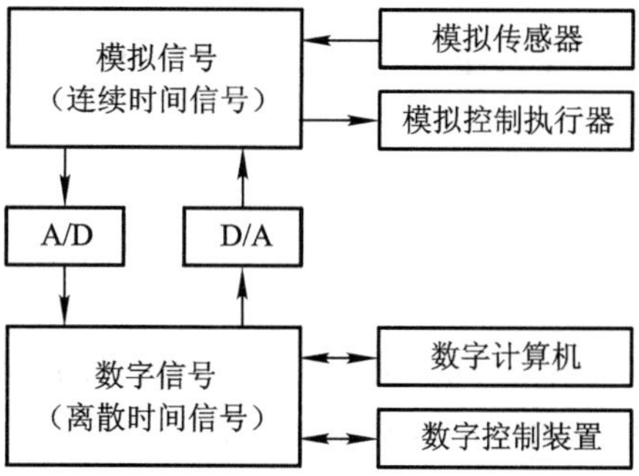

题解图 23.01

1. 数模和模数转换的基本概念

将数字量通过一定方式转换为模拟量的过程称为数模转换，能实现数模转换的电路或装置称为数模转换器，简称 D/A 转换器或 DAC。D/A 转换器的输入端接收数字信息，输出端输出正比于输入数据的电压或电流。

将模拟量通过一定方式转换为数字量的过程称为模数转换，能实现模数转换的电路或装置称为模数转换器，简称 A/D 转换器或 ADC。A/D 转换器的输入端接收电压或电流，输出端输出正比于输入电压或电流的数字信息。

转换精度和转换速度是衡量 A/D 转换器和 D/A 转换器性能优劣的主要标志，是处理结果准确性和快速过程适应性的重要保证。

2. 数模转换器

常见 D/A 转换器类型：权电阻网络 DAC、$R-2R$ T 形、电阻网络 DAC、$R-2R$ 倒 T 形电阻网络 DAC、权电流型 DAC、权电容网络 DAC 以及开关树型 DAC 等。

主要技术指标：位数、分辨率、转换精度、线性度、转换速度、电源抑制比、功耗、温度系数、输入数字信号的逻辑电平等。

教材中只着重介绍由 $R-2R$ 倒 T 形电阻网络、电子模拟开关、求和运算放大器构成的倒 T 形电阻网络 DAC，它在 CMOS 集成 D/A 转换器中较为常用。根据位数和转换时间等指标的不同，集成 D/A 转换器有多种型号可供选用，如 AD7520、AD7524、AD7533 等。如单纯按输入二进制数的位数可分为 8 位、10 位、12 位、16 位 DAC。

3. 模数转换器

A/D 转换过程的四个步骤：采样、保持、量化、编码。

常见 A/D 转换器类型：逐次逼近型、双积分型、并行比较型、量化反馈型。

主要技术指标：位数（分辨率）、转换精度、转换速度、电源抑制比、功耗、温度系数、输入模拟电压范围、输出数字信号的逻辑电平等。

按输出二进制数的位数可分为 8 位、10 位、12 位、16 位 ADC。

4. 选用原则

性能参数满足要求、性能价格比高。

23.2 基本要求

1. 了解模拟量和数字量相互转换的意义。

2. 了解数－模转换电路的组成部分和结构类型，理解实现数－模转换的过程及转换电路各部分的作用。

3. 了解模－数转换电路的结构类型，理解实现模－数转换的过程及转换电路各部分的作用。

4. 了解数－模转换器和模－数转换器的主要技术指标及选用原则。

23.3 重点与难点

1. 重点

(1) D/A 与 A/D 转换的基本概念。

(2) 倒 T 形电阻网络 DAC 和逐次逼近型 ADC 的基本工作原理。

(3) DAC 与 ADC 的主要技术指标。

2. 难点

(1) 倒 T 形电阻网络 DAC 转换原理。

(2) 逐次逼近型、双积分型 ADC 转换原理。

23.4 知识关联图

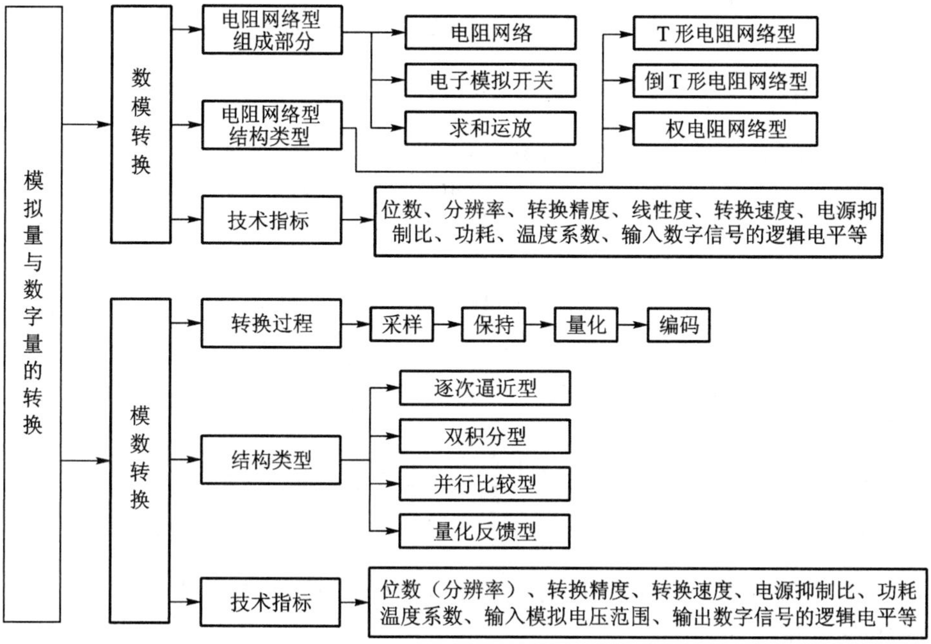

23.5 【习题】题解

A 选择题

23.1.1 在图 23.1.1 所示倒 T 形电阻网络 D/A 转换器中，设 $U_R = -10\ \text{V}$，$R_F = R$，则输出模拟电压 U_O 的最小值为(　　)，U_O 的最大值为(　　)。

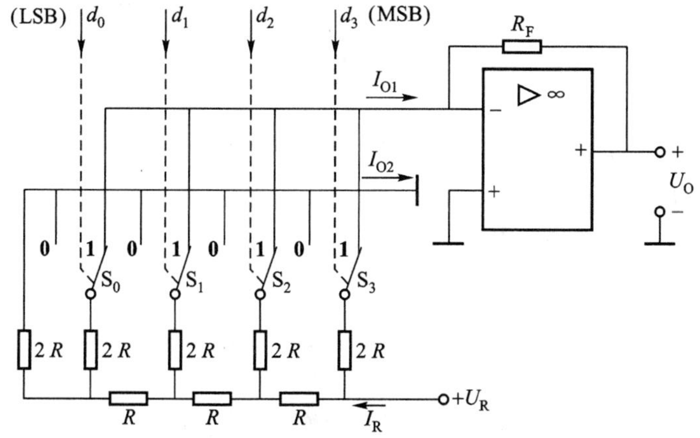

图 23.1.1　倒 T 形电阻网络 D/A 转换器

U_0 的最小值:(1) 1 V (2) 0.625 V (3) -0.625 V

U_0 的最大值:(1) 9.375 V (2) 10 V (3) 5 V

解:图 23.1.1 所示倒 T 形电阻网络 D/A 转换器电路输出模拟电压 U_0 为

$$U_0 = -\frac{R_F U_R}{R \cdot 2^n}(d_{n-1} \cdot 2^{n-1} + d_{n-2} \cdot 2^{n-2} + \cdots + d_1 \cdot 2^1 + d_0 \cdot 2^0)$$

当 $R_F = R$ 时,有

$$U_0 = -\frac{U_R}{2^n}(d_{n-1} \cdot 2^{n-1} + d_{n-2} \cdot 2^{n-2} + \cdots + d_1 \cdot 2^1 + d_0 \cdot 2^0)$$

则

$$U_{0\min} = -\frac{U_R}{2^n}, \quad U_{0\max} = -\frac{(2^n - 1)U_R}{2^n}$$

当 $U_R = -10$ V,$n = 4$ 时,将 $d_3d_2d_1d_0 = $ **0001** 和 $d_3d_2d_1d_0 = $ **1111** 分别代入上式,得

$$U_{0\min} = -\frac{(-10)}{2^4}\ \text{V} = 0.625\ \text{V}$$

故最小值选(2)。

$$U_{0\max} = -\frac{(2^4 - 1) \times (-10)}{2^4}\ \text{V} = 9.375\ \text{V}$$

故最大值选(1)。

23.1.2 在图 23.1.1 中,输出模拟电压的最小值为 0.313 V 时,则当输入数字量为 **1010** 时的输出模拟电压为(　　)。

(1) 3.13 V (2) -3.13 V (3) 4.7 V

解:由题意知 $U_{0\min} = 0.313$ V,$n = 4$

则

$$U_R = -2^n \cdot U_{0\min} = -2^4 \times 0.313\ \text{V} = -5.008\ \text{V}$$

当 $d_3d_2d_1d_0 = $ **1010** 时,有

$$U_0 = -\frac{U_R}{2^4}(d_3 \cdot 2^3 + d_2 \cdot 2^2 + d_1 \cdot 2^1 + d_0 \cdot 2^0)$$

$$= -\frac{(-5.008)}{2^4}(1 \times 2^3 + 0 \times 2^2 + 1 \times 2^1 + 0 \times 2^0)\ \text{V}$$

$$= 0.313 \times (8 + 2)\ \text{V} = 3.13\ \text{V}$$

故选(1)。

23.1.3 在倒 T 形电阻网络 D/A 转换器中,当输入数字量为 **1** 时,输出模拟电压为 4.885 mV,而最大输出电压为 10 V。试问该 D/A 转换器是(　　)的。

(1) 10 位 (2) 11 位 (3) 12 位

解:由题意可知

$$U_{0\min} = -\frac{U_R}{2^n} = 4.885 \times 10^{-3}\ \text{V}$$

$$U_{0\max} = -\frac{(2^n - 1)U_R}{2^n} = 10\ \text{V}$$

联立可得 $$2^n \approx 2\,046, \quad n=11$$

该 D/A 转换器是 11 位的，故选(2)。

23.2.1 已知 8 位 A/D 转换器的参考电压 $U_R = -5$ V，输入模拟电压 $U_I = 3.91$ V，则输出数字量为(　　)。

(1) **11001000**　　(2) **11001001**　　(3) **01001000**

解：逐次逼近型 A/D 转换器组成如教材图 23.2.1 所示。

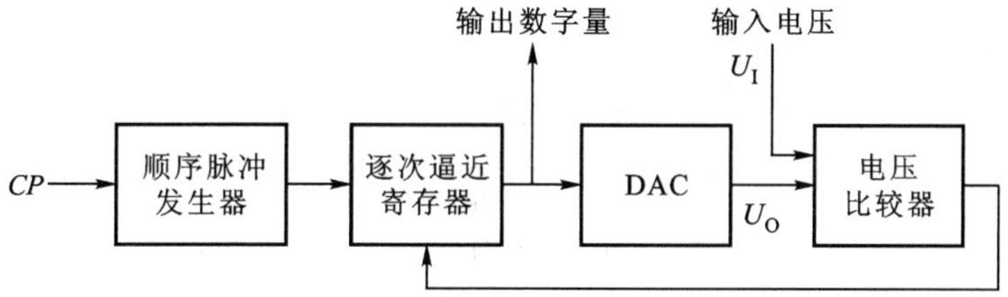

图 23.2.1　逐次逼近型 A/D 转换器的原理方框图

转换时顺序脉冲发生器输出的顺序脉冲首先将逐次逼近寄存器的最高位置 **1**，经 D/A 转换器转换为相应的模拟电压 U_O 送入电压比较器与待转换的输入电压 U_I 进行比较。若 $U_O > U_I$，说明数字量过大，将此最高位的 **1** 除去，并将次高位置 **1**；若 $U_O < U_I$，说明数字量还不够大，除应将此位的 **1** 保留外，还应再将下一次高位置 **1**。这样逐次置位，逐次比较，一直到最低位为止。此时逐次逼近寄存器输出的逻辑状态就是对应于输入电压 U_I 的输出数字量。

本题中 DAC 输出电压 U_O 为

$$U_O = -\frac{U_R}{2^8}(d_7 \cdot 2^7 + d_6 \cdot 2^6 + d_5 \cdot 2^5 + d_4 \cdot 2^4 + d_3 \cdot 2^3 + d_2 \cdot 2^2 + d_1 \cdot 2^1 + d_0 \cdot 2^0)\ \text{V}$$

逐次逼近转换过程见题解表 23.01。

题解表 23.01　8 位逐次逼近型 ADC 的转换过程

顺序脉冲	d_7	d_6	d_5	d_4	d_3	d_2	d_1	d_0	U_O/V	比较判别	新置位数码 **1** 保留或去除
1	**1**	**0**	**0**	**0**	**0**	**0**	**0**	**0**	2.5	$U_O < U_I$	保留
2	**1**	**1**	**0**	**0**	**0**	**0**	**0**	**0**	3.75	$U_O < U_I$	保留
3	**1**	**1**	**1**	**0**	**0**	**0**	**0**	**0**	4.375	$U_O > U_I$	去除
4	**1**	**1**	**0**	**1**	**0**	**0**	**0**	**0**	4.062 5	$U_O > U_I$	去除
5	**1**	**1**	**0**	**0**	**1**	**0**	**0**	**0**	3.906 25	$U_O \approx U_I$	保留

来第 5 个脉冲后与输出数字量 **11001000** 对应的模拟电压 $U_O = 3.906\,25$ V 与输入模拟电压 $U_I = 3.91$ V 最接近，故应选(1)。

B　基　本　题

23.1.4 在图 23.1.1 中，当 $d_3d_2d_1d_0 =$ **1010** 时，试计算输出电压 U_O。设 $U_R = 10$ V，$R_F = R$。

解：由图可得电阻网络的输出电流 I_{O1}

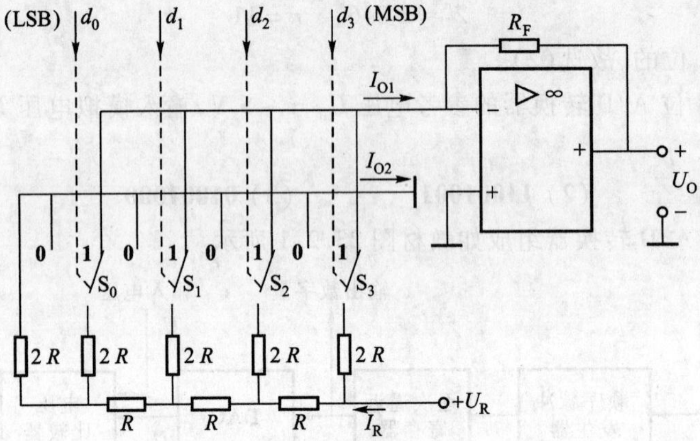

图 23.1.1 倒 T 形电阻网络 D/A 转换器

$$I_{O1}=\frac{U_R}{2R}\cdot d_3+\frac{U_R}{4R}\cdot d_2+\frac{U_R}{8R}\cdot d_1+\frac{U_R}{16R}\cdot d_0$$

$$=\frac{U_R}{2^4R}(d_3\cdot 2^3+d_2\cdot 2^2+d_1\cdot 2^1+d_0\cdot 2^0)$$

则运算放大电器输出的模拟电压 U_O 为

$$U_O=-R_F\cdot I_{O1}=-\frac{R_FU_R}{2^4R}(d_3\cdot 2^3+d_2\cdot 2^2+d_1\cdot 2^1+d_0\cdot 2^0)$$

若 $U_R=10$ V，$R_F=R$，$d_3d_2d_1d_0=\mathbf{1010}$，代入上式得

$$U_O=-\frac{10}{2^4}(1\times 2^3+0\times 2^2+1\times 2^1+0\times 2^0)\ \text{V}=-6.25\ \text{V}$$

23.1.5 在图 23.1.1 中，设 $U_R=10$ V，$R=R_F=10$ kΩ，当 $d_3d_2d_1d_0=\mathbf{1011}$ 时，试求此时的 I_R，I_{O1}，U_O 以及各支路电流 I_3，I_2，I_1，I_0。

解：对于图 23.1.1 电阻网络从参考电压 U_R 端向左看输入的等效电阻为 R，因此输入的电流 I_R 为

$$I_R=\frac{U_R}{R}=\frac{10}{10}\ \text{mA}=1\ \text{mA}$$

由分流关系得各开关 S_3、S_2、S_1、S_0 支路的电流分别为

$$I_3=\frac{1}{2}I_R=\frac{U_R}{2R}=0.5\ \text{mA}$$

$$I_2=\frac{1}{4}I_R=\frac{U_R}{4R}=0.25\ \text{mA}$$

$$I_1=\frac{1}{8}I_R=\frac{U_R}{8R}=0.125\ \text{mA}$$

$$I_0=\frac{1}{16}I_R=\frac{U_R}{16R}=0.0625\ \text{mA}$$

当 $d_3d_2d_1d_0=\mathbf{1011}$ 时，电阻网络输出电流 I_{O1} 为

$$I_{O1}=d_3\cdot I_3+d_2\cdot I_2+d_1\cdot I_1+d_0\cdot I_0$$

$$=(1\times 0.5+0\times 0.25+1\times 0.125+1\times 0.0625)\ \text{mA}$$

$$=0.6875\ \text{mA}$$

输出电压 U_O 为

$$U_O = -R_F I_{O1} = (-10 \times 0.6875)\ \text{V} = -6.875\ \text{V}$$

23.1.6 8 位 D/A 转换器输入数字量为 **00000001** 时，输出电压为 −0.04 V，试求输入数字量为 **10000000** 和 **01101000** 时的输出电压。

解：由题意可知 $U_{Omin} = -0.04\ \text{V}$

当 $D_1 = d_7 d_6 \cdots d_1 d_0 = \mathbf{10000000}$ 时

$U_{O1} = U_{Omin} \cdot D_1 = -0.04 \times 2^7\ \text{V} = -5.12\ \text{V}$

当 $D_2 = d_7 d_6 \cdots d_1 d_0 = \mathbf{01101000}$ 时

$U_{O2} = U_{Omin} \cdot D_2 = -0.04 \times (2^6 + 2^5 + 2^3)\ \text{V} = -4.16\ \text{V}$

23.1.7 某 D/A 转换器的最小输出电压为 0.04 V，最大输出电压为 10.2 V，试求该转换器的分辨率及位数。

解：D/A 转换器的分辨率是指最小输出电压（对应的输入二进制数仅最低位为 **1** 其余位全为 **0**）与最大输出电压（对应的输入 n 位二进制数所有位全为 **1**）之比，即

$$\frac{U_{Omin}}{U_{Omax}} = \frac{1}{2^n - 1} = \frac{0.04}{10.2} = 3.92 \times 10^{-3}$$

解之可得 $n = 8$

该转换器的分辨率为 3.92×10^{-3}，位数为 8 位。

23.2.2 在 4 位逐次逼近型 A/D 转换器中，设 $U_R = -10\ \text{V}$，$U_I = 8.2\ \text{V}$，试说明逐次逼近的过程和转换的结果。

解：重画教材中 4 位逐次逼近型 A/D 转换器原理电路如图 23.2.2 所示。

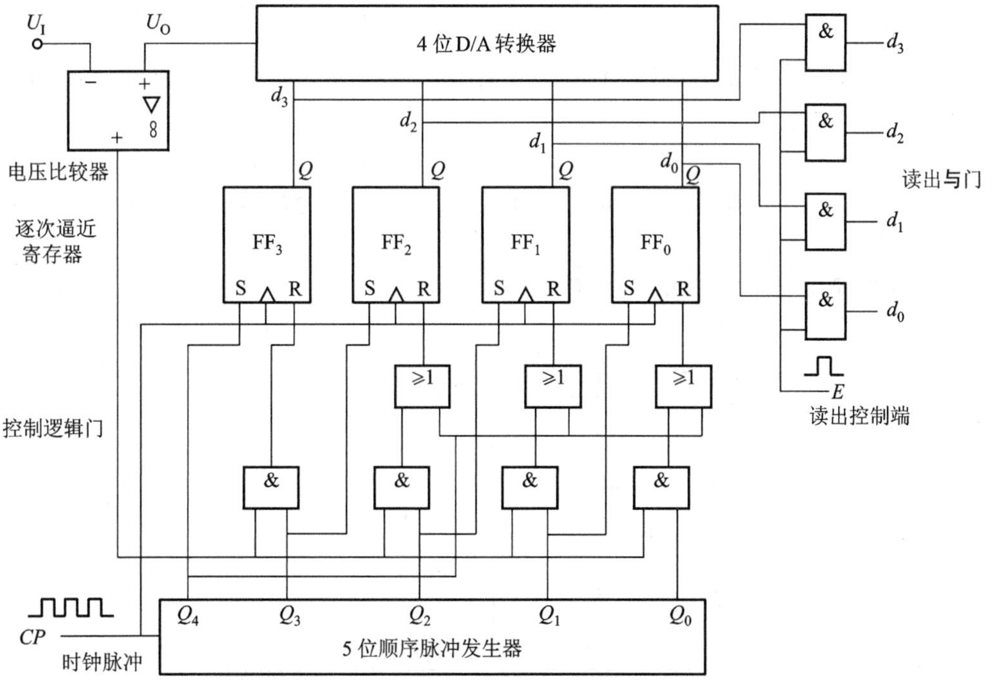

图 23.2.2 4 位逐次逼近型 A/D 转换器的原理电路

转换开始之前，先将组成逐次逼近寄存器的 4 个可控 RS 触发器 FF_3、FF_2、FF_1、FF_0 的输出清 0，并置顺序脉冲 $Q_4Q_3Q_2Q_1Q_0 = \mathbf{10000}$ 状态。

当第一个时钟脉冲 CP 的上升沿来到时，逐次逼近寄存器的输出 $d_3d_2d_1d_0 = \mathbf{1000}$，加在 D/A 转换器上，此时 D/A 转换器的输出电压

$$U_O = -\frac{U_R}{2^4}(d_3 \cdot 2^3 + d_2 \cdot 2^2 + d_1 \cdot 2^1 + d_0 \cdot 2^0) = \frac{10}{2^4} \times 1 \times 2^3\ \text{V} = 5\ \text{V}$$

因 $U_O < U_I$，故比较器的输出为 $\mathbf{0}$，$d_3 = \mathbf{1}$ 被保留。同时，顺序脉冲右移 1 位，变为 $Q_4Q_3Q_2Q_1Q_0 = \mathbf{01000}$ 状态。

当第二个时钟脉冲 CP 的上升沿来到时，逐次逼近寄存器的输出 $d_3d_2d_1d_0 = \mathbf{1100}$，加在 D/A 转换器上，此时 D/A 转换器的输出电压

$$U_O = -\frac{U_R}{2^4}(d_3 \cdot 2^3 + d_2 \cdot 2^2 + d_1 \cdot 2^1 + d_0 \cdot 2^0) = \frac{10}{2^4}(1 \times 2^3 + 1 \times 2^2)\ \text{V} = 7.5\ \text{V}$$

因 $U_O < U_I$，故比较器的输出为 $\mathbf{0}$，$d_3 = \mathbf{1}$、$d_2 = \mathbf{1}$ 被保留。同时，顺序脉冲右移 1 位，变为 $Q_4Q_3Q_2Q_1Q_0 = \mathbf{00100}$状态。

当第三个时钟脉冲 CP 的上升沿来到时，$d_3d_2d_1d_0 = \mathbf{1110}$，此时 D/A 转换器的输出电压

$$U_O = -\frac{U_R}{2^4}(d_3 \cdot 2^3 + d_2 \cdot 2^2 + d_1 \cdot 2^1 + d_0 \cdot 2^0) = \frac{10}{2^4}(1 \times 2^3 + 1 \times 2^2 + 1 \times 2^1)\ \text{V} = 8.75\ \text{V}$$

因 $U_O > U_I$，故比较器的输出为 $\mathbf{1}$，$d_1 = \mathbf{1}$ 被去除。同时，顺序脉冲右移 1 位，变为 $Q_4Q_3Q_2Q_1Q_0 = \mathbf{00010}$状态。

当第四个时钟脉冲 CP 的上升沿来到时，$d_3d_2d_1d_0 = \mathbf{1101}$，此时 D/A 转换器的输出电压

$$U_O = -\frac{U_R}{2^4}(d_3 \cdot 2^3 + d_2 \cdot 2^2 + d_1 \cdot 2^1 + d_0 \cdot 2^0) = \frac{10}{2^4}(1 \times 2^3 + 1 \times 2^2 + 1 \times 2^0)\ \text{V} = 8.125\ \text{V}$$

因 $U_O \approx U_I$ 且 U_O 略小于 U_I，故比较器的输出为 $\mathbf{0}$，$d_0 = \mathbf{1}$ 被保留。同时，顺序脉冲右移 1 位，变为 $Q_4Q_3Q_2Q_1Q_0 = \mathbf{00001}$ 状态。

当第五个时钟脉冲 CP 的上升沿来到时，$d_3d_2d_1d_0 = \mathbf{1101}$ 保持不变。同时，顺序脉冲右移 1 位，返回初始状态 $Q_4Q_3Q_2Q_1Q_0 = \mathbf{10000}$。从而完成了一个完整的转换过程。即最终的转换结果为 $d_3d_2d_1d_0 = \mathbf{1101}$。

上述转换过程如题解图 23.02 和题解表 23.02 所示。

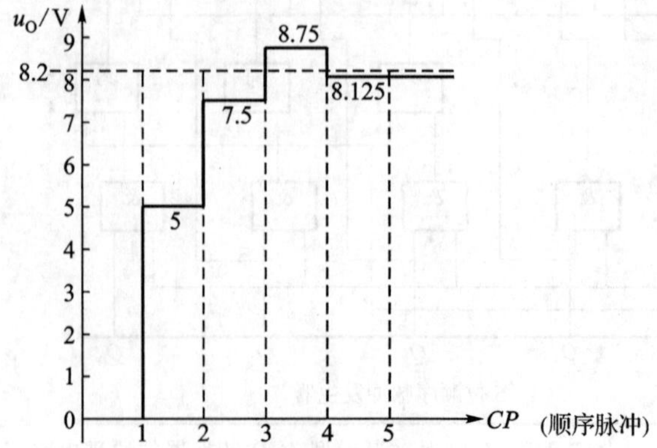

题解图 23.02

题解表 23.02　4 位逐次逼近型 ADC 的转换过程

顺序脉冲 *CP* 顺序	d_3	d_2	d_1	d_0	U_0/V	比较判别	低位数码 **1** 是保留或去除
1	**1**	**0**	**0**	**0**	5	$U_0 < U_I$	保留
2	**1**	**1**	**0**	**0**	7.5	$U_0 < U_I$	保留
3	**1**	**1**	**1**	**0**	8.75	$U_0 > U_I$	去除
4	**1**	**1**	**0**	**1**	8.125	$U_0 < U_I, U_0 \approx U_I$	保留

23.2.3　在逐次逼近型 A/D 转换器中，如果 8 位 D/A 转换器的最大输出电压 U_0 为 9.945 V，试分析当输入电压 U_I 为 6.435 V 时，该 A/D 转换器输出的数字量为多少？

解：设当 U_I 为 6.435 V 时，该 A/D 转换器输出的数字量为 D，则由题设可得

$$\frac{D}{2^8-1}=\frac{6.435}{9.945}$$

解之

$$D=(165)_{10}=(01100101)_2$$

***23.2.4**　在双积分型 A/D 转换器中，试写出第一阶段对输入电压 u_I 和第二阶段对参考电压 $-U_R$ 的两个积分式，并推算式(23.2.1)。

解：教材中的双积分型 A/D 转换器的电路图与波形图如图 23.2.6、图 23.2.7 所示。

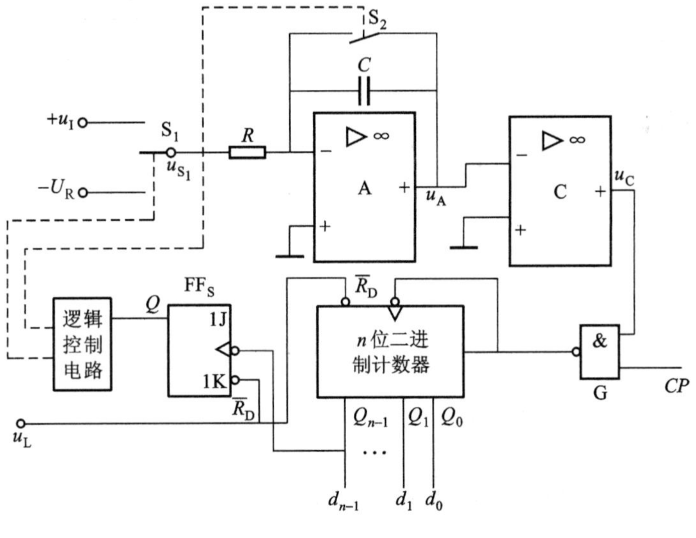

图 23.2.6　双积分型 A/D 转换器的电路图

第一阶段($0\sim T_1$)对输入电压 u_I 积分。

当接通 u_I 时，积分电路开始对 u_I 进行积分。由电路可得

$$\frac{u_I}{R}+C\frac{du_A}{dt}=0,\text{即}\frac{du_A}{dt}=-\frac{1}{RC}u_I$$

以时间 T_1 对上面微分方程积分，得第一阶段对 u_I 的积分表达式

$$u_A=-\frac{1}{RC}\int_0^{T_1}u_I dt=-\frac{T_1}{RC}u_I$$

积分输出 u_A 为负值，比较器输出 u_C 为 **1**，开通 *CP* 控制门 G，计数器开始计数。当计到 2^n 个脉冲

时，计数器输出全**0**，同时输出一进位信号，使 FF_s 置**1**。对 u_I 的积分结束，积分时间 $T_1 = 2^n T_{CP}$（T_{CP} 为 CP 的周期）。

第二阶段（$T_1 \sim T_2$）时，参考电压（$-U_R$）积分。

当 FF_s 置**1**时，开关 S_1 接至参考电压端，积分电路开始对（$-U_R$）积分，积分时间为 T_2。因 u_I 和（$-U_R$）极性相反，在时间段 T_2 内可使 u_A 以斜率相反的线性斜坡恢复为0，随即结束对（$-U_R$）的积分，比较器的输出 u_C 为**0**，关断控制门 G，CP 不能继续输入，计数器停止计数。此时 $d_{n-1} \sim d_0$ 即为转换后的数字量。这段的积分时间 $T_2 = NT_{CP}$（N 为脉冲个数）。所以由

$$u_A - \left(-\frac{T_1}{RC}u_I\right) = -\frac{1}{RC}\int_0^{T_2}(-U_R)\,dt$$

可得

$$u_A = \frac{1}{RC}\int_0^{T_2}U_R\,dt - \frac{T_1}{RC}u_I = 0$$

即

$$\frac{T_2}{RC}U_R = \frac{T_1}{RC}u_I$$

$$\frac{NT_{CP}}{RC}U_R = \frac{2^n T_{CP}}{RC}u_I$$

故

$$u_I = \frac{U_R}{2^n}N$$

由此推得算式（23.2.1）。

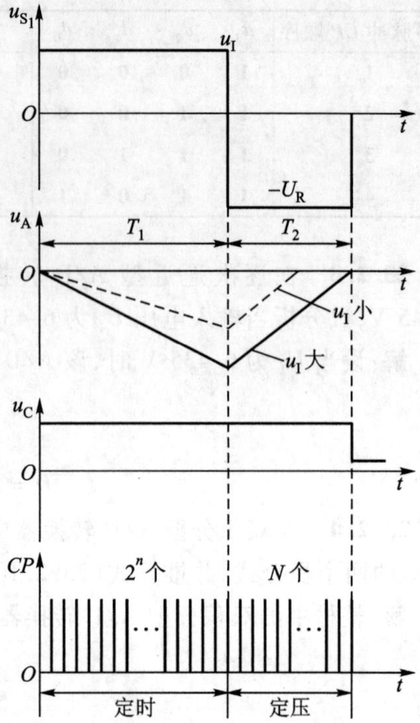

图 23.2.7　双积分型 A/D 转换器的波形图

C　拓　宽　题

23.1.8　在图 23.01 中，设计数器输出的高电平为 3.5 V，低电平为 0 V。当 $Q_3Q_2Q_1Q_0$ = **1010** 时，试求输出电压 u_O。

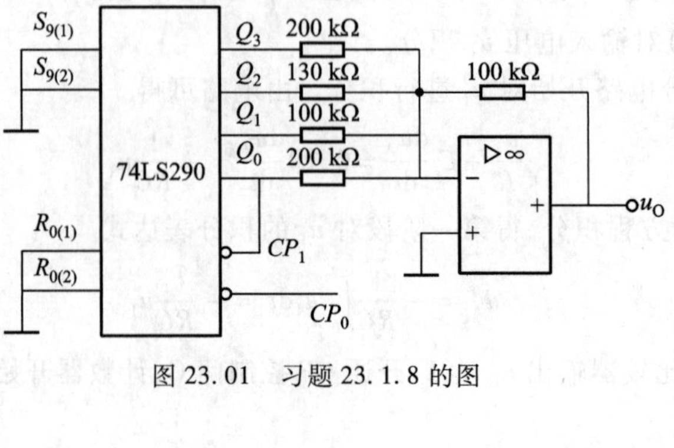

图 23.01　习题 23.1.8 的图

解:由图 23.01 可得

$$u_O = -\left(\frac{100}{200}Q_3 + \frac{100}{130}Q_2 + \frac{100}{100}Q_1 + \frac{100}{200}Q_0\right) \times 3.5$$

当 $Q_3Q_2Q_1Q_0 = \mathbf{1010}$ 时

$$u_O = -\left(\frac{100}{200} + \frac{100}{100}\right) \times 3.5\ \text{V} = -5.25\ \text{V}$$

23.1.9 在图 23.02 中,计数器初态 $Q_3Q_2Q_1Q_0 = \mathbf{0000}$,试画出在 CP 作用下 u_O 的波形图。

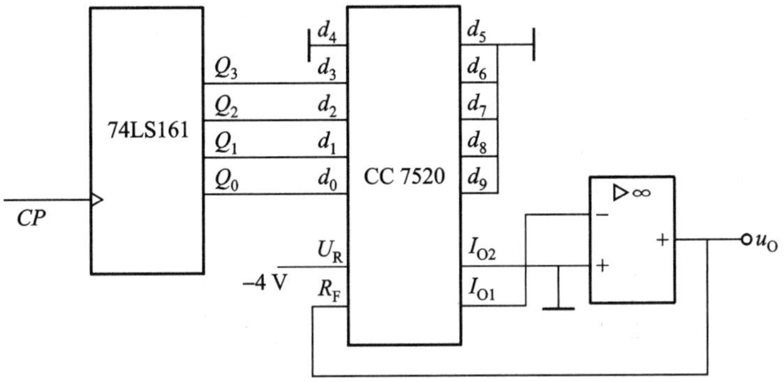

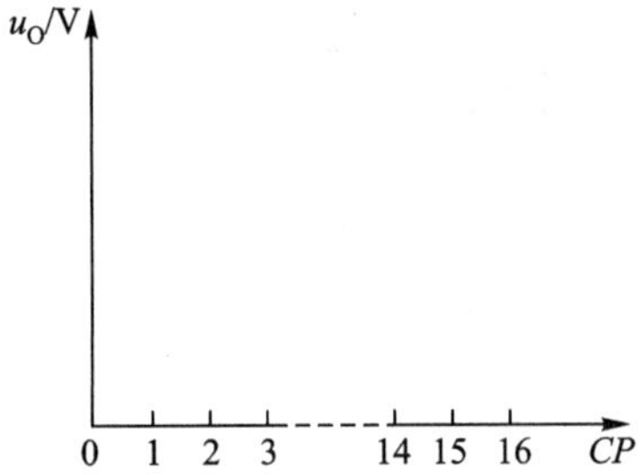

图 23.02 习题 23.1.9 的图

解:图 23.02 中 CC7520 是 10 位 CMOS 数模转换器,输出电压

$$u_O = -\frac{U_R}{2^{10}}(d_9 \cdot 2^9 + d_8 \cdot 2^8 + \cdots + d_1 \cdot 2^1 + d_0 \cdot 2^0)$$

由于 $d_4 \sim d_9$ 皆接于零,且 $d_3 \sim d_0$ 分别接于 74LS161 输出 $Q_3 \sim Q_0$,故

$$u_O = -\frac{U_R}{2^{10}}(d_3 \cdot 2^3 + d_2 \cdot 2^2 + d_1 \cdot 2^1 + d_0 \cdot 2^0)$$

$$= -\frac{(-4)}{1024}(Q_3 \cdot 2^3 + Q_2 \cdot 2^2 + Q_1 \cdot 2^1 + Q_0 \cdot 2^0)$$

$$= \frac{1}{256}(Q_3 \cdot 2^3 + Q_2 \cdot 2^2 + Q_1 \cdot 2^1 + Q_0 \cdot 2^0)$$

在 CP 作用下计数器 74LS161 输出与 u_O 的变化关系如题解表 23.03 所示。

题解表 23.03 u_O 在 CP 作用下的变化过程

CP	Q_3	Q_2	Q_1	Q_0	u_O/V
0	**0**	**0**	**0**	**0**	0
1	**0**	**0**	**0**	**1**	1/256
2	**0**	**0**	**1**	**0**	2/256
3	**0**	**0**	**1**	**1**	3/256
⋮		⋮			⋮
15	**1**	**1**	**1**	**1**	15/256
16	**0**	**0**	**0**	**0**	0

CP 作用下 u_O 的波形图如题解图 23.03 所示。

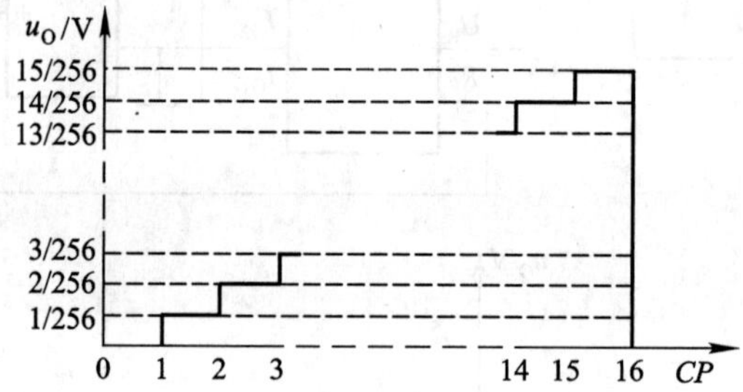

题解图 23.03